真空获得设备

（第2版）

东北大学　杨乃恒　主编

北　京
冶　金　工　业　出　版　社
2014

图书在版编目(CIP)数据

真空获得设备/杨乃恒主编．—2版．—北京：冶金工业出版社，2005.9（2014.3重印）

ISBN 978-7-5024-2572-2

Ⅰ.①真… Ⅱ.①杨… Ⅲ.①真空获得设备 Ⅳ.①TB75

中国版本图书馆CIP数据核字(2014)第047271号

出 版 人　谭学余

地　　址　北京北河沿大街嵩祝院北巷39号，邮编100009

电　　话　(010)64027926　电子信箱　yjcbs@cnmip.com.cn

责任编辑　俞跃春　美术编辑　李　新　版式设计　张　青

责任校对　朱　翔　责任印制　牛晓波

ISBN 978-7-5024-2572-2

冶金工业出版社出版发行；各地新华书店经销；三河市双峰印刷装订有限公司印刷

1987年4月第1版，2005年9月第2版，2014年3月第4次印刷

787mm×1092mm　1/16；15.25印张；368千字；236页

35.00元

冶金工业出版社投稿电话：(010)64027932　投稿信箱：tougao@cnmip.com.cn

冶金工业出版社发行部　电话：(010)64044283　传真：(010)64027893

冶金书店　地址：北京东四西大街46号(100010)　电话：(010)65289081(兼传真)

（本书如有印装质量问题，本社发行部负责退换）

第2版前言

《真空获得设备》第1版于1987年由冶金工业出版社出版发行。

十多年来，由于科学技术的飞速发展，知识内容的不断更新，为此在再版时，我们对原有教材内容进行了大量的删减、修改、补充和更新。以便更好地适应21世纪本学科发展的需要。

本书系统地介绍了各种真空泵的工作原理、结构特点、设计计算以及流量测量方法等。

本书由杨乃恒担任主编。参编者有杨乃恒(第1、2、6、9章)、徐成海(第3、14、15、16章)、巴德纯(第7、8、17章)、张以忱(第10、11、12、13章)，王晓冬(第4、5章)。

于溥、吴魁和董镛三位教授对本书进行审阅，并提出了许多宝贵意见。在此深表谢意。

由于编者理论水平和实践经验所限，书中难免有不足和错误之处，恳请读者指正。

编　者

1999年12月

目　录

1 引　论

1.1 真空及其特点

何谓真空？按定义来说，一般是指在给定的空间内，压力低于 101325Pa 的气体状态。在真空状态下，气体的稀薄程度，通常用气体的压力值来表示。这种真空状态和我们赖以生存的大气状态相比，单位体积内的气体分子数目明显地减少了，气体分子之间或分子与其他质点之间相互碰撞的次数也减少了，基于这一特点，真空技术已广泛应用于工业生产、国防军工及科学研究等各个领域，满足了某些工艺和高新技术的特殊要求。

根据各应用部门需要不同的真空条件，又把整个真空区域划分为：低真空、中真空、高真空、超高真空和极高真空等不同的几个区域。工业上相继也出现了各种各样的获得真空的设备，即所谓的真空获得设备，又称为真空泵。随着工业和科技的不断进步，真空获得设备也得到了相应的发展。

1.2 真空泵性能的表示法

对各种真空泵的性能，都有规定的测试方法来检验其性能的优劣，真空泵的主要性能有：

1）极限压力。将真空泵与检测容器相连，放入待测的气体后，进行长时间连续地抽气，当容器内的气体压力不再下降，而维持某一定值时，此压力即为泵的极限压力，其单位用 Pa 表示。

2）流量。在真空泵的吸气口处，单位时间内流过的气体量称为泵的流量。在真空技术中，流量的单位用压力×体积/时间来表示，即用 Pam^3/s 或 Pam^3/h 表示。通常泵要给出流量与入口压力的关系曲线。

3）抽气速率。在真空泵的吸气口处，单位时间内流过的气体的体积称为泵的抽气速率。即气体 A 的抽气速率 s_A 为流量 $Q_A(Pam^3/s)$ 除以测试罩内这种气体 A 的分压力 p_A 而得。如

$$s_A = \frac{Q_A}{p_A} \quad m^3/s \tag{1-1}$$

一般真空泵的抽气速率与气体种类有关。给定的抽气速率，表示对某种气体的抽气速率。如无特殊标明，多指抽空气而言。

4）抽气的概念。若真空容器所有的内表面上无气体的吸附和脱附现象发生，这种抽气过程称作理想状态的抽气过程。设被抽容积为 $V(m^3)$，泵的抽气速率为 $s(m^3/s)$，在这种理想状态的抽气过程中，容器内压力 $p(Pa)$ 的变化如下式所示。

$$V\frac{dp}{dt} = -sp \tag{1-2}$$

当时间 $t=0$ 时，压力为 p_0，压力 p 与时间 t 的关系式为

$$p = p_0\exp\left(-\frac{s}{V}t\right) \tag{1-3}$$

由上式可以看出，当 t 不断增加时，压力 p 则不断下降，达到了抽真空的目的。

若极限压力 p_u 对 p 和 p_0 的影响不容忽略时，上式则变成如下形式

$$(p-p_u)=(p_0-p_u)\exp\left(-\frac{s}{V}t\right) \tag{1-4}$$

上式仅适用于大气压力到 10^{-1}Pa 这个范围内。当压力再低时，抽气时间要大大延长。因为，当压力低于 10^{-1}Pa 时，容器的内表面上大量放气。若单位时间内，容器内气源产生的气体量为 ΣQ(Pam^3/s)，则式(1-2)变成为

$$V\frac{\mathrm{d}p}{\mathrm{d}t}=-sp+\Sigma Q \tag{1-5}$$

式中 ΣQ 包括如下各项：

$$\Sigma Q=Q_l+Q_d+Q_p+Q_b+Q_r \tag{1-6}$$

式中 Q_l——漏气量；

Q_d——容器内表面吸附气体的脱附量；

Q_p——容器内部的扩散或渗透的放气量；

Q_b——泵向真空容器的返流气体量；

Q_r——真空容器内装配的机构的放气量。

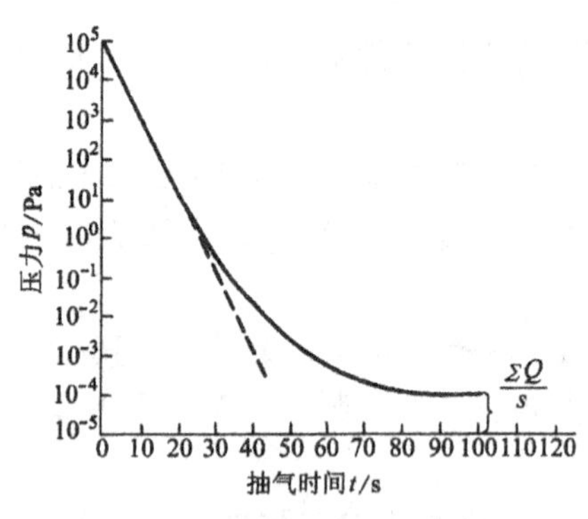

图 1-1 真空容器内压力和抽气时间的关系曲线

这种关系，在对数坐标上，压力 p 与时间 t 呈直线关系，如图 1-1 所示，从图上可以看出式(1-3)有效的范围，压力成直线减少。称作容积抽气，超过这个范围，压力下降有所偏移，最后与横轴平行了。这时式(1-5)的 ΣQ 起作用了，在真空系统中 Q_d 及 Q_r 占大部分，因此这段为表面放气的排气过程，通常称表面排气。

式(1-5)的解为

$$p(t)=\frac{\Sigma Q}{s}+\left(p_0-\frac{\Sigma Q}{s}\right)\exp\left(-\frac{s}{V}t\right) \tag{1-7}$$

若长时间抽气，$\exp\left(-\frac{s}{V}t\right)$项的影响可以忽略，这时压力下降，仅取决于上式的右侧第一项，即

$$p(t)=\frac{\Sigma Q}{s} \tag{1-8}$$

经研究得知放气率与时间有关，即放气量也与时间有关

$$Q(t) = Aq(t) \tag{1-9}$$

式中 A——表面积；

$Q(t)$——真空容器内的放气量；

$q(t)$——单位面积的放气率，经研究得知，表面上常吸附有大量的水蒸气。

为了获得超高真空，烘烤这道工序是必不可少的。因为温度高了，气体分子在表面上滞留时间短了，短时间 Q 能快速下降。在 250 ~ 450℃条件下烘烤比不烘烤，压力能够下降 3 ~ 4 个数量级。除掉水蒸气后，残余气体多为金属中溶解的氢气了，有针对性的排除氢气，可使真空度进一步提高。

由式(1-5)得知，处于平衡态时$\frac{\mathrm{d}p}{\mathrm{d}t}=0$，而 ΣQ 为定值时，得到极限压力为

$$p_u = \frac{\Sigma Q}{s} \tag{1-10}$$

这时得知,容器内压力 p 不能继续下降的原因是 ΣQ 引起的。在容器不漏气的情况下,极限压力取决于表面放气率。式(1-5)即为古典的真空排气的基本方程。为了获得更低的极限压力,必须使 ΣQ 值进一步降低。对容器的检漏是必不可少的。目前可使 p_u 达到 10^{-10}Pa 以下,获得了极高真空。

1.3 真空泵的分类

近年来,已开发出从大气压到高真空,仅用一台泵就能实现的新型真空泵。但一般来说,为了获得高真空、超高真空及极高真空,还是串联多台真空泵构成机组形式来完成抽气任务的。因此,正确了解泵的工作原理、主要性能、结构特点以及分类等,对于用户选择经济适用的真空泵是非常重要的。

真空泵是用以产生、改善和维持真空的装置。按其工作原理,基本上分为气体输送泵和气体捕集泵两种类型。

1.3.1 气体输送泵

气体输送泵,它是一种能使气体不断吸入和排出泵外以达到抽气目的的真空泵。这种气体输送泵含有变容式和动量传输式两大类。

1.3.1.1 变容真空泵

变容真空泵是利用泵腔容积的周期变化来完成吸气、压缩和排气的装置。这种泵分为往复式和旋转式两种。

1) 往复式真空泵,利用泵腔内活塞的往复运动,将气体吸入、压缩并排出。因此,又称它为活塞式真空泵。

2) 旋转式真空泵,利用泵腔内活塞的旋转运动,将气体吸入、压缩并排出。属于此类的泵种很多。

(1) 油封式机械泵,它是利用油类密封各运动部件的间隙,减少有害空间的一种旋转式变容真空泵。这种泵通常带有气镇装置,故称气镇式真空泵,按其结构特点分为:旋片泵,定片泵,滑阀泵,余摆线泵以及多室旋片泵等。

(2) 干式真空泵,目前所谓的干式真空泵,一般通用的说法是:能在大气压到 10^{-2}Pa 的压力范围内工作的真空泵;在泵的抽气流道(如泵腔)中,不能使用任何油类和密封液体,排气口与大气相通,能连续向大气中排气的泵,即称为干式真空泵。按其工作原理分,也有容积式干式泵,如多级罗茨泵,多级活塞泵,爪型泵,螺杆泵,涡旋泵等;此外还有动量传输式干式泵。如涡轮干式泵,离心干式泵等。这种泵的抽气不再有油的污染了,是近期开发研制较多的泵种。

(3) 液环真空泵,带有多叶片的转子偏心装在泵壳内,当转子旋转时,把液体(水或油类)抛向泵壳形成与泵壳同心的液环,液环同转子上的叶片形成了容积周期性变化的几个小容积实现吸气、压缩和排气,由于液环起到压缩气体的作用故又称它为液体活塞真空泵。

(4) 罗茨真空泵,泵内装有两个相反方向同步旋转的双叶或多叶形的转子,转子间、转子与泵壳内壁之间均保持有一定的间隙。它属于无内压缩式的真空泵。按用途又分为湿式罗茨泵,直排大气式罗茨泵和机械增压泵等类型。

1.3.1.2　动量传输式真空泵

动量传输式真空泵是利用高速旋转的叶片或高速射流，把动量传输给被抽气体或气体分子，使之吸入、压缩、排气的一种真空泵。这种泵可分为以下几种类型。

1) 分子真空泵。它是利用高速旋转的转子把动量传输给气体分子，使之压缩、排气的一种真空泵。它有如下几种形式。

(1) 牵引分子泵，高速旋转的转子表面与气体分子相碰，把动量传给气体分子，将气体分子拖动到泵的出口排出。因此，它是一种动量传输泵。

(2) 涡轮分子泵，泵内装有多级带槽的圆盘或叶片的转子，在定子圆盘（或定片）间旋转，转子的圆周线速度很高，这种泵通常在分子流状态下工作。

(3) 复合式分子泵，它是由涡轮分子泵和牵引式分子泵，优化组合，串联起来工作的一种真空泵，可在分子流或过渡流状态下工作。

2) 喷射真空泵，它是利用文丘里效应的压力降产生的高速射流把气体输送到泵出口的一种动量传输泵，适于在黏滞流和过渡流状态下工作的真空泵。这种泵又可细分为以下几种。

(1) 水喷射泵，以水为工作介质的喷射真空泵。

(2) 气体喷射泵，以非可凝性气体（如空气）作为工作介质的喷射泵。

(3) 蒸气喷射泵，以蒸气（水、油或汞等蒸气）作为工作介质的喷射泵。其中水蒸气喷射泵应用较多，油蒸气喷射泵，也称作油增压泵，或称油扩散喷射泵。

3) 扩散泵，以油或汞蒸气作为工作介质。对汞扩散泵不带分馏结构，对油扩散泵多采用分馏式结构，以提高泵的性能。

1.3.2　气体捕集泵

气体捕集泵，它是一种将被抽气体吸附或凝结在泵内表面上的真空泵，它有以下几种形式：

1) 吸附泵。它主要依靠具有大表面积的吸附剂的物理吸附作用来抽气的一种捕集式真空泵。如吸附阱、吸气剂泵。此外还有连续不断形成新鲜的吸气剂膜的捕集式真空泵，如溅射离子泵，热蒸发的升华泵等。

2) 低温泵。利用低温表面来冷凝捕集气体的真空泵。如冷凝泵和小型制冷机低温泵等。

1.4　真空泵的技术术语、用途和使用范围

1.4.1　真空泵的技术术语

真空泵的技术术语，真空泵除主要特性，极限压力，流量和抽气速率之外，尚有一些名词术语表达泵的有关性能和参数：

1) 启动压力。泵无损坏启动并有抽气作用时的压力。

2) 前级压力。排气压力低于 101325Pa 的真空泵的出口压力。

3) 最大前级压力。超过它能使泵损坏的前级压力。

4) 最大工作压力。对应最大流量的入口压力。在此压力下，泵能连续工作而不恶化或损坏。

5) 压缩比。泵对给定气体的出口压力与入口压力之比。

6）何氏系数。泵抽气通道面积上的实际抽气速率与该处按分子泻流计算的理论抽气速率之比。

7）抽气系数。泵的实际抽气速率与泵入口面积按分子泻流计算的理论抽气速率之比。

8）返流率(单位:$g\cdot cm^{-2}\cdot s^{-1}$)。泵在规定条件下工作时,与抽气方向相反而通过泵入口的单位面积、单位时间的泵液的质量流率。

9）水蒸气允许量(单位:kg/h)。在正常环境条件下,气镇泵在连续工作时能抽除的水蒸气的质量流率。

10）最大允许水蒸气入口压力。在正常环境条件下,气镇泵在连续工作时所能抽除的水蒸气的最高入口压力。

1.4.2 真空泵的用途

根据真空泵的性能,在各种应用的真空系统中它可承担如下一些工作。

1）主泵。在真空系统中,用来获得所要求的真空度的真空泵。

2）粗抽泵。从大气压开始,降低系统的压力达到另一抽气系统开始工作的真空泵。

3）前级泵。用以使另一个泵的前级压力维持在其最高许可的前级压力以下的真空泵。前级泵也可以做粗抽泵使用。

4）维持泵。在真空系统中,当抽气量很小时,不能有效地利用主要前级泵,为此,在真空系统中配置一种容量较小的辅助前级泵,维持主泵正常工作或维持已抽空的容器所需之低压的真空泵。

5）粗(低)真空泵。从大气压开始,降低容器压力且工作在低真空范围的真空泵。

6）高真空泵。在高真空范围内工作的真空泵。

7）超高真空泵。在超高真空范围内工作的真空泵。

8）增压泵。装于高真空泵和低真空泵之间,用来提高抽气系统在中间压力范围内的抽气量或降低前级泵容量要求的真空泵(如机械增压泵和油增压泵等)。

1.4.3 各种真空泵的使用范围

各种形式的真空泵的工作压力范围,如表 1-1 所示。

1.5 真空泵的型号及规格表示法

国产的各种真空泵的型号是根据国家机械行业标准规定来编制的。真空泵的型号是由基本型号和辅助型号两部分组成的,即

基本型号　辅助型号

1 2 3—4 5 6

两者之间为一条横线。

1代表真空泵级数,以阿拉伯数字表示。不分级或单级者省略。

2代表真空泵名称,以构成名称的一个(或两个)关键字的汉语拼音第一(或第二)个字母(印刷体大写)表示,如表 1-2 所示。

3代表真空泵特征,以其关键字的汉语拼音第一(或第二)个字母(印刷体大写)表示,按表 1-3 规定或自编补充代号。

表 1-1　各种真空泵的工作压力范围

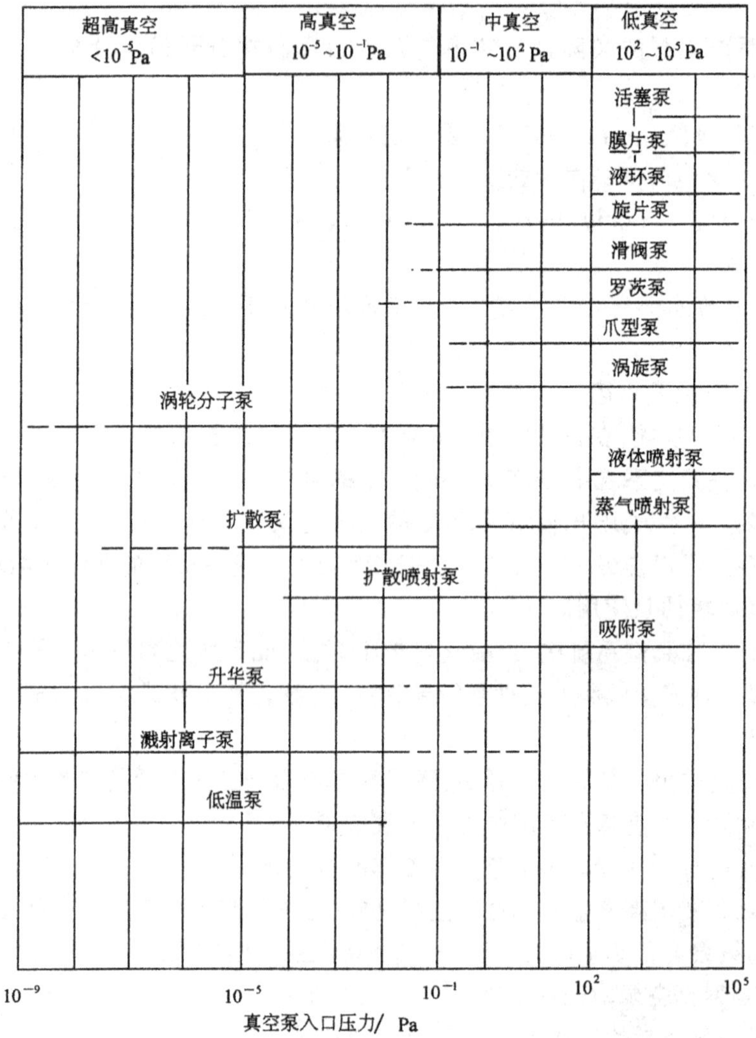

超高真空 $<10^{-5}$ Pa	高真空 $10^{-5}\sim10^{-1}$ Pa	中真空 $10^{-1}\sim10^{2}$ Pa	低真空 $10^{2}\sim10^{5}$ Pa

活塞泵

膜片泵

液环泵

旋片泵

滑阀泵

罗茨泵

爪型泵

涡旋泵

涡轮分子泵

液体喷射泵

蒸气喷射泵

扩散泵

扩散喷射泵

吸附泵

升华泵

溅射离子泵

低温泵

10^{-9}　10^{-5}　10^{-1}　10^{2}　10^{5}

真空泵入口压力/ Pa

表 1-2　真空泵名称

序号	真空泵名称	代号	关键字意义及拼音字母	真空泵规格或主参数	相应单位
1	往复真空泵	W	“往”复“wang”		
2	定片真空泵	D	“定”片“ding”		
3	旋片式真空泵	X	“旋”片“xuan”		
4	滑阀真空泵	H	“滑”阀“hua”	抽气速率	L/s
5	罗茨真空泵(机械增压泵)	ZJ	“增”压“zeng”,“机”械“ji”		
6	余摆线真空泵	YZ	“余”摆“yu”,“真”空“zhen”		
7	溅射离子泵	L	“离”子“li”		
8	单级多旋片式真空泵	XD	“旋”片“xuan”,“多”“duo”	抽气速率	m^3/h

续表 1-2

序号	真空泵名称	代号	关键字意义及拼音字母	真空泵规格或主参数	相应单位
9	分子泵[①]	F	“分”子“fen”	进气口径	mm
10	油扩散真空泵	K	“扩”散“kuo”		
11	汞扩散真空泵	KG	“扩”散“kuo”,“汞”“gong”		
12	油扩散喷射泵(油增压泵)	Z	“增”压“seng”		
13	升华泵	S	“升”华“sheng”		
14	回旋泵(弹道泵)	HX	“回”“hui”“旋”“xuan”		
15	复合式离子泵	LF	“离”子“li”,“复”合式“fu”		
16	锆铝吸气剂泵	GL	“锆”“gao”“铝”“lü”		
17	制冷机低温泵	DZ	“低”温“di”,“制”冷“zhi”		
18	灌注式低温泵	DG	“低”温“di”,“灌”注“guan”		
19	分子筛吸附泵	IF	“吸”附“xi”,“分”子“fen”	分子筛重量	kg
20	水喷射泵	PS	“喷”射“pen”,“水”“shui”	抽气量	kg/h
21	空气喷射泵	PQ	“喷”射“pen”,空“气”“qi”		
22	蒸汽喷射泵	P	“喷”射“pen”		

① 个别规格泵的进气口径相同而抽气速率不等，则可同时标出抽气速率，单位:L/s。

表 1-3 真空泵特征

代　号	关键字意义及拼音字母	代　号	关键字意义及拼音字母
W	“卧”式“wo”	T	“凸”腔“tu”
Z	“直”联“zhi”	F	“风”冷“feng”
S	“升”华器“sheng”	X	磁“悬”浮“xuan”
D	“多”式、“多”元“duo”	J	“金”属密封“jin”
C	“磁”控“ci”	G	“干”式(无油)“gan”

4代表真空泵使用特点(多指被抽气体性质)，对于可凝性被抽气体，以印刷体大写字母“N”表示；对于腐蚀性被抽气体，以印刷体大写字母“F”表示。无特指者省略。

5代表真空泵规格或主参数，以阿拉伯数字表示。

6代表真空泵设计序号，从第一次改型设计开始，以字母 A、B、C……顺序表示。

真空泵型号示例：

W-35B，为往复式真空泵，抽速为 35L/s，第二次改型设计；

2X-15A，为双级旋片式真空泵，抽速为 15L/s，第一次改型设计。

ZJ-600，为机械增压泵，抽速为 600L/s。

K-800，为油扩散泵，进气口径 800mm。

Z-400，为油增压泵，进气口径为 400mm。

2　液环式真空泵

2.1　液环泵的工作原理及特点

液环式真空泵(简称液环泵)是一种粗真空泵,它所能获得的极限压力,对于单级泵为2.66～9.31kPa;对于双级泵则为0.133～0.665kPa,如串联大气喷射器可达0.27～0.67kPa。

液环泵也可用作压缩机,称为液环式压缩机,它属于低压的压缩机,其压力范围为(1～2)×10^5Pa表压力。

液环泵在石油、化工、机械、矿山、轻工、造纸、动力、冶金、医药和食品等工业及市政与农业等部门的许多工艺过程中,如真空过滤、真空送料、真空脱气、真空蒸发、真空浓缩和真空回潮等,得到了广泛的应用。由于液环泵压缩气体的过程是等温的,故可抽除易燃、易爆的气体,此外还可抽除含尘、含水的气体,因此,液环泵的应用日益增多。

2.1.1　工作原理

由图2-1可见,液环泵是由叶轮1,泵体2和4,液环3,吸气口A、排气口B等几部分组成。

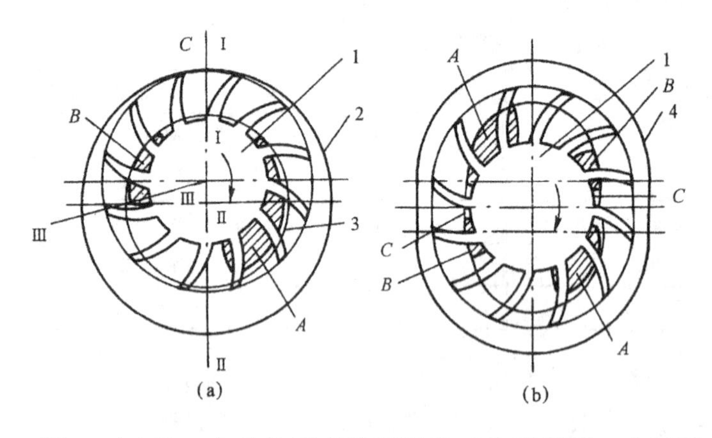

图2-1　液环泵工作原理图
(a)—单作用式液环泵;
(b)—双作用式液环泵
A—吸气口;B—排气口;C—间隙;
1—叶轮;2—泵体(单作用);
3—液环;4—泵体(双作用)

图2-1(a)是一台单作用式液环泵的工作原理图。在泵体中装有适量的液体作为工作介质。当偏心安装的叶轮按图示的方向旋转时,液体被叶轮抛向四周,由于离心力的作用,液体形成了一个与泵腔形状相似的等厚度的封闭的液环。液环的上部内表面恰好与叶轮轮毂相切(如Ⅰ—Ⅰ断面),液环的下部内表面刚好与叶片顶端接触(实际上,叶片在液环内有一定的插入深度)。此时,叶轮轮毂与液环之间形成一个月牙形空间,而这一空间又被叶轮分成与叶片数目相等的若干个小腔。如果以叶轮的上部0°为起点,那么叶轮在旋转前180°时,小腔的容积由小变大(即从断面Ⅰ—Ⅰ到Ⅱ—Ⅱ),且与端面上的吸气口相通,此时气体被吸入(应注意吸气口的终止位置应保证小腔容积为最大),当吸气终了时小腔则与吸气口隔绝;从断面Ⅱ—Ⅱ到Ⅲ—Ⅲ,小腔的容积逐渐缩小,既不吸气也不排气,此时,气体被压缩,当小腔与排气口相通时,气体便被排除泵外。

图2-1(b)是一台双作用式液环泵的工作原理图。它的泵腔对于叶轮作成双偏心的,近似于椭圆形。叶轮转动时其液环内表面与轮毂形成两个上下对称的月牙形空间,其端面上

开有两个吸气口和两个排气口,因此转子旋转一周,每个小腔吸气、排气各两次。

液环泵的吸气口终止位置和排气口开始位置决定着泵的压缩比。因为吸气口终止位置决定吸气小腔吸入气体的体积,而排气口开始的位置决定排气时被压缩的气体的体积。对已经确定了结构尺寸的液环泵,就可以求出其压缩比。同样,给定压缩比,也可以确定出吸气口终止位置和排气口起始位置。

液环真空泵一般抽速范围为10～25000m^3/h。吸入压力为20、30和40kPa。液环泵的极限压力不是非常重要的,因为它与所使用的液体种类有关。

在液环泵中,液环压缩气体的能量是这样传递的:液体被叶轮带动之后形成液环,这时叶轮把能量传给液体使之动能增加,液体才具有一定的速度在泵腔内回转。就单作用液环泵来说,在吸入侧(前180°)埋在叶轮内的液体被叶轮加速,当液体从叶轮腔内被甩出之后,液体具有与叶片端点切线速度相近的速度;在前半周,由于吸入气体压力恒定,其各点速度相等。在后半周,气体被压缩,当液环重新进入叶轮腔时速度下降,其动能部分转变成势能,以抵抗气体膨胀压力。而在空载不压缩气体时,后半周液体的动能便会推动叶轮加速回转。

2.1.2 液环泵的特点

液环泵与其他类型的机械真空泵相比有如下优点:

1) 结构简单,制造精度要求不高,容易加工;

2) 结构紧凑,一般可与电动机直联;

3) 压缩气体基本上是等温的(通常多变压缩指数 $n=1.1\sim1.15$),即压缩气体过程,温度变化很小;

4) 泵腔内无金属摩擦表面,无须对泵内进行润滑,转动件与固定件之间的间隙可由液体来密封;

5) 吸气均匀,工作平稳可靠,操作简单,维修方便。

液环泵也有其缺点:

1) 功率消耗大,效率低;

2) 极限压力高,它取决于液体种类;

3) 叶轮的圆周速度不高,因而结构尺寸大。

总之,由于液环泵的等温压缩,故可抽易燃、易爆的气体。由于没有排气阀及摩擦表面,故可抽除含灰尘的气体、可凝性气体和气水混合物。由于有这些突出的特点,尽管它效率低,仍然得到广泛的应用。

2.2 液环泵的基本类型与结构

2.2.1 基本类型

液环泵按不同结构可分成如下几种类型:

1) 单级单作用液环泵。所谓单级是指只有一个叶轮,单作用是指叶轮每旋转一周,吸气、排气各进行一次。这种泵的极限压力较低,抽速和效率也低。

2) 单级双作用液环泵。单级是指只有一个叶轮,而双作用是指叶轮每旋转一周,吸气、排气各进行两次。在相同抽速条件下,双作用泵比单作用泵可大大减小尺寸和质量。由于工作腔对称分布在轮毂两侧,这样就改善了作用在转子上的载荷。但是,这种泵有些零件比较复杂,加工较困难。但它的抽速较大,效率较高,极限压力也较高。

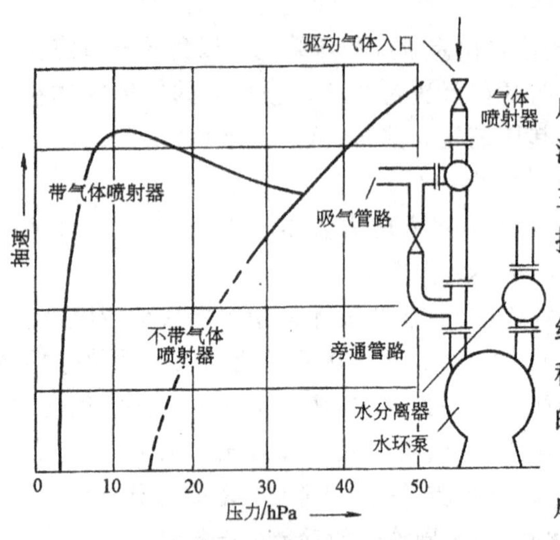

图 2-2　气体喷射器 + 液环泵机组

3) 双级液环泵。

双级液环泵大多数是由单作用泵串联而成。这种液环泵实质上是两个单级单作用的液环泵的叶轮共用一根心轴连接而成。它的主要特点是在较低的压力下,仍然具有较大的抽速,工作稳定。

4) 气体喷射器 + 液环泵机组。这种机组,是由大气喷射器串联液环泵来构成的。这种机组可以提高低压下的抽速,扩大了液环泵的使用范围,如图 2-2 曲线所示。

气体喷射器是由喷嘴、混合室和扩压器组成,用管道将它与液环泵的进气口连接。

这种机组的工作原理是:先开动液环泵,为气体喷射器造成所需的预真空,使喷嘴的入口与出口之间造成压力差,通常以大气为驱动气体。驱动气体通过喷嘴进入泵内,驱动气体经过喷嘴得到加速,将被抽气体吸入,驱动气体与被抽气体在混合过程中进行动量交换,对气体进行压缩后进入液环泵的进气口,再经泵压缩排至泵外。

2.2.2　液环泵的基本结构

就液环泵的结构而言,双级泵比单级泵复杂,双作用泵比单作用泵也要复杂些。现以结构最简单、产量较多、用途最广的单级单作用水环泵为例,来说明其基本结构。

图 2-3 为水环泵的结构图。其抽速为 $0.2m^3/s$。水环泵主要由泵体 13、叶轮 12、端盖 1 所组成。端盖下部有泵腿支撑,上部是进气管和排气管。进气管和排气管分别通过端盖上

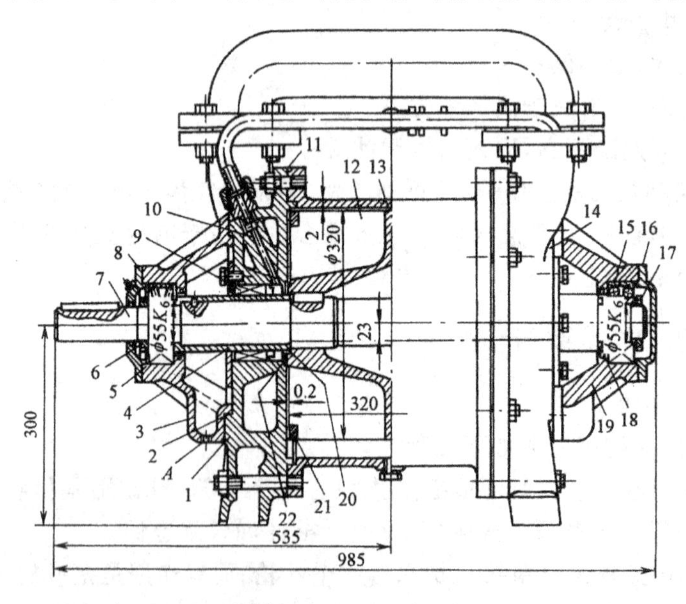

图 2-3　水环泵的结构图

1、14—端盖;2、11、20、22—垫片;3、19—支架;4、18—套管;5、15—轴承;6、17—螺母;7—轴;8、16—压盖;9—填料函;10—孔道;12—叶轮;13—泵体;21—支撑环

的进气孔和排气孔与泵腔相通。泵轴 7 偏心安装在泵体之中，叶轮 12 用键固定在轴上。叶轮与端盖之间的间隙用泵体和端盖间的垫片来调整。填料函配备在前、后端盖上，在端盖上有水管通向填料函来冷却，另一部分进入泵体补充运行中水的消耗。泵腔的加工精度要求不高，但不能有渗漏。端盖上有吸气孔和排气孔，如图 2-4 所示。在排气孔下方，还设有橡皮球阀。

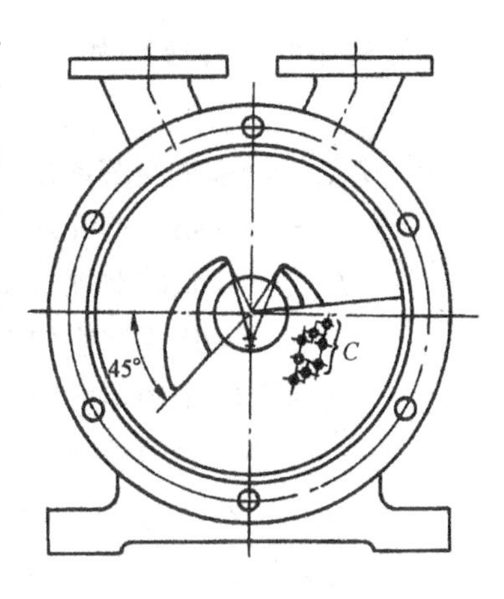

图 2-4　水环泵端盖

橡皮球阀是一种特殊结构。它的作用是消除泵在运转过程中所产生的过压缩现象。这两种现象都会引起过多地消耗功率。因为水环泵没有排气阀，而且排气压力是固定的，水环泵的压缩比决定于进气口终止位置和排气口起始位置。然而这两个位置是固定不变的，因而不适应吸入压力变化的需要。为了解决这个问题，一般在排气口下方设置橡皮球阀，以便当泵腔内过早达到排气压力时，球阀自动开启，气体排除，消除了过压缩现象。一般在设计水环泵时都以最低吸入压力来确定压缩比，以此来定排气口的位置，这也就会避免了压缩不足的现象发生。

2.3　液环泵的设计计算

在计算之前，先做如下一些假定：

1) 泵内液体的压力是定常的，在液环的任何断面上液体的流量是恒定的。

2) 在吸入侧($0°\leqslant\theta\leqslant180°$)液环内表面上气体的压力是恒定的，等于吸气压力($\theta$ 为转角)；在排气侧液环内表面上的气体压力也是恒定的，等于排气压力。

3) 液体与泵腔内表面不分离，液体在泵内不返向流动。

4) 工作轮叶片浸入液环中，在任何转角下工作轮叶片和液环相接触。

5) 在无叶片空间内，液体流动的轴向分速度很小，对液环的流动特性无实质性的影响。

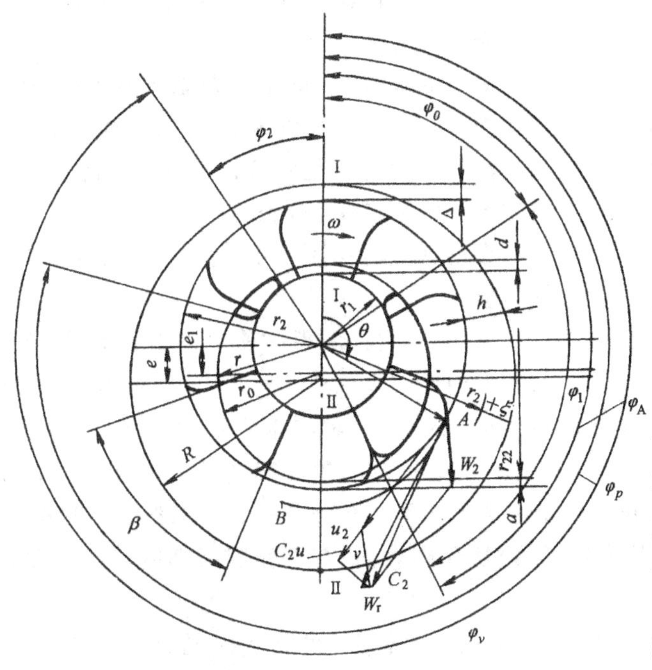

图 2-5　液环泵主要尺寸示意图

泵的几何抽速是在无损耗条件下，单位时间从吸入侧进入泵腔到排气侧被泵排除的气体的容积，即由图 2-5 上 Ⅱ—Ⅱ 断面所示，在工作轮转角 $\theta=180°$时，泵吸入腔的最大几何容积来确定。

在工作腔内液环的内表面为圆柱面，用半径 r_2 画出工作腔的最大几何容积。

液环泵的几何抽速为

$$s_g = f_{\max} z b_0 \psi n = \pi r_2^2 b_0 \psi (1-\nu^2) n \quad (m^3/s) \tag{2-1}$$

式中 $f_{\max}$——泵工作腔的最大面积,(m^2);

z——叶轮上的叶片数目;

b_0——叶轮的宽度,m;

ψ——叶片厚度影响系数;

n——叶轮的旋转频率,s^{-1};

r_2——叶轮的外半径,m;

$\nu = r_1/r_2$(r_1——轮毂平均半径,m)半径比;

$\psi = [\pi r_2^2(1-\nu^2) - S_0 z]/[\pi r_2^2(1-\nu^2)]$;

S_0——工作轮叶片厚度,m。

对于双作用液环泵,其几何抽速为

$$s_g = 2 f_{\max} b_0 z \psi n \quad (m^3/s) \tag{2-2}$$

液环泵的实际抽速 s 为

$$s = \lambda s_g \quad (m^3/s) \tag{2-3}$$

式中 λ——抽气系数(真空泵实际抽速与几何抽速之比,即抽速降低系数)。

工作轮叶片,在断面Ⅱ—Ⅱ处,插入液环的深度 a,因而引起抽速下降。

由于吸气过程,气体由管路到泵腔,气体有温升,使抽速也会下降。

气体从排气侧经过间隙 d 向吸入侧的回流及经过侧隙向吸入侧的返流,使抽速下降。

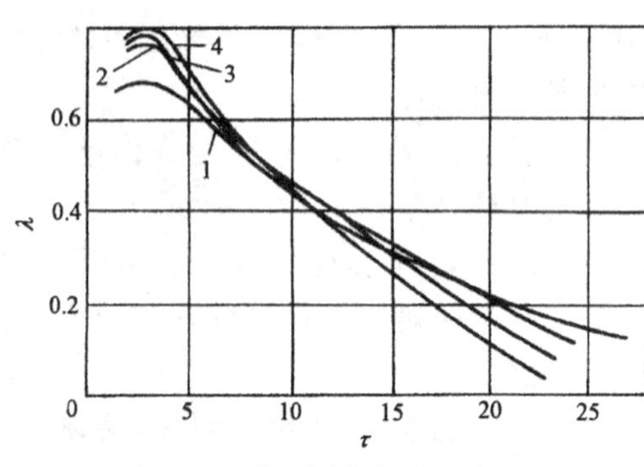

图 2-6 在不同的旋转频率 n 条件下 λ 与 τ 的关系

曲线1—$n=12.5s^{-1}$;2—$n=14.17s^{-1}$;3—$n=18.33s^{-1}$;4—$n=15.83s^{-1}$

由于密封不佳,周围大气向泵腔漏气也会使抽速下降。

因吸入腔内液环表面上有液体蒸发而使抽速下降。

对于液环泵,一般抽气系数 $\lambda = 0.4 \sim 0.8$。在图 2-6 上给出了抽气系数 λ 与压缩比 τ 的关系。排气压力 p_V 与吸气压力 p_A 之比为 τ。λ 与轴的旋转频率 n 也有关系。

在选择泵的几何尺寸时,首先要保证所需的抽速值。

由图 2-5 得知,叶片在Ⅱ—Ⅱ断面处,插入液环内的深度 $a = r_2 - r_{22}$,式中 r_{22} 为断面Ⅱ—Ⅱ处液环的半径。而 a 值在$(0.01 \sim 0.015) r_2$ 范围内选取,对液环泵 $a = 2 \sim 7$mm,否则叶片会从液环分离。在断面Ⅰ—Ⅰ处,液环内表面与工作轮的轮毂面离开的距离为 d(m)。叶片插入液环 a 值和液环内表面离开轮毂面 d 值均会影响断面Ⅱ—Ⅱ处工作腔的容积。

为了确定断面Ⅱ—Ⅱ处工作腔的容积,假定液环内表面,在工作腔范围内呈圆柱面,可用半径 r_{22} 画出。

在断面Ⅰ—Ⅰ处无叶片空间的高度 $\Delta = 1 \sim 5$mm。假定:在半径 r_2 处的速度为 u_2,在泵壳处速度为零。因而在间隙 Δ 内液体的平均速度等于 $0.5 r_2 \omega$(m/s),式中 ω 为叶轮的角速度(rad/s)$\omega=2\pi n$。在叶轮携带液体运动的过程中,在叶片空间内,任何半径处液环的液体速度等于该半径上的叶片速度,因此在叶片空间内,在断面Ⅰ—Ⅰ处,液体的平均速度等于$[\omega(r_1+d)+\omega r_2]/2$,在断面Ⅱ—Ⅱ处,等于$(\omega r_{22}+\omega r_2)/2$。在无叶片空间内断面Ⅱ—Ⅱ处液体的平均速度以 $v_{\text{Ⅱ}}$表示。利用连续性方程,断面Ⅰ—Ⅰ和Ⅱ—Ⅱ处流量相等,即可写成

$$0.5\omega r^2\Delta b+0.5[\omega(r_1+d)+\omega r_2][r_2-(r_1+d)]b_0\psi$$
$$=0.5(\omega r_{22}+\omega r_2)(r_2-r_{22})b_0\psi+v_{\text{Ⅱ}}(2e+\Delta)b$$

或者写成

$$0.5\omega r_2^2b_0\psi\left[\left(1-\frac{\nu^2}{k_1^2}\right)+\delta\xi/\psi\right]$$
$$=0.5\omega r_2^2b_0\psi\left[1-\frac{r_{22}^2}{r_2^2}+2k_2\xi(2\varepsilon+\delta)/\psi\right]$$

由此可得

$$r_{22}=r_2\sqrt{\nu^2/k_1^2+4\xi\varepsilon k_2/\psi+2\xi\delta(k_2-0.5)/\psi} \tag{2-4}$$

式中 b——泵体宽度,m;

e——偏心距,m。

$\delta=\Delta/r_2$;$\xi=b/b_0$;$\varepsilon=e/r_2$;$k_1=r_1/(r_1+d)$;$k_2=v_{\text{Ⅱ}}/u_2$;u_2 为轮缘处的圆周速度,m/s;$u_2=\omega r_2$;b_0 为叶轮宽度 m。

式(2-4)在 $r_1\leqslant r_{22}\leqslant r_2$ 范围内有物理意义。系数 k_1 和 k_2 是由实验确定的。

k_1 与欧拉准则 $E_u=p_V-p_A/(\rho_Lu_2^2)$有关。式中压力 p_V 及p_A 单位为 Pa,ρ_L 单位为 kg/m^3。图2-7 给出 k_1 和 E_u 的关系。这个关系是由实验得出的,是在圆柱形叶轮,出口角 $\beta_2=90°$、135°、150°,相对尺寸 $\nu=0.5$;$\delta=0.0083$,$\varepsilon=0.153$;$\xi=1$,$\psi=0.75$;在工作温度条件下,工作液的密度为 980～1000kg/m^3,黏度为 $1\times10^{-3}\sim40\times10^{-3}$Pa·s 条件下得到的。

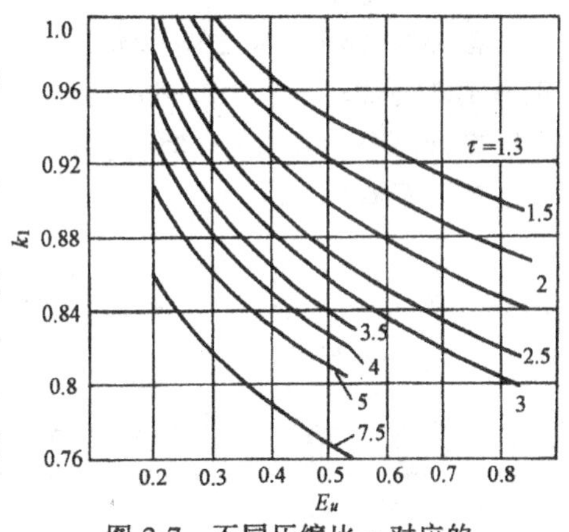

图 2-7 不同压缩比 τ 对应的 k_1 与 E_u 之间的关系

系数 k_2 可由下式确定

$$k_2=\frac{(1-\nu^2+\delta\xi/\psi)\psi}{2\xi(2\varepsilon+\delta)}\{[(8.37-0.465\text{ctan}\beta_2)\varepsilon-0.485]-3.59\mu_L\}, \tag{2-5}$$

式中 β_2——工作轮出口处叶片倾角(°);

μ_L——工作液的动力黏度(Pa·s)。

在 $\mu_L=1\times10^{-3}\sim80\times10^{-3}$Pa·s 及 $\rho_L=980\sim1000$kg/m^3 条件下,上述的经验公式(2-5)是正确的。

在计算系数 k_2 时,工作液体的黏度 μ_L 是受液环中液体的温度 T_{LK}决定的。

温度 T_{LK}是由下式求得的。

$$N_{\text{Ⅰ}}=N_{\text{Ⅱ}}+N_{\text{Ⅲ}}+N_{\text{Ⅳ}}$$

式中　N_{I}——供给液环泵的功率；

N_{II}——液环泵分配给工作液体的功率；

N_{III}——液环泵分配给气体的功率；

N_{IV}——真空泵表面向周围介质热交换损失的功率。

经验指出：液环泵的轴功率 N_e，$N_{\mathrm{I}}=N_e$，$N_{\mathrm{III}}+N_{\mathrm{IV}}=0.1N_e$。

对工作液体损耗的功率为

$$N_{\mathrm{II}}=C_L q_m(T_{LK}-T_{LB})$$

式中　q_m——经过液环的质量流量，kg/s；

C_L——平均比热，J/(kg·K)；

T_{LB}——液环入口处工作液体的温度，K。

因而得出

$$T_{LK}=\frac{0.9N_e+q_m C_L T_{LB}}{q_m C_L} \tag{2-6}$$

相对偏心 ε 对叶片插入深度 a 有较大的影响，当 ε 增加时，则 a 值缩小；当 ε 减小时，则 a 值增加。

液环泵的轴功率是由压缩气体的功率，液环运动消耗的功率和克服填料函，轴承处的摩擦所消耗的功率三项之和确定的。

在液环泵中，压缩气体的过程近似于等温压缩，利用等温效率来确定其能量利用的程度

液环泵有效的轴功率

$$N_e=N_{is}/\eta_{is} \tag{2-7}$$

式中　$N_{is}=p_A s_g \ln\tau$，气体等温压缩功率；

η_{is}——等温效率。

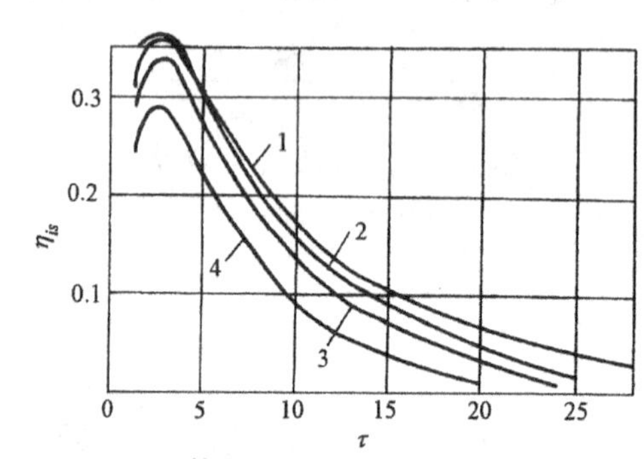

图 2-8　等温效率 η_{is} 和压缩比 τ 的关系曲线：1—$n=12.5\mathrm{s}^{-1}$；2—$n=14.17\mathrm{s}^{-1}$；3—$n=15.83\mathrm{s}^{-1}$；4—$n=18.33\mathrm{s}^{-1}$

对于液环泵 $\eta_{is}=0.30\sim0.45$，其效率如此低下是因为旋转液环消耗的功率为有效功率的 50%～60%。在图 2-8 上给出不同旋转频率下 η_{is} 和 τ 之间的关系曲线。

液环泵的主要几何尺寸，可按式(2-3)确定，首先要给出系数 λ 值：相对尺寸比 ξ 和 ν 值；工作轮缘圆周速度 u_2；以及 $\psi=0.65\sim0.85$(适于铸造叶轮)；$\psi=0.85\sim0.9$(适于焊接的叶轮)。确定 r_2，b_0，r_1 和 n 值。按式(2-4)计算 r_{22} 值，必须给出 $\varepsilon=e/r_2$、β_2、$\xi=b/b_0$ 各值。如图 2-9 所示，不带加强筋的叶轮 $\xi=1$；带加强筋的叶轮 $\xi=1.03\sim1.04$。若当计算Ⅱ—Ⅱ断面处叶片插入液环深度达不到，$a=2\sim7$mm 时，则要改变 ε、ν 或者 δ 值。

相对偏心 $\varepsilon=e/r_2$ 明显影响泵的等温效率 η_{is} 和泵的比功率 $N_s=N_e/s$(kW·s/m³)。若是缩小 ε 可使 a 增加，因而使抽速 s 降低，有效功率 N_e 也下降，但由于 N_e 下降得慢，而抽速下降得较快，因而 N_s 增加了，η_{is} 也下降了。若增大相对偏心 ε，N_s 要增加 η_{is} 要下降，因而不仅 s 降低了，而且 N_e 也增加了，这是因为叶片在进入液环时有冲击功率的消耗。综上所述，实际上

ε 有最佳值存在。即比功率 N_s 最小，等温效率 η_{is} 最大。

从理论上讲，叶片在液环内的插入深度 a 和间隙 d 均可等于零。但实际上，一定要保证 a 值，因为供应的工作液体压力可能波动，所以一定要保证叶片始终要插入液环中。

相对偏心量可预先选定值 $\varepsilon = 0.145 \sim 0.125$。最后，要保证叶片在液环中的插入深度 a 值，经计算得到 ε 值。

相对间隙 $\delta = \Delta / r_2$ 是根据实验数据在 0.011～0.03 范围内选取。若缩小相对间隙时，在泵体和转子之间的间隙内的流动损失要增加。若相对偏心不变，相对间隙增加，可能导致叶片脱离液环。

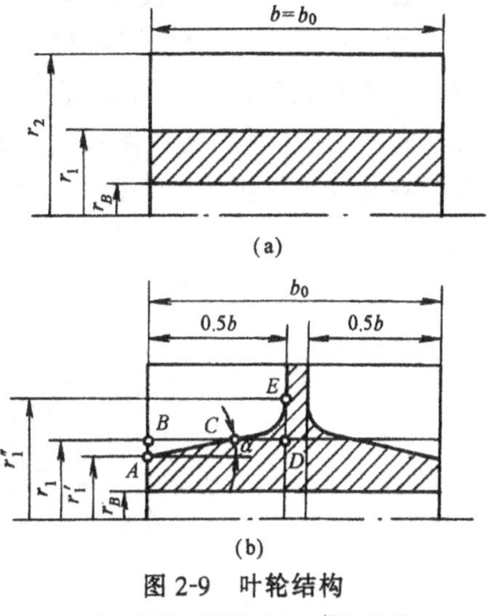

图 2-9 叶轮结构

(a)—不带加强筋；(b)—带加强筋

相对半径 $\nu = r_1 / r_2$，可在 0.4～0.55 范围内选取。当 $\nu \geqslant 0.5$ 时，会增加泵的尺寸，当 $\nu < 0.4$ 时，所需的轴径 r_B 在轮毂中难以布置。

叶轮的相对长度 $\chi = b_0 / r_2$，可在 1.3～2.2 范围内选取。

图 2-9(b)所示的轮毂倾角 $\alpha = 7° \sim 10°$ 中选取。因为沿叶轮的宽度上液环与轮毂之间的距离是中间大，两端小，如图 2-10 所示的这种液环的内表面形状时，轮毂作成倾斜的，会使间隙 d 内保存有较少的气体，因而经间隙 d 的返流量减少了。所以倾斜的轮毂比圆柱形轮毂好，可提高泵的抽速。

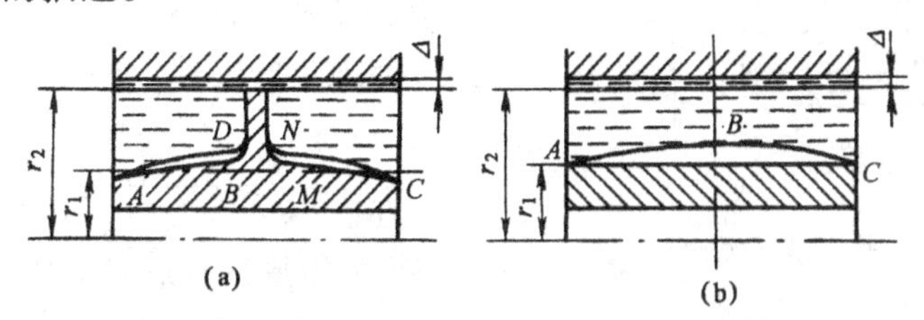

图 2-10 叶轮与泵体间剖面图

(a)—带加强筋(轮毂为倾斜的)；(b)—不带加强筋(轮毂为圆柱)

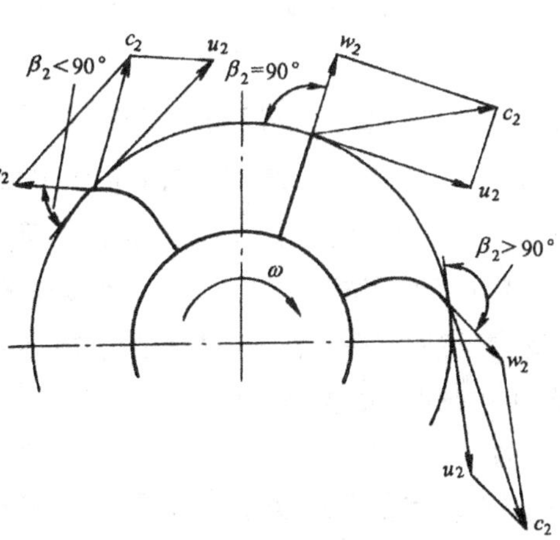

图 2-11 不同的 β_2 对应有不同的 c_2 值

叶片倾角 β_2 可在 135°～150°范围内选取。

在液环泵中，是靠液环获得的能量来压缩和排除气体的。在吸入侧叶轮传递给液环以能量($0° \leqslant \theta \leqslant 180°$)，液环得到的动能是与叶轮出口处液体的绝对速度 c_2 的平方成比例的。

绝对速度 c_2 在叶片向前弯取($\beta_2 > 90°$)时有最大值，如图 2-11 所示。

叶片可以是直的和沿半径弯曲的，实验研究结果指出：那种叶片向前弯曲的叶轮，在相同尺寸条件下有较大的抽速和较高的等温效率。

液体在液环处于叶片空间内的运动是复杂的。在叶轮的叶片的出口处，液体有牵连速度 u_2，

相对速度 w_2 和绝对速度 c_2(如图 2-11 所示)。

液体在无叶片空间的运动轨迹为 B(见图 2-5)在一次近似时,采用与泵体半径等距离,这样一来在无叶片空间的 A 点应该有速度 v_2,对液体运动轨迹 B 的切线方向。c_2 与 v_2 的速度差为 w_r。它可使液体从叶片出来到无叶片空间时形成旋涡,提高了携带液环的功率消耗。在吸入侧($0° \leqslant \theta \leqslant 180°$),当 $\beta_2 = 135° \sim 150°$ 范围内 w_r 速度较小(如图 2-12 所示)。

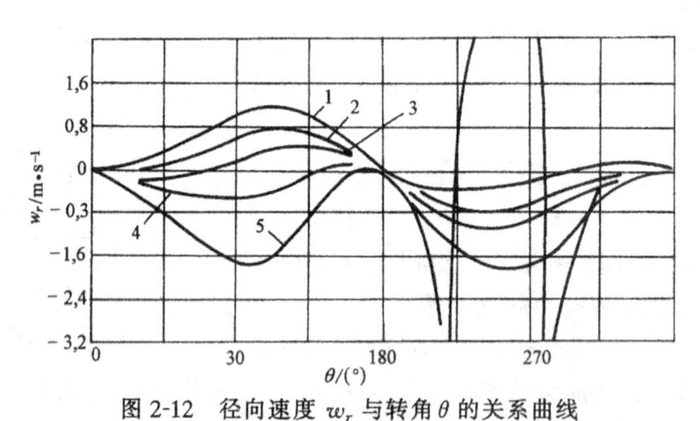

图 2-12 径向速度 w_r 与转角 θ 的关系曲线

1—$\beta_2 = 45°$;2—$\beta_2 = 90°$;3—$\beta_2 = 135°$;4—$\beta_2 = 150°$;5—$\beta_2 = 170°$

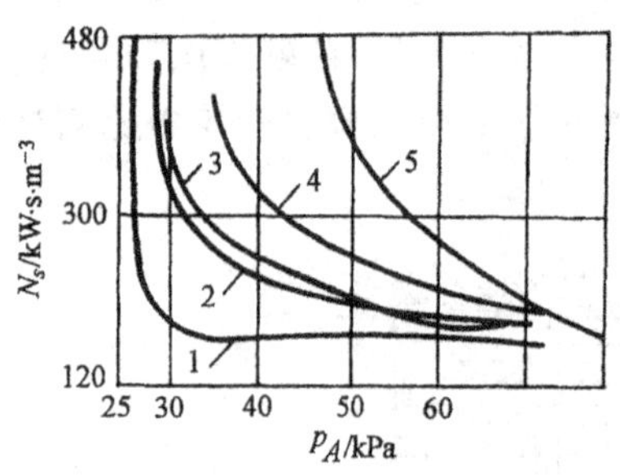

图 2-13 不同 β_2 条件下液环泵比功率 N_s 与吸入压力 p_A 的关系曲线 1—$\beta_2 = 150°$;2—$\beta_2 = 135°$;3—$\beta_2 = 90°$;4—$\beta_2 = 168°$;5—$\beta_2 = 45°$

液环泵的比功率 N_s(kW·s/m^3)与不同的 β_2 条件下吸入压力 p_A 有关系,如图 2-13 所示。当吸入压力 p_A = 40kPa 时 $\beta_2 = 150°$时比功率 N_s 最小。

工作轮边缘处的圆周速度 $u_2 = 2\pi r_2 n$ 受液环的稳定性和引发的气蚀现象所限制。因而,对于稳定的液环的最大速度 u_2 为:

$$u_2 = \sqrt{3p_V/\rho_L - 2p_A/\rho_L}/\varphi \tag{2-8}$$

式中 φ——叶片的数目和形状的影响系数。

$$\varphi = \sqrt{[1-(1-\nu)/(\pi \mathrm{ctan}\beta_2)]\mu_z}$$

其中 $\mu_z = \{1 - \pi\cos\beta_2/[2z(1-\nu)]\}^{-1}$

比功率 N_s 与速度 u_2 之间的关系中有最小值存在。u_2 的最佳值(比功率最小时)取决于真空泵的工作状态(吸入压力 p_A 和排气压力 p_V)、角度 β_2 及工作液体的黏度。如图 2-13 和图 2-14 所示。利用不同工作液体:水(ρ_L = 1000kg/m^3,μ_L = 1.002mPa·s)、邻位二甲酸二丁酯(ρ_L = 1043kg/m^3、μ_L = 10.02mPa·s)及真空泵油(ρ_L = 980kg/m^3,μ_L = 37.8mPa·s),所得的试验结果如图 2-14(b)所示,工作液黏度增加比功率也提高了。随着工作液体黏度的提高,u_2 的最佳值也会有所提高。对水的 u_2 最佳值为 13.5m/s,对邻位二甲酸二丁酯 u_2 的最佳值为 15.5m/s,对真空泵油 u_2 的最佳值为 16.5m/s。水与真空泵油的黏度相差约 40 倍。

工作液体的物性和温度对液环泵的抽气性能有较大的影响。

工作液体密度提高可使泵的抽速、功率提高。抽速的增量超过功率的增量,因而导致泵的效率有些提高,但不明显。

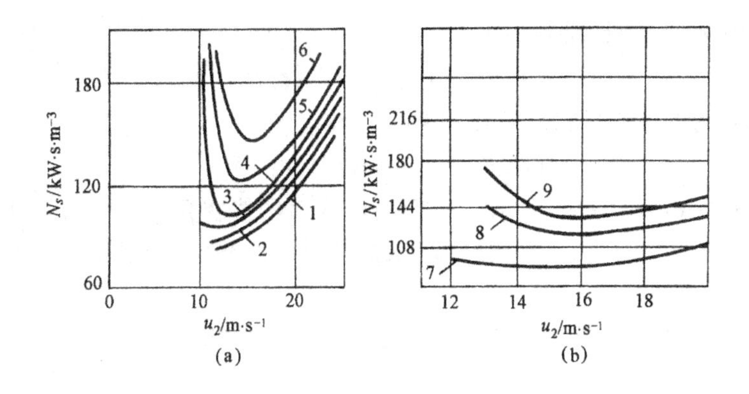

图 2-14 比功率 N_s 与圆周速度 u_2 的关系

(a)各种吸入压力下 N_s 与 u_2 的关系：

1—p_A = 80kPa；2—60kPa；3—50kPa；4—p_A = 30kPa；5—20kPa；6—10kPa

(b)几种液体情况下 N_s 与 u_2 的关系(吸入压力 $p_{A'}$ = 26.6kPa、排气压力 p_V = 98kPa)：

7—水；8—邻位二甲酸二丁酯；9—真空泵油

工作液体的黏度，如比水的黏度大的液体，会降低泵的抽速，有效功率增加，使比功率也会增加，降低了泵的效率。

为了降低黏度对效率的影响，在黏度增加时，必须要增加相对偏心量。这样，就使叶片在液环中插入深度不超过 2～7mm。工作轮边缘的圆周速度从 12～16m/s(对水的)增加到 15～20m/s(对黏度达 40mPa·s 数量级的工作液体)。

供给泵的工作液体的温度 T 明显地影响着泵的抽速，因而，当供水温度 T 为 288K (15℃)时，泵的抽速则为：

$$s = s_{288} k_T \tag{2-9}$$

式中 k_T——温度系数，它与水温和吸入压力有关，如图 2-15 所示；

s_{288}——液环泵在水温为 288K 时的抽速。

极限压力 p_0 与供水温度的关系如图 2-16 所示。

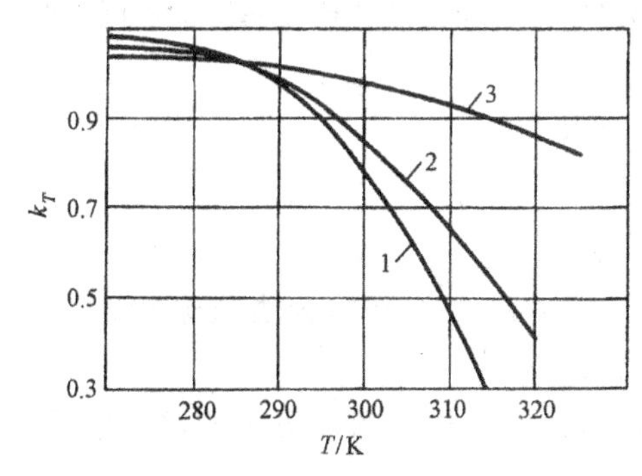

图 2-15 系数 k_T 与水温 T 的关系

曲线1—吸入压力 p_A = 0.01MPa；

2—吸入压力 p_A = 0.02MPa；

3—吸入压力 p_A = 0.04MPa

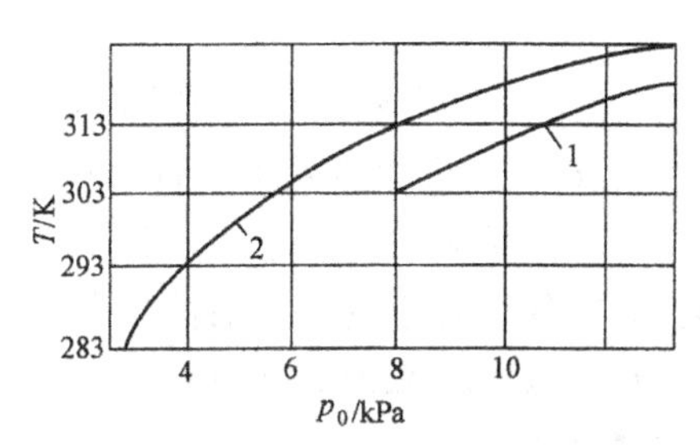

图 2-16 极限压力 p_0(kPa)与供水温度 T(K)的关系

曲线 1—为单级水环泵；

曲线 2—为双级水环泵

液环泵的吸入口与排气口的内边缘，可用半径 r_1 来描述，如图 2-9(a)(带圆柱形轮毂的叶轮)或用如图2-9(b)(带倾斜轮毂的叶轮)的半径 r'_1 来描述。吸气口与排气口的外缘，如

图2-5所示,可用 r_0 来描述,即用

$$r_0=0.5[(r_1+d)+(r_2-a)] \tag{2-10}$$

来确定液环内表面的平均形状。液环的偏心距为

$$e_1=0.5[(r_2-a)-(r_1+d)] \tag{2-11}$$

吸入口的起始角 φ_0,一般 $\varphi_0=(2\sim3)\beta$;吸入口的终止角 $\varphi_A=180°-0.5\beta$;排气口终止角 $\varphi_2=(1\sim1.5)\beta$;排气口的开始角 φ_p 取决于泵的压缩比,即当工作腔与排气口接通的瞬间,腔内压力达到排气压力。

当已知泵的压缩比 τ,排气口的开始角 φ_p 可用下式求得:

$$\cos(\varphi_p-180°)=\frac{r_2^2+e^2\left[R-\Delta-\dfrac{2e\psi}{\tau\sqrt{\psi^2-\dfrac{1}{\varepsilon_1}(\tau-1)}}\right]^2}{2r_2e} \tag{2-12}$$

$$\psi=\sqrt{\left[1+\frac{(1-\nu)}{\pi\tan(180-\beta_2)}\right]\mu_z} \tag{2-13}$$

式中　μ_z——叶片形状系数。

$$\mu_z=\frac{1}{1+\dfrac{\pi\sin(180-\beta_2)}{2z(1-\nu)}} \tag{2-14}$$

式中　β_2——叶片倾角(见图 2-11)。

其中 $\varepsilon_1=\dfrac{\omega^2r_2^2}{2gH_1}$,液环的动能与吸入压力的比值。$H_1$ 为吸入压力 p_A(Pa)以水柱高表示,其单位为 m。

在吸入压力 $p_A=15.5\sim2.5$kPa 时,若需抽除有腐蚀性的气体,易爆的气体、易燃的气体,含灰尘的气体和易分解的气体或排除油蒸气对被抽容器的污染,选用双级液环泵较为合理。

利用双级液环泵时,最重要的是要正确地选择其中间压力。比功率最小时的最佳的中间压力可按下式计算。

$$\tau_{\mathrm{I}}=4.19+0.07\tau_y \tag{2-15}$$

式中　τ_{I}——双级泵的第一级的排气压力与吸入压力之比;

τ_y——双级液环泵的排气压力与吸气压力之比。

对于双级液环泵:工作液体为水时,$\tau_y=5\sim16.2$;工作液体为真空泵油时,$\tau_y=5\sim50.7$。双级液环泵的第一级的压缩比 τ_{I} 可用式(2-15)计算。

在双级液环泵的第一级和第二级的压缩比确定之后,每级的计算可按单级液环泵的计算方法来确定。

若两级在一个泵体内,第一级的叶轮半径 r_2 和第二级叶轮的半径相同为好仍为 r_2。若想获得较高的效率,第一级边缘的圆周速度 u_2 要小于第二级叶轮的边缘的圆周速度 u_2。最佳的速度比 $u_{2\mathrm{II}}/u_{2\mathrm{I}}=1.15\sim1.35$($u_{2\mathrm{I}}$——第一级工作轮边缘的圆周速度;$u_{2\mathrm{II}}$——第二级工作轮边缘的圆周速度 m/s)。

在泵工作时,轴承的温度不应超过 328~330K。

2.4 液环泵的计算实例

已知数据：抽速 $s=0.2\text{m}^3/\text{s}$，吸入压力 $p_A=0.02\text{MPa}$，排气压力 $p_V=0.1013\text{MPa}$，被抽气体为空气，其温度 $T=293\text{K}$；工作液体为水，入口水温为 288K，水耗量为 $0.75\times10^{-3}\ \text{m}^3/\text{s}$。

要求确定液环泵所需的几何尺寸和所需的功率。

具体的计算过程如下：

1）抽速：$s=0.2\text{m}^3/\text{s}$ （给定）

2）压力：

吸气压力 $p_A=0.02\text{MPa}$ （给定）

排气压力 $p_V=0.1013\text{MPa}$ （给定）

3）吸入空气温度：$T=293\text{K}$ （给定）

4）压缩比：$\tau=p_V/p_A=5.1$

5）抽气系数：$\lambda=0.75$（见图 2-6）

6）几何抽速：$s_g=s/\lambda=0.267\text{m}^3/\text{s}$（见式 2-3）

7）叶轮的相对宽度：$\chi=2$ （选取）

8）叶片宽度影响系数 $\psi=0.75$ （选取）

9）叶轮半径比：$\nu=r_1/r_2=0.4$ （选取）

10）轮缘处圆周速度：$u_2=16\text{m/s}$ （选取）

11）叶轮计算的外缘半径 r_2：

$$r_2=\sqrt{\frac{2s_g}{\psi\chi u_2(1-\nu^2)}}=0.163\text{m}$$

12）叶轮的外半径：$r_2=0.16\text{m}$ （选取）

13）轴的计算旋转频率：$n_p=u_2/(2\pi r_2)=15.92\text{s}^{-1}$

14）泵轴的旋转频率：$n=16.7\text{s}^{-1}$（选等于电动机轴的旋转频率）

15）等温压缩功率：$N_{is}=p_A s_g \ln\tau=8.7\text{kW}$

16）等温效率：$\eta_{is}=0.275$（见图 2-8）

17）泵轴有效功率：$N_e=N_{is}/\eta_{is}=31.6\text{kW}$

18）轮毂平均半径：$r_1=\nu r_2=0.064\text{m}$

19）轮缘的圆周速度：$u_2=2\pi r_2 n=16.78\text{m/s}$

20）相对间隙：$\delta=0.0125$ （选取）

21）轮的相对长度：$\xi=1.04$ （选取）

22）相对偏心：$\varepsilon=0.145$ （选取）

23）叶片出口倾角：$\beta_2=150°$ （选取）

24）工作液体的密度：$\rho_L=10^3\text{kg/m}^3$ （已知）

25）工作液体的黏度：$\mu_L=10^{-3}\text{Pa·s}$ （已知）

26）欧拉准则：$E_u=(p_V-p_A)/(\rho_L u_2^2)=0.29$

27）系数 k_1：$k_1=0.86$（见图 2-7）

28）系数 k_2:利用式(2-5)得 $k_2=0.86$

29）半径 r_{22}:按式(2-4)得 $r_{22}=0.1535\text{m}$

30）叶片在液环内插入深度:$a=r_2-r_{22}=0.0065\text{m}$

31）计算偏心距:$e_p=\varepsilon r_2=0.0232\text{m}$

32）偏心距:$e=0.023\text{m}$ （选取）

33）相对偏心:$\varepsilon=e/r_2=0.1437$

34）半径 r_{22}:按式(2-4)得 $r_{22}=0.153\text{m}$

35）叶片在液环中插入深度:$a=r_2-r_{22}=0.007\text{m}$

36）泵体内半径:

$$R=0.5(2r_2+\Delta+2\varepsilon)=0.184\text{m}$$

37）叶轮宽度:$b_0=\chi r_2=0.320\text{m}$

38）比功率:$N_s=N_e/s=158\text{kW}\cdot\text{s/m}^3$

39）计算几何抽速 s_{gp}:按式(2-1)得 $s_{gp}=0.27\text{m}^3/\text{s}$

40）几何抽速的计算误差:

$$E=\frac{s_{gp}-s_g}{s_g}\times 100=1\%$$

41）断面Ⅰ—Ⅰ处液环内半径(r_1+d):

$$(r_1+d)=\frac{r_1}{k_1}=0.074\text{m}$$

42）叶轮和泵壳间最小间隙:

$$\Delta=\delta r_2=0.002\text{m}$$

43）体壳宽度:$b=\xi b_0=0.333\text{m}$

44）叶轮的叶片数目 $z=16$ （选取）

45）叶片间夹角:$\beta=360°/16=22.5°$

46）液环内表面半径:

$$r_0=0.5[(r_1+d)+(r_2-a)]=0.1135\text{m}$$

47）液环内表面的偏心距:

$$e_1=0.5[(r_2-a)-(r_1+d)]=0.0395\text{m}$$

2.5 液环泵的使用与注意事项

液环泵,一般来说所用的工作液体都是水。作用在转子叶轮上的能量被液体接收并传给被压缩的气体,这样就造成了水环的温度升高。水环的部分水与气体一起压缩排除泵外。在压缩过程中产生的大部分热量被带走。因而需要不断地补充新鲜的水,以使水环泵的工作温度保持恒定。在多数的水环泵中,其工作温度约为 15～20℃,它取决于所补充水的温度。

实际上,水环泵的极限压力并不十分重要,因为不同的液体,在压力低于 50～60hPa 时,会发生气蚀现象,泵的部件会遭到损坏。

当泵接近极限压力时,抽速很低,泵入口处的水开始沸腾。当转至泵的出口时,形成的气泡开始破裂。这样就会产生很大的噪声，同时泵的驱动轮和泵腔等部件被逐渐破坏。这种现象通常称作气蚀现象。一旦气蚀现象发生，就要通过小阀引入少量的新鲜空气。在这种情况下，在入口管道上开个小孔，以便定量地加入些新鲜的气体，如果使用气体喷射器，气蚀现象就不会产生了。

单级水环泵只适于入口压力为130～1013kPa的压力范围，压缩比约为1∶7。若入口压力低于130kPa时，推荐使用双级水环泵。在双级泵中两个泵腔串联接通，工作腔的容积比约为2.5∶1。

这种双级水环泵的抽速与入口压力之间的关系如图2-17所示。

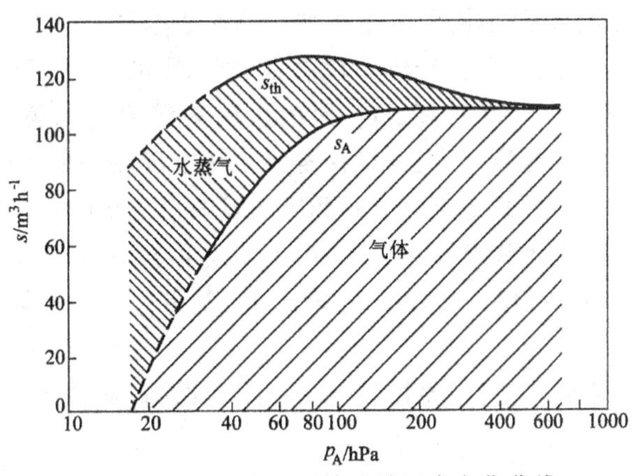

图2-17　双级液环泵抽速随压力变化曲线

s_A—有效抽速；s_{th}—几何抽速；工作温度—$t=15℃$

双级水环泵的极限压力取决于水的蒸气压力。假设在泵工作温度下的水蒸气压力为p_{H_2O}，入口压力为p_A，几何抽速为s_{th}，那么根据经验，在压力低于130hPa时，泵的有效抽速为

$$s_A = s_{th}(1 - p_{H_2O}/p_A)$$

考虑到油的蒸气压较低，双级液环泵也可以使用油作为泵的工作液体，因而可获得较低的极限压力。但是，在需要抽除大量水蒸气的时候，特别在粗抽和精抽的情况下，因为油易于吸水形成一种乳化液，故液环泵在这种情况下很少使用油作为泵液。如果使用油作为泵液，在泵上还要配备一个油冷却装置，以便散除压缩热。

很少使用三级或多级的液环泵。然而，液环泵常和气体喷射器、水喷射器和罗茨泵串联使用。

在这种情况下可获得更低的极限压力。气体喷射器的工作气源多为大气压力下的空气或在大气压力下，工作时不凝结的其他气体。

液环泵做气体喷射器的前级泵，如果气体喷射器的吸气阀关闭，液环泵的吸气压力应在气蚀压力范围之外。因此，带有气体喷射器的液环泵可以达到零流量。

为了保证压缩热被带走，泵工作时需不断向泵内供水。如果水变得太热，水蒸气压升高，泵的极限压力就会受到影响。此外，在排气时和密封处都会有水的损失，所以也要补充新水。泵抽除带有水分的气体，水和气体常由气水分离器分开。

3 往复式真空泵

3.1 概述

往复式真空泵(简称往复泵)又名活塞式真空泵,属于低真空获得设备之一。它与水环真空泵相比较,具有真空度高、消耗功率低等优点;与旋片真空泵相比较,它能被制成大抽速的泵。这种泵的主要缺点是结构复杂,老式泵带有牵引移动配气装置。近年来,在改进往复泵结构方面做了不少工作,采用固定气阀代替移动气阀,减化了结构,改善了性能。除此之外,国内外对降低往复泵的功率消耗,减少泵的振动噪声,提高转速,缩小体积等方面都做了不少工作。随着科学技术的发展,无油式往复泵也正在成熟并走上市场。

往复式真空泵从结构形式上可分立式和卧式两种;从级数上可分单级、双级和四级泵;从抽气方式上可分为单作用和双作用;从润滑方式上可分有油的和无油的。一般单级泵可获得极限压力为1330~2660Pa,双级泵极限压力可达4~7Pa,三级泵极限压力可达0.1~2.6Pa。

往复式真空泵的用途广泛,主要用在石油、化工、医药、食品、轻工、冶金、电气、宇航模拟等领域。

3.2 往复泵的结构和工作原理

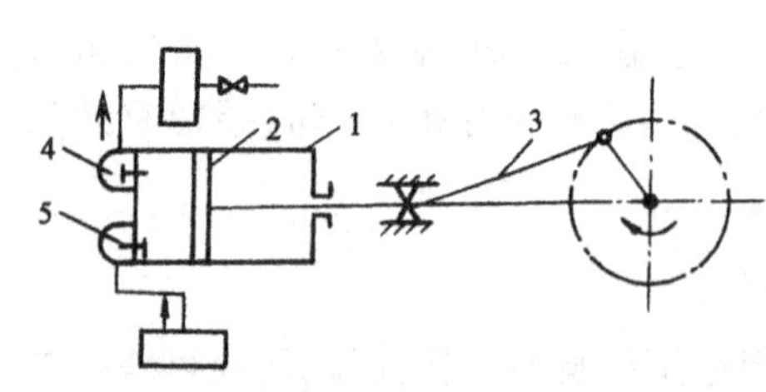

图 3-1 往复泵的结构和工作原理图
1—气缸;2—活塞;3—曲柄连杆机构;
4—排气阀;5—吸气阀

往复泵的结构和工作原理如图3-1所示,主要部件有气缸1及在其中做往复直线运动的活塞2,活塞的驱动是用曲柄连杆机构3(包括十字头)来完成的。除上述主要部件外还有排气阀4和吸气阀5等重要部件,以及机座、曲轴箱、动密封和静密封等辅助部件。

运转时,在电动机的驱动下,通过曲柄连杆机构的作用,使气缸内的活塞做往复运动。当活塞在气缸内从左端向右端运动时,由于气缸的左腔体积不断增大,气缸内气体的密度减小,而形成抽气过程,此时被抽容器中的气体经过吸气阀5进入泵体左腔。当活塞达到最右位置时,气缸左腔内就完全充满了气体。接着活塞从右端向左端运动,此时吸气阀5关闭。气缸内的气体随着活塞从右向左运动而逐渐被压缩,当气缸内气体的压力达到或稍大于一个大气压时,排气阀4被打开,将气体排到大气中,完成一个工作循环。当活塞再自左向右运动时,又重复前一循环,如此反复下去,被抽容器内最终达到某一稳定的平衡压力。

3.3 往复泵的主要性能参数

3.3.1 抽气速率

往复泵的名义抽速 s_d 可表示为

$$s_d = s_t \cdot \eta_c \tag{3-1}$$

对于单作用的往复泵几何抽速 s_t 为

$$s_t = \frac{\pi}{4} D^2 \cdot S \cdot n \cdot i \tag{3-2}$$

对于双作用的往复泵理论抽速 s_t 为

$$s_t = \frac{\pi}{4}(2D^2 - d^2) \cdot S \cdot n \cdot i \tag{3-3}$$

抽气效率 η_c 可表示为

$$\eta_c = \lambda_V \cdot \lambda_p \cdot \lambda_T \cdot \lambda_L \tag{3-4}$$

上述各式中 s_t 亦称气缸行程容积，m^3/min；D 是气缸直径，m；d 为活塞杆直径，m；S 为活塞的行程，m；n 为曲轴转速，r/min；i 是并联抽气缸数；λ_V 为相对容积系数；λ_p 为吸气压力系数；λ_T 为吸气温度系数；λ_L 为泄漏系数。

影响抽速的因素较多，这里仅就几个系数的取值讨论如下：

1) λ_T 的取值。λ_T 主要是考虑在吸气过程中，由于气缸和活塞表面对吸入气体的加热，残余容积中排气时已被加热的残余气体的热量带入，进气过滤器阻力损失转换成热量等引起吸气终了时气缸中气体温度将高于进气管中气体温度，使实际吸气量减少。这部分影响很难计算，一般按经验取 $\lambda_T = 0.97 \sim 0.99$。

2) λ_p 的取值。由于进气阀弹力和进气过滤器阻力，气道各部分阻力的影响，使气缸进气压力 p'_s 低于进气压力 p_s，推荐取 $\lambda_p = 0.8 \sim 0.85$。

3) λ_V 的确定。由图 3-2 真空泵的实际示功图可见，在吸气行程开始时，余隙容积 V_0 中的高压气体首先膨胀到低于吸气管道中的吸气压力 p_s 的 d 点时，气缸才开始吸气，直至吸气终了。图 3-2 中气缸余隙容积 V_0 中的气体在吸气过程中膨胀所占的体积为 $\Delta V'$，实际吸气的容积为 V'_s。$\lambda_V = \dfrac{V'_s}{V_h} = \dfrac{V_h - \Delta V'}{V_h}$，$V_h$ 表示行程容积，λ_V 则反映了余隙容积 V_0 对吸气量的影响，V'_s 表示考虑余隙膨胀影响后的吸气容积。

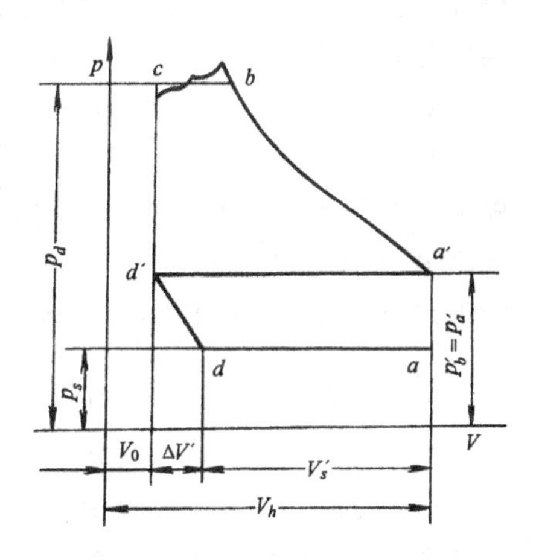

图 3-2 真空泵的实际示功图

λ_V 的数值可由式(3-5)求出。式中 α 为相对余隙容积系数，其定义为 $\alpha = V_0/V_h$；m 为多变指数，$m = 1.2$；p_s 为吸气压力，Pa；p'_d 为瞬时平均压力，如图 3-2 所示，$p'_d = p'_s$。

$$\lambda_V = 1 - \alpha\left[\left(\frac{p'_d}{p_s}\right)^{\frac{1}{m}} - 1\right] \tag{3-5}$$

影响 λ_V 的因素有：1) 实际平均排气压力 p_d。排气阀的阻力损失越大，则 p_d 越大，p'_d (p'_s)也越大，λ_V 就变小。2) 相对余隙容积 α。α 越大则 p'_d 越大，λ_V 就越小。如果取 $\lambda_p = 0.82$，$\lambda_T = 0.98$，$m = 1.2$，$p_s = 2.67 \times 10^3$Pa，$p_d = 1.064 \times 10^5$Pa，则 α 对 p'_d(p'_s)和 λ_V 的影响如表 3-1 所示。3) 极限压力越低，即吸气压力 p_s 越小，尽管 p'_s(p'_d)也变小，但因 p_s 变得更小，所以 λ_V 变小，p_s 对 p'_s 和 λ_V 的影响如表 3-2 所示。4) 吸气压力系数 λ_p。吸气损失

愈大，则 p_s 愈小，λ_V 愈小。温度系数 λ_T。当余隙 V_0 中的气体经过平衡通道向吸入侧膨胀时，如气缸冷却效果较好，则 λ_T 较大，$p'_s(p'_d)$较大，λ_V 就较大。

表 3-1　α 对 p'_s、λ_V 的影响

α	0.1	0.08	0.06	0.04	0
p'_s/Pa	8.38×10^3	6.92×10^3	5.85×10^3	4.66×10^3	2.26×10^3
λ_V	0.793	0.871	0.923	0.965	1

表 3-2　p_s 对 p'_s、λ_V 的影响

p_s/Pa	5.32×10^3	3.99×10^3	2.66×10^3	1.33×10^3	0.67×10^3
p'_sPa	9.31×10^3	8.14×10^3	6.92×10^3	5.72×10^3	4.92×10^3
λ_V	0.93	0.91	0.871	0.762	0.58

4）λ_L 的确定。由于排气时活塞环密封不严造成向大气和导向套一侧泄漏，进气阀延时关闭和关阀不严向进气管的泄漏，吸气时排气阀延时关闭和关闭不严向气缸内的泄漏，排气阀座密封不严向气缸内泄漏和填料函的泄漏等原因，将减少泵的实际吸入气体量。对真空泵而言应考虑具体结构而定，一般可取 $\lambda_L=0.85\sim0.95$。

3.3.2　极限压力

当泵的吸气量为零时，此时，泵入口的压力值称为极限压力。通常滑阀式往复泵真空度较高，固定阀的往复泵真空度较低。这里以固定环状阀立式往复泵为例，讨论影响真空度的因素和解决办法。

3.3.2.1　吸、排气阀的阻力损失

吸、排气阀的阻力损失愈小，则泵的耗能小、温升小，可提高相对容积系数 λ_V，降低泵的极限压力。具体措施是：1）设计超薄型气阀，阀盖、阀座减薄之后减小了气道长度，缩小了流动阻力，减少了阀孔造成的余隙容积。2）尽可能设计大直径的气阀，以增大气阀中气流通道面积，减小阀隙气速，日本规定设计真空泵气阀的气速 $c_V<30$m/s，我们可以借鉴。$c_V=\dfrac{F\cdot c_m}{f}$，式中 F 为活塞工作面积；c_m 为活塞平均线速度；f 为阀隙通道面积，与阀片平均直径、阀片个数、阀片升程 h 有关。升程 h 的大小主要受 c_V 和阀片关闭时的撞击速度限制。往复泵气阀的升程一方面要考虑阀隙速度 c_V 不能太大，以减少阻力损失，另一方面更重要的是要保证阀片能在接近极限压力时仍能及时启闭，以免影响真空度。3）弹簧力太大，气阀的阻力大；弹簧力太小，阀片又不能及时关闭。所以，弹簧力大小要设计得恰到好处。往复泵为保证足够高的真空度，对采用移动阀的真空泵或采用固定阀而缸体上开平衡气道的真空泵都倾向采用低转速、长行程。对吸气阀而言，所存在的问题是吸气行程快接近终了时，由于平衡气道的作用，高压侧余隙容积中的气体流向吸气侧，使吸气侧气体压力升高，会有部分气体通过吸气阀返回到吸气管道中。当活塞返程压缩缸中气体时，若吸气阀迟后关闭，返回到吸气管中的气体会更多，从而影响极限压力，从这一点出发，吸气阀的弹簧力应稍大些好。但从吸气的角度看，要求到达极限压力时，即活塞移到吸气行程终了之前时，吸气阀能打开，有一些气体吸进气缸内，从而提高真空度，这就要求吸气阀的弹簧力不能太大。这是矛盾的，采用平衡通道的真空泵此矛盾更突出。处理的方法是在保证吸气阀不太迟后关

闭的情况下尽可能取小的弹簧力,以便减小吸气阀的阻力损失。对排气阀而言,在接近极限压力时,排气阀要能及时打开,利于排出气体,这就要求弹簧力不能太大。排气终了,活塞回程时,由于平衡通道的作用,余隙容积中的气体压力很快下降,排气阀在内外压差较大的情况下易于关闭,不会产生迟后关闭现象。因此,弹簧力可以取得小些,以便减少排气阀的阻力损失。4) 采用超薄型环状阀片,以减轻其重量,有利于在压差较小时能够开启,达到降低极限压力的目的。

3.3.2.2　余隙容积 V_0

余隙容积对真空度的影响很大,设计时应尽可能减小余隙容积。减小余隙容积的措施有:1)轴向布置气阀,适于气缸直径较大,轴向能布置气阀的情况。2) 气阀尽可能布置得靠近气缸中心,不产生偏置,否则会增加余隙容积。3)采用超薄型气阀、阀盖、阀座,使气阀通道造成的余隙较小。4) 气阀装到阀腔以后,气阀内凸表面与缸盖平齐,以减小余隙容积。5) 活塞到外止点时,活塞螺母与螺母腔之间的空隙取得小一些,以减小余隙。6) 活塞到内、外止点时,活塞端面与缸盖或填料箱之间的止点间隙取小一些(如 0.8mm)。7)活塞上、下活塞环沟槽外缘厚度取得较小,例如图 3-3 中只有 2.5mm 厚,目的也是减小余隙容积。8) 平衡通道的横断面积 f_0 在保证平衡气流畅通的情况下不易取得太大,否则会影响余隙容积。

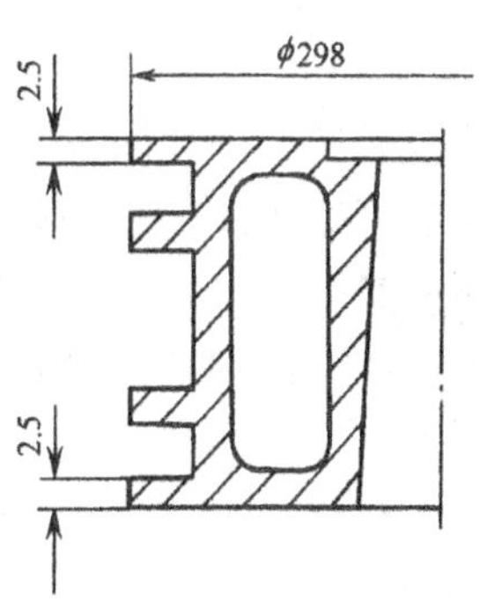

图 3-3　活塞示意图

日本设计真空泵时取相对余隙容积 $\alpha=0.015\sim0.025$,一般设计取 $\alpha\leqslant0.03$。

3.3.2.3　曲轴的转速及活塞行程

往复泵的转速不宜太高,特别是采用移动阀式和采用平衡通道的固定阀式真空泵,转速更不能高。因为转速高了以后,在一定的抽气速率下,行程就短,为装气阀缸径又不能太小,则会引起余隙容积增大,膨胀线和压缩线变短,对提高真空度不利。特别是转速快了以后,平衡通道的作用就不明显,来不及平衡气体。转速太高以后,气阀的动作也跟不上,易产生滞后现象,不利于真空度的提高。日本对移动阀的往复泵,曲轴转速规定不能超过 250r/min,对不开平衡气道的固定阀真空泵,曲轴转速也不能超过 500r/min。活塞的平均线速度 $c_m=\frac{s\cdot n}{30}$不应大于 1.85m/s。

行程与缸径之间关系,日本规定 $D/S=1.5\sim3.5$,为保证往复泵的真空度,行程 S 不能太小,否则真空度不会高。

为提高往复泵的真空度,应该采用低转速、长行程。

3.3.2.4　填料密封的性能

填料密封性能的好坏对泵的真空度影响较大,密封不好,空气会漏入气缸,降低泵的真空度。日本设计的无油润滑往复式真空泵的填料采用了 5 道密封环,如图 3-4 所示,隔环采用 L 形,密封性能较好。国内采用 5 道填充聚四氟乙烯密封环,在填料的外侧还设置了两道刮油环,以阻止机身中的油进入气缸,如

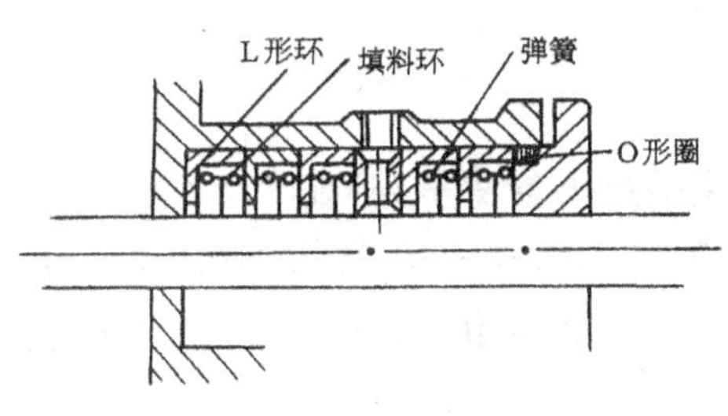

图 3-4　日本真空泵用填料密封

图 3-5 所示。

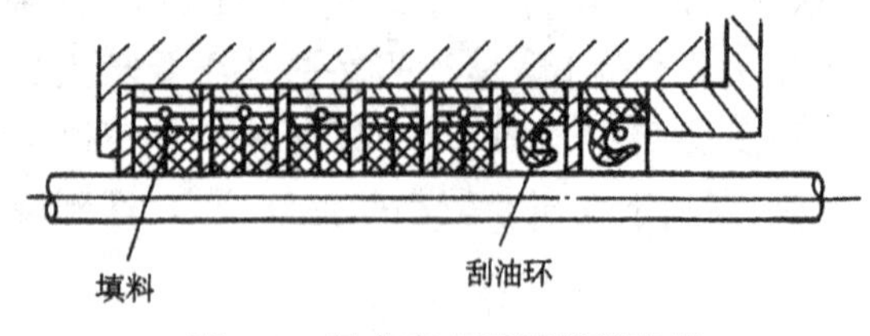

图 3-5 国产真空泵用填料密封

3.3.2.5 活塞环的密封

活塞环的密封好坏对真空度的影响也很大。对无油润滑的往复式真空泵，日本采用 2 道填充聚四氟乙烯环或石墨作为活塞环，如图 3-6 所示。活塞环为开式，环内孔处加了张力环，以保证活塞环的弹力，提高密封效果。另外还设置了 2 道导向环（或称支承环），导向环为整圈式。图 3-7 采用了 4 道活塞环和 1 道导向环，密封性能较好，二级抽气真空度可达 104.5Pa。国内 LVP 型真空泵采用的活塞环如图 3-8 所示，活塞环槽为两个，每槽中放两个活塞环。活塞环采用填充聚四氟乙烯材料，活塞环内侧加了张力环。这种结构的优点是既保证了密封效果，又减小了活塞的轴向高度。

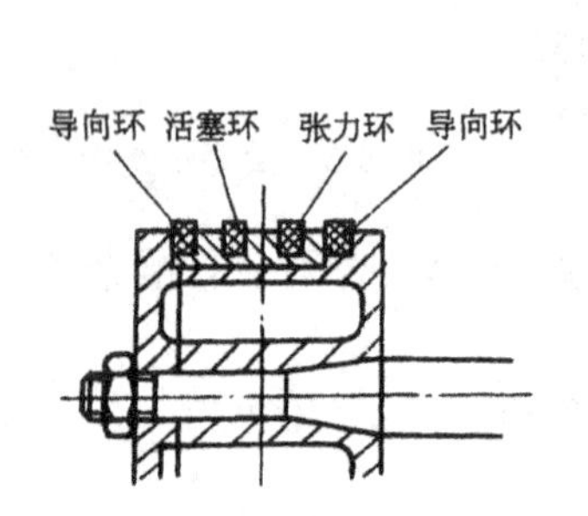

图 3-6 日本采用的活塞环

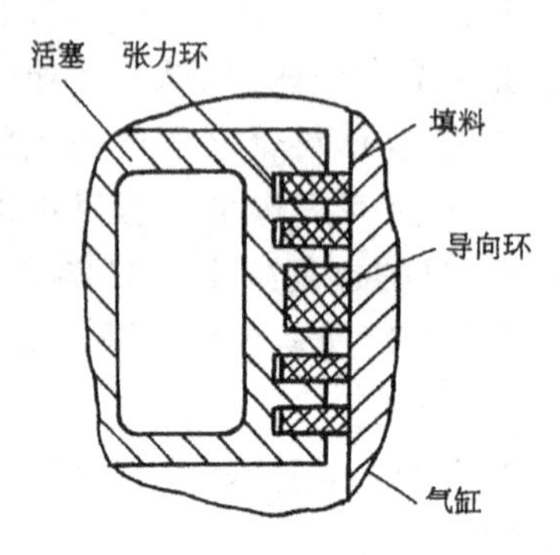

图 3-7 VWP 泵采用的活塞环

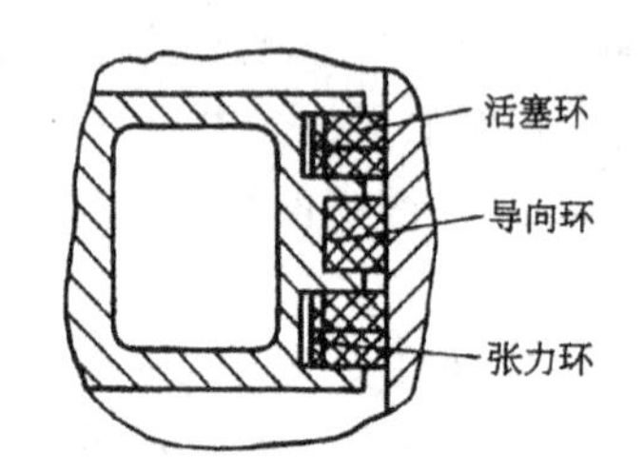

图 3-8 LVP 泵采用的活塞环

3.3.3 泵所需的功率

往复泵所需功率可以通过图 3-2 求出实际示功图的面积来计算。为了计算简便，这里给出从理想示功图推导而来的计算公式：

$$N = 1.66 \times 10^{-5} p_s s_t \frac{m}{m-1}\left[\left(\frac{p_d}{p_s}\right)^{\frac{m-1}{m}} - 1\right]\lambda_V \tag{3-6}$$

式中 N——往复泵所需功率，kW；

p_s——吸气压力，Pa；

p_d——排气压力，Pa；

s_t——泵的几何抽速，m^3/min；

m——多变指数，$m = 1.2 \sim 1.3$；

λ_V——相对容积系数。

对往复泵来说，利用式(3-6)可计算出不同入口压力 p_s 下的功率，但对设计者来说为正确选择电机，需知道泵所需的最大功率。一般真空泵的排气压力 p_d 可视为常数，其值稍大于一个大气压，且与排气阀弹簧有一定关系，这里取 $p_d = 1.07 \times 10^5$Pa，因此 N 仅与吸气压力 p_s 有关，令 $\frac{\partial N}{\partial p_s} = 0$，即可求出 N_{max}。利用式(3-6)，则得：

$$\frac{1}{m}\left(\frac{p_d}{p_s}\right)^{\frac{m-1}{m}}-1=0,\frac{p_d}{p_s}=m^{\frac{m}{m-1}}$$

$$p_s=m^{-\frac{m}{m-1}}p_d \tag{3-7}$$

当 $p_d=1.07\times10^5$Pa，$m=1.2$ 时，可求得 $p_s=3.6\times10^4$Pa 时 N 出现最大值，若 $m=1.3$ 时则可求得 $p_s=3.4\times10^4$Pa 时 N 出现最大值。

以上计算的值仅为往复泵气缸、活塞进行气体压缩所需的功率，由于往复泵有曲轴连杆等传动部件及各动密封间摩擦损失，所以电机通过皮带轮传给曲轴部分的功率应大于 N，若把各摩擦件的传动损失均考虑在机械效率内，则有 $N_{轴}=\frac{N}{\eta_{机}}$。通常选 $\eta_{机}=0.7\sim0.85$。若往复泵采用皮带传动，需考虑皮带传动损失 $\eta_{皮}$，一般可选 $\eta_{皮}=0.96\sim0.99$。

除此之外，泵的内泄漏、冷却温度、运动负荷的波动、吸气状态突然变化等因素无法用数值关系表示，可参考往复式压缩机，将电机功率增加 5%～15%。因此，往复泵的电机功率可表示为：

$$N_{电}=(1.05\sim1.15)\frac{N_{\max}}{\eta_{机}\cdot\eta_{皮}} \tag{3-8}$$

3.4　往复泵气阀的设计

往复泵过去大都采用强制滑阀配气，其体积大，结构复杂。60 年代以来逐渐改用固定式进、排气阀，这些气阀属于自动阀类型，是往复泵中重要且易损部件。气阀的工作好坏直接影响往复泵的极限压力、抽气速率、功率消耗以及运行的可靠性。

目前在往复泵上使用的固定式气阀主要有环状阀和舌簧阀两种。

3.4.1　环状气阀

环状阀如图 3-9 所示，其最易损坏的元件是阀片和弹簧。

3.4.1.1　气阀的阻力损失计算

由于气阀的节流作用，气体流经气阀会产生压力降 Δp，Δp 与气体流过阀座通道、阀隙通道（即阀片与阀座之间的通道）、阀挡（升程限制器）通道的速度平方成正比，也与气流的转折情况及气体密度有关。由于阀隙通道面积最小，通过阀隙的气流速度 c_V 最大，所以控制阀隙速度是减少阻力损失的重要途径。因为真空泵中气体压力低，气缸冷却状况良好，因而可视为理想气体。借用活塞式压缩机的公式计算瞬时压力损失。

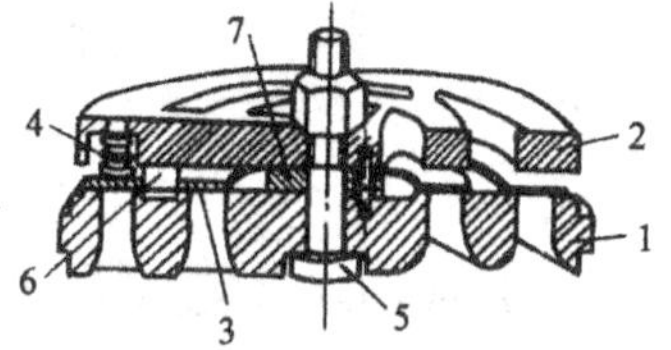

图 3-9　环状气阀

1—阀座；2—阀挡；3—阀片；4—弹簧；5—螺栓；6—导向块；7—垫片

$$\Delta p=\xi\frac{k\pi^2}{8}p\left(\sin\theta+\frac{\lambda}{2}\sin2\theta\right)^2M^2 \tag{3-9}$$

式中　M——气体在阀隙的平均马赫数，$M=\frac{c_V}{a}$，（而 $a=\sqrt{KRT}$，R 为气体常数，T 为温度）；

K——气体的绝热指数，对空气 $K=1.4$；

λ——特定系数，立式往复泵常取 $\lambda=0.25$；

ξ——气阀阻力系数，$\xi=1.5+2.4\frac{2h}{b}$，（h 为升程，b 为阀座通道宽度）；

p——流经气阀的气体压力；

θ——曲柄转角。

因为活塞速度是变化的，故气流通过气阀的速度及由此而产生的压力损失也是变化的，其最大值产生在$\frac{\mathrm{d}(\Delta p)}{\mathrm{d}\theta}=0$时，对(3-9)式微分可得出$\theta=77.01°$时$\Delta p_{\max}=1.83\xi pM^2$。

对排气阀，若温度为313K，则$\Delta p_{d_{\max}}=0.0233\xi p_d$；对吸气阀，若进气温度为293K，则$\Delta p_{s\max}=0.0249\xi p_s$。

3.4.1.2　排气压力的确定

排气阀的模型如图3-10所示。设排气阀由全闭被打开，则阀片受力有如下关系式：

$$p\pi BD+F\leqslant p_d\pi Db+F_{p_d} \tag{3-10}$$

式中　F_{p_d}—气流冲力。

据动量定理：$F_{p_d}=m_s(w_1-w_2)$

式中　w_2——阀速度，$w_2=c_V$；

w_1——阀座速度，$w_1=(0.3\sim0.85)c_V$；

m_s——质量流率，$m_s=\frac{p_d}{RT}\cdot\pi Dbw_1$。在$w_1$方向上，认为$w_2=0$，则$F_{p_d}=m_sw_1=\frac{p_d}{RT}\cdot\pi Dbw_1^2$，代入(3-10)式得

$$p\pi DB+F\leqslant p_d\pi Db+\frac{p_d}{RT}\pi Dbw_1^2$$

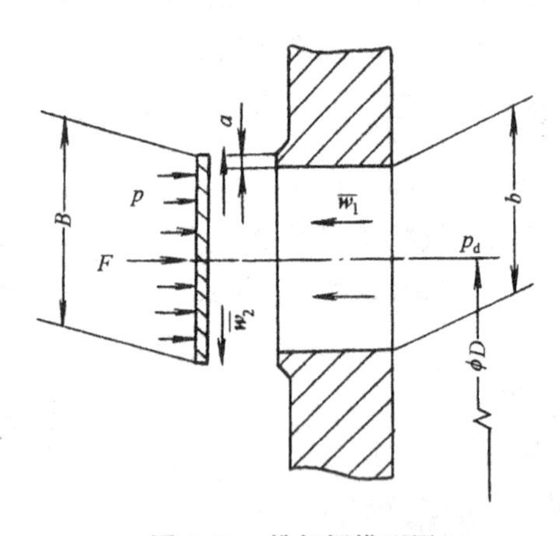

图3-10　排气阀模型图

b—阀座通道宽度(m)；B—阀片宽度(m)；
p—大气压力(Pa)；　D—阀片中径(m)；
p_d—排气压力(Pa)；　F—弹簧力(N)；
a—阀座密封口宽度(m)

因为真空泵排气的特点，弹簧力F由p_d决定，其值不大，为简化计算，忽略不计。用式(3-10)的等式，并注意到$B=b+2a$，则

$$p\pi D(b+2a)=p_d\pi Db+\frac{p_d}{RT}\pi Dbw_1^2\text{，取 }T=313\text{K 则}$$

$$p_d=0.987p\left(1+\frac{2a}{b}\right) \tag{3-11}$$

从式(3-11)知，排气压力p_d是阀密封口a的增函数，是阀座通道宽度b的减函数。

3.4.1.3　气阀弹簧的设计

对气阀弹簧力有两个相互矛盾的要求。一是希望在阀片开启瞬时弹簧力小，以利于减少阀片开启所需压力差，降低循环功耗及噪声，减少对阀座的冲击；二是为减少阀片对阀挡的冲击以保证及时关闭，又要求在气阀全开状态具有一定的弹簧力。气阀在正常工作时，阀片上的弹簧力和气流推力应匹配好。

设计时通常阀座材料用HT25-40，阀隙通道面积和阀座通道平均直径为：

$$f_s=\frac{Fc_m}{zc_V} \tag{3-12}$$

$$D_1=\frac{f_s}{z\pi h} \tag{3-13}$$

式中　F——活塞平均有效工作面积；

c_m——活塞平均速度；

z——同时工作的气阀个数；

h——阀片升程。

弹簧材料常用 $60Si_2Mn$，气阀全封闭时弹簧的预紧力为：

$$p_0 \leqslant \frac{1}{n}(p_d \pi Db - p\pi DB) \tag{3-14}$$

为保证关闭，气阀全开时弹簧力为：

$$p_1 \geqslant \frac{1}{n}(p_d - p)\pi DB \tag{3-15}$$

式中　n——弹簧个数。

由于平衡气道的作用，真空泵排气阀一般不会出现滞后关闭。

弹簧平均直径 D_m 和弹簧丝直径 d：

$$D_m = (0.75 \sim 0.85)B \tag{3-16}$$

$$d = \sqrt{\frac{8D_m p_1 K}{\pi[\tau]}} \tag{3-17}$$

式中　K——曲度系数，取 $K = 1.15$；

$[\tau]$——许用扭转剪应力，对于 $60Si_2Mn$ 的 $[\tau] = 441.3MPa$。

初选刚度 c，弹簧有效圈数 i_0 和总圈数 i

$$c = \frac{p_1 - p_0}{h} \tag{3-18}$$

$$i_0 = \frac{Gd^4}{8{D_m}^3 c} \tag{3-19}$$

$$i = i_0 + i' \tag{3-20}$$

式中　G——弹簧丝抗剪弹性模数；

i'——不参加变形的两端死圈数。

若 i_0 为整数，$i' = 1.5$，若 i_0 为带半圈的数，$i' = 2$。

设计时还要做弹簧刚度核算、最大变形、自由长度、曲度系数、最大及最小剪应力、屈服强度和疲劳强度等计算。

3.4.1.4　阀片强度计算

往复真空泵环状阀阀片是易损件，破坏的形式有破裂和磨损。破裂主要是由于交变应力的作用所造成的疲劳破坏。

1) 阀片的受力分析。阀片两侧压力差引起均布载荷，阀片产生弯曲变形，最大弯曲应力

$$\sigma_1 = \frac{3(b + a)^2(p - p_s)}{4\delta^2} \tag{3-21}$$

式中　δ——阀片厚度。

气阀开启时阀片与阀挡冲击，关闭时与阀座冲击。由于阀挡有弹簧槽，阀座有气流通道，所以在阀片与阀挡或阀座发生撞击时，在接触部分承受撞击载荷，产生撞击应力，在未接触部分，阀片在惯性力作用下发生弯曲变形，产生弯曲应力。其中撞击应力 σ_2 为：

$$\sigma_2 = v_i \sqrt{\rho E} \tag{3-22}$$

式中　v_i——撞击速度，m/s；

ρ——撞击物密度，kg/m^3；

E——材料的弹性模量，MPa。

弯曲应力 σ_3 为：

$$\sigma_3 = 2.372 v_i \sqrt{\rho E} \tag{3-23}$$

式中撞击速度 v_i 可用下式求出：

$$v_i = \sqrt{\frac{n[c(h+h_0)^2 - ch_0^2]}{m}} \tag{3-24}$$

式中　h_0——关闭时弹簧压缩量，m；

m——阀片质量，kg；

n——弹簧个数；

c——弹簧刚度；N/m。

2）阀片强度校核。弯曲应力校核应满足 $\sigma_1 < [\sigma]$，$\sigma_2 < [\sigma]$，$\sigma_3 < [\sigma]$。疲劳强度校核，建议以 $\sigma_{min} = \sigma_1$，$\sigma_{max} = \sigma_3$ 的模型进行。

$$n = \frac{\sigma_{-1}}{\frac{K_a}{\varepsilon_a \beta}\sigma_a + \psi_\sigma \sigma_m} < [n] \tag{3-25}$$

式中　σ_{-1}——材料的持久极限，MPa；

K_a——有效应力集中系数，$K_a = 1.0$；

ε_a——尺寸系数，$\varepsilon_a = 1.0$；

β——表面质量系数，$\beta = 1.1$；

σ_a——交变应力幅，$\sigma_a = \frac{1}{2}(\sigma_{max} - \sigma_{min})$，MPa；

$\sigma_m = \frac{1}{2}(\sigma_{max} + \sigma_{min})$，MPa；

ψ_σ——材料敏感系数，$\psi_\sigma = 0.20$。

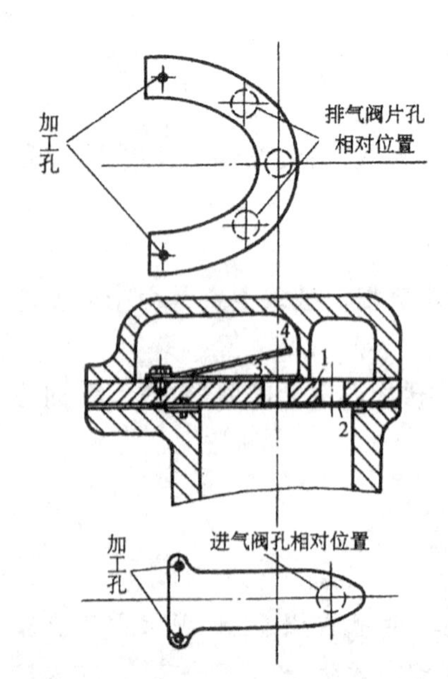

图 3-11　舌簧阀
1—阀座；2—进气阀片；
3—排气阀片；4—限制器

3.4.2　舌簧阀

舌簧阀的形状比较多，图 3-11 为一种组合形式。舌簧阀片无预压力，质量比环状阀片轻，故阀片开启时间比环状阀要提前，开启过程也比环状阀迅速，应用舌簧阀将比应用环状阀能得到更高的真空度。

3.4.3　移动配气阀

移动配气阀如图 3-12 所示。图中 i 为外覆盖量，e 为内覆盖量，u 为移动阀回路通道的宽度，a 为气缸体内旁路通道的宽度，d 是自动排气阀压缩室的直径，r 为移动阀偏心轮的半径，R 为曲轴曲柄半径，OE 是偏心轮偏心距，OK 为曲轴曲柄位置。曲轴的曲柄与配气移动阀的偏心机构的偏心轮间导程角 $\theta = 90°$。活塞的行程 s 与移动阀行程 s_2 之间关系：

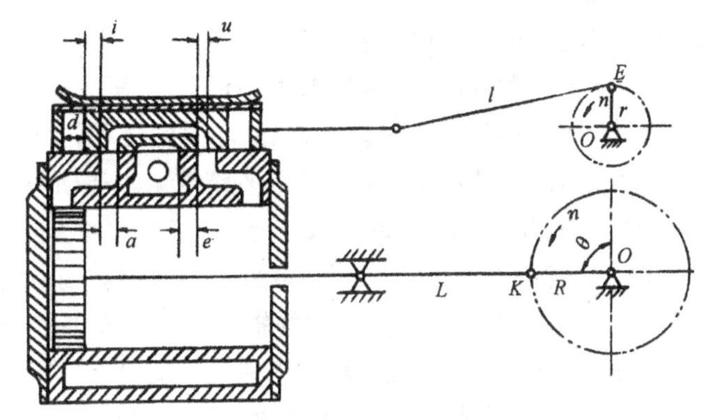

图 3-12　往复泵移动配气阀

$$s_2 = s \cdot \frac{c_{m2}}{c_m} \tag{3-26}$$

式中　c_{m2}和 c_m 分别为移动阀和活塞的平均速度。c_m 在选定气缸主要尺寸 s 和 D 时就已经确定。为了使移动阀的磨损最小，其速度 c_{m2}不应大于 0.3m/s，因而 s_2、a、e 和 i 的尺寸很小。但是 e 和 i 的绝对尺寸愈小，气体漏泄的可能性就愈大，移动阀机构就要更加精心地制造。因此，往复泵受这种移动阀配气机构的限制，转速不能过高。e 和 i 值最好不要小于 6～8mm。气缸中通道的截面积 F_{mu} 可按气体的平均速度 c_{mu}，根据流量相等的关系，由下式求出：

$$\frac{c_{mu}}{c_m} = \frac{F_m}{F_{mu}} \tag{3-27}$$

式中　F_m——活塞面积。

c_{mu}最好不大于 15～25m/s。

3.5　往复泵设计中的几个问题

3.5.1　开平衡通道

如图 3-13(c)所示，活塞由内止点 D 向外止点移动到 E 点时，盖侧缸内的气体压力被均衡为 p'_s。活塞由 E 点移至 F 点时，盖侧缸内的气体被压缩至 p_d。活塞由 F 点移到 G 点时，盖侧缸排气结束。此时活塞右侧第一道活塞环的右边与盖侧平衡通道的右边线相对应，如图 3-13(a)所示，盖侧余隙容积中的气体一方面开始由平衡通道流入轴侧缸内，另一方面

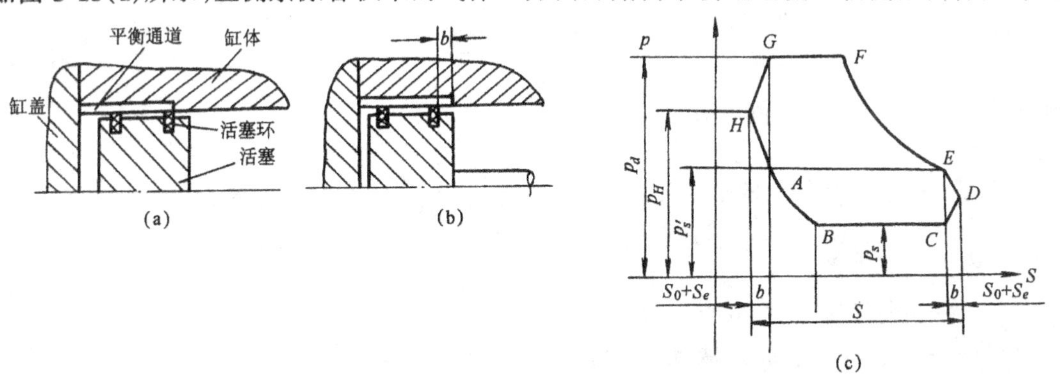

图 3-13　带平衡通道泵的示功图

还继续经排气阀排出。当活塞由 G 点移到 H 点时(外止点),盖侧余隙容积中的气体大部分已通过盖侧的平衡通道流入轴侧缸内,盖侧余隙中的气体压力由 p_d 降至 p_H。当活塞由外止点 H 向内止点移动到 A 点时,重复出现图 3-13(a)中的位置,此时盖侧余隙容积中的气体压力降至 p'_s,与轴侧缸内的气体压力相等,压力平衡结束。当活塞由 A 点移至 B 点时,盖侧余隙容积中的气体膨胀,压力由 p'_s 降至 p_s。活塞由 B 点移至 C 点时,盖侧缸内吸气结束,轴侧气体被排出。活塞由 C 点移至 D 点,再由 D 点移至 E 点时,轴侧余隙容积中的气体压力由 p_d 均衡 p'_s。所以 G 点到 H 点之间的轴向宽度称为盖侧平衡通道的宽度,用 b 表示。同样,C 点到 D 点之间的轴向宽度为轴侧平衡通道的宽度,亦用 b 表示。实际上,当气缸中抽气未达到极限压力,活塞排气到 G 点时,盖侧缸中剩余的气体一方面从排气阀中继续排出,另一方面也开始有一些气体经盖侧平衡通道流入轴侧缸内,直到盖侧余隙容积中的气体压力低于 p_d 到一定程度时,排气阀关闭,缸中无气体排出,而余隙容积中的气体还在继续通过平衡通道流入轴侧,直到活塞两边的气体压力相等为止。因此,实际排气终点不在 G 点,而是在 GH 线上的某一点。由于 b 值不太大,为简化问题起见,近似取排气终点为 G 点。排气终点的压力为 p_d;平衡终点为 A 点,平衡终了的压力为 p'_s。设缸内容隙容积为 V_0,活塞的工作面积为 F,折算的余隙行程为 S_0 则 $V_0=S_0F$;有效行程容积 $V_h=(S-2b)F$,相对余隙容积 $\alpha=V_0/V_h=\dfrac{S_0}{S-2b}$,$S$ 为活塞行程。设平衡通道容积为 V_e,折算的平衡容积行程为 S_e,则 $V_e=S_eF$。平衡通道宽度为:

$$b=\frac{(S+S_0)\left(\dfrac{1}{\varepsilon}\right)^{\frac{1}{m}}-S_0}{1+\left(\dfrac{1}{\varepsilon}\right)^{\frac{1}{m}}} \tag{3-28}$$

式中 ε——压力比的平方根,$\varepsilon=\sqrt{p_d/p_s}$;

m——多变指数,常取 $m=1.2$。

平衡气道可以帮助活塞顺利通过死点位置。

3.5.2 往复泵活塞环的设计

活塞环的作用是减少压缩侧的气体泄漏到吸气侧,以提高泄漏系数 λ_L,增大排气量。在接近极限压力时,若活塞环密封不好,必然会影响真空度。

活塞环的数量可用下式计算

$$N=\frac{Kp_mV_pT}{\gamma} \tag{3-29}$$

式中 K——系数,$K=20\times10^{-10}$;

p_m——活塞环组上的平均压差,$p_m=p_s\dfrac{K}{K-1}\left[\left(\dfrac{p_d}{p_s}\right)^{\frac{K-1}{K}}-1\right]$,$K=1.4$;

V_p——线速度,$V_p=\dfrac{sn}{30}$;

T——使用寿命,常取 $T=10000$h;

γ——环径向磨损量,取 $\gamma=1.5$mm。

一般往复泵常取 4 道活塞环。活塞环典型结构如图 3-6、图 3-7、图 3-8 所示。活塞环径

向厚度 $t=\sqrt{D}/1.5$，轴向高 $h=(0.5\sim1.0)t$。

3.5.3 张力环的设计

从图 3-8 可见，张力环的作用是为活塞环提供初弹比压 p_k。$p_k \geqslant p_d \dfrac{2t}{D}$，$t$ 为活塞环的径向厚度。通常取 $p_k=(0.15\sim0.18)\times10^5\text{Pa}$ 为宜。张力环的自由间隙 $A=5.7p_k\dfrac{D}{E}\left(\dfrac{D}{t}-1\right)^3$，$E$ 为材料弹性模量。环装入气缸后的最大弯曲应力为：

$$\sigma_{\max}=0.526\frac{AE}{t}\frac{1}{\left(\frac{D}{t}-1\right)^2}<[\sigma_B] \tag{3-30}$$

3.5.4 无油往复泵的设计问题

凡在真空泵的抽气流道内无任何液态工作介质或密封介质的往复泵都可称为无油往复泵。无油泵可使被抽容器内获得清洁真空，在排气时不污染环境，是一种很有发展前途的真空泵。无油往复泵主要用在半导体工业、医药工业、表面科学和食品工业等领域。

设计无油往复泵的关键是活塞环和密封环或填料函的自润滑材料。目前使用最多的是填充聚四氟乙烯材料。

填充聚四氟乙烯是聚四氟乙烯(PTFE)与一种或数种填充物组成，如碳纤维、玻璃纤维、青铜粉、石墨、二硫化钼等按一定比例组成的混合物，经过压制、烧结后，可加工成活塞环。这种活塞环韧性较好，不易折断，化学性质稳定，耐高温达 250℃，低温达 −200℃，并能在金属表面形成一层薄膜，摩擦系数小，因而具有良好自润滑性能。

碳纤维增强聚四氟乙烯(CFRP)是一种新兴的密封材料，其耐磨性、耐热性、强度及弹性模量均高于其他填充聚四氟乙烯，自润滑性能优异，最近几年发展很快。

为减少活塞杆处的填料密封，无油往复泵常采用无十字头的结构，如图 3-14 所示。这种结构使泵的尺寸和重量都减小了，成本降低了。但在曲轴箱内需抽真空，曲轴伸出端必须采用无油机械密封。

为降低往复泵的极限压力，美国瓦里安(Varian)公司开发出一种四级往复泵，如图 3-15 所示。它是由四个阶梯形活塞和四个阶梯形气缸组成，活塞的背面是小直径部分，活塞的背

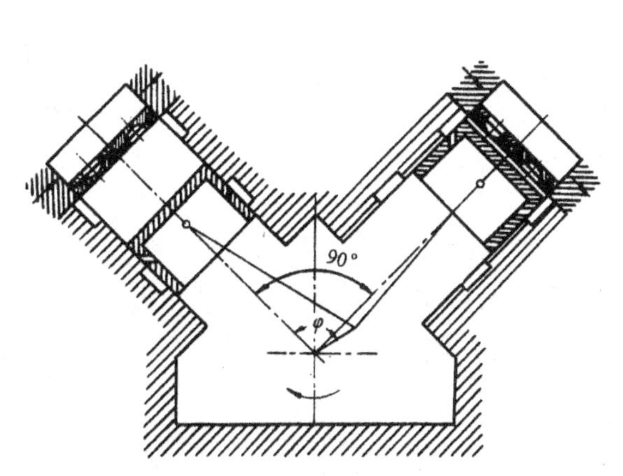

图 3-14　无十字头往复泵示意图

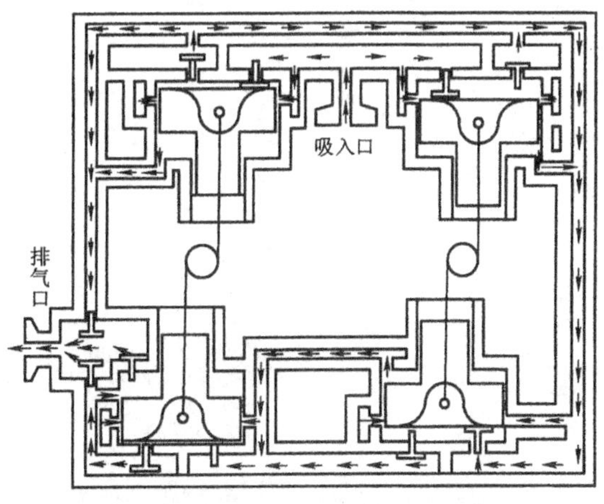

图 3-15　三级无油往复泵示意图

面空间由次级活塞抽气，以减少泄漏降低极限压力。每个气缸都有进气阀和排气阀。这四个活塞组成四个压缩级，为增加抽速，头两个活塞的进气孔与泵进气孔相连，组成并联抽气，第四个活塞两侧作用。当排气压力高于大气压时，有一部分排入大气；在低于大气压时，依次排入第三个、第四个气缸，然后排入大气。气缸的内表面衬有聚合材料，以降低摩擦系数与磨损。泵的极限压力可达 2.6Pa，压缩比达 10^5，进气压力低时，泵消耗功率低，因散热条件好，泵温低不需冷却水。

4 旋片式油封机械泵

4.1 概述

旋片式油封机械泵(简称旋片泵)为一种变容式气体传输真空泵,是真空技术中最基本的真空获得设备之一。其工作压力范围为 $101325 \sim 1.33 \times 10^{-2}$Pa,属低真空泵。它可以单独使用,也可以作为其他高真空泵的前级泵,用以抽除密封容器中的干燥气体。若附有气镇装置,还可以抽除一定量的可凝性气体,被广泛应用于冶金、机械、电子、化工、轻工、石油及医药等领域。但旋片泵不适于抽除含氧过高的、有爆炸性的、对金属有腐蚀性的、与泵油会发生化学反应的、含有颗粒尘埃的气体。

旋片泵多为中小型泵,有单级和双级两种。一般双级泵,可以获得较高的真空度。目前,旋片泵产品已经系列化,其型号和基本参数见表 4-1。

表 4-1 旋片泵型号与基本参数

序号	型号	抽气速率/$L \cdot s^{-1}$	极限压力/Pa		电机功率不大于/kW	进气口径/mm
			无气镇时	有气镇时		
1	2X-0.5	0.5	6.7×10^{-2}	6.7×10^{-1}	0.18	10
2	2X-1	1	6.7×10^{-2}	6.7×10^{-1}	0.25	15
3	2X-2	2	6.7×10^{-2}	6.7×10^{-1}	0.4	20
4	2X-4	4	6.7×10^{-2}	6.7×10^{-1}	0.6	25
5	2X-8	8	6.7×10^{-2}	6.7×10^{-1}	1.1	32
6	2X-15	15	6.7×10^{-2}	6.7×10^{-1}	2.2	50
7	2X-30	30	6.7×10^{-2}	1.33	4.0	65
8	2X-70	70	6.7×10^{-2}	1.33	7.5	80
9	2X-150	150	6.7×10^{-2}	1.33	14	125

随着旋片泵应用数量的增加和应用领域的扩展,对于缩小泵的体积、减轻泵的重量、降低电耗、减小泵的噪声、防止泵的喷油等要求更为迫切,而提高泵的转速是改进泵性能的一个重要途径。高速直联泵已逐步由小型泵向中型泵发展。在国外,直联泵的使用相当普遍,我国随着旋片材料和泵油质量的提高、泵结构的不断改进,中型直联泵的研制和应用将会得到迅速发展。

4.2 旋片泵的工作原理与结构特点

4.2.1 工作原理

图 4-1 为旋片泵工作原理示意图。旋片泵主要由泵体、转子、旋片、弹簧、端盖等组成。转子偏心地安装于泵体内且外圆与泵体内表面相切(两者间有很小的间隙),转子开槽,槽内装有旋片。当转子旋转时,旋片靠离心力和弹簧张力使其顶端与泵体内壁始终接触,沿泵体内壁滑动。

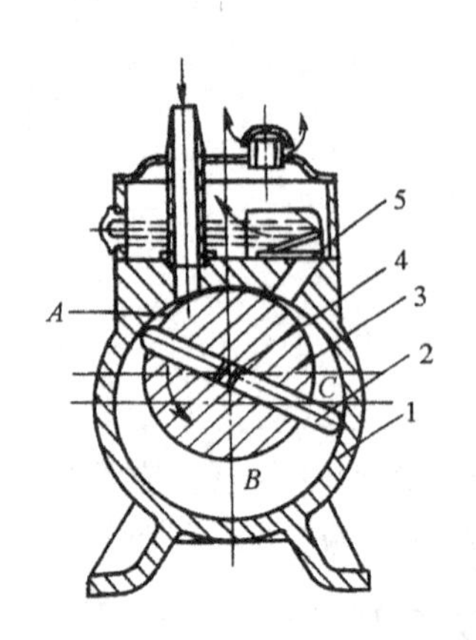

图 4-1　旋片泵工作原理图

1—泵体；2—旋片；3—转子；
4—弹簧；5—排气阀

在图 4-1 中，旋片把转子、泵体、端盖形成的月牙形空间分隔成 A、B、C 三部分。若转子按图中箭头方向旋转时，A 空间的容积增加，压力降低，气体经泵入口被吸入，此时处于吸气过程；B 空间的容积减小，压力增加，处于压缩过程；C 空间的容积进一步缩小，压力进一步增加，当压力超过排气压力时，压缩气体推开泵油密封的排气阀，处于向大气中的排气过程。在泵的连续运转过程中，不断进行着吸气、压缩和排气过程，从而达到连续抽气的目的。

4.2.2　结构特点

图 4-2 为旋片泵的结构图。旋片泵在结构上可分为油封式和油浸式两大类。油封式结构是指油箱设置在泵体上，泵油起到密封排气阀的作用，泵体靠水冷或风冷。一般大泵多采用这种结构形式。油浸式结构是将整个泵体浸在泵油中，泵油起到密封和冷却作用。小泵和直联泵多采用这种结构形式。

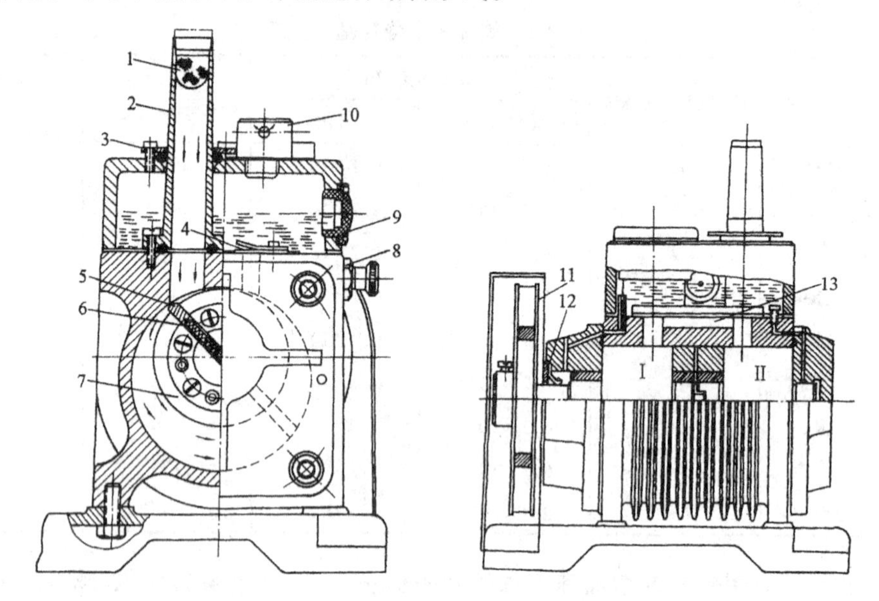

图 4-2　2X 型旋片泵结构简图

1—滤网；2—进气管；3—压板；4—排气阀片；5—旋片；6—弹簧；7—转子；8—放油螺塞；
9—油标；10—排气孔；11—皮带轮；12—轴端密封圈；13—气道

泵体是旋片泵的主体，其结构有三种类型：整体式、中壁压入式和组合式，如图 4-3 所示。其中，整体式结构要求加工精度高，高低真空级两腔同心度不易保证；中壁压入式结构高、低真空腔为一整体，中壁由压力机压入或经冷却后装入，结构简单、加工和装配量小，但中壁尺寸公差要求严格；组合式结构各零件易于加工，但加工面多、精度高，废品率低，互换性好，适于大批量生产。

为保证泵腔内以及泵轴头密封处的润滑，泵体上开有专门的油路。

转子和旋片是旋片泵的核心部件。转子结构有三种形式：整体式、压套式和转子盘式。其中，整体式结构加工件和装配量少，但旋片槽加工较困难，难以达到高精度，较适于大泵；

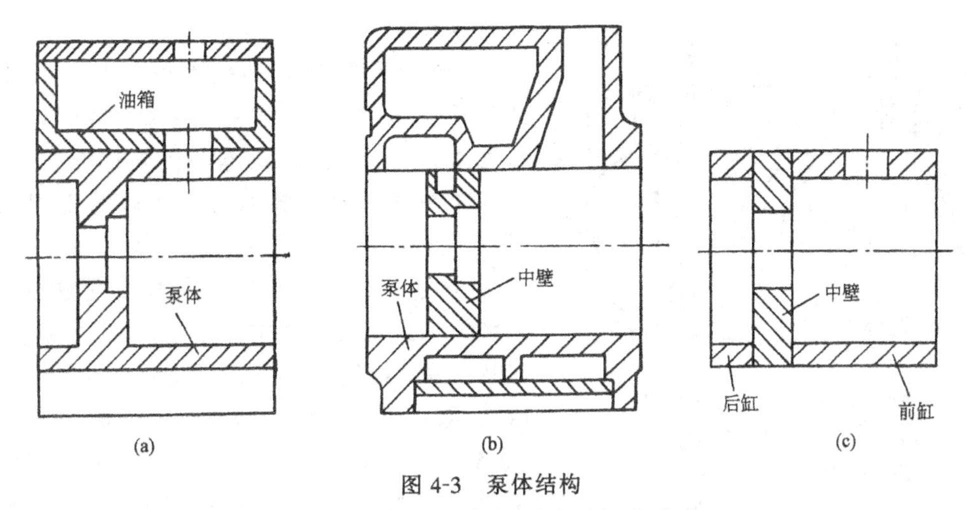

图 4-3　泵体结构

(a)—整体式;(b)—中壁压入式;(c)—组合式

压套式结构如图 4-4(a)所示,两半转子中间用衬块保证旋片槽宽,要求加工精度较高,装配较复杂;转子盘式结构如图 4-4(b)所示,两半转子盘用螺钉和锥销紧固后,两转子体之间形成旋片槽,这种结构零件多,加工装配量大,有较高的加工精度。转子盘式结构最常见。

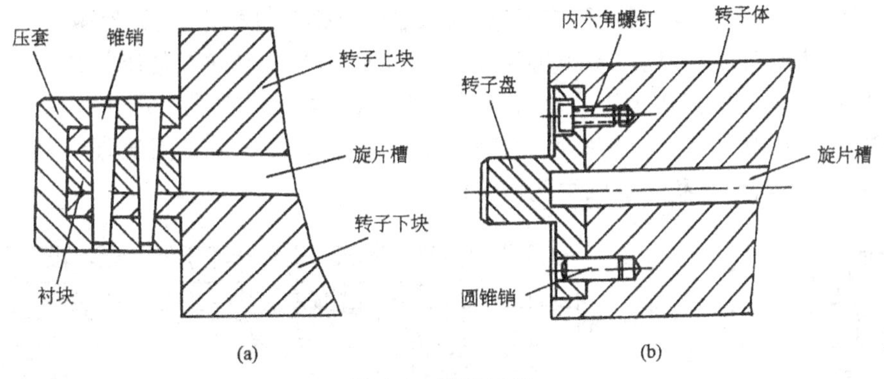

图 4-4　转子结构

旋片在泵运转过程中始终与泵腔内壁接触,因此,旋片要有一定的强度和耐磨性,材料一般采用铸铁、石墨、高分子复合材料等,大抽速的直联泵多采用高分子复合材料。

排气阀是旋片泵主要易损件之一,将影响泵的抽气性能并产生噪声。排气阀有两种形式:一种是用橡胶垫做阀片,如图 4-5(a)所示;另一种是用布质酚醛层压板或弹簧钢片做阀片,如图 4-5(b)所示。排气阀必须浸在泵油中。在排气过程中,压缩气体推开排气阀片,穿过泵油排出。泵油起到密封的作用。在双级泵中,当高真空级与低真空级为不等腔时,需在两级之间设置中间辅助排气阀,如图 4-6 所示。辅助排气阀的作用是在入口压力较高、经高真空级压缩的气体已达到排气压力时,辅助排气阀打开,部分气体由辅助排气阀排出,部分气体由低真空级抽走。随着入口压力的降低,辅助排气阀排

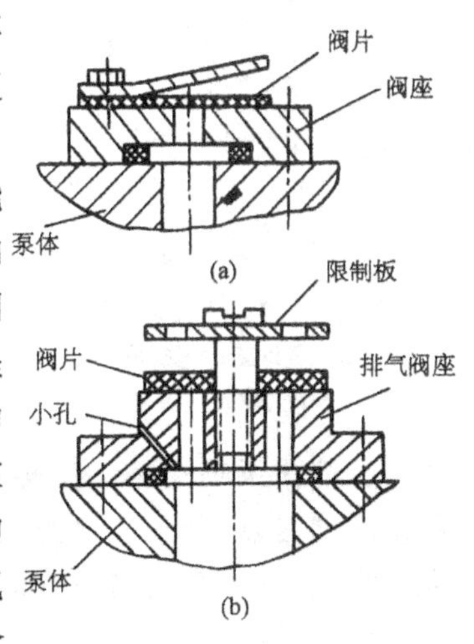

图 4-5　排气阀结构

气量逐渐减少，直至最后关闭。

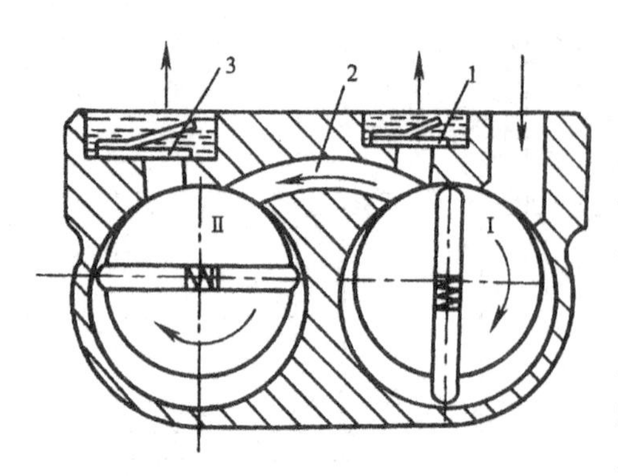

图 4-6　双级泵结构示意图

Ⅰ—高真空级；Ⅱ—低真空级；

1—中间辅助排气阀；2—通道；

3—低真空级排气阀

气镇阀是旋片泵为抽除可凝性气体而设置的。通常，泵抽除的气体多为永久性气体和可凝性气体的混合物。在压缩和排气过程中，当可凝性气体的分压超过泵温时该气体的饱和蒸气压时，可凝性气体将会凝结并混于泵油中，随泵油循环，并在返回高真空侧时重新蒸发变成蒸气。这将影响到泵的抽气性能，加重泵油的污染程度。气镇法或称掺气法可以有效地防止可凝性气体的凝结，即在压缩过程中将经过控制的永久性气体(通常为室温干燥空气)由气镇孔掺入被压缩气体中，使可凝性气体分压达到泵温时的饱和蒸气压之前，压缩气体的压力已达到排气压力，排气阀打开，将可凝性气体同永久性气体一同排出。油封式机械真空泵普遍装有气镇装置，因此也叫气镇泵。气镇阀(掺气阀)是由节流阀和逆止阀两部分组成，其结构如图 4-7 所示。节流阀控制掺入气体量，逆止阀防止泵腔内气体压力高于掺气压力时出现返流。气镇孔的位置设置一般有两种：一种是开在泵排气口附近，当压缩腔与排气口相通时，开始掺气；另一种是设置于端盖上，当吸气终了以后，转子再转过一个角度(10°～15°)时，露出气镇孔，开始掺气。在掺气过程中，泵的极限压力上升和抽气速率下降，如图 4-8 虚线所示。在低压时，适当打开气镇阀，掺入少量气体，可以减小泵油冲击排气阀引起的噪声。高速直联泵在高的泵温(90～100℃)下运行，有利于可凝性气体的抽出。

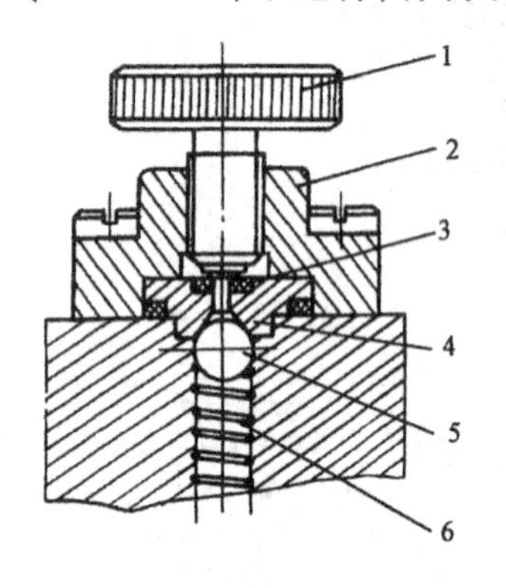

图 4-7　气镇阀结构

1—调节阀；2—气镇阀座；

3—密封垫；4—挡块；

5—钢球；6—弹簧

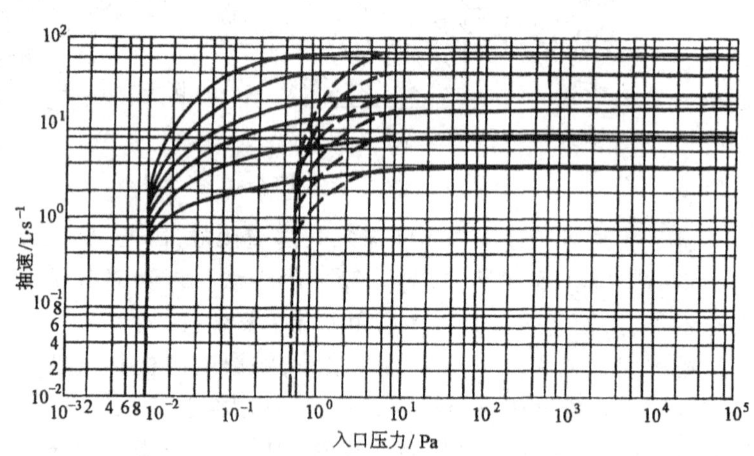

图 4-8　泵抽速曲线

为防止泵喷油、返油、改善泵的润滑条件，扩大泵的使用范围，旋片泵还配有多种附件，如油雾捕集器、分子过滤器、尘粒过滤器、化学过滤器、油过滤器等。随着技术进步和工艺要求的提高，旋片泵的结构更趋完善，性能将进一步提高，应用更加广泛。

4.3　性能参数及主要几何尺寸的确定

旋片泵的性能参数有:极限压力、抽气速率、功率、温升、振动、噪声、寿命等。其中极限压力、抽气速率和功率为主要性能参数。

4.3.1　极限压力

旋片泵入口压力与抽气时间的关系曲线见图4-9。泵开始工作不久,出现最低压力 p'_g。泵继续运转,由于泵温升高使泵油饱和蒸气压上升、黏度下降,入口压力稍有回升至 p_g。p_g 即是泵获得的稳定的最低压力,亦是泵的极限压力。

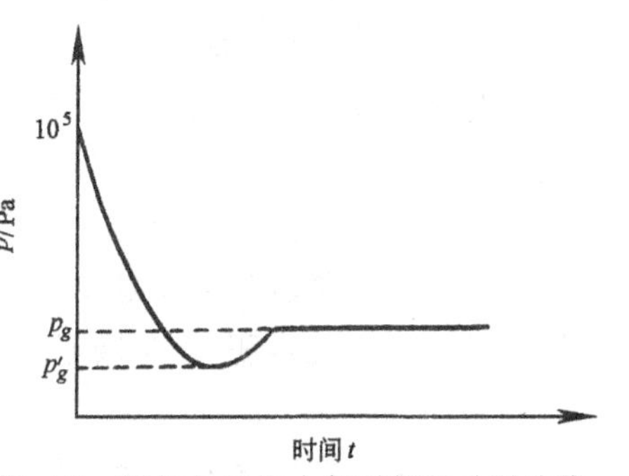

图 4-9　泵的入口压力与时间的关系曲线

旋片泵的极限压力与测量时使用的真空计种类有关。用压缩式真空计测量时,极限压力值比用热传导真空计(热偶计或皮氏计等)测量的结果约低一个数量级。这是因为前者只能测得永久气体的分压,后者测得的是被抽气体的全压。我国现行规定使用压缩式真空计来测量油封机械泵的极限压力。

泵循环油量也影响泵的极限压力。油循环量与泵极限压力的关系见图 4-10。随着油量的增多,密封效果越好,泵的极限压力与油量的关系应按图中 *DE* 变化,最终达到油的饱和蒸气压 p_0。而实际上泵油中含有大量的空气和水分,泵油进入泵腔后,吸收在泵油中的空气和水分又释放出来,泵极限压力与油量的关系应按 *FG* 变化。在 *DE* 和 *FG* 两曲线的共同影响下,泵极限压力与油量的关系为曲线 *ABC*。最低压力 p_B 对应的油量 Q_B 为最佳注油量。一般泵油应保持在指定油位上,使泵的循环油量保持一定。对于双级泵,泵油要经过低真空级脱气后才能进入高真空级,这样可以减少泵油在高真空级中的放气量,以降低泵的极限压力。

泵的极限压力与泵油的工作温度有关。油温越高,油的饱和蒸气压越高,泵的极限压力也越高。

泵中有害空间的存在如图 4-11 所示,转子与泵腔的接触点 a 到排气口之间的压缩气体,不能被旋片推出泵腔,而是随着旋片通过 a 点的间隙回到吸气侧。有害空间能使泵的极限压力升高。泵中循环的泵油充填其中可以消除有害空间对泵极限压力的影响。

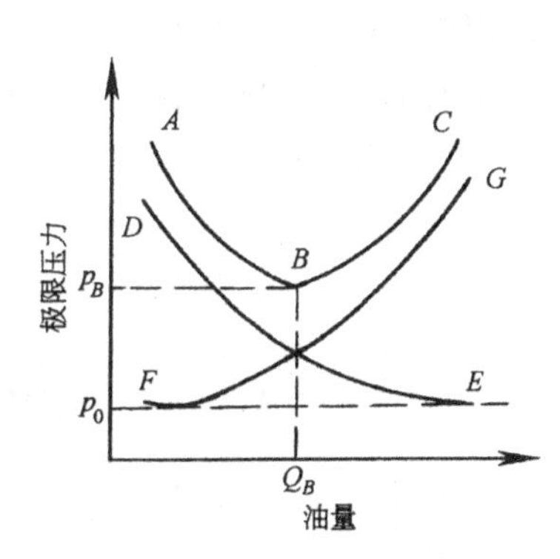

图 4-10　油量与极限压力的关系

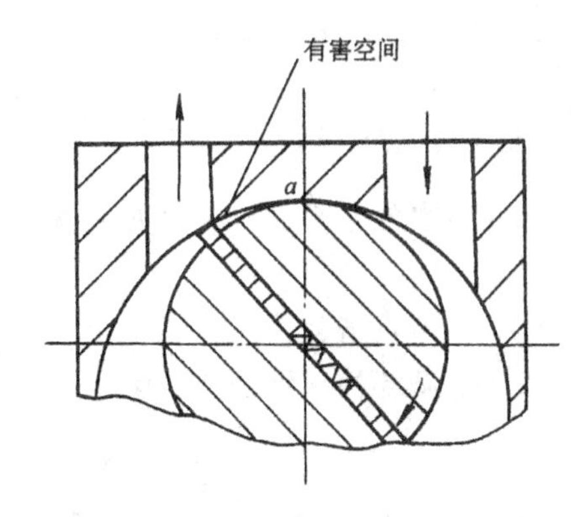

图 4-11　泵的有害空间的示意图

影响泵极限压力的其他因素还有零件的加工精度,运动件之间的间隙,轴端密封等。泵出厂时一般要逐台检验极限压力，并经过一段时间的跑合，使其性能稳定。

4.3.2 抽气速率

抽气速率是指旋片泵单位时间排出的气体体积。常用的有名义抽速、几何抽速和实际抽速三种。抽速的单位为 L/s。国外常用 m^3/h。

4.3.2.1 名义抽速

名义抽速是旋片泵出厂时的标牌抽速。按着国家标准规定，旋片泵的名义抽速已规格化。

4.3.2.2 几何抽速

几何抽速是旋片泵按额定转数运转时，单位时间内抽除的几何容积。几何抽速 s_{th} 是吸气终了时吸气腔容积 V_s 与转子转数 n，以及转子旋转一周的排气次数 z 的乘积，即：

$$s_{th} = V_s \cdot n \cdot z = A \cdot l \cdot n \cdot z \tag{4-1}$$

式中 A——吸气终了时封闭的吸气腔截面积；

l——泵腔宽度。

为了使泵充分吸气，吸气终了时的封闭的吸气腔容积应处于最大值。考虑泵中存在返流、泄漏及进气管路阻力的影响，为保证泵能够达到其名义抽速，设计时，几何抽速应为名义抽速的 1～1.2 倍。提高泵的转数，可以提高抽速、缩小泵尺寸。

4.3.2.3 实际抽速

实际抽速是旋片泵实际测得的抽速。它是入口压力的函数。随着入口压力的降低，实际抽速逐渐下降，达到极限压力时，实际抽速为零(见图 4-8)。此时，泵的抽气量与泵内气体经间隙的返流量处于动态平衡。

4.3.3 功率

旋片泵在每个运动周期内经历吸气、压缩和排气三个过程，其 pV 曲线见图 4-12。其中 ab 为入口压力 p_1 时的吸气过程；bc 为压缩气体至排气压力 p_2 时的压缩过程；cd 为打开排气阀的排气过程。压缩气体的压缩功为：

$$W = \int_{p_1}^{p_2} V \mathrm{d}p \tag{4-2}$$

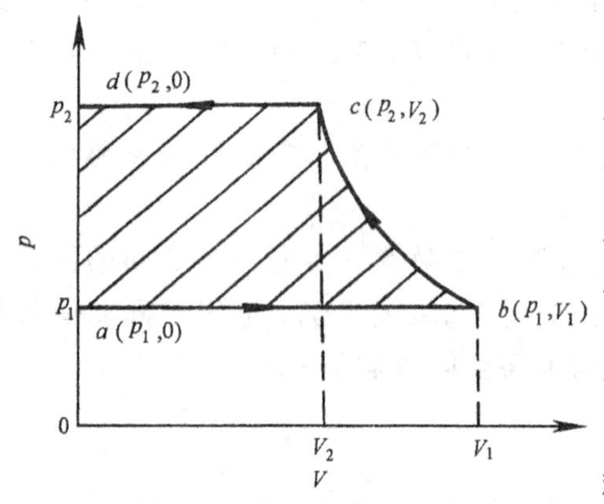

图 4-12 旋片泵的 p-V 图

由于压缩过程既不是等温过程，也不是绝热过程，而是多变过程，所以 bc 段应满足：

$$p_1 \cdot V_1^m = p_2 \cdot V_2^m \tag{4-3}$$

式中 m——多数指数，$1 < m < K$ 一般取 $m = 1.3$；

K——绝热指数。

泵每一个循环的压缩功 W 为：

$$W = \frac{m}{m-1} \cdot p_1 \cdot V_1 \cdot \left[\left(\frac{p_2}{p_1} \right)^{\frac{m-1}{m}} - 1 \right] \tag{4-4}$$

功率是单位时间所作的功，其计算式为

$$N = p_1 s_{th} \frac{m}{m-1}\left[\left(\frac{p_2}{p_1}\right)^{\frac{m-1}{m}} - 1\right] \tag{4-5}$$

式中　s_{th}——泵的几何抽速。

压缩功率随入口压力的变化而变化，功率与入口压力的关系见图 4-13。其中功率在 $\frac{\mathrm{d}N}{\mathrm{d}p_1}=0$ 时有最大值：

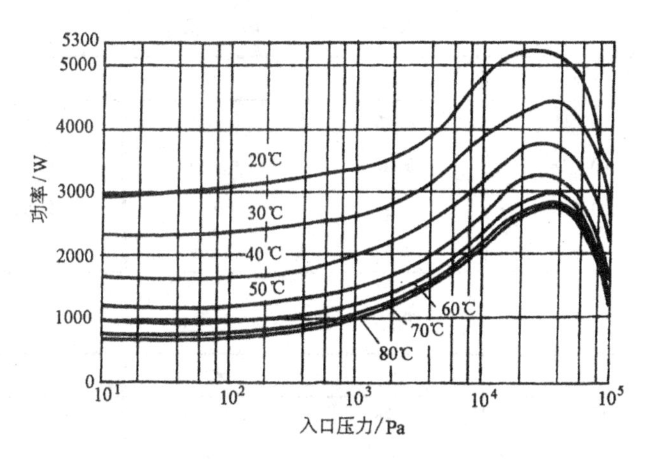

图 4-13　功率与入口压力、泵温的关系

$$N_{\max} = p_2 s_{th} m^{\frac{1}{1-m}} \tag{4-6}$$

最大功率对应的入口压力：

$$p^* = \frac{p_2}{m^{\frac{m}{m-1}}} \tag{4-7}$$

除了压缩气体之外，泵还需克服摩擦、过载等。由于泵油的黏性随温度变化较大，因此克服油摩擦所需要的功率也随泵温变化（见图 4-13）。在低压时，气体压缩量很小，泵的功率绝大部分消耗在摩擦损失上。如果在气镇条件下运行，则泵的功率变化不明显。考虑以上因素，在设计时选用电动机的功率应为：

$$N_g = \frac{\varepsilon \cdot N_{\max}}{\eta_m \cdot \eta_p} \tag{4-8}$$

式中　ε——过载系数，一般取 $\varepsilon=1.2\sim1.4$；

η_m——泵的机械效率　取 $\eta_m=0.75\sim0.80$；

η_p——泵的传动效率　取 $\eta_p=0.9\sim0.95$（三角皮带传动）。

4.3.4　主要几何尺寸的确定

根据泵的名义抽速，选择旋片数量和转子转数，就可以确定泵腔、转子、旋片、排气口的几何尺寸。旋片数量多为 $z=2$，也有 $z=3$ 或更多的。转子转数一般在 400～1500r/min 范围内。

4.3.4.1　泵腔直径 D、长度 l 的确定

在式(4-1) $s_{th}=n\cdot z\cdot l\cdot A$ 中，令：

$$A = \frac{\pi}{4}(D^2 - d^2)k_v \tag{4-9}$$

$l = a \cdot D$　系数 $a = 0.40 \sim 0.50$

$d = b \cdot D$　系数 $b = 0.75 \sim 0.90$

式中　k_v——面积利用系数。

k_v 面积利用系数是系数 b 的函数，对于两旋片旋片泵、三旋片旋片泵 k_v 与 b 值的对应关系见表 4-2、表 4-3。

表 4-2　两旋片时 k_v 值

b	k_v	b	k_v	b	k_v
0.75	0.860	0.79	0.854	0.83	0.847
0.76	0.858	0.80	0.852	0.84	0.846
0.77	0.857	0.81	0.851	0.85	0.845
0.78	0.856	0.82	0.849		

表 4-3　三旋片时 k_v 值

b	k_v	b	k_v	b	k_v
0.80	0.6533	0.84	0.6440	0.88	0.6350
0.81	0.6509	0.85	0.6418	0.89	0.6327
0.82	0.6487	0.86	0.6394	0.90	0.6304
0.83	0.6462	0.87	0.6372		

则

$$s_{th} = \frac{\pi}{4} z \cdot n \cdot a \cdot k_v (1 - b^2) D^3$$

$$D = \sqrt[3]{\frac{4 s_{th}}{\pi \cdot z \cdot n \cdot a \cdot k_v \cdot (1 - b^2)}} \tag{4-10}$$

取　$s_{th} = (1.1 \sim 1.15) s_d$

式中　s_d——泵名义抽速。

$$l = a \cdot D = \sqrt[3]{\frac{4 s_{th} \cdot a^2}{\pi \cdot z \cdot n \cdot k_v (1 - b^2)}} \tag{4-11}$$

对于双级泵，低真空级泵腔直径 D_1 一般与高真空级泵腔直径 D 相等，长度 $l_1 = (0.17 \sim 1) l$。

4.3.4.2　转子直径 d、偏心距 e 的确定

$$d = b \cdot D;$$

$$e = \frac{1}{2}(D - d) \tag{4-12}$$

4.3.4.3　旋片的长度 h、厚度 B 和顶端圆弧半径 r_n 的确定

旋片在转子槽内，随转子旋转，顶端始终与泵腔接触，并在转子槽内滑动。为防止因旋片太短影响其自由滑动或因旋片太长发生干涉，旋片长度应满足：在最大伸出量时（见图 4-14(a)），旋片在转子槽内的长度 $h_2 \geqslant 0.4h$；在两旋片最接近时（见图 4-14(b)），旋片长度 $h < \sqrt{R^2 - e^2}$。从图 4-14(a)中知：$h_2 = h - h_1$，$h_1 = D - d = 2e$ 则　$h_2 = h - 2e \geqslant 0.4h$

$$h \geqslant \frac{10}{3}e \tag{4-13}$$

且

$$h < \sqrt{R^2 - e^2}$$

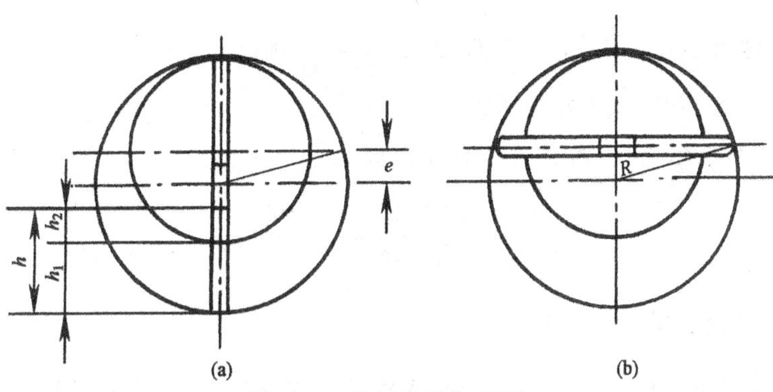

图 4-14　旋片位置极限图

旋片厚度 B 应满足强度要求，同时还要考虑转子槽的加工工艺性。B 的选择可参考表 4-4。

表 4-4　旋片厚度 B

型号(2X－)	0.5	1	2	4	8	15	30	70	150
B/mm	6	6	8	8	10	10	12	14	15

为减少旋片顶端与泵腔内壁接触而产生的磨损，旋片顶端应加工成圆弧。顶端圆弧半径 r_n 应满足：旋片与泵腔的接触点 C 沿圆弧连续移动且不发生突跳。图 4-15 表示旋片顶端与泵腔的接触情况。其中，γ 为接触点 C 处公法线（过泵腔中心和旋片顶端圆弧中心）与旋片中心线的夹角，φ 为旋片中心线与转子、泵腔中心连线的夹角。在 $\triangle AOO_1$ 中，由正弦定理得：

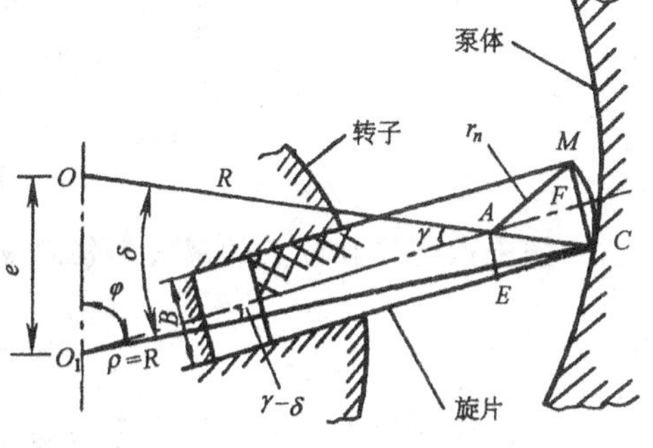

图 4-15　旋片端部接触情况

$$\sin\gamma = \frac{e}{R - r_n}\sin\varphi$$

当 γ 为最大值 γ_{max} 时，接触点 C 移到旋片顶端圆弧边缘点。当 $\varphi = \frac{\pi}{2}$ 时，$\gamma = \gamma_{max}$ 则

$$\sin\gamma_{max} = \frac{e}{R - r_n}$$

又

$$\sin\gamma_{max} = \frac{B/2}{r_n}$$

则

$$r_n = \frac{R \cdot B}{B + 2e} \tag{4-14}$$

4.3.4.4　排气口面积的确定

排气口的面积 A_1 与泵排气级的抽速、排气气流速度以及吸入气体的压力有关，为保证排气顺畅，排气面积可取：

$$A_1 = \frac{s_{th_2}}{v} \tag{4-15a}$$

式中　v——排出气流速度，$v = 20 \sim 30\text{m/s}$；

s_{th_2}——排气级的几何抽速，对双级泵 $s_{th_2} = \frac{l_2}{l_1} \cdot s_{th}$；

l_1、l_2——高真空腔、低真空腔长度。

若排气口为圆孔，数目为 N_z，则排气孔直径为：

$$d_2 = \sqrt{\frac{4A}{N_z \pi}} = \sqrt{\frac{4 s_{th_2}}{N_z \cdot \pi \cdot v}} \tag{4-15b}$$

4.4　气镇量的计算

图 4-16 是气镇泵结构示意图。设吸入气体温度为 T_1（一般为室温），入口压力为 p_{T_1}，掺入气体温度为 T_1（室温），掺气压力为 p_{at}（大气压力），排气温度为 T_2，排气压力为 p_{T_2}，泵抽速为 s_1，掺气速率为 B，排气速率为 s_2。

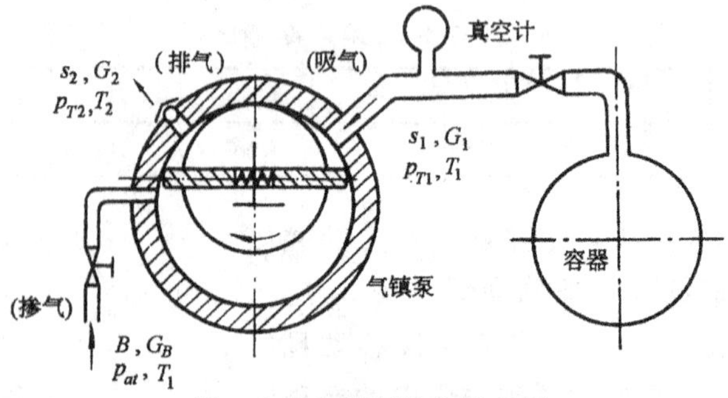

图 4-16　气镇泵结构示意图

把未达到饱和状态的蒸气看成理想气体，由质量守恒定律和理想气体方程有：

$$\frac{p_T \cdot s_1}{T_1} + \frac{p_{at} \cdot B}{T_1} = \frac{p_{T_2} \cdot s_2}{T_2} \tag{4-16}$$

若被抽气体中可凝性蒸气分压为 p_{D_1}，掺气中可凝性蒸气分压为 p_D^*，排气时可凝性蒸气分压为 p_{D_2}，单纯考虑可凝性蒸气时，有：

$$\frac{p_{D_1} \cdot s_1}{T_1} + \frac{p_D^* \cdot B}{T_1} = \frac{p_{D_2} \cdot s_2}{T_2} \tag{4-17}$$

由式(4-16)和式(4-17)中消去 T_1、T_2 和 s_2，解得掺气速率为：

$$B = p_{D_1} \cdot s_1 \cdot \left(\frac{\dfrac{p_{T_2}}{p_{D_2}} - \dfrac{p_{T_1}}{p_{D_1}}}{p_{at} - \dfrac{p_{T_2} \cdot p_D^*}{p_{D_2}}} \right) \tag{4-18}$$

当泵排气时，若蒸气的分压恰好达到泵温时的饱和蒸气压 p_{ST}，即 $p_{D_2} = p_{ST}$，则：

$$B=\frac{p_{D_1}\cdot s_1}{p_{at}}\cdot\left(\frac{\dfrac{p_{T_2}}{p_{ST}}-\dfrac{p_{T_1}}{p_{D_1}}}{1-\dfrac{p_{T_2}\cdot p_D^*}{p_{D_2}\cdot p_{at}}}\right) \tag{4-19}$$

此时的掺气速率 B 值为蒸气不凝结所需的最小气镇速率。

一般掺入的气体为干燥空气，因此 $p_D^*\approx 0$ 则最小掺气速率应为：

$$B=\frac{p_{D_1}\cdot s_1}{p_{at}}\left(\frac{p_{T_2}}{p_{st}}-\frac{p_{T_1}}{p_{D_1}}\right) \tag{4-20}$$

当被抽气体全部为可凝性蒸气时，即 $p_{T_1}=p_{D_1}$ 则最小掺气速率为：

$$B=\frac{p_{D_1}\cdot s_1}{p_{at}}\left(\frac{p_{T_2}}{p_{ST}}-1\right) \tag{4-21}$$

式(4-21)用于进行气镇量的计算。若气镇量用 G 表示，则：

$$G=p_{at}\cdot B=p_{D_1}\cdot s_1\cdot\left(\frac{p_{T_2}}{p_{ST}}-1\right)\quad (\mathrm{Pa\cdot L/s}) \tag{4-22}$$

当气镇速率一定时，可凝性蒸气的最大许可入口压力 p_V 可由式(4-21)推出：

$$p_V=\frac{B}{s_1}\cdot\frac{p_{at}\cdot p_{ST}}{p_{T_2}-p_{ST}} \tag{4-23}$$

由式(4-23)可知，B/s_1 值直接影响到蒸气的最大许可入口压力，B 值大有利于蒸气的排除，但 B 值过大会严重影响泵的极限压力和低压下的抽速，一般 $B=(10\sim15)\%s_1$ 为宜。

蒸气的最大排出量 q_m(质量流量)取决于泵的抽速 s_1 和最大蒸气入口压力 p_V：

$$q_m=\frac{p_V\cdot s_1\cdot m_D}{R\cdot T_1}\quad (\mathrm{g/s}) \tag{4-24}$$

式中　m_D——蒸气摩尔质量，g/mol；

　　R——气体常数。

如果把气镇孔看作喷嘴，应用流体力学公式，掺入气体的质量流量为：

$$q_m=A_b\cdot\sqrt{\frac{2k}{k+1}\left(\frac{2}{k+1}\right)^{\frac{2}{k-1}}\cdot p_{at}\cdot\rho}\quad (\mathrm{kg/s}) \tag{4-25}$$

又

$$q_m=\rho\cdot B=\rho\cdot\frac{p_V\cdot s_1}{p_{at}}\left(\frac{p_{T_2}}{p_{ST}}-1\right) \tag{4-26}$$

式中　A_b——气镇孔面积；

　　ρ——掺入空气密度(室温 20℃时，$\rho=1.2\mathrm{kg/m^3}$)；

　　k——绝热指数，对空气 $k=1.4$。

把式(4-25)，式(4-26)联立，并将 k、ρ、p_{at} 值代入可得：

$$A_b=0.004188\rho\frac{p_V\cdot s_1}{p_{at}}\left(\frac{p_{T_2}}{p_{ST}}-1\right)\quad (\mathrm{m^2}) \tag{4-27a}$$

若气镇孔为圆孔，则气镇孔直径为：

$$d_B = 0.08\sqrt{\frac{p_V \cdot s_1}{p_{at}}\left(\frac{p_{T_2}}{p_{ST}} - 1\right)} \tag{4-27b}$$

4.5 旋片泵的运行和维护

4.5.1 油的返流

在旋片泵工作时，油蒸气会逆着气流运动方向进入泵入口，通过入口管路最终进入被抽容器。油蒸气的返流量随压力的降低而增加，在极限压力附近时，返流量最大（见图 4-17）。返流油蒸气主要由泵油中最轻的馏分组成。

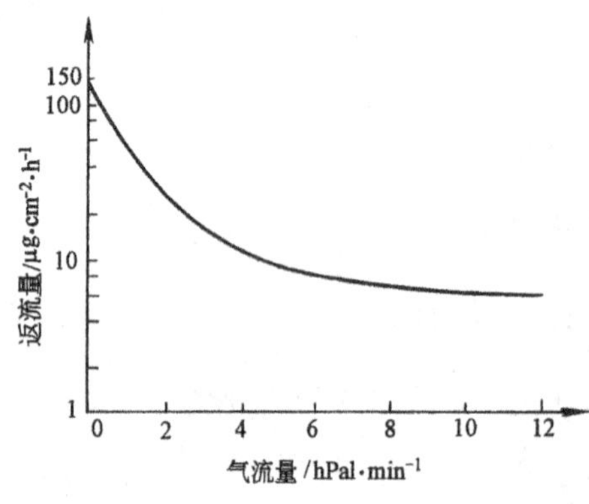

图 4-17 油蒸气返流量与气流量的关系

油的返流会污染真空室，影响最终产品的质量，必须加以控制。防止油返流的措施主要有：

1) 在泵入口管道上设置放气阀，使入口压力维持在 10Pa 或更高。这样可以减小返流 98%。

2) 对于单级泵，在泵运转时打开气镇阀就能很好地防止油的返流。

3) 在泵入口设置吸附阱，依靠吸附剂吸附返流蒸气。粒状活性氧化铝可以吸附 99% 的返流油蒸气。这种吸附阱需定期更换吸附剂，以防吸附材料吸气能力达到饱和，而失效。

4) 使用特殊泵油。特殊泵油的返流量很小，但由于价格较贵，因此影响到它们广泛使用。

4.5.2 泵的启动与停止

通常旋片泵由三相交流电机驱动，要特别注意电源线的连接，以保证旋转方向的正确，否则，泵油将被排到真空室。因此泵应设置反向制动以防止泵的反转。当电源线接错时，泵不能启动。为防止电机烧坏，还应设置过载开关，通常为温控开关。

停泵时，出口空气的压力将使泵反转，会使泵油返到真空室中，空气也会进入真空室破坏真空。因此需要特殊的阀门把泵和真空室隔开，以防止空气和泵油进入真空室。图 4-18 的保护阀置于泵入口管道中，其作用为：当泵断电或控制开关断开时，关闭泵与真空室之间的管道，并且向泵入口放气。这种保护阀通常为电磁放气阀。它与电机电源连在一起，控制空气的进入。电机断电时，电磁阀打开，靠大气与泵入口的压差关闭泵与真空室之间的通道，然后大气进入泵入口。泵启动时，电磁阀关闭，泵对保护阀抽空，阀板靠

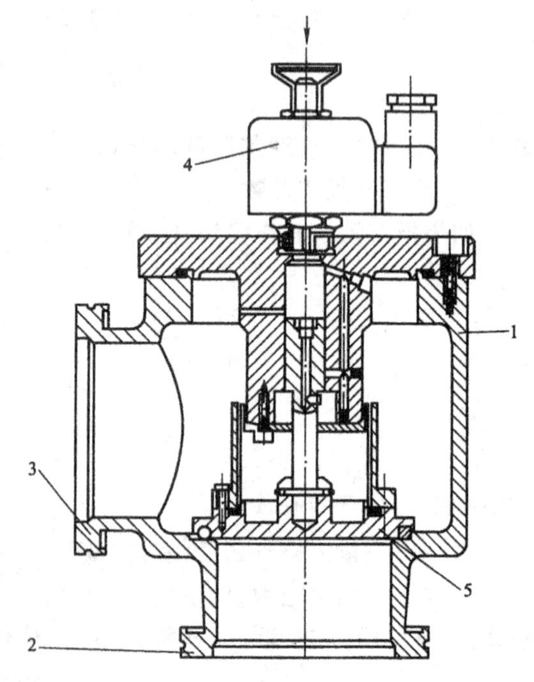

图 4-18 保护阀

1—阀体；2—真空室入口连接法兰；3—旋片泵入口连接法兰；4—电磁放气阀；5—阀板

弹簧压力打开。在一般的旋片泵中,常常在泵入口内设置有空气隔离阀,起到上述保护阀的作用,这时在入口管路上就无需设置电磁放气阀了。

4.5.3 泵油的过滤和更换

为防止泵油中的粉尘、颗粒物质随泵油一起进入泵腔,在泵运转过程中应设有连续过滤装置。图 4-19 是油过滤器结构简图。过滤器与泵之间由同轴套管连接。当泵转动时,泵油靠大气与泵腔内的压差或由独立的油泵经外管进入过滤器,过滤后的油经内管进入泵的循环油路中。过滤器内的过滤芯在油经过时挡住了机械污染物,净化了泵油。过滤器上常常联上压力表以显示过滤器是否堵塞。当压力增加,油不能正常流动时,即为过滤器堵塞,应更换或清洗过滤芯。

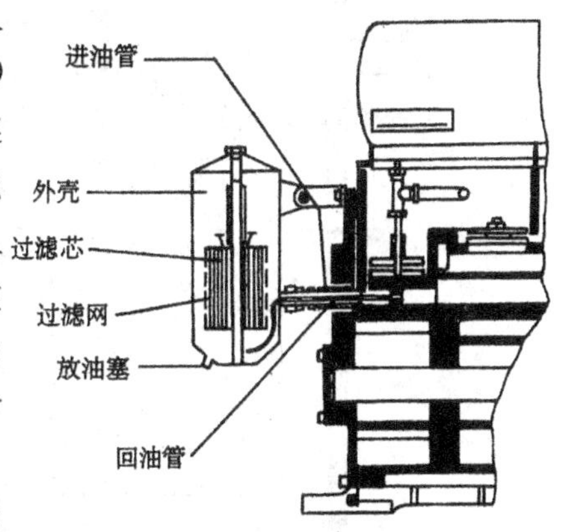

图 4-19 油过滤器结构简图

现代旋片泵很少需要经常维护,主要注意油量、油的颜色和状态。一般每周检查一下油量。泵在高的入口压力或在气镇条件下工作时,每天都要检查油量,因为在此条件下工作,泵油的损失是比较严重的。

换油的时间间隔依工作条件而定。一般因油润滑不良、油分解或污染物太多使泵极限压力上升时,就需要更换油了。

4.5.4 油雾的产生及分离

在旋片泵排气过程中,悬浮在被抽气体中的油滴随气体一起被排出。因此,常在泵出口看到“油雾”。同时也有少量的油蒸气被排出。随着环保要求的提高,新型旋片泵一般在出口设置油气分离装置。

在被排出气体中的油滴直径大约 0.01～0.8μm,这样小的液滴不能用一般的编织网过滤,而是采用特殊纤维制成过滤装置来实现油气分离,其中要有足够小的微孔吸收油雾。分离器的结构见图 4-20。过滤元件置于圆筒油雾分离器之中,被排出口气体由泵出口进入分离器,经过过滤元件的气体到达过滤器出口时,已经得到净化。油在分离器中被收集,收集的油量可由观察窗看到。当过滤元件被堵时,压力将增加。当压力达到 1.5×10^5Pa 时,分离器的安全阀打开,此时必须清洗或更换过滤元件。

4.5.5 除尘装置

在有些真空工艺中会产生大量的灰尘,这些灰尘将随被抽气体一起进入旋片泵。灰尘混在泵油中,像研磨剂一样会对泵转子和泵腔造成磨损和破坏。在灰尘量较少时,可以由油过滤系统滤除,但灰尘量较大时,为防止泵损坏,保证泵正常运转时必须使用除尘器。除尘器的工作原理图见图 4-21。被抽气体由除尘器入口 1 进入除尘器、外筒室 2 相当于旋风分离器,大颗粒灰尘在此被分离并沉积于外筒室底部。较小的颗粒随被抽气体进入油浸过滤器。经过充分除尘的气体由出口 4 或 5 进入真空泵。

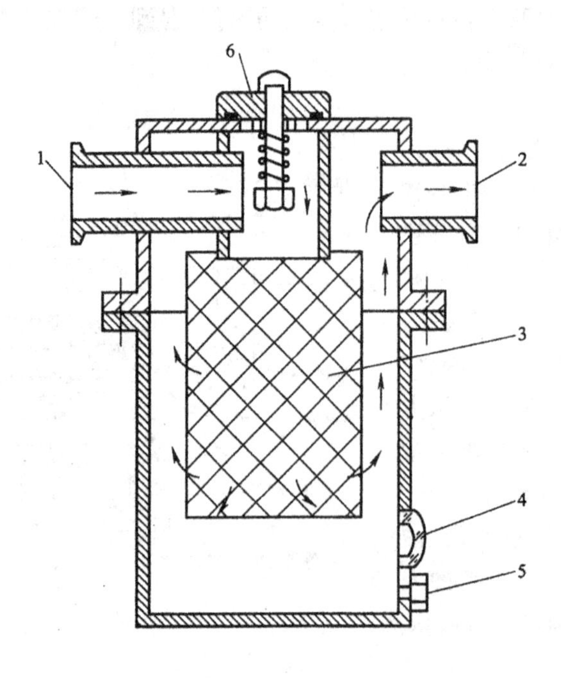

图 4-20　油气分离器

1—排气连接法兰；2—分离器出口；3—过滤元件；
4—集油观察窗；5—放油塞；6—泄压阀

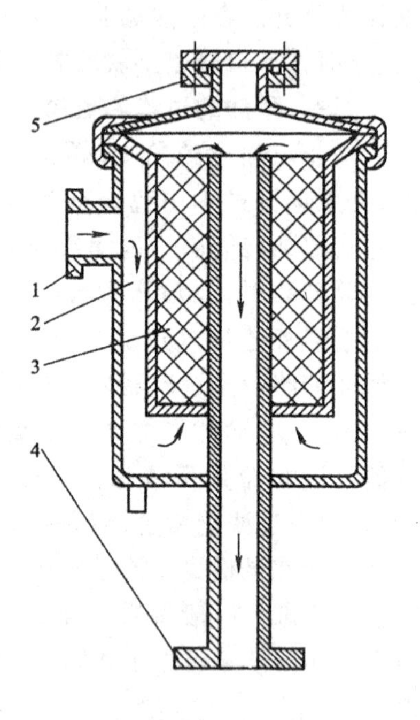

图 4-21　除尘器

1—入口法兰；2—旋风分离器；
3—油浸过滤器；4、5—出口法兰

5 滑阀式油封机械泵

5.1 概述

滑阀式油封机械泵(简称滑阀泵)同旋片泵一样,也是一种变容式气体传输泵。其应用范围和使用条件与旋片泵基本相同。

滑阀泵由于其结构特点,容量比旋片泵大得多,因此常常被用在大型真空设备上。滑阀泵有单级和双级两种型式。单级泵的极限压力对小泵≤0.6Pa,对大泵≤1.3Pa(均关气镇),双级泵的极限压力≤0.06Pa(关气镇)。抽速大于150L/s的滑阀泵多采用单级型式。

由于滑阀泵的旋转质量有较大的偏心,如果没有很好的质量平衡,在运转时会产生较大的振动。但泵旋转质心的运动轨迹是形状复杂的封闭曲线,因此很难实现对滑阀泵惯性力的完全平衡。做好滑阀的质量平衡,减小泵的振动一直是滑阀泵需要解决的一个重要课题。滑阀泵的振动限制了泵转速的提高,泵转数一般在350～600r/min,个别的也有达1000r/min以上的。新型三腔滑阀泵的出现,较好地解决了滑阀的质量平衡,使泵的振动得到了有效控制,泵转速也可相应得到提高。

5.2 滑阀泵的工作原理和结构特点

5.2.1 工作原理

图5-1为滑阀泵工作原理图。滑阀泵主要由泵体、偏心轮、滑阀组件和导轨等组成。

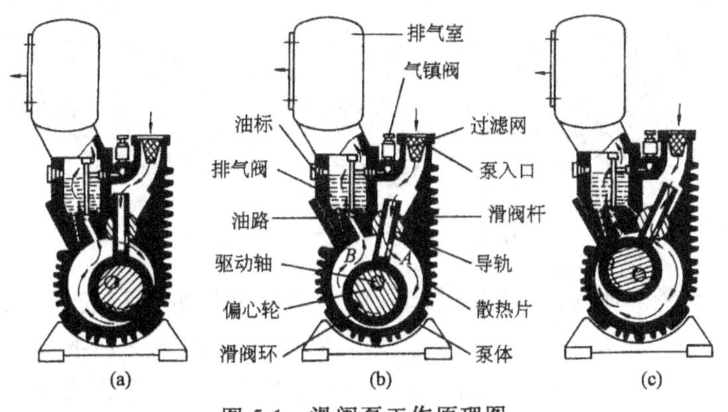

图5-1 滑阀泵工作原理图

与泵腔同心的驱动轴带动偏心轮旋转,偏心轮带动滑阀环运动,使滑阀杆在导轨中上下滑动和左右摆动。滑阀将泵腔分成A、B两个部分。当驱动轴按图中所示方向转动时,A腔的容积增加,压力降低,泵入口气体经滑阀杆A腔一侧的开口进入A腔,此时处于吸气过程。当滑阀处于左上方位置时(图5-1(c)中),A腔容积达到最大,此时进气口与A腔隔绝,完成吸气过程;B腔的容积减小,压缩气体。当B腔内气体压力达到排气压力时,推开油封的排气阀,开始排气。当滑阀处于左上方位置时,排气终了。在连续运转过程中,泵不断地进行吸气、压缩和排气过程,从而达到了连续抽气的目的。

5.2.2 结构特点

图 5-2 为滑阀泵结构图。与旋片泵相似，滑阀泵也设有气镇阀，气镇孔开在排气口附近或端盖上，以排出含有可凝性蒸气的被抽气体。在泵出口设置油气分离器，以减少泵油的损耗和对环境的污染。

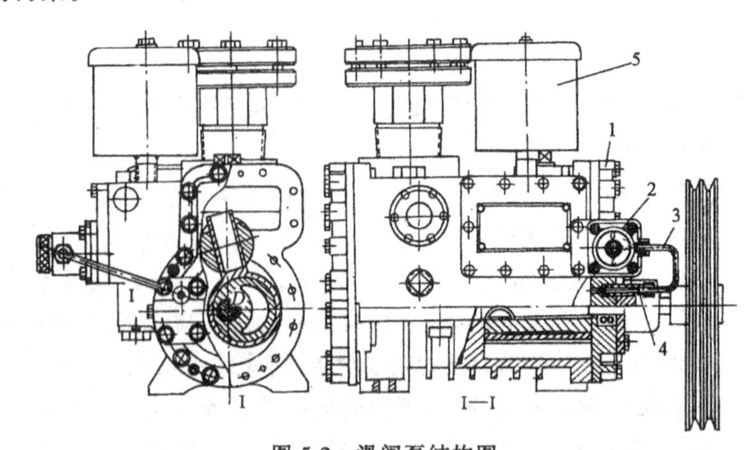

图 5-2 滑阀泵结构图

1—泵盖；2—气镇量调节阀；3—导管；4—逆止阀；5—油气分离器

目前，滑阀泵有三种结构形式：(a)滑阀杆铰接在滑阀环上；(b)滑阀杆与滑阀环做成一体；(c)行星式滑阀泵，如图 5-3 所示。行星式滑阀泵与体积和转速相同的其他形式的滑阀泵相比，由于滑阀体尺寸较小，抽速较大。但由于滑阀杆摆动的幅度很大，这种结构只适用于小型泵。在实际产品中，均采用以滑阀杆与滑阀环做成一体的结构。

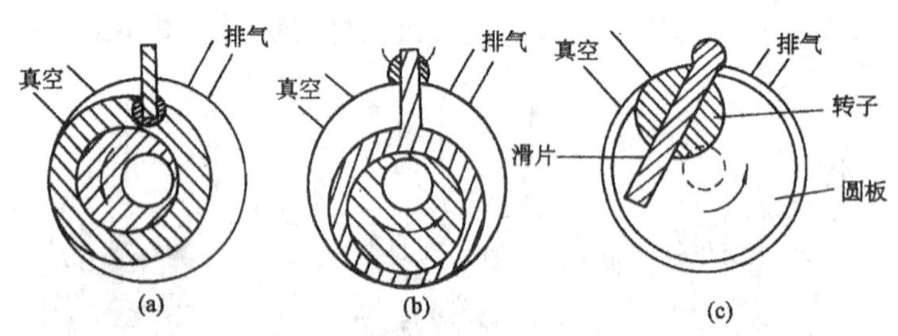

图 5-3 滑阀泵的三种结构形式

为减少滑阀不平衡惯性力引起的振动，对于单缸单级泵，要在驱动轮对面一侧加平衡轮，并在驱动轮上加不平衡质量进行平衡减振；对于双缸滑阀泵，如图 5-4 所示，(a)为单级并联，常用于大、中型泵，以提高抽速；(b)为双级串联，常用于中、小型泵，以降低极限压力，该结构中，两个滑阀长度比一般为2:1，相差 180°设置，再在驱动轮上加上不平衡质量(见图 5-5)。

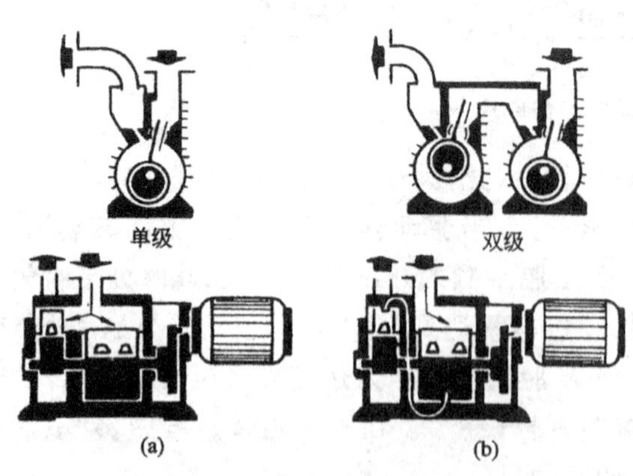

图 5-4 双缸滑阀泵结构

对三缸滑阀泵，有等长缸和不等长缸两种型式，以不等长缸为常见，其三缸布置如图 5-6。中间是一长缸，两侧各为等长短缸，长缸与短缸长度比为 2:1,相差 180°布置。中间滑阀产生的惯性力由两侧滑阀产生的相反方向的惯性力所平衡,因此,三缸滑阀泵的振动很小,无需将泵固定在地基上就可以正常工作了。

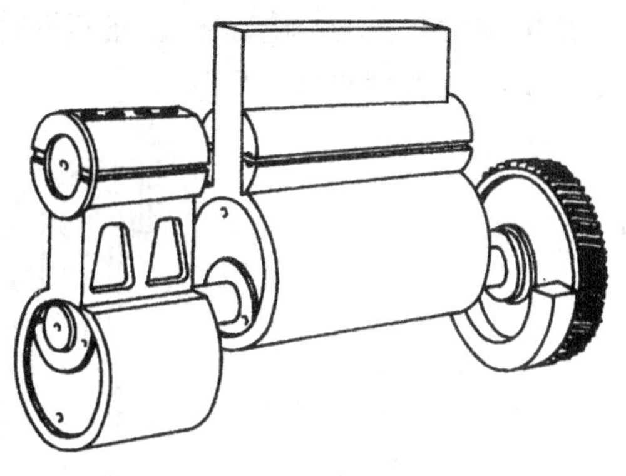
图 5-5 双缸滑阀泵的平衡

排气阀是滑阀泵中的易损件,也是泵主要噪声源之一。图 5-7 是一种特殊结构的排气阀。在入口压力较高时,排气量较大,排气阀硬阀板打开;在极限压力时,只有少量的气泡和泵油被排出,此时,硬阀板不动,由柔性阀板打开排气。为防止油的返流,增加噪声,柔性唇必须在 0.01s 时间内完成打开、关闭动作。

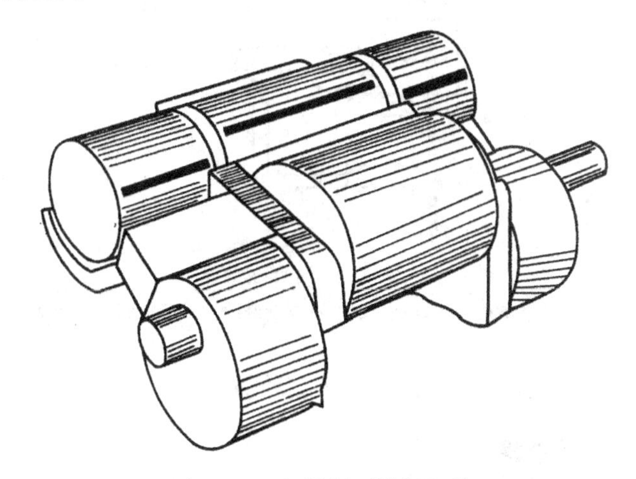
图 5-6 三缸滑阀泵滑阀组件

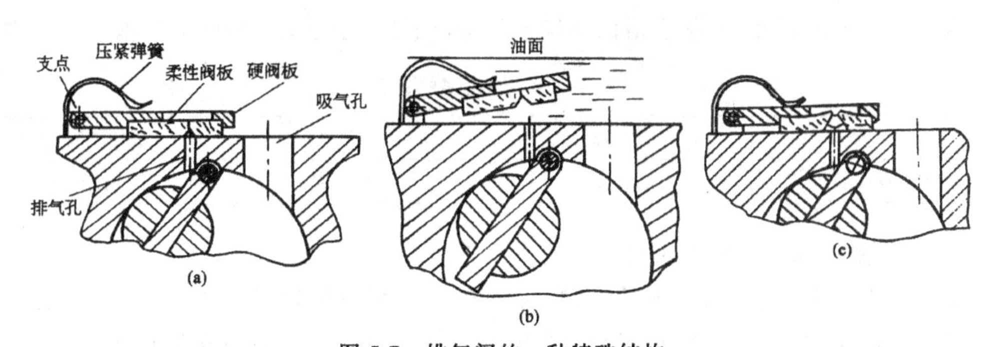

图 5-7 排气阀的一种特殊结构

滑阀泵为排出可凝性蒸气也设置了气镇阀。在极限压力下,为减小泵油冲击排气阀产生的噪声,也可以通过气镇阀向泵内放入少量干燥空气。

泵油在滑阀泵中起到润滑和密封的作用。适当的设置油路是十分重要的,有时可采用油泵进行强制供油。在双级泵中,泵油应先进入低真空侧,经脱气的泵油再进入高真空侧,以便获得更低的极限压力。

在滑阀泵出口处应设置油雾捕集器,用以捕集和回收由排气阀排出的混在被抽气体中的油滴,既可以节省泵油,又可以减少对环境的污染。油雾捕集器一般有三级:第一级是碰撞罩，除去较大的油滴；第二级是不锈钢填料；收集小油滴；第三级是烧结的玻璃纤维，捕集可见油雾，其结构见图 5-8。

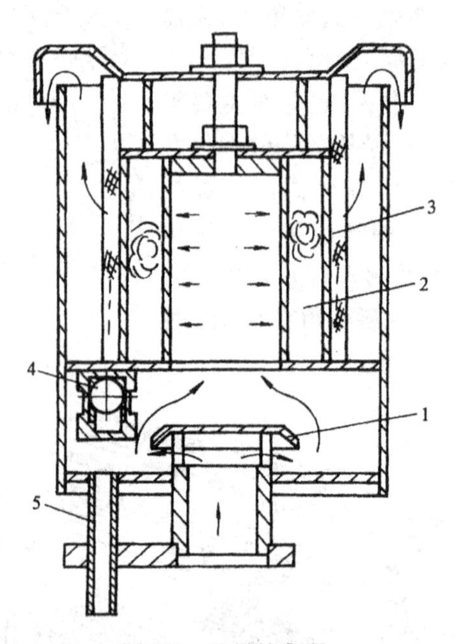

图 5-8　油雾捕集器

1—碰撞罩；2—不锈钢填料；3—玻璃纤维；4—返油阀；5—回油管

5.3　滑阀泵性能参数和主要几何尺寸的确定

5.3.1　性能参数的选择

滑阀泵的性能参数有：极限压力、抽气速率、功率、转数、温升等，与旋片泵的基本参数相同。由于偏心力的存在，限制了滑阀泵转数的提高，表 5-1 给出一般的国产滑阀泵的转数。

表 5-1　滑阀泵的转数

型　　号	2H-8,15,30	H-70,150	H-300,600
转数(r/min)	600～500	500～450	450～360

5.3.2　主要几何尺寸的确定

根据泵的名义抽速 s_d，泵转数 n，并联缸数目 z，就可以确定泵腔直径 D，长度 l、滑阀环直径 d、偏心轮偏心距 e、导轨中心至泵腔中心的中心距 F 等泵的主要尺寸。

由滑阀泵几何抽速公式：

$$s_{th}=\frac{\pi}{4}(D^2-d^2)\cdot L\cdot n\cdot z \tag{5-1}$$

令　$l/D=a, d/D=b$

取　$s_{th}=(1.05\sim1.15)s_d$

则

$$D=\sqrt[3]{\frac{4s_{th}}{\pi\cdot a\cdot n\cdot z(1-b^2)}} \tag{5-2}$$

$$d = b \cdot D \tag{5-3}$$

$$l = a \cdot D \tag{5-4}$$

$$e = \frac{D}{2} - \frac{d}{2} \tag{5-5}$$

系数 $a=0.9\sim1.2$(单缸泵),$a=0.6\sim0.75$(双缸泵),大泵取大值,小泵取小值。大泵取大值可不使滑阀径向尺寸过大,降低其圆周速度,不使泵温过高,影响泵油的密封性,保证泵的极限压力,同时不使泵的振动、噪音和磨损过大;小泵取小值,适当增大泵腔的径向尺寸,提高其加工工艺性。

系数 $b=0.65\sim0.7$。b 取值小,可以提高泵的抽速,但 b 值的减小,即滑阀环直径 d 值的减小受转轴强度、滑阀环强度、偏心轮最薄处强度的制约。由图 5-9 中可知:

$$d = \frac{D}{2} + r_{轴} + \delta_{轮} + \delta_{环} \tag{5-6}$$

则

$$b = \frac{d}{D} = \frac{1}{2} + \frac{r_{轴} + \delta_{轮} + \delta_{环}}{D} \tag{5-7}$$

式中 $r_{轴}$——转轴半径;

$\delta_{轮}$——偏心轮最薄处厚度;

$\delta_{环}$——滑阀环的厚度。

$r_{轴}$、$\delta_{轮}$、$\delta_{环}$的取值应满足强度要求。

滑阀导轨中心与泵腔中心的距离 F 与偏心距 e 和滑阀杆摆角 α 的关系如图 5-10 所示。过 O_2 点作以 O_1 为圆心,e 为半径的转子中心运动轨迹的切线,切点为 P,此时的滑阀杆摆角为 α。由直角三角形 O_1PO_2 知:

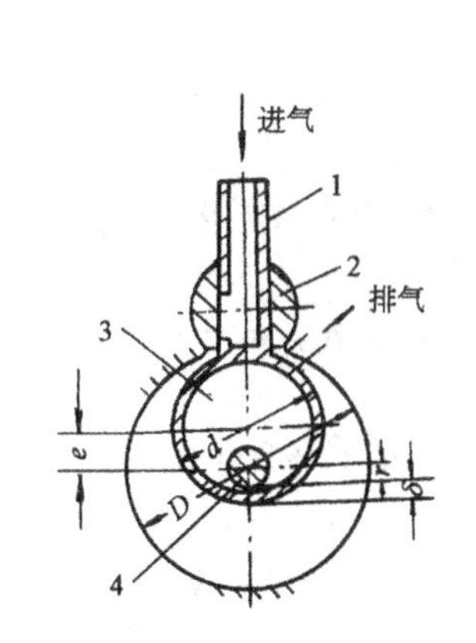

图 5-9 滑阀在最上位置的状态

1—滑阀;2—导轨;3—偏心轮;4—泵轴

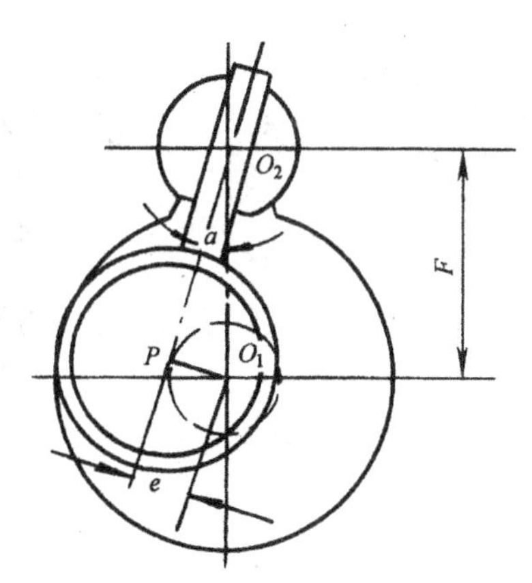

图 5-10 中心距 F 的确定

$$F = \frac{e}{\sin\alpha} \tag{5-8}$$

$$\alpha \leqslant 15°$$

α 太大会影响泵的工作平稳性,但也不能太小,否则泵的尺寸将相应增加。

泵入口直径应按相关技术标准选定。

泵出口尺寸计算方法与旋片泵出口尺寸计算方法相同。

5.4 滑阀泵的质量平衡与减振

由于滑阀泵存在较大的偏心力和偏心力矩，必须通过质量平衡，平衡掉其中的绝大部分，以减小泵的振动。

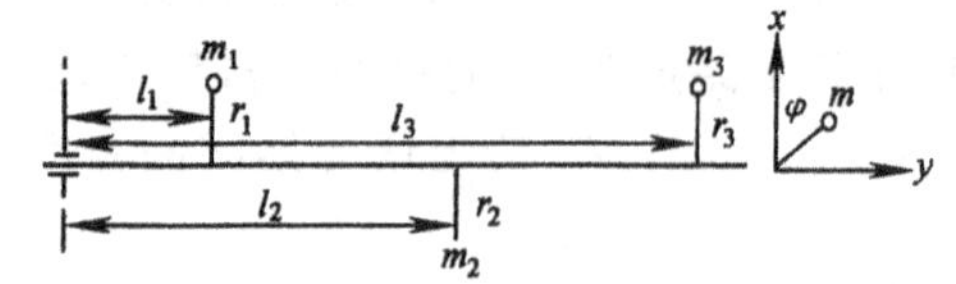

图 5-11 双缸滑阀泵质量平衡图

图 5-11 为双缸滑阀泵计算质量平衡示意图。m_1、m_2 为两滑阀质量，m_3 为驱动轮上配置的平衡质量，r_1、r_2、r_3 为三质量距转轴的距离。三者各相差 180°设置。平衡时，惯性力、惯性力矩之和应为零，取 z 轴与转轴轴线重合，有：

$$\sum_{i=1}^{3} m_i \ddot{x}_i = 0 \qquad \left(\ddot{x} = \frac{\mathrm{d}^2 x}{\mathrm{d}t^2}\right) \tag{5-9}$$

$$\sum_{i=1}^{3} m_i \ddot{y}_i = 0 \qquad \left(\ddot{y} = \frac{\mathrm{d}^2 y}{\mathrm{d}t^2}\right) \tag{5-10}$$

$$\sum_{i=1}^{3} m_i \ddot{x}_i l_i = 0 \tag{5-11}$$

$$\sum_{i=1}^{3} m_i \ddot{y}_i l_i = 0 \tag{5-12}$$

又
$$x = r\cos\varphi \quad \dot{x} = -r\dot{\varphi}\sin\varphi \quad \ddot{x} = -r\dot{\varphi}^2\cos\varphi - r\ddot{\varphi}\sin\varphi \tag{5-13}$$

$$y = r\sin\varphi \quad \dot{y} = r\dot{\varphi}\cos\varphi \quad \ddot{y} = -r\dot{\varphi}^2\sin\varphi + r\ddot{\varphi}\cos\varphi \tag{5-14}$$

其中 φ 为转角，当转数为 n 时，有：

$$\varphi = 2\pi nt + \theta \qquad \dot{\varphi} = 2\pi n \qquad \ddot{\varphi} = 0 \tag{5-15}$$

其中 θ 为初始角。

将式(5-15)代入式(5-9)～式(5-14)中，得：

$$\sum_{i=1}^{3} m_i \ddot{x}_i = -\sum_{i=1}^{3} m_i r_i (2\pi n)^2 \cos(2\pi nt + \theta_i) = 0 \tag{5-16}$$

$$\sum_{i=1}^{3} m_i \ddot{y}_i = -\sum_{i=1}^{3} m_i r_i (2\pi n)^2 \sin(2\pi nt + \theta_i) = 0 \tag{5-17}$$

$$\sum_{i=1}^{3} m_i \ddot{x}_i l_i = -\sum_{i=1}^{3} m_i l_i r_i (2\pi n)^2 \cos(2\pi nt + \theta_i) = 0 \tag{5-18}$$

$$\sum_{i=1}^{3} m_i \ddot{y}_i l_i = -\sum_{i=1}^{3} m_i l_i r_i (2\pi n)^2 \sin(2\pi nt + \theta_i) = 0 \tag{5-19}$$

整理式(5-16)～式(5-19)得：

$$\begin{aligned} &\sum_{i=1}^{3} m_i r_i \cos\theta_i = 0 \qquad &&\sum_{i=1}^{3} m_i r_i \sin\theta_i = 0 \\ &\sum_{i=1}^{3} m_i r_i l_i \cos\theta_i = 0 \qquad &&\sum_{i=1}^{3} m_i r_i l_i \sin\theta_i = 0 \end{aligned} \tag{5-20}$$

因为三个质量各相差 180°设置，即：

$\theta_1 = 0$， $\theta_2 = 180°$， $\theta_3 = 360°$

则式(5-20)可写成下式：

$$m_1r_1 - m_2r_2 + m_3r_3 = 0$$
$$m_1r_1l_1 - m_2r_2l_2 + m_3r_3l_3 = 0 \tag{5-21}$$

当第二个滑阀宽度为第一个滑阀宽度的两倍时，即 $m_2r_2 = 2m_1r_1$，有：

$$m_3r_3 = m_1r_1 \tag{5-22}$$

将式(5-22)代入式(5-21)第二个式子中有：

$$l_1 - 2l_2 + l_3 = 0$$
$$l_3 = 2l_2 - l_1 \tag{5-23}$$

驱动轮上的平衡质量的配置应按式(5-22)、式(5-23)来进行。

实际上，上面的计算中，忽略了滑阀杆的摆动，因而还不能实现完全的质量平衡。如果用一个和第一个滑阀等宽的第三个滑阀代替驱动轮上的平衡质量，如图 5-12 所示。中间是一长缸，两侧各为等长的短缸。短缸长度为长缸长度的一半。三组滑阀相差 180°设置，同轴驱动。长滑阀产生的惯性力为 F，短滑阀产生的惯性力为 $F/2$，因此，惯性力和惯性力矩大小相等、方向相反。这种滑阀泵通过自身结构来保持惯性力的平衡，泵振动较小。

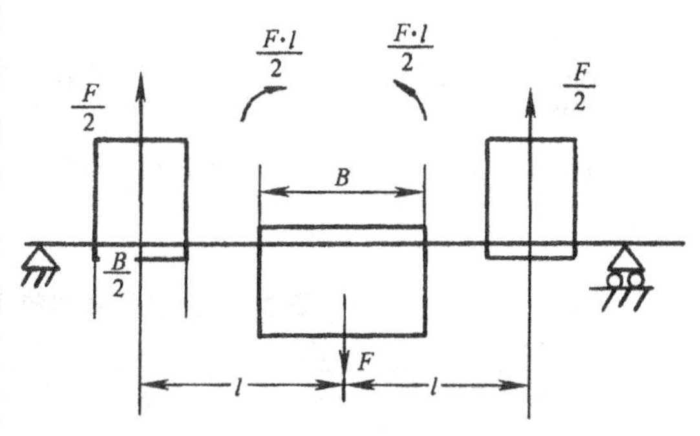

图 5-12　三缸结构惯性力平衡图

此外，选择合适的整体结构和采取机械减振方法也可以减小滑阀泵的振动。滑阀泵可以设计成立式结构或卧式结构，大多数采用卧式(倾斜式)结构。因为它具有结构紧凑、重心低的特点，有利于减振。对于高速泵和大泵，除应采用质量平衡措施外，还可以采用机械减振装置，减小泵的振动。例如使用橡胶减振器。将减振器安装在泵的底座下，靠橡胶吸振。对于平衡很好的滑阀泵，无需螺栓固定在地基上，可以用弹簧来减振。

5.5　机械泵油

机械泵油(又称真空泵油)主要用于机械泵的密封和润滑，因而泵油的性质直接影响着机械泵的性能。同时真空泵对泵油也不断提出新的要求。国内外都对真空泵油制定了标准，如表 5-2 所示。

表 5-2　真空油的标准

项　　目		SY 1634-70 1# 真空泵油	ГОСТ-7903 BM-4(俄罗斯)	Q/SH011-049-89 直联高速真空泵油
运动黏度/$mm^2 \cdot s^{-1}$				
50℃		47～57	47～57	50～60
100℃		8～11	8～11	
酸值/$mgKOH \cdot g^{-1}$	不大于	0.2	0.2	0.01
闪点(开口)/℃	不低于	206	206～213	230

续表 5-2

项目		SY 1634-70 1#真空泵油	ГОСТ-7903 BM-4(俄罗斯)	Q/SH011-049-89 直联高速真空泵油
残炭/%	不大于	0.2	0.2	0.1
灰分/%	不大于	0.05	0.005	0.008
凝点/℃	不高于	−15	−15	−12
水溶性酸或碱		无	无	无
机械杂质/%	不大于	无	0.007	无
水分/%		无	无	无
饱和蒸汽压(20℃)/kPa	不大于	5.3×10^{-6}	5.3×10^{-6}	4×10^{-7}

1992 年我国石化公司制定了《矿物油型真空泵油》行业新标准 SH 0528—92，如表 5-3 所示。

表 5-3 真空泵油的技术要求(SH 0528—92 标准)

项目		质量指标						
质量等级		优质品			一级品			合格品
黏度等级(按 GB 3141)		46	68	100	46	68	100	100
运动黏度(40℃)/$mm^2 \cdot s^{-1}$		41.4～50.6	61.2～74.8	90～110	41.4～50.6	61.2～74.8	90～110	90～110
黏度指数	不小于	90	90	90	90	90	90	—
密度(20℃)/$kg \cdot m^{-3}$	不大于	880	882	884	880	882	884	—
倾点/℃	不高于	−9	−9	−9	−9	−9	−9	−9
闪点(开口)/℃	不低于	215	225	240	215	225	240	206
中和值/$mgKOH \cdot g^{-1}$	不大于	0.1	0.1	0.1	0.1	0.1	0.1	0.2
色度(号)	不大于	0.5	1.0	2.0	1.0	1.5	2.5	—
残炭/%	不大于	0.02	0.03	0.05	0.05	0.05	0.10	0.20
抗乳化度(40—37—3)/min								
54℃	不大于	10	15	—	30	30	—	—
82℃	不大于	—	—	20	—	—	30	报告
腐蚀试验(铜片,100℃,3h)								
级	不大于	1	1	1	1	1	1	—
泡沫性(泡沫倾向/泡沫稳定性)								
mL/mL								
24℃	不大于	100/0	100/0	100/0	—	—	—	—
93.5℃	不大于	75/0	75/0	75/0	—	—	—	—
后 24℃	不大于	100/0	100/0	100/0	—	—	—	—
氧化安定性								
a. 酸值到 2.0/(mgKOH.g^{-1} 时间 1)h	不小于	1000	1000	1000	—	—	—	—
b. 旋转氧弹(150℃)/min		报告	报告	报告	—	—	—	—

续表 5-3

项　　目		质　量　指　标						
水溶性酸或碱		无	无	无	无	无	无	无
水分/%		无	无	无	无	无	无	无
机械杂质/%		无	无	无	无	无	无	无
灰分/%	不大于	—	—	—	—	—	—	0.005
饱和蒸汽压/kPa,20℃	不大于	—	—	—	—	—	—	
60℃	不大于	6.7×10^{-6}	6.7×10^{-7}	1.3×10^{-7}	1.3×10^{-5}	1.3×10^{-6}	6.7×10^{-7}	5.3×10^{-6}
极限压力/kPa,分压	不大于	2.7×10^{-5}	2.7×10^{-5}	2.7×10^{-5}	6.7×10^{-5}	6.7×10^{-5}	6.7×10^{-5}	—
全压	不大于	报告	报告	报告	报告	报告	报告	—

对国外一些厂家的真空泵油作了对比,其结果如表 5-4 所示。

表 5-4　国外真空泵油的性能

项　　目	日本真空技术株式会社 Ulvoil R-7	日本出光兴产 ACE Vac 68	日本松村石油研究所 MR-200	日本出光兴产 ACE Vac 46	日本松村石油研究所 MR-100	日本真空技术株式会社 Ulvoil R-4	Central Scientitic Co Hyvar Oil
运动黏度 40℃	70.88	65.41	72.68	45.03	45.59	47.16	68.29
100℃	9.41	8.60	9.17	6.89	6.78	7.15	8.59
黏度指数	110	102	101	103	102	110	94
倾点/℃	-15	-15	-13	-14	-14	-17	-14
闪点(开口)/℃	242	242	250	223	232	226	—
酸值/mgKOH·g^{-1}	0.05	0.03	0.006	0.02	0.006	0.02	0.04
密度(20℃)/kg·m^{-3}	896	878	877	862	873	863	874
颜色(号)	L1.0	L1.0	L0.5	L0.5	L0.5	L0.5	L1.5
铜片腐蚀(100℃,3h)	3a	3a	1a	2a	1a	3a	—
残炭/%	0.02	0.01	0.02	0.01	0.006	0.01	0.01
抗乳化度 54℃(min)							
40—37—3	10′56″	>30	10′35″	3′51″	9′44″	1′46″	>30
40—40—0	13′37″	>30	>30	>30	>30	4′21″	>30
旋转氧弹 150℃(min)	251	250	44	337	43	381	29
泡沫性 mL/mL							
24℃	395/0	25/0	555/30	305/0	480/0	440/0	—
93℃	35/0	20/0	40/0	25/0	45/0	40/0	—
24℃	320/0	20/0	500/20	300/0	430/0	410/0	—
饱和蒸汽压/kPa							
20℃	2.8×10^{-9}	1.2×10^{-9}	2.5×10^{-9}	1.3×10^{-8}	4.4×10^{-8}	3.9×10^{-8}	3.3×10^{-10}
60℃	7.9×10^{-7}	2.5×10^{-7}	3.5×10^{-7}	2.8×10^{-6}	3.5×10^{-6}	4.5×10^{-6}	2.7×10^{-7}
极限压力/kPa	2.0×10^{-5}	1.9×10^{-5}	1.9×10^{-5}	2.3×10^{-5}	2.1×10^{-5}	2.3×10^{-5}	—

续表 5-4

项　　目	英国 Edwards Speedivac 16	美国 Modil DTE Heavy	德国 Leybold Heraeus N62	美国 Varian GP Oil	英国 Edwards Speedivac 15	美国 Varian CS Oil	法国 Montedi-Son Alcatel 100
运动黏度 40℃	102.80	82.4	83.18	76.14	70.22	51.13	125
100℃	11.51	10.44	10.23	9.40	9.05	7.07	
黏度指数	99	110	104	99	103	94	98
倾点/℃	−8	−6	−10	−13	−9	−15	−13
闪点(开口)/℃	246	251	259	246	—	227	260
酸值/$mgKOH \cdot g^{-1}$	0.03	0.09	0.03	0.06	0.04	0.01	0.03
密度(20℃)/$kg \cdot m^{-3}$	877	878	878	875	879	872	900
颜色(号)	L3.0	L2.0	L2.5	L1.5	L2.0	L1.0	L1.5
铜片腐蚀(100℃,3h)	1a	1a	1a	1b	—	1a	—
残炭/%	0.04	0.05	0.02	0.02	0.03	0.01	0.007
抗乳化度 54℃(min)							
40—37—3	>30	>30	>30	>30	>30	15′38″	>10′24″
40—40—0	>30	>30	>30	>30	>30	>30	>30
旋转氧弹 150℃(min)	33	233	38	33	41	—	—
泡沫性 mL/mL							
24℃	10/0	560/95	50/0	500/<10	—	485/<10	—
93℃	70/0	70/0	20/0	45/0	—	40/0	—
24℃	10/0	410/35	30/0	490/<10	—	425/0	—
饱和蒸汽压/kPa							
20℃	1.2×10^{-10}	9.3×10^{-10}	1.0×10^{-10}	1.2×10^{-8}	5.2×10^{-9}	1.3×10^{-8}	9.1×10^{-9}
60℃	3.7×10^{-8}	2.0×10^{-7}	4.7×10^{-8}	1.3×10^{-6}	5.5×10^{-7}	1.5×10^{-6}	1.9×10^{-6}
极限压力/kPa	1.6×10^{-5}	—	1.6×10^{-5}	—	—	—	4.0×10^{-5}

现仅对真空泵油的基本性能和有关要求作如下介绍：

1）为使真空泵能获得规定的抽气性能，要求真空泵油要有适当的运动黏度和黏度指数，室温饱和蒸汽压低，抗乳化性能好，化学稳定性和耐热抗氧化性好，闪点高，成本低等特性。

2）真空泵油在使用过程中，由于氧化等原因，一部分变质，同时又从外界混入各类杂质。当变质成分和杂质多到一定程度时，颜色变了，黏度和酸值升高了，析出不溶性的树脂状物质，而且蒸汽压增高，这时油的性能恶化，泵油不能继续使用了，必须更换新油。但这种不能使用的废油可以再生利用。

6 罗茨式真空泵

6.1 概述

罗茨式真空泵(简称罗茨泵)是一种无内压缩的旋转变容式真空泵。它是由罗茨鼓风机演变而来的。根据罗茨泵工作压力范围不同,它可分为直排大气的干式罗茨泵和湿式罗茨泵,这种罗茨泵属于低真空罗茨泵;此外还有中真空罗茨泵(机械增压泵)和高真空多级罗茨泵等。近年来罗茨泵得到了广泛地应用。一般来说,罗茨泵具有以下特点:

1) 在较宽的压力范围内有较大的抽速;

2) 设有旁通溢流阀可在大气压力下启动,缩短了抽气时间;

3) 转子之间、转子与泵腔壁之间有间隙,泵内运动件无摩擦,不必润滑,泵腔内无油;

4) 转子形状对称,动平衡性能良好,运转平稳,选择高精度的齿轮传动,运转时噪音低;

5) 结构紧凑,占地面积小,通常选卧式结构,泵腔内气体垂直流动,有利于被抽的灰尘或冷凝物的排除;

6) 选择适宜的转子型线和精细的研磨加工,可获得较高的容积效率;

7) 运转维护费用低。

罗茨泵在真空工程领域中应用时,一般与前级泵(旋片泵,滑阀泵和水环泵等)串联构成机组,在中真空范围,作为机械增压泵来应用;双级或多级罗茨泵机组可获得高真空;对于干式清洁无油的抽气系统多用气冷式罗茨泵机组;对于含水蒸气的被抽系统,多用湿式罗茨泵。

从罗茨泵的结构原理得知,转子可在高速下运转,故泵的抽速很高(可高达 100000m^3/h 以上),而且结构简单,运行经济。因而,罗茨泵在冶金、石油化工、轻工造纸,电工电子以及食品等工业部门得到广泛的应用。

6.2 罗茨泵的工作原理及其结构特点

罗茨泵是一种双转子的容积式真空泵。其抽气过程如图 6-1 所示,在泵腔内有两个形状对称的转子,转子形状有两叶、三叶和四叶的。两个转子彼此朝相反方向旋转,由轴端齿轮驱动同步转动。转子彼此无接触,转子与泵腔壁也无接触,其间通常有 0.15～1.0mm 的间隙,泵腔靠间隙来密封。

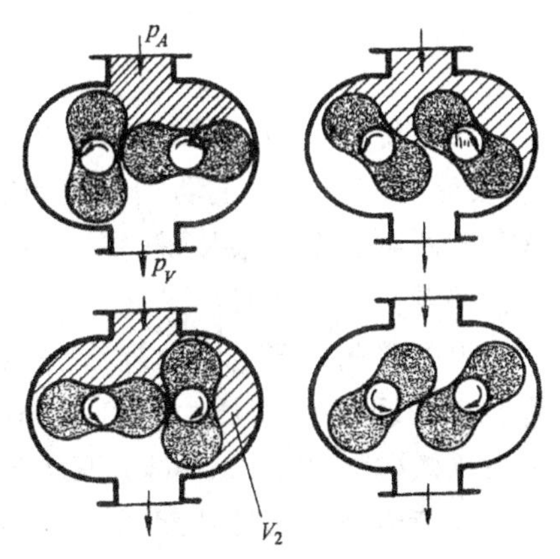

图 6-1 罗茨泵的抽气过程

p_A——吸入压力;p_V—出口压力;

V_2—泵腔容积

由于罗茨泵泵腔内无摩擦,转子可高速运转,一般为 1500～3000r/min,而且不必用油润滑,可实现无油清洁的抽气过程。泵的润滑部位仅限于轴承和齿轮,以及动密封处。泵没有往复运动部件,故可实现良好的动平衡。因而,罗茨泵运转平稳,转速高,尺寸小可获得大的抽速。

从图 6-1 得知，由于转子的不断旋转，被抽气体从吸气口进入泵腔，被封闭在吸气腔 V_2 之内，再经排气口排出泵外。由于在吸入 V_2 空间内的气体没有被压缩，当转子的顶部转过排气口边缘时，V_2 空间这时与排气侧相通，由于排气侧气体压力较高，有部分高压气体返流到 V_2 空间内，使泵腔内的压力突然升高达到排气压力。此即所谓的外压缩过程。转子继续旋转时，被抽气体被排出泵外。两个转子的不断运转，即实现了罗茨泵的抽气过程。转子的主轴旋转一周，共排出四个 V_2 容积的气体。因而，泵的几何抽速为

$$s_{th} = 4V_2 \frac{n}{60} = 2\pi R^2 lnk_0 \frac{10^{-6}}{60} \quad (\text{L/s}) \tag{6-1}$$

式中 n——泵轴的转数，r/mm；

R——转子的半径，mm；

l——转子长度，mm；

k_0——转子断面系数。已知转子断面形状后，k_0 值便可确定。

目前国内外的罗茨泵，多数为卧式结构，泵的进气口在上，排气口在下，这种卧式结构重心低，高速运转时稳定性好。如图 6-2 所示，罗茨泵的两个转子是通过一对高精度的齿轮来实现其相对同步旋转的。

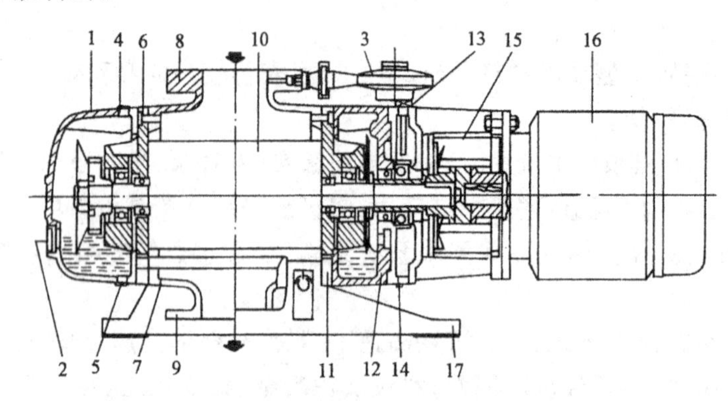

图 6-2 罗茨泵的剖面示意图

1—前端盖；2—油标；3—压力传感器；4—注油塞；5—放油塞；6—齿轮侧轴承端盖；7—泵体；8—入口法兰；9—出口法兰；10—转子；11—马达侧轴承盖；12—中间法兰；13—油封处注油塞；14—油封处放油塞；15—笼形支架；16—电动机；17—泵底座

泵的传动多为直联式的，大泵则有皮带传动的。电动机与传动齿轮，多设在转子轴的两侧，安装拆卸方便。主动轴传递的扭矩较大，轴要有足够的强度和刚度，轴与转子要固结牢靠。罗茨泵的密封很关键，主动轴外伸部分、两个转子的轴承与泵腔之间设有动密封，泵腔与各端盖设有静密封。

为了避免罗茨泵的误操作，一般多设有旁路溢流阀。由泵的许可压力差 Δp 来设计旁路溢流阀，可在大气压力下启动，使罗茨泵和前级泵同时连续运转，因而对容器的抽气时间大为缩短（达 30%～50%）。其结构如图 6-3 所示。

在旁路溢流阀打开期间，罗茨泵的抽速为

$$s = \frac{s_V p_V}{p_A} = \frac{s_V(p_A + \Delta p)}{p_A} \tag{6-2}$$

式中 s_V——为前级泵抽速；

p_V——为泵出口压力；

p_A——为泵入口压力；

Δp——为泵的溢流阀的许可压力差，$\Delta p = p_V - p_A$。

从式(6-2)可以看出，罗茨泵的抽速 s 随入口压力 p_A 下降而有所增加，故可缩短启动时间。

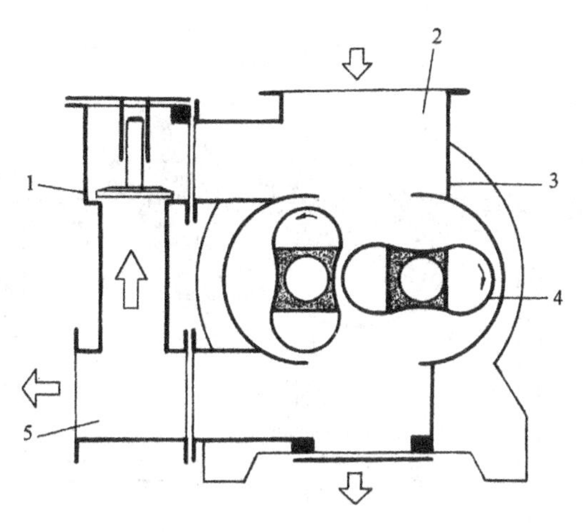

图 6-3 罗茨泵旁路溢流阀结构示意图

1—溢流阀；2—泵入口；3—泵体；4—转子；5—泵出口

从图 6-4 上得知，曲线 1 为前级泵的抽速曲线，曲线 2 为罗茨泵在 13hPa 时启动的抽速，曲线 3 为带溢流阀的罗茨泵抽速曲线，图上 4 为有溢流阀工作，增加的抽速部分。因而，有溢流阀的罗茨泵可缩短启动时间。

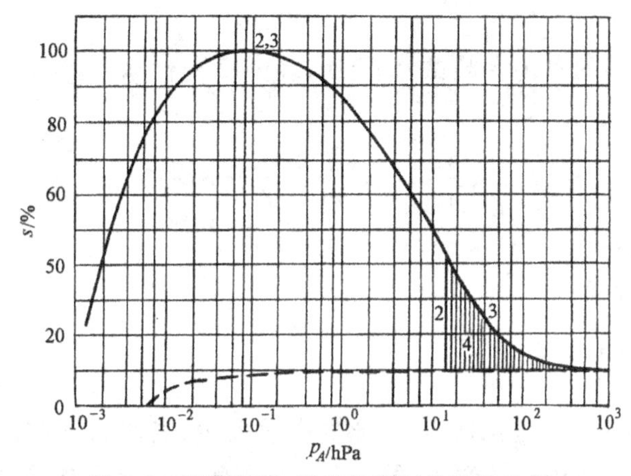

图 6-4 罗茨泵有、无溢流阀时抽速的比较

根据对罗茨泵的特殊需要，也有将有油的齿轮箱，轴承等部件与泵腔做成分离式结构的，如图 6-5 所示，这种泵的抽速在 40～140L/s 之间。

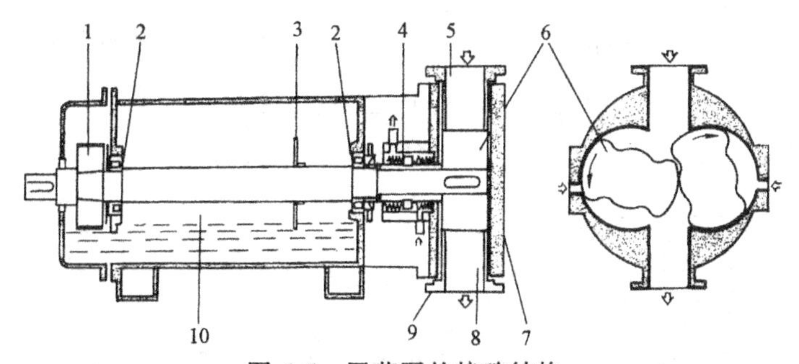

图 6-5 罗茨泵的特殊结构

1—齿轮；2—轴承；3—甩油盘；4—轴封；5—进气口；6—转子；7—端盖；8—出气口；9—泵体；10—油箱

在罗茨泵的压缩过程中产生的热量被传到转子和泵体上。转子很难将热量传至泵外，而泵体的热量很容易被散失到周围大气中。因而转子与泵体之间就出现了温差。加剧了转

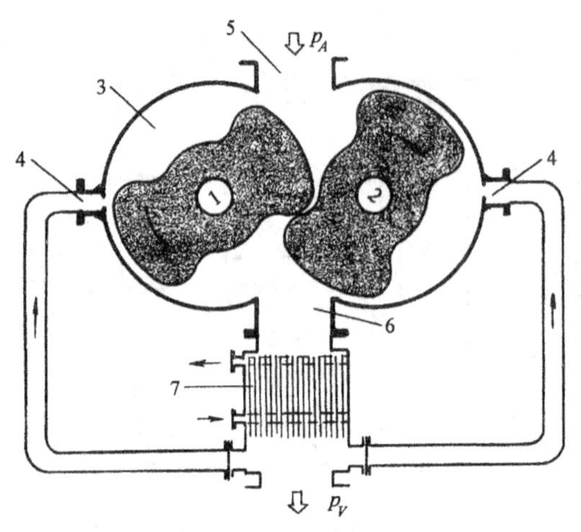

图 6-6　气冷式罗茨泵原理图

1—转子；2—转子；3—泵腔；4—冷气入口；
5—抽气口；6—泵出口；7—冷却器

子的热膨胀。当泵负荷增大时，转子膨胀会消失间隙，而被卡死。因此出现了气冷式罗茨泵，用冷却的气体或大气去直接冷却热态的转子，从而减少了转子与泵壳间的温差，提高了罗茨泵的抗热能力。具体结构示意图，如图 6-6 所示。

这种气冷式罗茨泵可用于高压差和高压缩比的情况下工作。这种泵的结构简单，冷却器与泵的出口相联，便于维修和更换。由于散热均匀，转子和泵体之间的间隙仍可保持很小，有利于泵容积效率的提高。这种泵直排大气时，小泵的极限压力可达 200hPa，大泵可达 100hPa，如若两台串联，可获得极限压力 20～30hPa。

由热力学得知，罗茨泵排气温度 T_2 的上升率与容积效率 η_V 成反比，与 $(K-1)$ 成正比。即

$$\frac{T_2}{T_1}-1=\frac{1}{\eta_V}\frac{\gamma-1}{\gamma}(K-1) \tag{6-3}$$

式中　T_1——吸气温度；

T_2——排气温度；

γ——比热比；

K——压力比。

为了防止泵腔内转子因热膨胀而卡死的事故发生，若增大间隙，则会使 η_V 下降，从式(6-3)可看出，若 η_V 下降仍会导致 T_2 的上升。为了解决这个问题，向泵腔内注水，注入少量的水，可使内部间隙的泄漏量靠水封作用使之明显降低，泵的效率 η_V 可提高，杜绝内部热接触的现象发生。在抽除气体或水蒸气的场合，这种专门用水封的罗茨泵得到广泛应用。通常称它为湿式罗茨泵。

在湿式罗茨泵中，注水量 $q=(0.2\sim1.0)G$（G 为被抽气体的质量流量），这时

$$\frac{T_2}{T_1}-1=\frac{1}{\eta_V}\frac{K-1}{\dfrac{\gamma}{\gamma-1}+\dfrac{qC_W}{ARG}} \tag{6-4}$$

式中　C_W——水的比热；

A——功的热当量；

R——气体常数。

当注水量 $q=0$ 时，则式(6-4)与干式泵的计算式(6-3)相同。

为了节省功率，可实现两级压缩，工作压力可延至 50～150hPa 以下。通常的两级抽速 s_{th} 之比为 $\lambda=1.6\sim2.0$。为防止在低真空时的过压缩，设有中间排气阀，一般不等腔的双级容积泵多采用此法。

这种泵的极限压力，与水环泵基本相同，受水蒸气压力的影响较大，对于双级压缩式的

泵约为 20hPa。

这种湿式罗茨泵可以吸入少量的水，但水吸入量过大时，要在泵入口前设置前分离器，将水分离后，再以适当的水注入是可以的。这种泵直接向大气中排放，噪声较大，故需加消音器。这种泵在造纸行业，过滤机的真空脱水，煤矿的瓦斯排除，以及化工部门得到广泛应用。

罗茨泵在高真空领域工作，称为机械增压泵，在压差小的地方使用，轴的动力消耗也低，间隙返流也少，间隙中气体的流动，随压力下降由黏性流过渡到分子流状态，返流低，这时压力比较高，η_V 也高。由于低压时，排气量很少，压缩气体产生的热量也低，因此不必注水和在排气口处加冷却器，其排气温度可在 100℃ 以下。

机械增压泵的出口压力在 40hPa 以下，吸入压力在 $10 \sim 10^{-3}$hPa 范围内。若出口压力在 10hPa 以下，入口压力在 $1 \sim 10^{-2}$hPa 范围内使用，效率最高。

6.3 罗茨泵的主要参数确定

6.3.1 罗茨泵的有效抽气量

罗茨泵抽除的有效气流量 Q_{eff} 可从理论抽气量 Q_{th} 和通过间隙从排气侧向吸气侧返流量 Q_V 之差来确定。即

$$Q_{eff} = Q_{th} - Q_V \tag{6-5}$$

当罗茨泵的入口压力为 p_A 时，理论抽气量 Q_{th} 则为

$$Q_{th} = p_A s_{th} \tag{6-6}$$

对于罗茨泵的返流量 Q_V，可由两部分组成。即

$$Q_V = Q_{V_1} + Q_{V_2} \tag{6-7}$$

式中　Q_{V_1}——转子与泵体间的间隙泄漏量。

若间隙的流导为 L，前级压力为 p_V，则

$$Q_{V_1} = L(p_V - p_A) \tag{6-8}$$

由于罗茨泵的转子旋转非常快，没能把吸入的气体分子全部排入前级侧，而再次带入高真空侧，引起返流。如转子在前级真空侧吸附的气体，转子转到高真侧被解吸放出。两转子啮合处的空腔容积，即所谓的有害空间内的气体被带回到高真空侧，这部分返流量统称为 Q_{V_2}。即

$$Q_{V_2} = s_r p_V \tag{6-9}$$

式中　s_r——转子返流速率。

因此，有效抽气量 Q_{eff} 则可用下式计算

$$Q_{eff} = s p_A = p_A s_{th} - L(p_V - p_A) - s_r p_V \tag{6-10}$$

6.3.2 零流量时压缩比

将泵口封闭，使 $Q_{eff} = 0$，由式(6-10)可得出

$$K_0 = \left(\frac{p_V}{p_A}\right)_0 = \frac{s_{th} + L}{s_r + L} = \frac{s_{th}}{s_r + L} + \frac{L}{s_r + L} \tag{6-11}$$

零流量压缩比 K_0 是罗茨泵最重要的性能参数之一，它可通过测量得到。它与气体种类有关。压缩比 K_0 的最大值用 K_{0max} 表示。

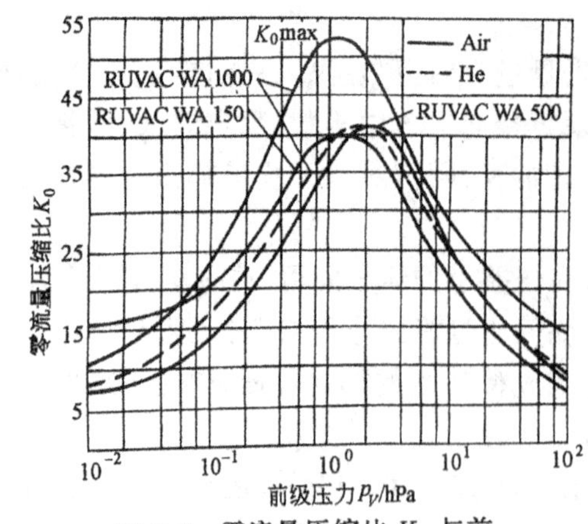

图 6-7 零流量压缩比 K_0 与前级压力 p_V 的关系

罗茨泵的零流量压缩比 K_0 与出口压力的关系如图 6-7 所示。因为 K_0 通常大于 10,因而,式(6-11)右侧第二项 $L/(s_r + L)$ 小于 1,故可近似将式(6-11)写成

$$K_0 = \frac{s_{th}}{s_r + L} \tag{6-12}$$

在 $p_V > 15\text{hPa}$ 时,流导 L 较大,因而 s_r 的返流作用和 L 的返流作用相比可以略去。因而

$$K_0 \approx \frac{s_{th}}{L}$$

在 $p_V < 10^{-1}\text{hPa}$ 时,流导内处于分子流状态,L 的返流作用小于 s_r 的返流作用。因而,

$$K_0 \approx \frac{s_{th}}{s_r}$$

在较高的 p_V 时,因间隙流导处于黏滞流态,流导 L,在这时有所增加,因而压缩比 K_0 在向高的 p_V 方向上有所下降。在低的 p_V 条件下,流导 L 处于分子流状态是定值,这时受 s_r 的影响。K_0 在向低的 p_V 方向上也是降低的。而在 $p_V \approx 1\text{hPa}$ 附近 K_0 有最大值 $K_{0\max}$ 出现,如图 6-7 所示。

泵的尺寸增加使泵的 s_{th} 比 L 增加的快,因此大容量的罗茨泵的 K_0 也有所增加,从图 6-7上也能看出,大泵的 K_0 较高。

罗茨泵的极限压力 $p_{A,e}$(在罗茨泵和前级泵构成机组时),可用前级泵的极限压力 $p_{V,e}$ 和与其相对应的压缩比 $K_{0,e}$ 之比来求得的。即

$$p_{A,e} = \frac{p_{V,e}}{K_{0,e}} \tag{6-13}$$

例如 $p_{V,e} = 1 \times 10^{-2}\text{hPa}$,对于 RUVAC WA 1000 泵来说(见图 6-7)这时对应的 $K_{0,e} = 10$,故罗茨泵的极限压力为 $p_{A,e} = 1 \times 10^{-3}\text{hPa}$。

对于双级罗茨泵的压缩比约等于单级泵压缩比的连乘。因此,双级泵可得到更低的极限压力。

6.3.3 有效压缩比与容积效率

在真空工程中,罗茨泵多与前级泵串联构成机组来使用。这种机组的抽气特性,往往通过简单的计算即可获得。

若前级泵抽速为 s_V,而罗茨泵的抽速为 s,根据连续性方程得知,串联的两个泵的抽气量是相等的。罗茨泵的出口压力 p_V,等于前级泵的入口压力。因而,得下式

$$s p_A = s_V p_V \tag{6-14}$$

有效压缩比 K_{eff} 和理论压缩比,分别为:

$$K_{eff} = \frac{p_V}{p_A}, \quad K_{th} = \frac{s_{th}}{s_V} \tag{6-15}$$

由式(6-14)代入式(6-10),从式(6-15)定义得出

$$\frac{1}{K_{eff}} = \frac{p_A}{p_V} = \frac{s_V}{s_{th} + L} + \frac{s_r + L}{s_{th} + L} \tag{6-16}$$

一般来说,流导 L 和几何抽速 s_{th} 相比,可以略去。因此, $s_V/(s_{th}+L)\approx s_V/s_{th}$; $(s_r+L)/(s_{th}+L)\approx(s_r+L)/s_{th}$ 。所以式(6-16)可改写成:

$$\frac{1}{K_{eff}}=\frac{1}{K_{th}}+\frac{1}{K_0} \tag{6-17}$$

罗茨泵机组的有效抽速 s 对罗茨泵几何抽速 s_{th} 之比,定义为容积效率 η_V 。

$$\eta_V=\frac{s}{s_{th}}=\frac{K_{eff}}{K_{th}}=\frac{K_0}{K_{th}}\Big/\left(1+\frac{K_0}{K_{th}}\right) \tag{6-18}$$

由上式可以看出,只要已知:前级泵的抽气特性 $s_V=f(p_V)$,罗茨泵的几何抽速 s_{th} 和罗茨泵测得的零流量压缩比 $K_0=f(p_V)$,便能求得容积效率 η_V 值。这时机组的抽速 s 可按下式计算:

$$s=\eta_V s_{th}=s_{th}\frac{\dfrac{K_0}{K_{th}}}{\left(1+\dfrac{K_0}{K_{th}}\right)} \tag{6-19}$$

若令 $\alpha=\dfrac{K_0}{K_{th}}$,则式(6-18)可写成

$$\eta_V=\frac{\alpha}{1+\alpha}$$

其值如图 6-8 所示。

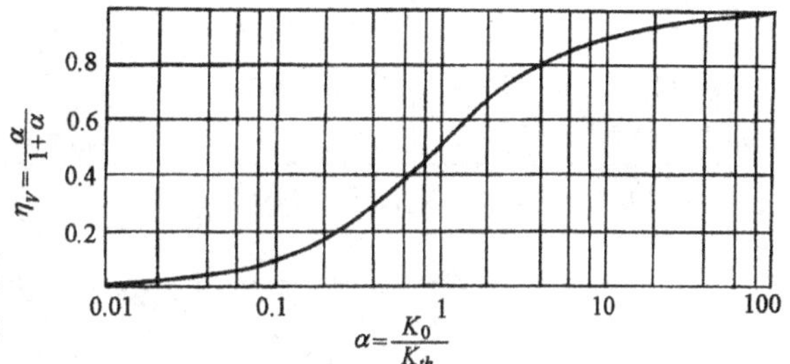

图 6-8 罗茨泵的容积效率 η_V 与 α 的关系曲线

现举例计算,选 RUVAC WA 1000 型罗茨泵,其前级泵分别选为 E250 型和 E75 型的单级滑阀泵。罗茨泵的 $s_{th}=975\mathrm{m}^3/\mathrm{h}$,按不同的出口压力 p_V 各点去求罗茨泵机组的抽气性能。得出不同前级泵的罗茨泵机组的抽气性能如表 6-1 所示。也可按计算值画出罗茨泵机组的抽气特性曲线,如图 6-9 所示。从图中可以看出罗茨泵机组的测试曲线,在低于 7×10^{-2}hPa 时,计算值与实验值有些偏差,其他部分理论计算与实验值基本相符。因此,可以通过计算求得罗茨泵机组的抽气性能,对于多级泵组合时,要从最后级向前计算,从各级的前级泵开始计算。

表 6-1 罗茨泵与不同前级泵组成机组的抽气速率计算

p_V/hPa	s_V/$\mathrm{m^3\cdot h^{-1}}$	$K_{th}=\frac{s_{th}}{s_V}=\frac{975\mathrm{m^3h^{-1}}}{s_V}$	K_0(测得)	$\frac{K_0}{K_{th}}$	$\eta_V=\frac{\frac{K_0}{K_{th}}}{1+\frac{K_0}{K_{th}}}$	$S=\eta_V\cdot S_{th}$	$p_A=\frac{p_V\cdot s_V}{s}$/hPa
		式(6-15)	图(6-7)		式(6-18)	式(6-19)	式(6-14)
E250							
133	250	3.9	13	3.34	0.77	750	44.3
53	250	3.9	16.5	4.23	0.81	789	16.8
13	250	3.9	27	6.93	0.874	851	3.82
7	250	3.9	34	8.72	0.898	875	2
1	250	3.9	52	13.3	0.93	906	0.276
7×10^{-1}	245	3.98	49.5	12.4	0.929	905	0.189

续表 6-1

p_V/hPa	s_V/$m^3 \cdot h^{-1}$	$K_{th}=\frac{s_{th}}{s_V}=\frac{975m^3h^{-1}}{s_V}$	K_0（测得）	$\frac{K_0}{K_{th}}$	$\eta_V=\frac{\frac{K_0}{K_{th}}}{1+\frac{K_0}{K_{th}}}$	$S=\eta_V \cdot S_{th}$	$p_A=\frac{p_V \cdot s_V}{s}$/hPa
		式(6-15)	图(6-7)		式(6-18)	式(6-19)	式(6-14)
E250							
1×10^{-1}	185	5.26	27	5.14	0.838	817	2.3×10^{-2}
5×10^{-2}	105	9.28	19	2.05	0.673	656	8×10^{-3}
E75							
100	74	13.2*	13	0.985	0.496	484	15.3
40	74	13.2	16.5	1.25	0.556	542	5.5
10	74	13.2	27	2.04	0.673	656	1.13
5	74	13.2	34	2.58	0.722	704	0.53
1	74	13.2	52	3.94	0.798	778	9.5×10^{-2}
5×10^{-1}	71	13.7	49.5	3.61	0.784	764	4.7×10^{-2}
1×10^{-1}	52	18.7	27	1.44	0.59	575	9×10^{-3}
4×10^{-2}	27	36.1*	19	0.53	0.35	341	3×10^{-3}
$p_{V,e}=2\times10^{-3}$			$K_{0,e}=14.0$				$p_{A,e}=1.5\cdot10^{-3}$

* 因为 K_{th} 不能大于K_0，否则容积效率 η_V <0.5。

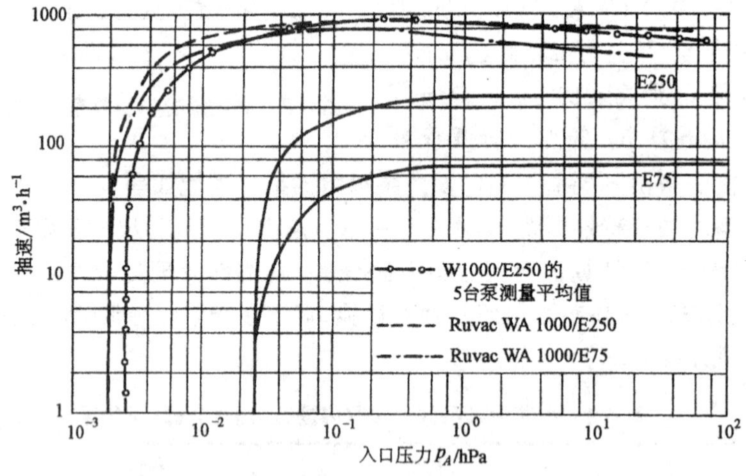

图 6-9　罗茨泵机组的抽速曲线

6.3.4　罗茨泵与前级泵抽速之间的关系

罗茨泵的抽速与前级泵抽速之间的关系，主要取决于容积效率 η_V 和罗茨泵许可的压力差($\Delta p = p_V - p_A$)。如果容积效率 η_V 低，则罗茨泵机组的有效抽速 s 将会明显下降(因为 $s = \eta_V s_{th}$)。如果罗茨泵的压力差超过许可的最大压力差，由于压缩功将使转子过热膨胀，而会被卡死。因为泵壳较易于向周围环境散热，仍然是不太热的。

罗茨泵最大允许压差 Δp，小型泵要比大型泵要大些，一般为 40～100hPa，在较高的压力范围(150hPa 以上)时，允许的压力差稍高，因为被抽气体量多些，改善了转子的冷却。由于压差 Δp 的增加，必将引起所需功率也要增加。

在罗茨泵的出口管道设置专用的气体冷却器(如图6-10),这时许可的最大压差可以增加,因为冷却气体的回流能保持转子的温度在规定的范围内。

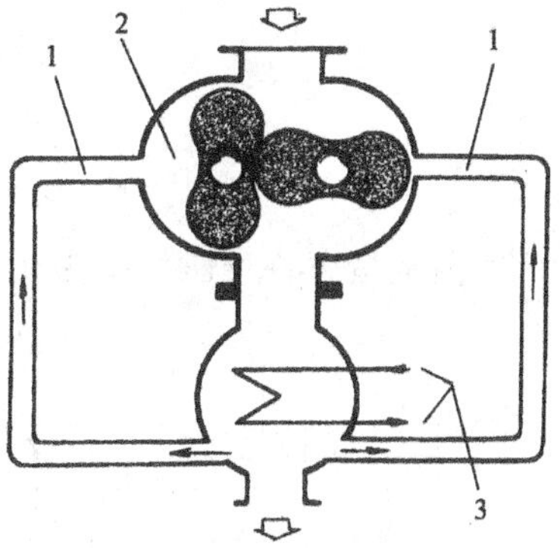

图6-10 罗茨泵气体冷却原理图

1—冷气进入管道;2—泵腔;3—气体冷却器

根据连续性方程(6-14),可有如下形式

$$\frac{p_V}{p_A}=\frac{s}{s_V} \quad 或 \quad \frac{p_V-p_A}{p_A}=\frac{s}{s_V}-1 \qquad (6\text{-}20)$$

罗茨泵的压力差(p_V-p_A)要比最大许可的压力差Δp_{max}要小。由式(6-20)可看出,如下关系

$$\frac{s}{s_V}\leqslant\frac{\Delta p_{max}}{p_A}+1 \qquad (6\text{-}21)$$

1) 在入口压力较低时,即中真空范围,$p_A<1\text{hPa}$时,最大允许压力差$\Delta p_{max}=50\text{hPa}$。若入口压力$p_A=1\text{hPa}$时,从式(6-21)可得

$$\frac{s}{s_V}=\frac{50}{1}+1=51$$

对于$p_A=10^{-1}\text{hPa}$时,

$$\frac{s}{s_V}=\frac{50}{0.1}+1=501$$

因此,$p_A<1\text{hPa}$时,抽速之间关系不取决于最大许可的压力差,而要注意,必须有足够高的容积效率η_V。若零流量压缩比平均值为$K_0=30$,而理论压缩比$K_{th}=10$,经计算得容积效率$\eta_V=0.75$,这个值比较高。

在中真空和高真空范围,抽速比多采用$s:s_V=10:1$。在入口压力有较大变化或前级压力p_V变小,则压缩比K_0下降,故抽速比多选择$s:s_V=5:1$。

当罗茨泵在较高压力下启动时,压力下降速度很快,达到了要求的压力,启动时虽然超过了最大许可压力差,但短时间超负荷(几分钟内)一般罗茨泵的马达不会发生问题。

对入口压力非常低($p_A<10^{-2}\text{hPa}$)或前级泵气镇阀工作时,通常使用双级前级泵,否则罗茨泵所需的前级压力很难达到,而且,在这种压力下前级泵的抽速变得太低了。将导致压缩比太高,容积效率降低了。

2) 泵入口压力处在粗真空范围,$p_A>1\text{hPa}$时,这时最大许可压力差Δp_{max}变成了重要因素。如果$\Delta p_{max}=75\text{hPa}$,入口压力$p_A=15\text{hPa}$,由式(6-21)得出:

$$\frac{s}{s_V}=\frac{75}{15}+1=6$$

若入口压力$p_A=75\text{hPa}$时,则

$$\frac{s}{s_V}=\frac{75}{75}+1=2$$

罗茨泵与前级泵的抽速比,对入口压力为$p_A=15\text{hPa}$时是6:1;对$p_A=75\text{hPa}$时是2:1。

在粗真空范围内,罗茨泵和前级泵抽速比,对每种情况要分别去确定,一般来说,是比较小的。而容积效率相当好。

所需的条件很容易从罗茨泵和前级泵的抽气量的曲线图上看出,假定前级泵的抽速为常数与入口压力无关,如$s_V=250\text{m}^3/\text{h}=69\text{L/s}$。而三种罗茨泵的抽速分别为

$$s_{th_1}=500\text{m}^3/\text{h}=139\text{L/s},\ K_{th_1}=2;$$

$$s_{th_2}=1000\text{m}^3/\text{h}=278\text{L/s},\ K_{th_2}=4;$$

$$s_{th_3}=2000\text{m}^3/\text{h}=556\text{L/s},\ K_{th_3}=8;$$

假定最大许可压力差为

$$\Delta p_{\max_1}=80\text{hPa 和 }\Delta p_{\max_2}=50\text{hPa。}$$

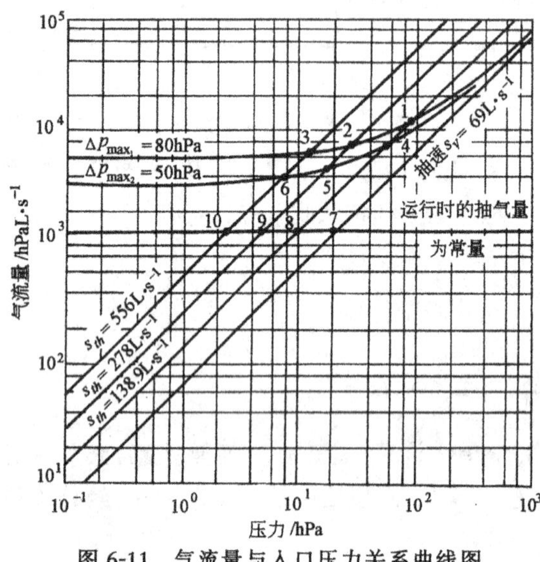

图 6-11 气流量与入口压力关系曲线图

对于这三种泵在不同压差条件下的启动压力可由图 6-11 上看出：对于 $\Delta p_{\max_1}=80$hPa 时，得点 1、2、3；对于 $\Delta p_{\max_2}=50$hPa 时，得出其对应点为 4、5、6。是以几何抽速值为基础的，而不是罗茨泵的有效抽速，实际的启动压力高些也不会发生泵的过载。

这个图还可以确定，在一定气流下，可实现的压力和压力差值。如图上指出的运行时的抽气量 $Q=1.3\times10^3$hPa·L/s，得出前级泵的进气压力 $p_V=19$hPa。若此时利用 $s_{th_2}=278$L/s 的罗茨泵，由此得到入口压力 $p_A=4.7$hPa（点 9）。事实上，因为 $s_{th}>s$，得到的入口压力将会比 4.7hPa 高些。其压力差 $\Delta p=p_V-p_A=19-4.7\text{hPa}=15.3\text{hPa}$。

若前级泵的抽速与压力无关，在大型的油封式机械泵情况下，罗茨泵与前级泵的抽速比、以及最大许可的入口压力，从图 6-12 可以获得。

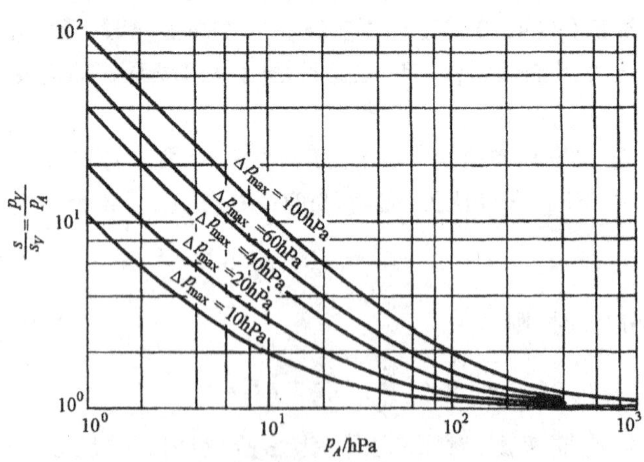

图 6-12 抽速比与入口压力的关系

这个图是根据式(6-21)为基础，以实例表示的。如对 $s:s_V=10:1$，压力差 $\Delta p_{\max}=60$hPa，则罗茨泵可连续工作的入口压力为 $p_A=6.6$hPa。

6.3.5 抽速与极限压力

罗茨泵是一种容积泵，它的抽速和极限压力，对各种气体是不变的。对抽除分子量比氮气低的气体(如 He 和 H_2)时,由于间隙泄漏量稍有增加而引起抽速稍有下降,但 K_0 值下降是明显的(见图 6-7)。

在用油封机械泵作罗茨泵前级泵时的抽速和极限压力,如图 6-13 所示。

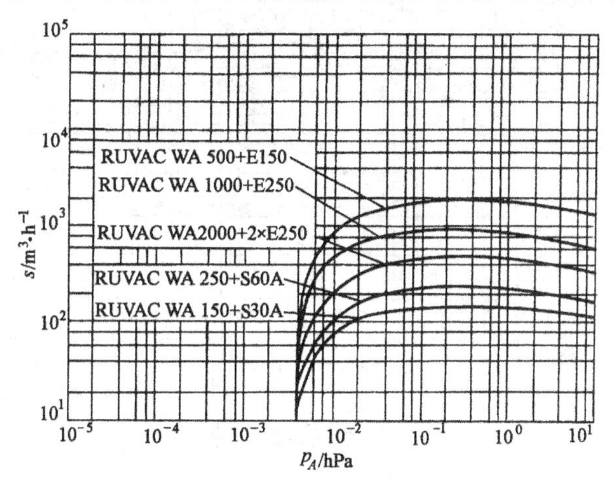

图 6-13 油封机械泵为前级泵时的罗茨泵抽速曲线

从图上看出,在入口压力为 1～10^{-1}hPa 范围内有最大抽速。在较高压力和较低压力时,由于返流作用较大些,故抽速在此两者情况下稍微有些下降。罗茨泵抽气腔内是干燥无油的,故抽气曲线对应的压力是全压力。

罗茨泵机组的极限全压力与选择的前级泵种类有关。一般为 10^{-3}hPa,它受前级泵泵油的蒸汽压力,以及齿轮箱、轴承处润滑油的蒸汽压力的影响。

罗茨泵上有油的空间要同前级真空侧相连通,由齿轮和轴承负荷引起的油裂化物被前级泵抽除而对罗茨泵入口处无影响。在较高压力下工作时,较高的压力差会将油通过轴封处而进入被抽空间去。为了避免这种现象发生,可将含油的空间另设小真空泵抽空,以保证泵腔内的清洁。

罗茨泵的润滑油通常使用机械泵油或低蒸气压力的扩散泵油。使用扩散泵油在低负荷下是适当的。

在液环泵作为罗茨泵的前级泵时,罗茨泵的抽速和极限压力,取决于液环泵使用的液体。水是通用的工作液体,水环泵的极限压力为 20～30hPa,它取决于供水的温度。罗茨泵机组的极限压力可达到 1hPa,它是由水环泵来的水蒸气所决定的。若使用带气体喷射器的水环泵作前级泵时罗茨泵机组的极限压力 $p_A \approx 10^{-1}$hPa。因为气体喷射器的运行,对水蒸气的返流有个阻挡作用。罗茨泵和水环泵组成的机组的抽速曲线如图 6-14 所示。

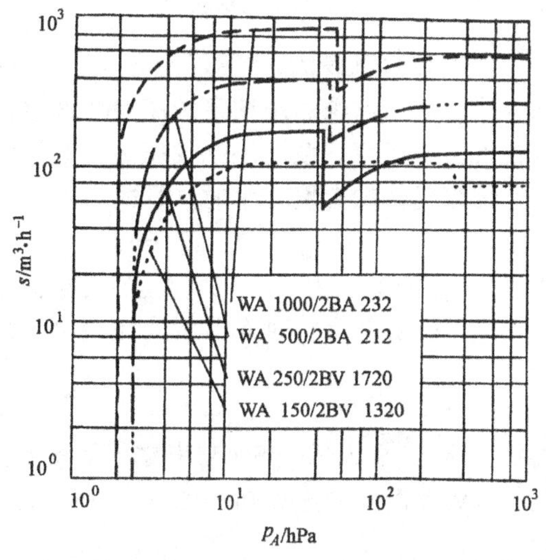

图 6-14 水环泵作前级泵的罗茨泵的抽速曲线

一般来说,用一台罗茨泵与单级前级泵组成为机组的情况较多,但要求有更低的极限压力和更高的抽速时,常用多台罗茨泵串联后再加前级泵组成机组。如图 6-15 所示，为多级泵组合的抽速曲线。

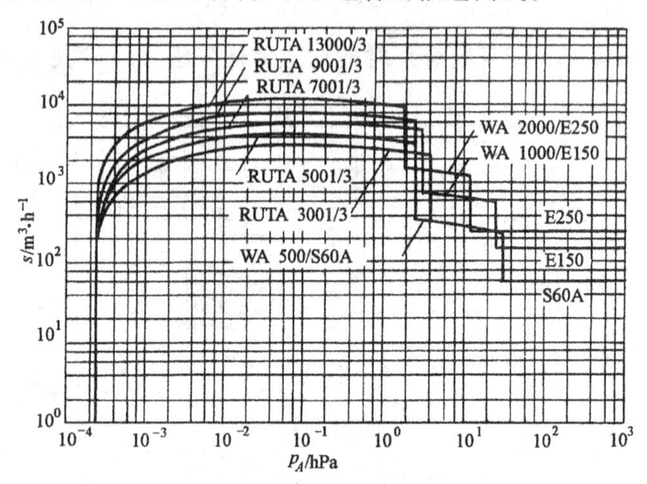

图 6-15　多级泵组合的抽速曲线

6.3.6　功率计算

罗茨泵所需的功率，是由大部分的压缩功和少部分的摩擦功所组成。

对于压缩功可由下式求出

$$W = \int_{p_A}^{p_V} V \mathrm{d}p$$

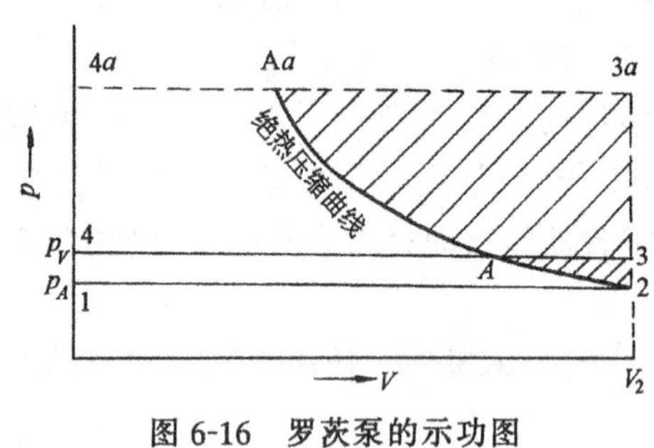

图 6-16　罗茨泵的示功图

罗茨泵的泵腔 V 由零开始达到最大吸气腔容积 V_2(图 6-1)，当转子旋转一周时排除 $4V_2$ 体积，当转速为 n 时，排除的容积即为罗茨泵的几何抽速 s_{th}。其压缩功由示功图 6-16 表示。在点 1 处开始泵腔吸气达到点 2 结束吸气，当泵腔与排气口相通时，压力突然增高达排气压力在点 3 处，继续排气到点 4 结束。如果排气压力高时由点 1、2、$3a$ 到达 $4a$ 为一个压缩循环过程。

罗茨泵的压缩功为矩形(为点 1—2—3—4；或点 1—2—$3a$—$4a$)。图上的带剖面线的部分为罗茨泵和绝热压缩泵的压缩功之差。而且罗茨泵的压差或压缩比越大则压缩功之差也越大。一般罗茨泵的压差或压缩比都不应选得过高，以便减少这个差值。

压缩气体的有用功率的计算式为

$$N_i = s_{th}(p_V - p_A) \times 10^{-6} \quad (\mathrm{kW}) \tag{6-22}$$

式中　s_{th} 的单位为 L/s；p_A 及 p_V 的单位为 Pa。

克服罗茨泵运转时摩擦所消耗的功率，通常以机械效率 η_M 来表达，故消耗的总功率为

$$N = \frac{N_i}{\eta_M} \quad (\mathrm{kW}) \tag{6-23}$$

式中　$\eta_M = 0.5 \sim 0.85$。它考虑了罗茨泵的热力损失、气体动力损失和机械损失。

双级罗茨泵的压缩功如图 6-17 所示。湿式罗茨泵有作成双级的，可以节省功耗，还能降低工作压力范围。假设 $\lambda = s_{th_1}/s_{th_2}$ 或 $\lambda = \dfrac{V_{th_1}}{V_{th_2}}$，则双级泵的压缩气体所需功率为

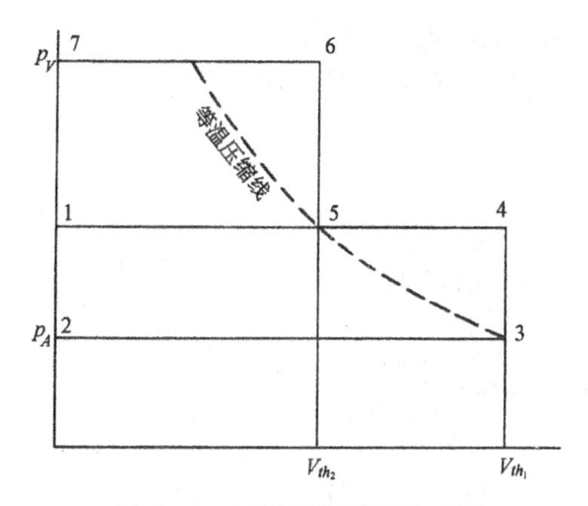

图 6-17　双级罗茨泵压缩功图

$$N_2 = p_V s_{th_1} \left\{ \frac{1}{\lambda} + (\lambda - 2) \frac{p_A}{p_V} \right\} \times 10^{-6} \quad (\text{kW}) \tag{6-24}$$

通常 $\lambda = 1.6 \sim 2.0$，若 $\lambda = 1.0$ 时则式(6-24)与式(6-22)相同。

6.4　罗茨泵的转子型线

罗茨泵的转子多数为双叶直齿的，也有三叶斜齿的，如图 6-18 所示。它的横断面的外轮廓线称为转子的型线。工作时，两个转子靠传动比为 1 的一对齿轮来驱动。转子的表面不接触，但转子之间的间隙要保持一定，这样一来，转子的型线必须做成共轭曲线。转子型线可做成各种各样的曲线。但实际上，型线的选择要考虑以下几个条件：

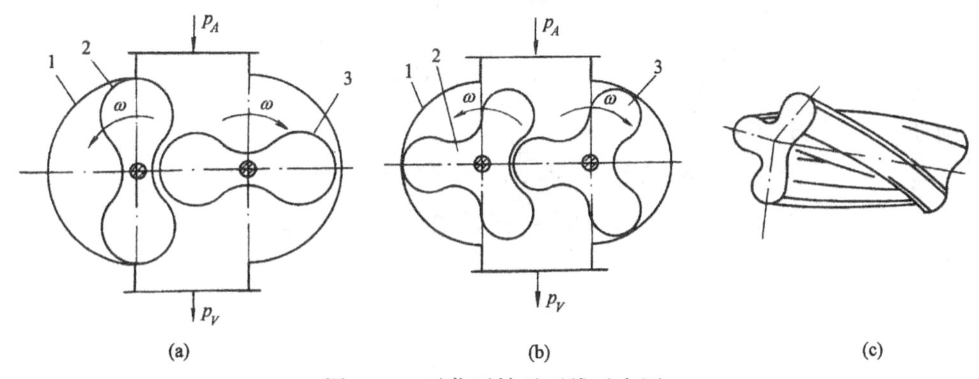

图 6-18　罗茨泵转子型线示意图

1）泵应有良好的工作性能，容积利用系数要尽可能大，即转子在泵腔内占的体积要小；

2）要有良好的几何对称性，互换性好，运转平稳；

3）转子要有足够的强度，加工工艺性要好。

实际上，转子的型线多由圆弧线、渐开线和摆线组合而成整个转子外轮廓型线。

罗茨泵转子型线有理论型线和实际型线之分。理论型线保证转子在旋转过程中，两个转子始终相互啮合。实际型线是由理论型线并留有间隙得来的。它要保证两个转子在运转中永远保持一定的间隙。

确定转子的型线，是按选定的已知型线部分去求与其共轭的另一型线部分，而且主要是确定没有间隙时的理论型线。

现以圆弧转子型线为例，加以分析计算。

罗茨泵的转子型线，其尺寸关系如图 6-19 所示。

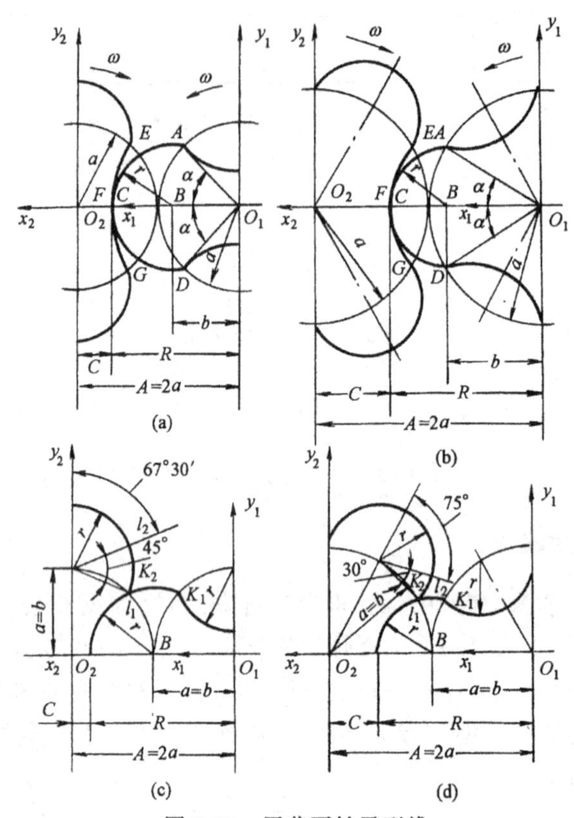

图 6-19　罗茨泵转子型线

对于 $Z=2$ 的转子：

$$\alpha = \pi/(2Z) = 45°,\ r = R - b,\ c = 2a - r,$$

$$b = (R^2 - a^2)/(2R - a\sqrt{2});$$

对于 $Z=3$ 的转子：

$$\alpha = \pi/(2Z) = 30°,\ r = R - b,\ c = 2a - r,$$

$$b = (R^2 - a^2)/(2R - a\sqrt{3});$$

式中　Z——转子的叶数；

r——转子头部半径；

R——转子外径；

c——转子腰部宽度；

a——节圆半径；

b——转子圆头中心与转子中心的距离。

罗茨泵的转子由圆弧和摆线圆弧线组成。圆弧型线为转子的头部，它是由半径为 r，中心为 B 的圆所构成的，如图 6-19(a)、(b)所示。转子头部中心 B 与转子中心 O_1 的距离 $b \leqslant 0.9288a$（双叶转子）；$b \leqslant 0.9670a$（三叶转子）。

摆线圆弧的型线，转子头部分用半径为 r 的圆来描述（图 6-19(c)、(d)），其中心 B 与

O_1 的距离 $b>0.9288a$(双叶);$b>0.9670a$(三叶)。外摆线 K_1l_1 部分由 K_2 点画出。用中心 O_2 点,半径为 a 的圆在中心 O_1 点半径为 a 的圆上无滑动地滚动而形成的。

圆弧型线其尺寸关系,对双叶转子:

$$b/a=0.5\sim0.9288;R/a=1.2368\sim1.6698;$$
$$c/a=0.7632\sim0.3302;$$

对于三叶转子:

$$b/a=0.5\sim0.9670;R/a=1.1196\sim1.4770;$$
$$c/a=0.8804\sim0.5230。$$

在这种型线比例下,可绘出平滑的凹凸曲线,而无折点和回线发生。

一般选择大的 b/a 和 R/a 比值,c/a 小的比值。以使转子的端面积 A_0 较小,使转子的断面系数 k_0 值较大。k_0 是评价型线质量的系数,即

$$k_0=1-\frac{A_0}{\pi R^2} \tag{6-25}$$

当 k_0 值越大,在给定的工作条件下和一定的抽速值时,罗茨泵的质量和尺寸就越小。但是,k_0 值太大时,转子的强度要降低,因此确定转子型线时,要进行强度计算。

对罗茨泵而言,作用在转子上的压差力引起的作用力要比转子的离心作用力要小得多。因而,只需计算转子离心力作用而引起的断裂强度。

$$F_L=0.5V_P\rho\omega^2r_P\quad(\mathrm{N}) \tag{6-26}$$

式中 F_L——半个转子的离心力;

V_P——转子体积(m^3);

ρ——转子材质的密度($\mathrm{kg/m}^3$);

ω——转子角速度 $\omega=2\pi n$(n 为转子的转数 r/s);

r_P——转子轴心与半个转子的质心的距离(m)。

转子腰部中心断面上作用的拉伸应力:

$$\sigma=F_L/\left[2l\left(C-\frac{D_B}{2}\right)\right]\quad(\mathrm{MPa}) \tag{6-27}$$

式中 l——转子长度(m);

D_B——转子轴的直径(m)。

安全系数

$$n_z=\sigma_T/\sigma \tag{6-28}$$

式中 σ_T——转子材质的屈伏限(MPa)。

型线的绘制,给出动坐标系 $x_1O_1y_1$ 和 $x_2O_2y_2$(图6-20)。坐标系 $x_1O_1y_1$,固定在第一个转子上,它的中心 O_1 与转子轴心重合,坐标转角 φ 与转子转角重合。坐标系 $x_2O_2y_2$ 固定在共轭转子上,它的中心 O_2 与共轭转子轴心重合。两个转子的转角 φ 相等。因为转子以同样的角速度旋转。两坐标系中心 O_1、O_2 的距离等于两转子间的中心距 $A=2a$(m)。

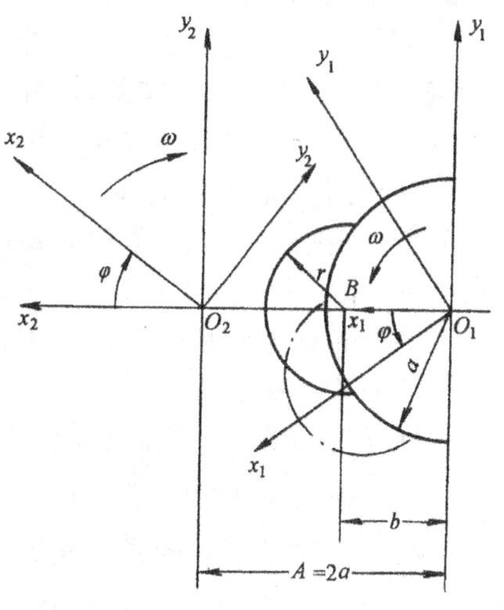

图 6-20 转子坐标系

两坐标系 $x_1O_1y_1$ 和 $x_2O_2y_2$ 的关系如下：

$$\begin{aligned} x_2 &= -A\cos\varphi + x_1\cos2\varphi + y_1\sin2\varphi ; \\ y_2 &= A\sin\varphi - x_1\sin2\varphi + y_1\cos2\varphi 。\end{aligned} \tag{6-29}$$

在动坐标系 $x_1O_1y_1$ 上，写出第一个转子头的圆弧的方程式为

$$\begin{aligned} x_1 &= b + r\cos\psi ; \\ y_1 &= -r\sin\psi 。\end{aligned} \tag{6-30}$$

式中　ψ——型线的参数，选取型线接点处共轭曲线的公法线与 O_1x_1 轴（正向）的夹角。

另一型线共轭部分，在动坐标系 $x_2O_2y_2$ 上，做包络线，由 $x_1O_1y_1$ 坐标系的式(6-30)写到动坐标系 $x_2O_2y_2$ 上：

$$x_2 = -A\cos\varphi + (b + r\cos\psi)\cos2\varphi + (-r\sin\psi)\sin2\varphi ;$$

$$y_2 = A\sin\varphi - (b + r\cos\psi)\sin2\varphi + (-r\sin\psi)\cos2\varphi ,$$

通过下列行列式，可找出 φ 与 ψ 的关系。

$$[\partial(x_2, y_2)]/[\partial(\varphi, \psi)] = 0$$

打开括弧合并同类项，得下式

$$\begin{aligned} x_2 &= -A\cos\varphi + b\cos2\varphi + r\cos(\psi + 2\varphi) ; \\ y_2 &= A\sin\varphi - b\sin2\varphi - r\sin(\psi + 2\varphi) ; \end{aligned} \tag{6-31}$$

$$[\partial(x_2, y_2)]/[\partial(\varphi, \psi)] = a\sin\varphi\cos\psi - (b - a\cos\varphi)\sin\psi = 0 \tag{6-32}$$

在绘制共轭曲线时，任意给出 φ 角，由式(6-32)得出 ψ 角。按式(6-31)可确定型线的共轭部分在 $x_2O_2y_2$ 坐标系上的坐标值。因为罗茨泵的转子型线，对于两个转子是相同的。求得转子头部的共轭部分，以及转子头部圆弧的半径 r，因而整个转子的型线也就得出了。

摆线—圆弧型线的计算与上述方法类似。对双叶转子 $b/a > 0.9288$，$R/a > 1.6698$，$c/a < 0.3302$，对三叶转子 $b/a > 0.9670$，$R/a > 1.4770$，$c/a < 0.5230$。

上述这些比值，得到的系数 k_0 值较大，即比圆弧型线的 k_0 值大。在同样抽速条件下，摆线—圆弧型线的转子的尺寸和质量要比圆弧型线转子的小一些，但由于 C 值较小，转子的强度不如圆弧转子好，只有在强度足够的条件下，摆线—圆弧型线的转子才能应用。

转子在运转过程中不得卡住，故在型线设计时，要求转子之间，转子与泵腔之间，转子与端盖之间，必须规定有间隙，以补偿真空泵的制造和装配的不精确；真空泵工作时零件受热膨胀，中心距发生变化，以及作用力引起零件的变形等。

转子间的间隙为 δ_1，转子与泵壳间的间隙 δ_2。为了避免转子卡住，要缩短转子在端面上的型线，作成缩短 $\delta_1/2$ 的等距的型线，即在转子型线的法线方向上缩短 $\delta_1/2$。头部的法向方向，用半径 $r_n = r - 0.5\delta_1$ 来画型线。

线的腰部共轭部分的尺寸用式(6-31)得值来画，以 $r + 0.5\delta_1$ 代入式中的 r，而这时式(6-32)保持不变化。

转子之间的装配间隙（型线间隙）为：

$$\delta_{1\min} = |\Delta D_{\min}|/2 + |\Delta(2C)_{\min}|/2 + |\Delta A_{\min}| + \Delta C + \Delta R - \Delta A$$

在工作时转子间的最大间隙为：

$$\delta_{1\max} = |\Delta D_{\max}|/2 + |\Delta(2C)_{\max}|/2 + |\Delta A_{\max}|$$

式中　$\Delta D_{\min}$、$\Delta D_{\max}$、$\Delta C_{\min}$、$\Delta C_{\max}$、$\Delta A_{\min}$、$\Delta A_{\max}$分别——转子直径 D、转子腰宽 C 和中心

距 A，在制造时加工的最小和最大偏差。

ΔC——转子腰部宽度 C 受热的增加量。

即 $\Delta C = \alpha_p \cdot C \cdot \Delta t_p$

式中 α_p——转子材料的线膨胀系数；

Δt_p——工作状态下转子的温升($\Delta t_p = t_p - t_0$)。

$\Delta R = \alpha_p R \Delta t_p$，转子工作状态下径向的伸长量。$t_p$ 为工作状态下转子的温度。

轴承盒受热的结果使中心距伸长 ΔA，即

$\Delta A = \alpha A \Delta t$(轴承的端盖材料的线膨胀系数 α，$\Delta t = t_k - t_0$，t_k 为工作状态下轴承端盖的温度，t_0 为周围环境的温度。

当罗茨泵的吸入压力为 1.33～133.3Pa 时，根据经验数据得知：$\Delta t = 40 \sim 60$℃；当泵的吸入压力为 75～100kPa 时，$\Delta t = 80 \sim 100$℃。

泵体与转子之间的装配间隙(径向间隙)：

$$\delta_{2\min} = |\Delta D_{\min}|/2 + |\Delta D_{k\min}|/2 - \Delta R_k + \Delta R + \Delta A/2$$

工作时最大的径向间隙：

$$\delta_{2\max} = |\Delta D_{\max}|/2 + |\Delta D_{k\max}|/2$$

当加工泵腔孔径时，最大、最小公差值为 $\Delta D_{k\max}$、$\Delta D_{k\min}$；ΔR_k 为工作时径向上泵体孔半径 R_k 伸长量，$\Delta R_k = \alpha_k R_k \Delta t_k$($\alpha_k$ 为泵体材料的线膨胀系数，$\Delta t_k = t_k - t_0$，t_k 为工作状态下泵体的温度)。

在吸入压力为 1.33～133.3Pa 时，$\Delta t_k = 40 \sim 60$℃，$\Delta t_p = 70 \sim 100$℃；当吸入压力为70～100kPa 时，$\Delta t_k = 80 \sim 100$℃，$\Delta t_p = 130 \sim 150$℃。

端面装配间隙(游动支点)

$$\delta_{3\min} = 0.5(|\Delta l_{\min}| + |\Delta l_{k\min}|) + \Delta l - \Delta l_k$$

端面装配间隙(刚性支点)

$$\delta_{4\min} = 0.5(|\Delta l_{k\min}| + |\Delta l_{\min}|)$$

式中 $\Delta l_{\min}$、$\Delta l_{k\min}$——在加工转子和泵体长度时的最小公差值。

$\Delta l = \alpha_p l \Delta t_p$ (l——转子长度，m)；

$\Delta l_k = \alpha_k l_k \Delta t_k$ (l_k——泵体长度，m)。

对刚性支点，工作时端面间隙的最大值

$$\delta_{4\max} = 0.5(|\Delta l_{k\max}| + |\Delta l_{\max}|);$$

工作时游动支点侧端面的最大间隙：

$$\delta_{3\max} = 0.5(|\Delta l_{k\max}| + |\Delta l_{\max}|);$$

式中 $\Delta l_{\max}$ 和 $\Delta l_{k\max}$——加工转子和泵体长度的最大公差值。

6.5 抽气速率的计算方法

式(6-1)为罗茨泵几何抽速的表达式。

即

$$s_{th} = 2\pi R^2 n l k_0 \frac{10^{-6}}{60} \quad (\mathrm{L/s})$$

而泵的实际抽速则为

$$s = \eta_V s_{th} = 2\pi R^2 nlk_0 \eta_V \frac{10^{-6}}{60}$$

$$\eta_V = \lambda_g \lambda_T - \lambda_n - \lambda_H - \lambda_0$$

式中　λ_g——泵腔吸气完成时,腔内压力 p_0 与吸气管道中压力 p 之比(即 $\lambda_g = p_0/p$),此系数为吸气过程对气体的节流而引起的抽速下降;

λ_T——吸气管内气体的温度 T 与吸气终了时泵腔内气体的温度 T_0 之比,(即 $\lambda_T = T/T_0$),由于吸气过程,气体有温升而使抽速下降;

λ_n——由排气侧向吸气侧气体的泄漏而引起的抽速下降;

$$\lambda_n = (U_3/s_{th})\left(\frac{p_V}{p_A}\right)\left(\frac{T_A}{T_V}\right)$$

U_3——间隙的流导;

λ_H——在压力为 p_a 温度为 T_a 的大气环境向泵的吸入腔内泄漏而引起抽速的损失;

λ_0——在转子之间形成的死空间内的气体由排气侧向吸入侧转移所造成抽速的损失;即

$$\lambda_0 = (s_r/s_{th})(p_V/p_A)\left(\frac{T_A}{T_V}\right)$$

式中　s_r——即两转子啮合处的空腔容积,即有害空间的返流气体的速率。

对于圆弧和摆线圆弧型线的罗茨泵,从排气侧向吸气侧转移气体的转子间的容积为零,因此,$\lambda_0 = 0$。

由实验得知,罗茨泵的节流、升温和漏气损失,都很小,与间隙返流相比小很多,因此多将其忽略。所以 η_V 可写成下式

$$\eta_V = 1 - \frac{U_3}{s_{th}} \cdot \frac{p_V}{p_A} \cdot \frac{T_A}{T_V} \tag{6-33}$$

在罗茨泵的吸入压力 $p_A = 133.3 \sim 1333\text{Pa}$ 下工作时,间隙内的流动状态为分子流,间隙的流导 U_3 可用克努曾流导公式计算,

$$U_3 = 36.4\sqrt{\frac{T_V}{M}}[L(k_1\delta_1 + 2k_2\delta_2) + (2R + 2a)(k_3\delta_3 + k_4\delta_4)] \tag{6-34}$$

式中　T_V——通过间隙的气体温度,等于排气温度,K;

M——分子量;

k_1、k_2、k_3、k_4——分别为型线轮廓的、径向的、端面固定和端面游动端的间隙的克劳辛修正系数。

按经验数据,且有足够的精度,可选取 $k_1 = k_2 = 0.23$。

对端面间隙为矩形断面时,在返流方向上间隙长度为 $l = r + c$,因此 $k_4 = \frac{\delta_4}{l} \cdot \ln\frac{l}{\delta_4}$;$k_3 = \frac{\delta_3}{l} \cdot \ln\frac{l}{\delta_3}$。

如图 6-21 所示,两转子的相对位置,按式(6-34)计算间隙的流导。返流的气体经过两个间隙 δ_2,一个间隙 δ_1 和端面间隙 δ_3 和 δ_4,长度 $l = D + 2a$,(其中 $D = 2R$)。

当罗茨泵吸入压力超过 70kPa 时,间隙内的气体的流动状态为黏滞流。若间隙的宽度

为 l 长度为 b，高度为 δ，$l \gg \delta$，$b \gg \delta$(其尺寸单位为 m)。

经过间隙的气体质量流率(kg/s)为

$$Q_{V1} = k_p f \sqrt{\frac{p_V^2 - p_A^2}{RT_V}} \qquad (6\text{-}35)$$

式中　k_p——流量系数；

$f = l\delta$ 间隙的断面积，m^2；

R——气体的普适常数，Nm/(kg·K)。

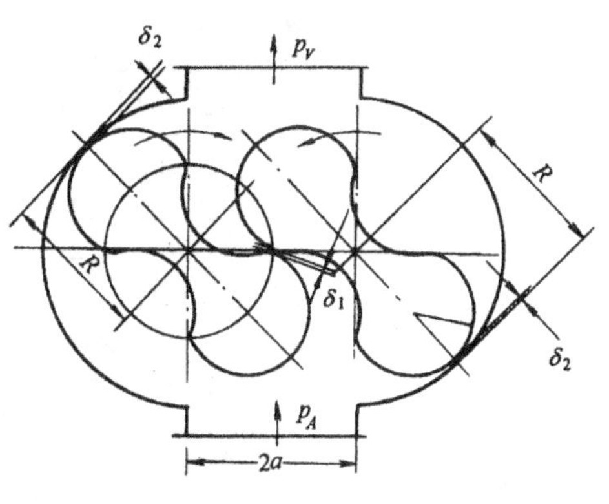

图 6-21　计算间隙流导时转子的相对位置

通常，对于变断面的间隙的返流量的计算可用单位面积的比流量 q[kg/(m²·s)]来计算，即

$$q = \frac{Q_{V_1}}{f} = k_p \sqrt{\frac{p_V^2 - p_A^2}{RT_V}} = c_1 k_p \qquad (6\text{-}36)$$

式中　$c_1 = \sqrt{\dfrac{p_V^2 - p_A^2}{RT_V}}$。

流量系数 k_p，它取决于间隙的形状；尺寸的比例：b/δ 和 l/δ；气体在间隙内流动的摩擦系数，在间隙内的进入和排出的局部损失以及压力比等。

流量系数 k_p 与间隙内气体流动阻力参数 s_p 有关，如图 6-22 所示。

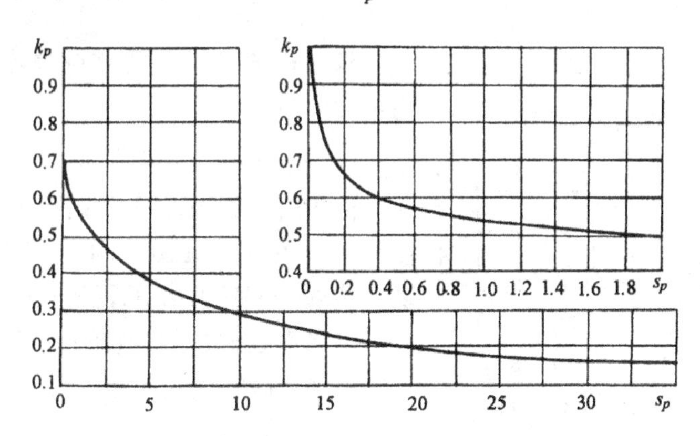

图 6-22　流量系数 k_p 与阻力参数 s_p 的关系

$$s_p \approx C_R b / (2\delta \sqrt{Re}) \qquad (6\text{-}37)$$

式中　C_R——间隙中气体阻力系数；

Re——雷诺数。

系数 C_R 是雷诺数 Re 和间隙相对粗糙度 $\omega_m = \dfrac{k_m}{\delta}$ 的函数。k_m 为间隙壁表面光洁度(微观不平度的平均高度)(图 6-23)。

对于罗茨泵，通常 $\omega_m \leqslant 0.01$。

雷诺数

$$Re = 2q\delta/\mu \qquad (6\text{-}38)$$

式中　μ——温度 T_V 和压力 p_V 时，被抽气体的动力黏度(Pa·s)。

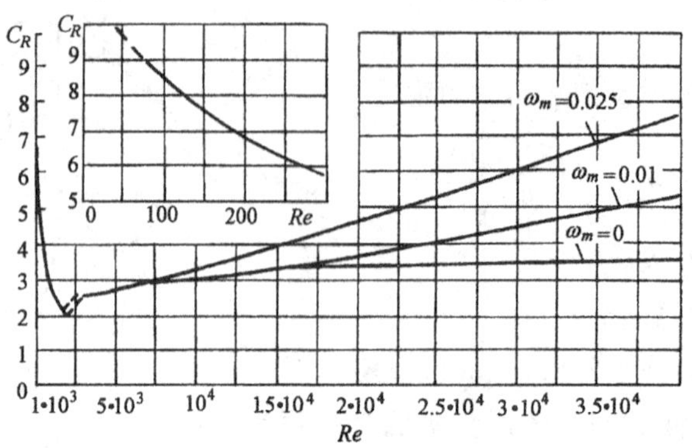

图 6-23　阻力系数 C_R 和雷诺数 Re 与间隙壁面相对粗糙度 ω_m 之间的关系

为了计算通过间隙返流的质量流量，必须计算雷诺数，而雷诺数又与质量流量有关。

为了解决这个问题，可用逐次逼近法。开始计算时，必须先给定经过间隙的质量流量，通常在一次近似计算时给出临界流量[kg/(m²·s)]，即

$$q_u = \sqrt{\frac{2K}{K+1}\left(\frac{2}{K+1}\right)^{2/(K-1)} \frac{p_V^2}{RT_V}} \tag{6-39}$$

利用临界流量计算的雷诺数为

$$Re_* = 2q_u\delta/\mu \tag{6-40}$$

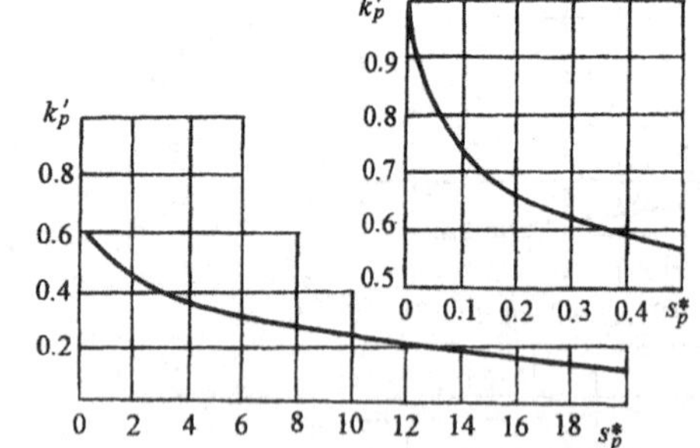

图 6-24　流量系数与阻力参数 s_p 的关系

按求得的 Re_* 计算在临界流量时间隙内气体流动阻力参数，即：

$$s_{p*} = bC_R/(2\delta\sqrt{Re_*}) \tag{6-41}$$

由 Re_* 从图 6-23 上找出阻力系数 C_R。代入上式得出 s_{p*}，由 s_{p*} 在图 6-24 上得出第一次近似的 k'_p，以 k'_p 按式(6-36)求出 q，再按式(6-38)求出雷诺数 Re。

第二次近似计算，按第一次近似求得的 Re，按图 6-24 由 Re 找出 C_R，再按式(6-37)求出 s_p，然后按图 6-22，以 s_p 值求出 k_p。再按式(6-36)求出第二次近似的单位流量 q。若第二次近似求得的 q 值大于临界流量 q_u 时，则经间隙返流的气体的单位流量等于 q_u。如果二次近似求得的 q 小于 q_u 时，则按第二次近似求得的 q，按式(6-38)重新计算 Re。再以 Re 在图 6-23 上求出 C_R，由 Re 和 C_R 由式(6-37)求出 s_p，由 s_p 在图 6-22 上求得 k_p。用式(6-36)再求出 q。如此反复计算，使求得的 C_R 值变化很小，此时所求的 q 即为所求。

对于罗茨泵的间隙长度 b 按经验确定，对图 6-21 所示的型线间隙 δ_1 和径向间隙 δ_2 来说，该值则为

$$b \approx 2.8\sqrt{r \cdot h}$$

式中 $h = 0.1\delta_1$(对型线间隙)；$h \approx \delta_2$(对径向间隙)，这些间隙的宽度 l 等于 L。r 为转子头的半径。对于端面间隙宽度 $l \approx 2(R+a)$，长度为 $b \approx (r+c)$。

对于罗茨泵经过所有间隙的质量流量之和为

$$Q_{\Sigma} = q_1 f_1 + 2q_2 f_2 + q_3 f_3 + q_4 f_4 \quad (\mathrm{kg/s}) \tag{6-42}$$

式中 q_1、q_2、q_3 和 q_4 分别为型线间隙、径向间隙、固定支承端间隙和游动支承间隙的单位质量流量[$\mathrm{kg/(m^2 \cdot s)}$]。而 f_1、f_2、f_3 和 f_4 为上述各间隙对应的面积($\mathrm{m^2}$)。

系数

$$\lambda_n = Q_{\Sigma}/(\rho \cdot s_{th}) \tag{6-43}$$

式中　ρ——吸气管内被抽气体的密度($\mathrm{kg/m^3}$)。

泵的抽速为：

$$s = \eta_V s_{th} = (1 - \lambda_n) s_{th} \tag{6-44}$$

在黏滞流状态，上述的气体流量的计算方法，不能直接求解，而用逐次逼近法。由于 $C_R = f(Re)$ 和 $k_p = f(s)$ 要由图上曲线确定，因此此法计算很不方便。

此外，有一种简便的方法计算间隙的返流的气体量及流动的状态。其计算方法，在诺模图 6-25 上，如箭头所示。首先要计算出几个常数，即 $C_1 = \sqrt{(p_V^2 - p_A^2)/RT_V}$，[$\mathrm{kg/(m^2 \cdot s)}$]；$C_2 = Re/q = 2\delta/\mu$ ($\mathrm{m^2 \cdot s/kg}$)；$C_3 = b/(2\delta)$。然后任意给定出单位气流量，如图上的 1 点，相应根据 C_1、C_2 和 C_3 求出 2、3、4 和 5 点，正确的方法是 1 点和 5 点处于一条水平线上。

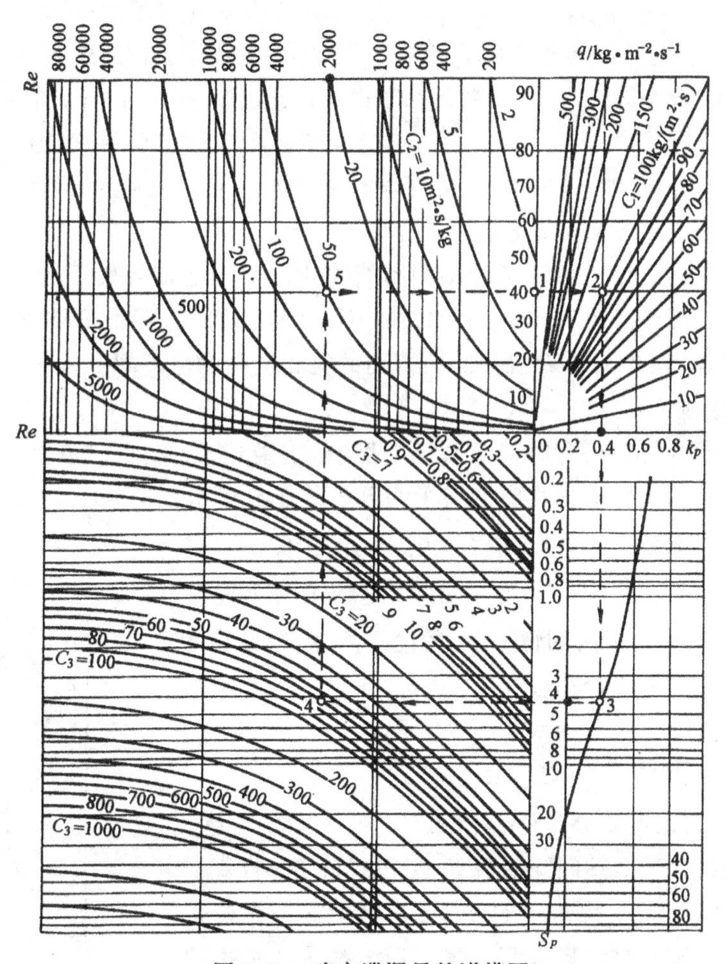

图 6-25　确定泄漏量的诺模图

现举例说明,经计算求得 $C_1 = 100\text{kg}/(\text{m}^2\cdot\text{s})$, $C_2 = 50\text{m}^2\cdot\text{s}/\text{kg}$, $C_3 = 70$。从图上得出 $k_p = 0.4$, $Re = 2000$, $q = 40\text{kg}/(\text{m}^2\cdot\text{s})$。因为 $q = C_1 k_p = 100\times0.4 = 40\text{kg}/(\text{m}^2\cdot\text{s})$ 或 $q = Re/C_2 = 2000/50 = 40\text{kg}/(\text{m}^2\cdot\text{s})$,故选择的 1 点 $q = 40\text{kg}/(\text{m}^2\cdot\text{s})$ 是正确的。

6.6 罗茨泵的主要尺寸的确定

由实际抽速来确定罗茨泵的主要尺寸。从式(6-1)可得出

$$R = \sqrt{s/(\eta_V\cdot k_0\cdot k_l\cdot u_2)}$$

式中 $k_l = l/R$ 为转子长度系数 $k_l = 2\sim4$;

$\eta_V = 0.4\sim0.9$ 范围内选取;

$u_2 = 2\pi Rn/60$(m/s)转子圆周速度。

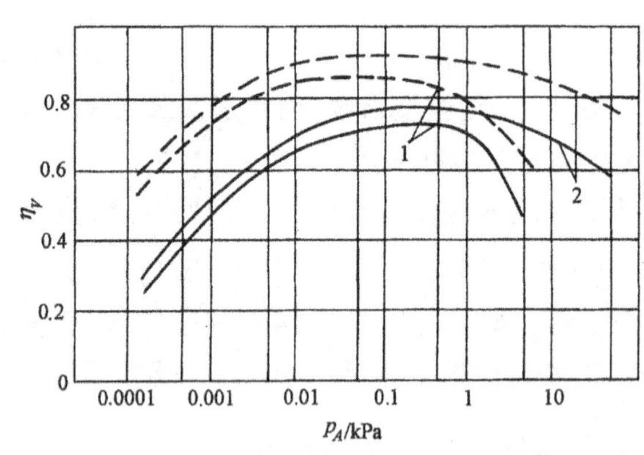

图 6-26 吸入压力 p_A 与容积效率 η_V 的关系

曲线 1:压缩比为 5;曲线 2:压缩比为 2;实线表示空气;虚线表示氢气

对于抽速大于 450L/s 的罗茨泵,对于压缩比 2 和 5,其 η_V 与吸入压力 p_A 有关。抽空气和氢气时,其值如图 6-26 所示。

圆周速度 u_2 的选择与转子的材质有关。因为 u_2 决定转子的离心力的大小,也就是决定转子的强度。对铝合金制造的转子 $u_2 = 30\sim80$m/s 范围内选取,钢制的转子 $u_2 = 50\sim100$m/s 范围内选取,若用钛合金制造的转子,则 $u_2 = 80\sim150$m/s。由于罗茨泵是电机直接驱动的,因而 u_2 的变化范围较宽,中心距 $A = 2a$ 要符合标准规定。

转子的断面系数 k_0 是由转子的结构型线决定的。对于双叶转子为 $0.617\sim0.5$($b/a = 1$, $k_0 = 0.617$);对于三叶转子 k_0 在 $0.59\sim0.49$ 范围之内,精确值要按式(6-25)进行核算。η_V 值要按式(6-33)计算精确值。若得到的值和选择的值不同时,可调节转子长度 l,以保证所需的抽速值。

为了降低间隙的流导,有时转子头部的型线,按半径 R' 来加工(R' 为转子中心引出的转子半径),如图 6-27 所示。给定的转子头部型线 DE 部分的包络线为 ABC 部分,其半径为 $R'' = 2a - R'$ 的圆。在考虑间隙,则转子头的半径 $R'_H = R' - \delta_1/2$,腰部的半径 $R''_H = R'' - \delta_1/2$。这种转子头的情况下,径向间隙 δ_2 的流导降低了,在分子流态其流导计算公式为

$$U_2 = 36.4\sqrt{\frac{T_V}{M}}\frac{\delta_{2\max}l}{2R'\alpha'}\ln\frac{2R'\alpha'}{\delta_{2\max}}$$

式中 $2\alpha'$ ——切削的中心角(见图 6-27)。

在黏滞流状态下,上述间隙的流导,可按式(6-36)计算。

在切转子头的情况,出现了容积 ADB 和 BEC,在这个容积中的气体,从排气侧向吸入侧有气体返流携带。在这种情况下,系数 λ_0 不等于零。因而导致了 η_V 和抽速的降低。

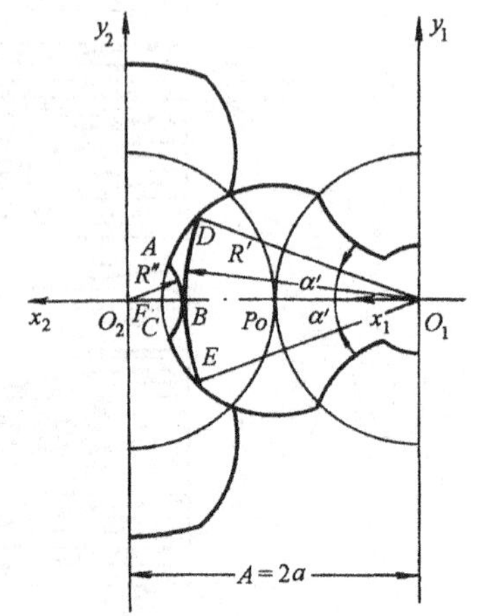

图 6-27 按 R' 切削的转子头的型线

为了进一步降低转子部分(DE 弧)的径向间隙的流导,可在其上加工成 0.1～0.2mm 深的沟槽(断面可为半圆形,矩形和三角形),但在这种情况下,转子头上的槽会使携带气体量增加了。

6.7 罗茨泵的计算举例

根据需要确定泵的主要尺寸和功率。

已知条件为:罗茨泵的抽速为 500L/s,吸入压力为 1.33Pa,出口压力为 133Pa,被抽气体(空气)的温度为 293K,转子和泵体材料为铝合金。

计算步骤如下:

1) 抽速 s:按已知条件得,$0.5\text{m}^3/\text{s}$;

2) 吸入压力 p_A:按已知条件得,1.33Pa;

3) 排气压力 p_V:按已知条件得,133Pa;

4) 吸气温度 T_A:按已知条件得,293K;

5) 容积效率 η_V:选择的,0.5;

6) 几何抽速 s_{th} :按 $s_{th} = s/\eta_V$ 计算得,$1.0\text{m}^3/\text{s}$;

7) 转子相对长度 k_l:选择得,3.0;

8) 型线的质量系数 k_0:选择得,0.524;

9) 转子顶的圆周速度 u_2:经选择得,40m/s;

10) 转子的计算半径 R: $R = \sqrt{s_{th}/(k_l \cdot k_0 \cdot u_2)} = 0.126\text{m}$;

11) 转子半径 R:取 $R = 0.130\text{m}$;

12) 转轴的计算频率 n: $n = u_2/(2\pi R) = 49\text{s}^{-1}$;

13) 轴旋转频率:选异步电机旋转频率 $n = 49.33\text{s}^{-1}$;

14) 机械效率 η_M:选择得,$\eta_M = 0.5$;

15) 功率消耗: $N = s_{th}(p_V - p_A)/\eta_M = 127.34\text{W}$;

16) R/a 的比值,选取得, $R/a = 1.625$;

17) 节圆半径 a: $a = R/1.625$, $a = 0.080\text{m}$;

18) 中心距 A: $A = 2a$,$A = 0.160\text{m}$;

19) 转子中心到转子头中心距离 b:

$$b = (R^2 - a^2)/(2R - a\sqrt{2}) = 0.0715\text{m};$$

20) 转子头半径 r: $r = R - b = 0.0585\text{m}$;

21) 转子腰宽度 c: $c = 2a - R = 0.030\text{m}$;

22) 转子头的半角 α: $\alpha = \pi/(2Z) = 45°$;

23) 转子腰部型线的绘制:

$$x_2 = -A\cos\varphi + b\cos 2\varphi + r\cos(\psi + 2\varphi);$$

$$y_2 = A\sin\varphi - b\sin 2\varphi - r\sin(\psi + 2\varphi);$$

$$a\sin\varphi\cos\varphi\cos\psi - (b - a\cos\varphi)\sin\psi = 0。$$

计算所得的坐标值如表 6-2 所示。

表 6-2　坐　标　值

φ	x_2/m	y_2/m	φ	x_2/m	y_2/m
0	−0.0300	0.0000	14	−0.0504	0.0461
1	−0.0305	0.0078	15	−0.0508	0.0466
2	−0.0319	0.0150	16	−0.0513	0.0470
3	−0.0339	0.0214	17	−0.0516	0.0474
4	−0.0362	0.0268	18	−0.0519	0.0477
5	−0.0385	0.0311	19	−0.0521	0.0479
6	−0.0407	0.0346	20	−0.0523	0.0482
7	−0.0427	0.0374	21	−0.0525	0.0484
8	−0.0444	0.0396	22	−0.0527	0.0486
9	−0.0459	0.0413	23	−0.0529	0.0488
10	−0.0471	0.0427	24	−0.0530	0.0489
11	−0.0482	0.0438	25	−0.0531	0.0491
12	−0.0490	0.0448	26	−0.0533	0.0493
13	−0.0498	0.0455			

24）转子的断面积 A_0:经计算得,$A_0=0.0232\text{m}^2$;

25）型线的质量系数 k_0: $k_0=1-\dfrac{A_0}{\pi R^2}=0.562$;

26）转子的计算长度 l_p: $l_p=s_{th}/(2\pi R^2 k_0 n)=0.340\text{m}$;

27）铝合金的密度 ρ:按查表得知,$\rho=2.7\times10^3\text{kg/m}^3$;

28）铝合金的屈服限 σ_T:由材料表查得 $\sigma_T=200\text{MPa}$;

29）转子的体积 V_p: $V_p=A_0 l_p=0.0079\text{m}^3$;

30）转子轴心到半个转子的质心之间的距离 r_p:取 $r_p=b=0.0715\text{m}$;

31）转子的角速度 ω: $\omega=2\pi n=309.95\text{rad/s}$;

32）作用在半转子上的离心力 F_l:

$$F_l=0.5V_p\rho\omega^2 r_p=73.257\text{kN};$$

33）转子轴的直径 D_B:选 $D_B=0.05\text{m}$;

34）转子腰部中心断面上的拉应力 σ:

$$\sigma=F_l\bigg/\left[2l_p\left(C-\frac{D_B}{2}\right)\right]=21.5\text{MPa};$$

35）安全系数 n_z: $n_z=\dfrac{\sigma_T}{\sigma}=9.8$;

36）转子直径的公差:选择

$$\Delta D_{\min}=-0.056\text{mm},\Delta D_{\max}=-0.108\text{mm};$$

37）泵壳内径公差:选择

$$\Delta D_{\text{kmin}}=0,\Delta D_{\text{kmax}}=+0.052\text{mm}$$

38）中心距公差:选取

$$\Delta A_{min}=0, \Delta A_{max}=0.025\text{mm};$$

39）转子腰部宽度公差：选取

$$\Delta(2C)_{min}=-0.030\text{mm}, \Delta(2C)_{max}=-0.060\text{mm};$$

40）周围环境温度 t_0：选取 $t_0=20℃$；

41）工作状态（对周围环境）轴承盖的温升：（选取的）

$$\Delta t = t_k - t_0 = 60℃ \ (t_k \text{ 轴承盖温度});$$

42）轴承盖材料的线膨胀系数 $\alpha=12\times10^{-6}$ 1/℃（由材料而定，可查表求得）；

43）轴承盖受热中心距的增加量 $\Delta A=\alpha A\Delta t=0.115\text{mm}$；

44）泵壳工作时的温升（选定）$\Delta t_k=60℃$；

45）转子工作时的温升（选定）$\Delta t_p=100℃$；

46）泵壳与转子材料的线膨胀系数（给定）：

$$\alpha_k = \alpha_p = 26\times10^{-6} \ 1/℃;$$

47）转子腰部受热伸长量：

$$\Delta C=\alpha_p \cdot C \cdot \Delta t_p=0.078\text{mm};$$

48）转子在工作时受热的半径伸长量：

$$\Delta R=\alpha_p \cdot R \cdot \Delta t_p=0.338\text{mm};$$

49）泵壳在工作状态受热的伸长量：

$$\Delta R_k=\alpha_k \cdot R_k \cdot \Delta t_k=0.203\text{mm};$$

50）型线的最小间隙 $\delta_{1\ min}$：

$$\delta_{1\ min}=|\Delta D_{min}|/2+|\Delta(2C)_{min}|/2+|\Delta A_{min}|+\Delta C+\Delta R-\Delta A=0.344\text{mm};$$

51）径向最小间隙 $\delta_{2\ min}$：

$$\delta_{2\ min}=|\Delta D_{min}|/2+|\Delta D_{k\ min}|/2-\Delta R_k+\Delta R+(\Delta A)/2=0.22\text{mm};$$

52）泵体长度公差（选定）：$\Delta l_{k\ min}=0, \Delta l_{k\ max}=0.089\text{mm}$；

53）工作状态转子受热长度增量：

$$\Delta l=\alpha_p \cdot l \cdot \Delta t_p=0.884\text{mm};$$

54）工作时泵壳受热长度增量：

$$\Delta l_k=\alpha_k l \Delta t_k=0.530\text{mm};$$

55）浮动支点侧最小装配间隙：

$$\delta_{3min}=0.5(|\Delta l_{kmin}|+|\Delta l_{min}|)+\Delta l-\Delta l_k=0.417\text{mm};$$

56）刚性支点侧最小安装间隙：

$$\delta_{4min}=0.5(|\Delta l_{kmin}|+|\Delta l_{min}|)=0.0625\text{mm};$$

57）工作时型线的最大间隙：

$$\delta_{1max}=|\Delta D_{max}|/2+|\Delta(2C)_{max}|/2+|\Delta A_{max}|=0.0965\text{mm};$$

58）工作时径向最大间隙：

$$\delta_{2max}=|\Delta D_{max}|/2+|\Delta D_{kmax}|/2=0.08\text{mm};$$

59）刚性支点侧的最大间隙：

$$\delta_{4max}=0.5(|\Delta l_{kmax}|+|\Delta l_{max}|)=0.152\text{mm};$$

60）浮动支点侧最大间隙：

$$\delta_{3max}=0.5(|\Delta l_{kmax}|+|\Delta l_{max}|)=0.152mm;$$

61）克劳辛修正系数(选取)：对型线间隙 $k_1=0.23$，对径向间隙 $k_2=0.23$，对端面间隙 $k_3=k_4$，即

$$k_3=k_4=\frac{\delta_{3max}}{l}\ln\frac{l}{\delta_{3max}}=0.0109;$$

62）在泄漏方向上端面间隙平均长度：$l=r+c=88.5mm$；

63）排气温度：$T_V=423K(150℃)$(选取值)；

64）被抽气体分子量(给定值)：$M=29$；

65）间隙流导：

$$U_3=36.4\sqrt{\frac{T_V}{M}}[L(2\delta_2k_2+k_1\delta_1)+(D+2a)(k_3\delta_3+k_4\delta_4)]=0.00298m^3/s;$$

66）容积利用系数 $\eta_{Vp}=1-\frac{U_3}{s_{th}}\cdot\frac{p_V}{p_A}\cdot\frac{T_A}{T_V}=0.70$

67）转子长度校正(由于计算的 η_{Vp} 大于设定的 η_V)：

$$l=l_p\frac{\eta_V}{\eta_{Vp}}=243mm;$$

68）转子长度(选择)：$l=250mm$；

69）泵体长度公差(选取)$\Delta l_{kmin}=0$，$\Delta l_{kmax}=0.072mm$；

70）工作时转子发热伸长量：$\Delta l=\alpha_p l\Delta t_p=0.65mm$；

71）工作时泵体受热伸长量：$\Delta l_k=\alpha_k l\Delta t_k=0.39mm$；

72）最小安装间隙：

浮动支点侧 $\delta_{3min}=0.5(|\Delta l_{min}|+|\Delta l_{kmin}|-\Delta l_k+\Delta l)=0.30mm$，

刚性支点侧 $\delta_{4min}=0.5(|\Delta l_{min}|+|\Delta l_{kmin}|)=0.05mm$。

7 爪式真空泵

7.1 概述

近年来真空技术的应用领域日趋广泛,已扩展到整个工业。而在以半导体、电子工业为代表的制造工艺中,迫切要求无油污染的清洁真空。因被抽气体往往含有腐蚀性蒸汽及磨损粒子,油封泵对此是无能为力的。因而近年来某些国家相继研制出工作在大气压到0.1Pa区域内的干式真空泵,以满足干式工艺的要求。

干式真空泵有非接触型的罗茨式、爪式、螺杆式、接触型的叶片式、凸轮式、活塞式等。非接触型可以高速旋转,但最大压缩比小。接触型的转速不能太高,但最大压缩比大。尤其在大气压附近,因逆流量变大使后者的压缩比为前者5~8倍。另外,干式真空泵的转速越高,其压缩比越大,所以干式真空泵的转速多为3000r/min。

从使用寿命、所能达到的压缩比、转速及动平衡性等方面考虑,采用多级爪式转子串联或罗茨转子与多级爪型转子串联组合成干式真空泵。

这种泵采用了形状复杂的爪型转子,它也类似罗茨泵型式,两个转子与泵体之间形成泵腔的抽气容积,吸气口和排气口分别固定在两侧端盖的侧面上,由转子在旋转过程中自动开闭。目前有两种结构型式,一种是三级爪型转子加一级罗茨型转子构成的多级泵,另一种是四级爪型转子串联构成的多级泵,如图7-1所示。

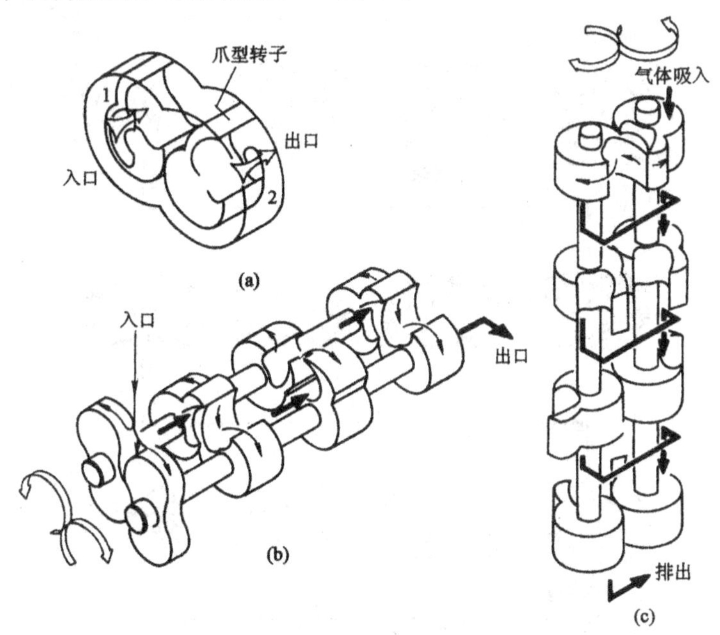

图7-1 多级爪式泵的抽气过程示意图

罗茨泵和爪式泵的压缩比如图7-2所示。

由于爪式泵沿轴向逆流少,故压缩比在高压区较高。

这种泵的吸、排气口设置在泵腔的端壁上,多级连接很方便,气道流畅,泵内腔压力变化

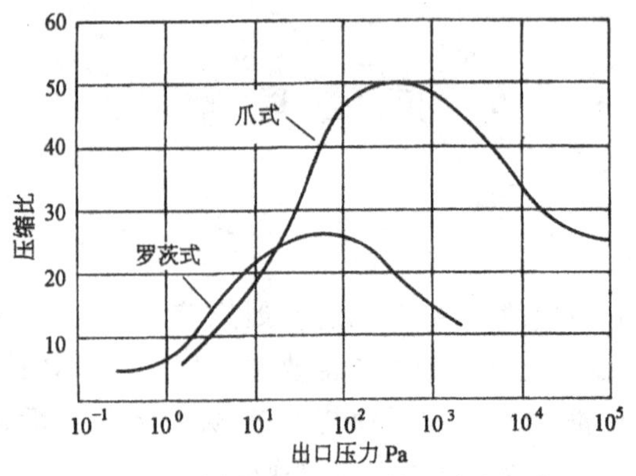

图 7-2 罗茨泵和爪式泵的压缩比与出口压力的关系

平缓，有利于防止可凝性气体的凝结。为了防止可凝性气体在泵内凝结，也要向泵腔内通净化气体。现在的爪式泵极限压力为 1～10Pa，抽速为 100～180m^3/h，有系列产品出售。爪式泵也有单级，多级泵出售。

7.2 爪式泵的工作原理

图 7-3 表示爪式泵的工作过程。两个转子按箭头方向旋转时，吸气口与泵腔接通，泵腔容积变大而吸气，当转子关闭吸气口时吸气完了，以后泵腔变小而压缩气体，当排气口打开后泵腔排气，排气口关闭时则排气完毕，如此循环工作。

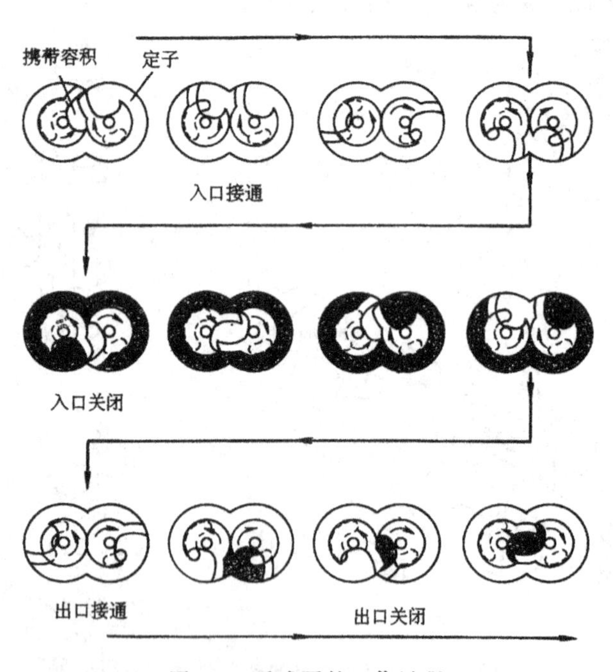

图 7-3 爪式泵的工作过程

7.3 爪式泵转子的理论型线

7.3.1 曲爪型转子的理论型线

如图 7-4 所示，曲爪型转子的理论型线为 $\overparen{ABCDEFGHA}$ 组成的轮廓，由六段曲线构成。

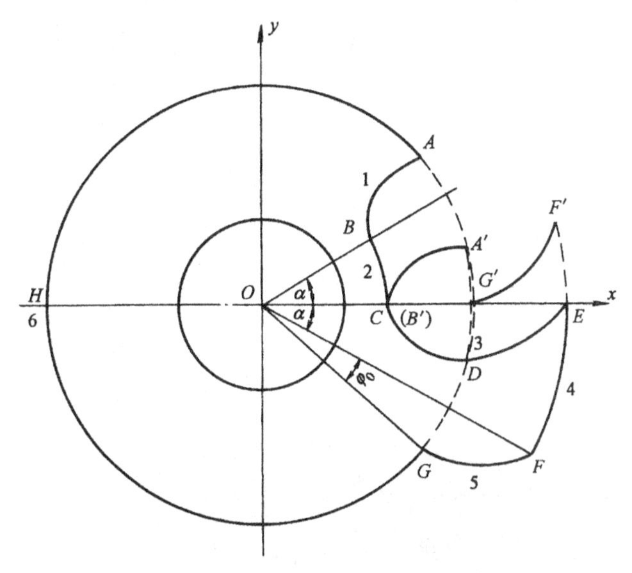

图 7-4 爪型转子的型线

第 1 段曲线 $\overparen{AB}$ 与另一转子上的对应点 F 共轭，为 1 段摆线。

第 2 段曲线 $\overparen{BC}$ 与另一转子上的对应圆弧 $\overparen{EF}$ 共轭，故仍为一段圆弧。

第 3 段曲线 $\overparen{CDE}$ 与另一转子上的对应点 E 共轭，为 1 段摆线。

第 4 段曲线 $\overparen{EF}$ 与另一转子上的对应圆弧 $\overparen{BC}$ 共轭，故仍为 1 段圆弧。

第 5 段曲线 $\overparen{FG}$ 与另一转子上的对应点 A 共轭，是 1 段摆线。

第 6 段圆弧 $\overparen{AHG}$ 与另一转子上的对应圆弧 $\overparen{AHG}$ 作纯滚动。

由上述分析可知，爪型转子的理论型线是由几段圆弧和几段摆线组成，下面重点求出各段摆线的方程式。

图 7-5 表示曲爪转子型线的创成原理。O_1 圆为定圆，O_2 圆为动圆，O_1 与 O_2 的半径均为 R_0 令 $O_2B=R_m$（爪顶圆半径）且固结在 O_2 圆上。令 $O_2A=R$（节圆半径）亦固结在 O_2 圆上。当 O_2 圆在 O_1 圆周上作纯滚动时，B 点的运动轨迹 $\overparen{P_1PQ}$ 便是图 7-4 中的 $\overparen{CDE}$ 摆线部分。A 点的运动轨迹 $\overparen{P_{(h)}Q_{(h)}}$ 便是图 7-4 中的 $\overparen{F'G'}$ 摆线部分。图 7-4 中的摆线 $\overparen{AB}$ 是由 $\overparen{CD}$ 摆线经过坐标翻转、旋转而形成的，所以只要由图 7-5 求出曲线 $\overparen{P_1PQ}$ 及 $\overparen{P_{(h)}Q_{(h)}}$ 的方程便可。

当圆心 O_2 位于 x 轴上的 O'_2 位置时，参变量 θ 为零度，此时 B 点与 P_1 点重合，A 点与 $P_{(k)}$ 点重合。当动圆处于 O_2 位置时，B 点轨迹方程为：

$$\left.\begin{aligned}x&=2R\cos\theta-R_m\cos2\theta\\y&=2R\sin\theta-R_m\cos2\theta\end{aligned}\right\}\tag{7-1}$$

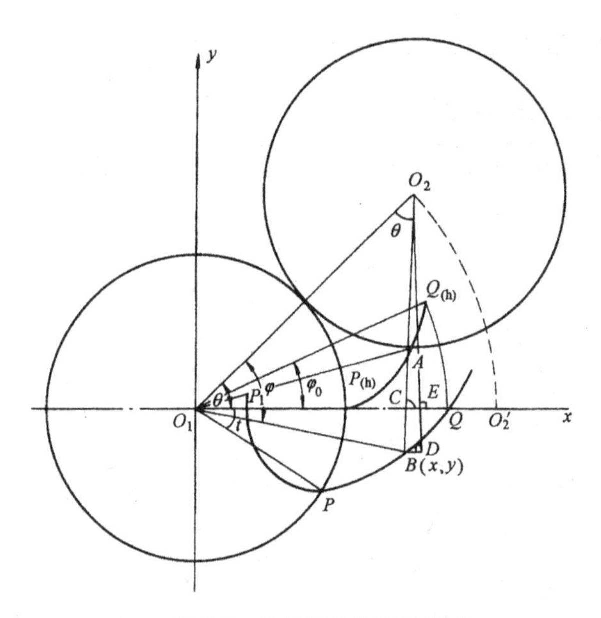

图 7-5 爪型转子的型线创成

该方程表示的轨迹与爪顶圆及节圆的交点分别为 Q、P 点。

令式(7-1)中的 $R_m = R$,便得出 A 点的轨迹方程:

$$\left.\begin{aligned}x &= 2R\cos\theta - R\cos 2\theta \\ y &= 2R\sin\theta - R\sin 2\theta\end{aligned}\right\} \tag{7-2}$$

上式便是爪背部曲线 FG (图 7-4)的坐标方程。

为了具体算出在图 7-5 所示坐标系中的各段摆线,尚须求出 P、Q、$Q_{(h)}$ 三点对应的参变量 θ_P、θ_Q、$\theta_{Q(h)}$ 。

1) 求 θ_P 。由图 7-5 可知, $O_1B^2 = x^2 + y^2$,当 B 点与 P 点重合时:

$$O_1B^2 = x^2 + y^2 = O_1P^2 = R^2$$

将式(7-1)中的 x、y 代入上式整理得:

$$\theta_P = \arccos \frac{3R^2 + R_m^2}{4R \cdot R_m} \tag{7-3}$$

即 θ 从 O 变到 θ_P 时,B 点划出摆线 $\overset{\frown}{P_1P}$ 。

2) 求 θ_Q 。当 B 点移到 Q 点时,式(7-1)中的 y 值为零,则有:

$$\theta_Q = \arccos \frac{R}{R_m} \tag{7-4}$$

即 θ 从 O 到 θ_Q 时, B 点划出摆线 $\overset{\frown}{P_1Q}$ 。

3) 求 $\theta_{Q(h)}$ 。因 $Q_{(h)}$ 点位于爪顶弧上,故 $Q_{(h)}$ 点满足:

$$x^2 + y^2 = R_m^2$$

将式(7-2)代入上式整理得:

$$\theta_{Q(h)} = \arccos\theta \frac{5R^2 - R_m^2}{4R^2} \tag{7-5}$$

4) 求在同一坐标系中的转子理论型线方程。

知道了转子各段型线的形状、起点及终点，便可容易地通过坐标变换，求出在同一坐标系中的各段型线方程，这对转子的加工、测量及找动平衡等所必须。下面介绍坐标变换的方法，如图 7-4 所示。

(1) 曲线 $\overset{\frown}{AB}$ 是由图 7-4 所示坐标系中的 $\overset{\frown}{CD}$ 曲线经过坐标翻转、旋转得到。

(2) 曲线 $\overset{\frown}{BC}$ 是 1 段圆弧，其圆心角为 α，半径 $r=2R-R_m$。

(3) 曲线 $\overset{\frown}{CDE}$ 由式(7-1)给出，不须坐标变换。

(4) 曲线 $\overset{\frown}{EF}$ 是 1 段圆弧，其圆心角为 α，半径为 R_m。

(5) 曲线 $\overset{\frown}{FG}$ 是由图 7-4 所示坐标系中 $\overset{\frown}{E_1G'}$ 经坐标旋转得到。

(6) 曲线 $\overset{\frown}{AHG}$ 是半径为 R 的圆弧。

7.3.2 直爪型转子的理论型线

如图 7-6 所示，直爪型转子的型线由 7 段组成。

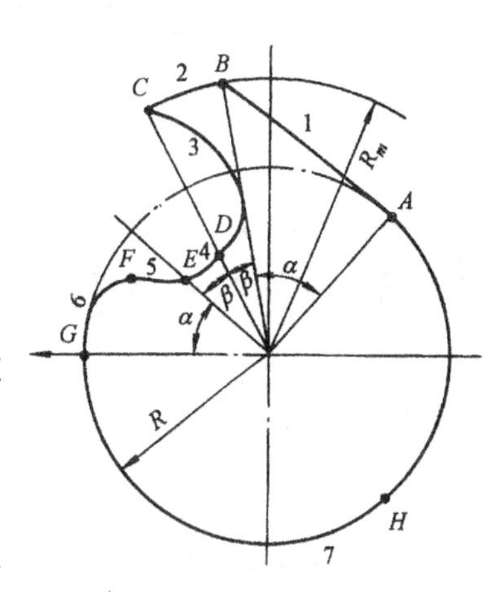

图 7-6　直爪型转子型线

第 1 段直线 AB 与另一转子上对应的 $\overset{\frown}{FG}$ 曲线共轭，故 $\overset{\frown}{FG}$ 弧为直线 AB 的包络线。

第 2 段圆弧 $\overset{\frown}{BC}$ 与另一转子上对应的 $\overset{\frown}{DE}$ 圆弧共轭。

第 3 段曲线 $\overset{\frown}{CD}$ 与另一转子上对应的 C 点共轭，故 $\overset{\frown}{CD}$ 弧是 1 段摆线。

第 4 段圆弧 $\overset{\frown}{DE}$ 与另一转子上对应的 $\overset{\frown}{BC}$ 圆弧共轭。

第 5 段曲线 EF 与另一转子上的对应点 B 共轭，是 1 段摆线。

第 6 段曲线 FG 与另一转子上对应的直线 AB 共轭，是 AB 直线的包络线。

第 7 段圆弧 $\overset{\frown}{AHG}$ 与另一转子上对应 $\overset{\frown}{AHG}$ 圆弧共轭，二者作纯滚动。R 为节圆半径，R_m 为爪顶圆半径。

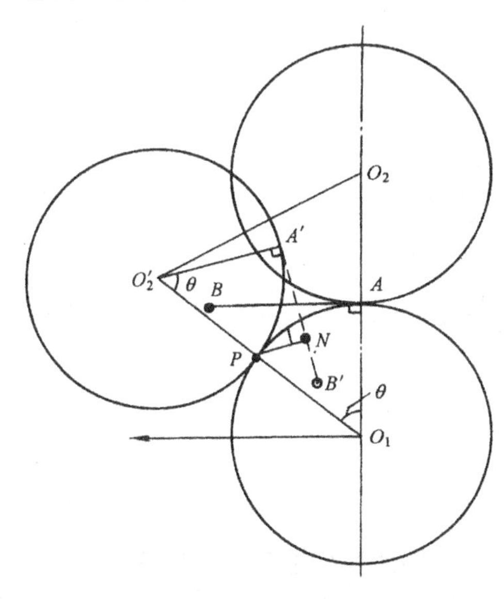

图 7-7　直爪型转子型线的创成

上述 7 段曲线中的摆线方程求法与曲爪型转子的型线方程求法相同，此处从略。下面重点求出包络线 FG 的方程。

如图 7-7 所示，直线 AB 为直爪背部轮廓。令 O_1 圆固定不动，让动圆 O_2 在 O_1 圆的圆周上作纯滚动。直线 AB 固结在动圆 O_2 上，角 θ 为参变量。当 O_2 圆转至 O'_2 时，AB 直线转至 $A'B'$ 位置，过节点 P 引 $A'B'$ 的垂线 PN，则 N 点便是直线 AB 的包络线 FG 上的一点(图 7-6)。N 点的 x，y 坐标方程为

$$\left.\begin{aligned}x&=R\cos\theta+(1-\cos\theta)R\cos(180^\circ+2\theta)\\y&=R\sin\theta+(1-\cos\theta)R\sin(180^\circ+2\theta)\end{aligned}\right\}\qquad(7\text{-}6)$$

然后参照曲爪的摆线方程求法去求出直爪的各段摆线方程。至此，直爪型转子的整个型线方

程都已求出。

7.4 爪式泵几何抽速的计算

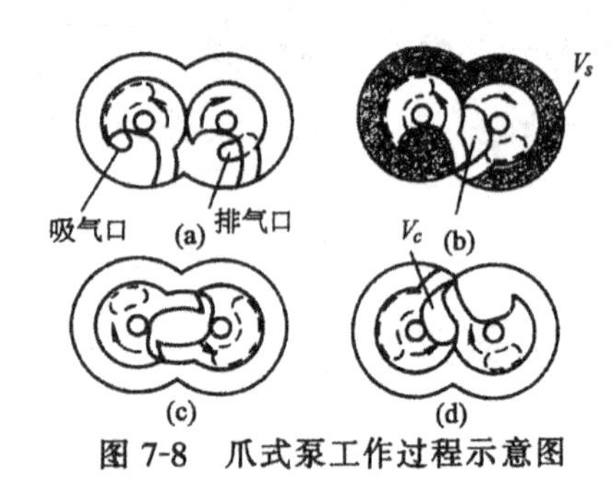

图 7-8 爪式泵工作过程示意图

爪式泵的工作过程如图 7-8 所示。图 7-8(b)表示吸、排气终了位置,此时吸气腔体积 V_s 为最大,封闭腔 V_c 中的气体被封闭。当转子按箭头方向继续旋转时,V_c 腔中的气体经两次膨胀之后,其中部分气体将被带回到吸气腔中。令排气压力为 p_0,吸气压力为 p_i,当转子转至图7-8(d)位置时,被带回的气体(体积为 V_c,压力为 p_0)一部分将扩散到 V_s 中,使其中的压力由 p_i 增加至中间压力 p,假定这一扩散过程是在等温条件下进行的。则有

$$p_0 V_c + p_i V_s = (V_c + V_s) p \tag{7-7}$$

假定在图 7-8(b)位置时吸、排气口刚封闭,在图 7-8(d)位置时吸气口刚好打开。则转子每转一周排出来的气体量 Q 为

$$Q = V_s p - p_0 V_c \tag{7-8}$$

由式(7-7)得

$$P = \frac{p_0 V_c + p_i V_s}{V_c + V_s} \tag{7-9}$$

将式(7-9)代入式(7-8):

$$Q = \frac{p_0 V_c + p_i V_s}{V_c + V_s} \cdot V_s - p_0 V_c$$

该泵的理论抽气体积为 V,即 $Q = p_i V$ 代入上式:

$$V = \frac{\frac{p_0}{p_i} V_c + V_s}{V_c + V_s} \cdot V_s - \frac{p_0}{p_i} V_c$$

令 $K = \frac{p_0}{p_i}$ 为压缩比,则上式变为:

$$V = \frac{V_s^2 - K V_c^2}{V_c + V_s} \tag{7-10}$$

泵的几何抽速 s 为:

$$s = \frac{nV}{60} = \left[\frac{V_s^2 - K V_s^2}{V_c + V_s}\right]\frac{n}{60} = \frac{A_s^2 - K A_c^2}{A_c + A_s} \cdot l \cdot n/60 \times 10^{-6} \quad (\text{L/s}) \tag{7-11}$$

式中 n ——转子转速(r/min);

l——转子厚度(mm);

A_s、A_c—— V_s、V_c 对应的截面积(mm^2)。

由式(7-11)可知,为求解 s 必须先求出 A_s 与 A_c。

1) 求 A_c。如图 7-9 所示,A_c 是由 $ASQtWrA$ 围成的曲线多边形的面积,即:

$$A_c = A_{ASQtWr} - A_{AQS} = A_{AEDCB} - A_{KM} \tag{7-12}$$

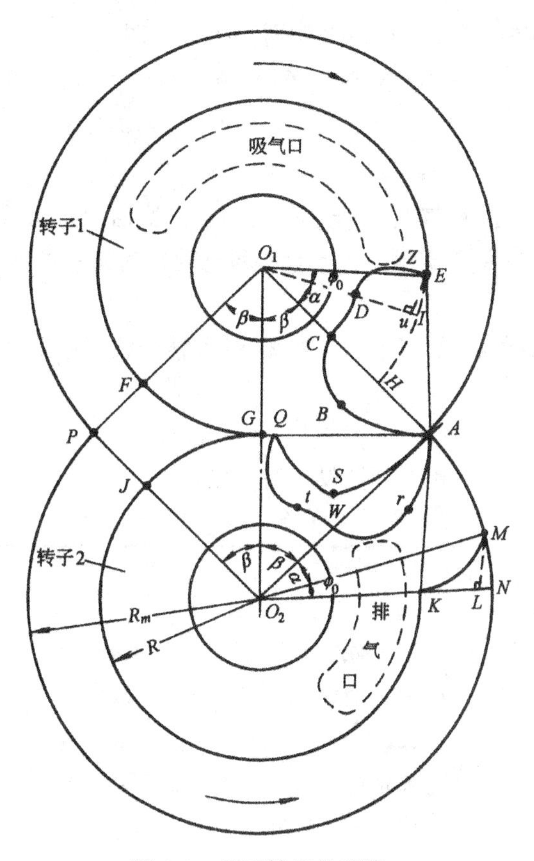

图 7-9 爪型转子的型线

令 $A_1 = A_{EZDu}, A_2 = A_{ABC}, A_3 = A_{MKL}, A_4 = A_{AHCDuE}, A_5 = A_{AKN}, A_6 = A_{MLN}$ 则

$$A_c = A_1 + A_2 + A_4 - A_5 + A_3 + A_6 \tag{7-13}$$

上式中的 A_4、A_5、A_6 可用普通的几何学方法求解,此处不予赘述。A_1、A_2、A_3 是图 7-5 中各段摆线与 x 轴围成的曲边三角形的面积,可用辛普生积分法由计算机求解。因此须将式(7-1)化为 $y = f(x)$ 显函数形式。即

$$y = f(x) = 2R\sin\left[\arccos\left(\frac{2R + \sqrt{4R^2 - 8R_w x + 8R_m^2}}{4R_m}\right)\right] - R_m\sin\left[2\arccos\left(\frac{2R + \sqrt{4R^2 - 8R_m x + 8R_m^2}}{4R_m}\right)\right] \tag{7-14}$$

$$A_1 = \int_{2R-R_m}^{b_1} f(x)\mathrm{d}x \tag{7-15}$$

$$A_2 = \int_{2R-R_m}^{b_2} f(x)\mathrm{d}x \tag{7-16}$$

$$A_3 = \int_{R}^{b_3} f(x)\mathrm{d}x \text{ (其中 } f(x) \text{ 中的 } R_m \text{ 换成} R\text{)} \tag{7-17}$$

其中积分上限 b_1、b_2、b_3 可将 Q_P、Q_Q、$Q_{Q(h)}$ 代入式(7-7)中求解。于是由式(7-8)便可求出 A_c。

2）求 A_s 。由图 7-9 可知。A_s 由 9 块面积组成。即

$$A_s = A_1 + A_2 + A_3 + A_6 + A_7 + A_8 + A_9 + A_{10} + A_{11} \tag{7-18}$$

式中　$A_1 = A_{EZDu}$，$A_2 = A_{ABC}$，$A_3 = A_{MKL}$，$A_6 = A_{MLN}$，$A_7 = A_{AHFP}$，$A_8 = A_{PJKN}$，$A_9 = A_{CDHI}$，$A_{10} = A_{PFGJ}$，$A_{11} = A_{EuI}$

上式中的 A_1、A_2、A_3 在解 A_c 时已求出，其余 6 块面积可由普通的几何学方法求解。

将求出的 A_s、A_c 以及选定的泵腔长度 l 和泵轴转速 n 一并代入式(7-11)便可求出几何抽速 s 。

3）求容积利用系数 λ。因计算 A_s 较繁，引入容积利用系数 λ 更为方便。令

$$\lambda = \frac{A_s}{2\pi R_m^2} \tag{7-19}$$

表 7-1 中给出的几组 λ 数据可供设计时参考。

表 7-1　λ 数据

R = 56mm	R_m = 80mm	R_m/R = 1.43	
α	A_c	A_s	λ
10	939.901	16449.14	.4090566
11	946.1572	16439.09	.4088066
12	951.8329	16429.04	.4085566
13	956.9061	16418.98	.4083066
14	961.3556	16408.93	.4080566
15	965.1609	16398.88	.4078066
16	968.3004	16388.82	.4075565
17	970.7539	16378.77	.4073065
18	972.5008	16368.72	.4070566
19	973.5206	16358.66	.4068065
20	973.7934	16348.61	.4065565
21	973.2994	16338.56	.4063065
22	972.0189	16328.5	.4060565
23	969.933	16318.45	.4058065
24	967.0219	16308.4	.4055565
25	963.2674	16298.34	.4053065
26	958.6501	16288.29	.4050565
27	953.1528	16278.24	.4048065
28	946.7567	16268.18	.4045565
29	939.444	16258.13	.4043065
30	931.1976	16248.08	.4040565
R = 50mm	R_m = 75mm	R_m/R = 1.5	
α	A_c	A_s	λ
10	1017.497	15554.93	.4401143
11	1020.683	15544.02	.4398057

R = 50mm	R_m = 75mm	R_m/R = 1.5	
α	A_c	A_s	λ
12	1023.322	15533.11	.4394971
13	1025.397	15522.2	.4391884
14	1026.889	15511.29	.4388798
15	1027.784	15500.38	.4385711
16	1028.062	15489.48	.4382625
17	1027.708	15478.57	.4379538
18	1026.706	15467.66	.4376452
19	1025.038	15456.75	.4373366
20	1022.689	15445.84	.437028
21	1019.643	15434.93	.4367193
22	1015.884	15424.03	.4364106
23	1011.396	15413.12	.436102
24	1006.166	15402.21	.4357934
25	1000.176	15391.3	.4354847
26	993.413	15380.39	.4351761
27	985.8626	15369.48	.4348674
28	977.5093	15358.57	.4345588
29	968.3404	15347.67	.4342502
30	958.3409	15336.76	.4339415
R = 50mm	R_m = 80mm	R_m/R = 1.6	
α	A_c	A_s	λ
10	1458.053	19125.11	.4756025
11	1457.112	19109.4	.4752118
12	1455.495	19093.69	.4748212
13	1453.183	19077.99	.4744306
14	1450.16	19062.27	.4740399
15	1446.409	19046.57	.4736493
16	1441.912	19030.86	.4732587
17	1436.653	19015.15	.4728681
18	1430.614	18999.44	.4724774
19	1423.782	18983.74	.4720868
20	1416.138	18968.03	.4716962
21	1407.668	18952.32	.4713055
22	1398.355	18936.61	.470915
23	1388.185	18920.9	.4705242

续表 7-1

$R=50$mm	$R_m=80$mm	$R_m/R=1.6$	
α	A_c	A_s	λ
24	1377.143	18905.2	.4701337
25	1365.213	18889.49	.469743
26	1352.382	18873.78	.4693524
27	1338.635	18858.07	.4689617
28	1323.959	18842.36	.4685712
29	1308.34	18826.66	.4681806
30	1291.764	18810.95	.4677899

7.5 爪型转子质心的计算

因爪式泵转子转速较高,一般为 3000r/min,故必须对爪型转子的动平衡进行计算。首先要求出爪型转子的质心。因爪型转子为均质,故质心即为形心。下面求其形心的坐标(X,Y)。

图 7-10 中实线示出转子的轮廓。令 $A_1=A_{EZDu}$,$A_2=A_{ABC}$,$A_3=A_{MKL}$,$A_4=A_{EuI}$,$A_5=A_{MLN}$,$A_6=A_{DOC}$,$A_7=A_{IHKO}$,$A_8=A_{AON}$

$A_{1\sim5}$表示的 5 块面积的形心坐标可分别由下式求解

$$\left.\begin{aligned} X_i &= \frac{\int_{ai}^{bi} xf(x)\mathrm{d}x}{\int_{ai}^{bi} f(x)\mathrm{d}x} \\ Y_i &= \frac{\int_{ai}^{bi} f^2(x)\mathrm{d}x}{2\int_{ai}^{bi} f(x)\mathrm{d}x} \end{aligned}\right\} \tag{7-20}$$

其中计算 $A_{1\sim3}$的形心坐标时,$f(x)$ 同式(7-14),积分上、下限同式(7-15),式(7-16),式(7-17)。

计算 A_4 的形心坐标时,$f(x)=\sqrt{R^2-X^2}$,$b_4=R$,$a_4=R\cos\varphi_0$。

计算 A_5 的形心坐标时,$f(x)=\sqrt{R_m^2-X^2}$,$b_5=R_m$,$a_5=R_m\cos\varphi_0$。

上述求出的 $A_{1\sim5}$的形心坐标是指图 7-5 坐标系而言,因此尚须根据坐标变换原则再转换到图 7-10 坐标系(x,y)中。$A_{6\sim8}$表示三个扇形面积,其形心计算从略。

至此,将已求得的计算数代入下式便可求出转子的形心坐标 X,Y。

$$\left.\begin{aligned} X &= \frac{A_6Y_6+A_7Y_7+A_8Y_8-(A_1X_1+A_2X_2+A_3X_3+A_4X_4+A_5X_5)}{A_6+A_7+A_6-(A_1+A_2+A_3+A_4+A_5)} \\ Y &= \frac{A_6Y_6+A_7Y_7+A_8Y_8-(A_1Y_1+A_2Y_2+A_3Y_3+A_4Y_4+A_5Y_5)}{A_6+A_7+A_6-(A_1+A_2+A_3+A_4+A_5)} \end{aligned}\right\} \tag{7-21}$$

图 7-11 表示求出的几组质心数据可供读者参考。

因爪式泵通常为多级串联,所以恰当排列各级转子在公共轴上的相位会有助于整机的平衡。如图 7-10 所示，两转子相对排列，实线所示的转子形心为 W，虚线所示的转子形心为 W'，如果角 $\beta=90°$，则相对放置的两个等厚度的转子会达到完全平衡。

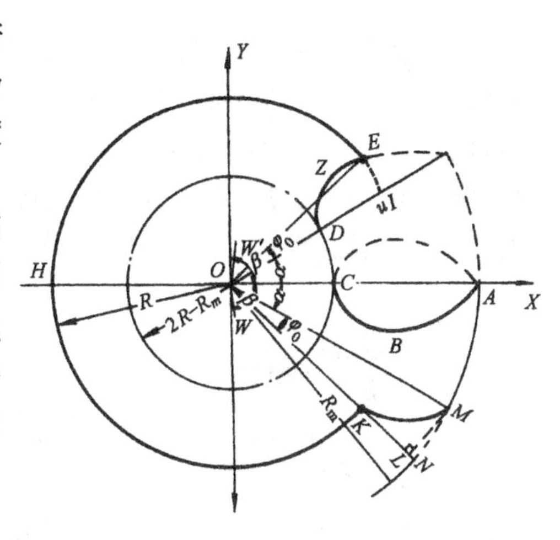

图 7-10 转子形状图

由图 7-11 可知，β 是 α 与 R_m/R 的函数，当 R_m/R 一定时，α 角越小则 β 角越大。而 α 小则爪变薄，会降低其抗弯强度。因转子爪除承受气体的压力差外，尚须将被抽介质中的颗粒碾碎并刮掉和排出泵腔中的沉积物，因此选择 R_m/R 及 α 参数时必须考虑被抽介质的情况。

7.6 爪式泵的性能及结构特点

图 7-12 给出了罗茨转子加爪型转子的四级泵和全为爪型转子的四级泵的性能曲线。二者抽速最大值对应的入口压力值不同。二者的极限压力相差不大，均在 1Pa 以下。罗茨加爪型转子组成的 4 级泵，其抽气性能较好，由图 7-12 可以看出：在入口压力为 1～100Pa 之间；10^3～10^5Pa 之间，罗茨加爪型转子的四级泵抽气性能优于全爪型转子的四级泵。只当入口压力为 10^2～10^3Pa 之间，全爪型转子的四级泵的抽气性能较好。

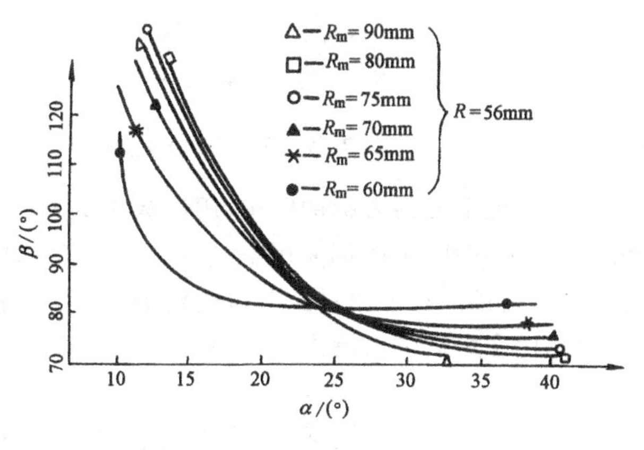

图 7-11 质心计算图

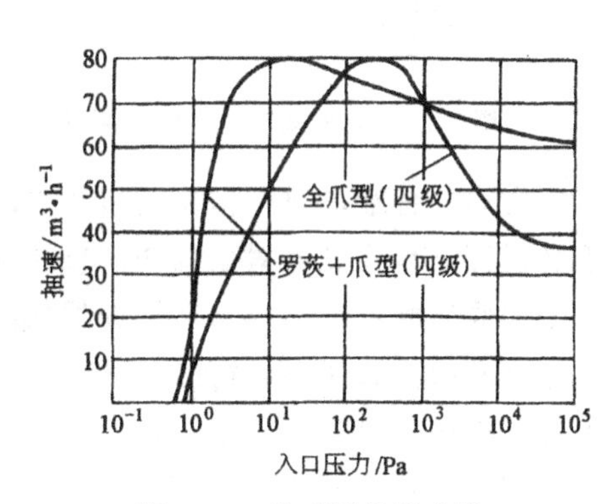

图 7-12 爪式泵性能曲线

一般的无油干式泵和油封机械泵相比，其压缩比较小，要克服高的压力差，向大气直接排气，还要抽除大量的颗粒物，因此选择有效的抽气机构是非常重要的。爪式泵有高的容积效率和内压缩，转子可高速无接触的运转，是实现干式抽气较好的抽气机构，但它也需要多级串联方能达到所需的极限压力。

爪型转子除能压缩气体之外，还有转子自行开闭的阀门作用，即可周期地开闭泵腔的入口和出口。由于有内压缩和这种阀门作用，可实现高的压缩比和高的容积效率。在功率消耗低的情况下有较高的抽速。被抽气体的种类对压缩比的影响较小。转子与泵体之间的间隙较大，小颗粒物很容易被抽除。这种抽气原理的干式泵，目前我国已有多家生产。

图 7-13 所示为全爪型转子的四级泵的结构示意图。

该泵的主轴为垂直安装，气流可从顶部向底部流动，这样的布置有利于颗粒物及液体的排放。泵内各级的压力分布如图 7-14 所示。第一级的压力比为 3，第二级的压力比为 5，第三级的压力比为 10，第四级的压力比为 7。各级泵腔的抽气容积除第一级较大外，其他各级均相等。由于抽气过程在各级间隙的返流所处的流动状态的不同，其各级反流情况也不尽相同，各级所能达到的压缩比也不相同。

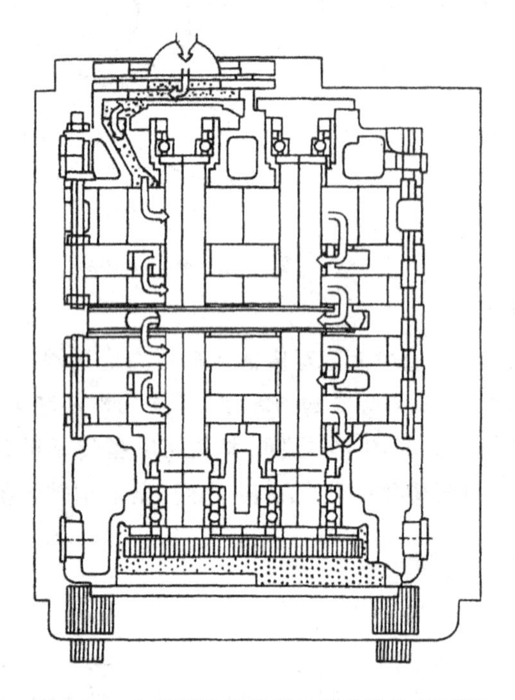

图 7-13　全爪型转子的四级泵的结构示意图

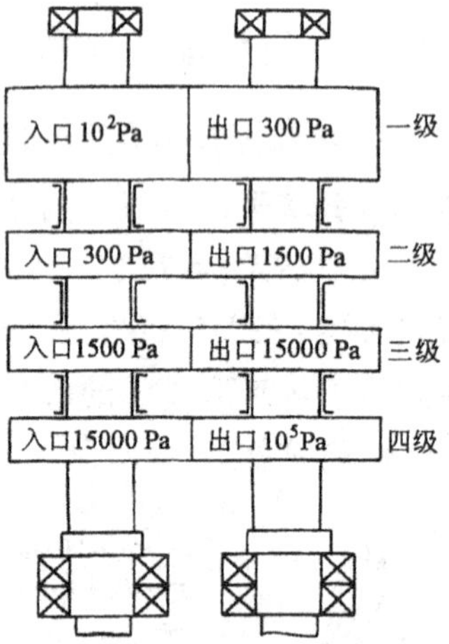

入口	出口	级
入口 10^2Pa	出口 300 Pa	一级
入口 300 Pa	出口 1500 Pa	二级
入口 1500 Pa	出口 15000 Pa	三级
入口 15000 Pa	出口 10^5Pa	四级

图 7-14　各级压力分配图

在中间各级的排气口出现沉积物时，在这些部位上使用可拆的管道，用快速接头连接，不必拆开整台泵就能对泵清洗。轴承和密封处用水冷却，中间部分用空气冷却。这样可使转子和泵体的温差小。与被抽介质接触的表面耐腐蚀。转子由马达和齿轮转动，轴承和齿轮处有润滑。选用一种特殊的活塞环密封装置，以防润滑油蒸汽向泵腔内泄漏。该泵四级为层状结构，检修方便，定位精度高。

该泵有专用的监控系统，如泵温、压力，流量等由传感器来控制。其控制原理如图 7-15 所示。

图 7-15 上的 B 型为基本型，在无腐蚀和清洁系统上应用，P 型为所有半导体工艺用的非自行监控的过程型；S 型为系统型，对所有的半导体工艺过程可自行监控和带接口，有的在入口处安装有单级罗茨泵构成机组。

为了安全运行，泵入口处设有过滤网，灰尘收集器及消音器。

整个泵可装在一个罩内，对其进行吸气，以防被抽气体的外泄。这种泵装在四个小滚轮上移动方便。

7.7　爪式泵的特点

爪式泵是为半导体工业发展而研制的，它有如下一些特点：

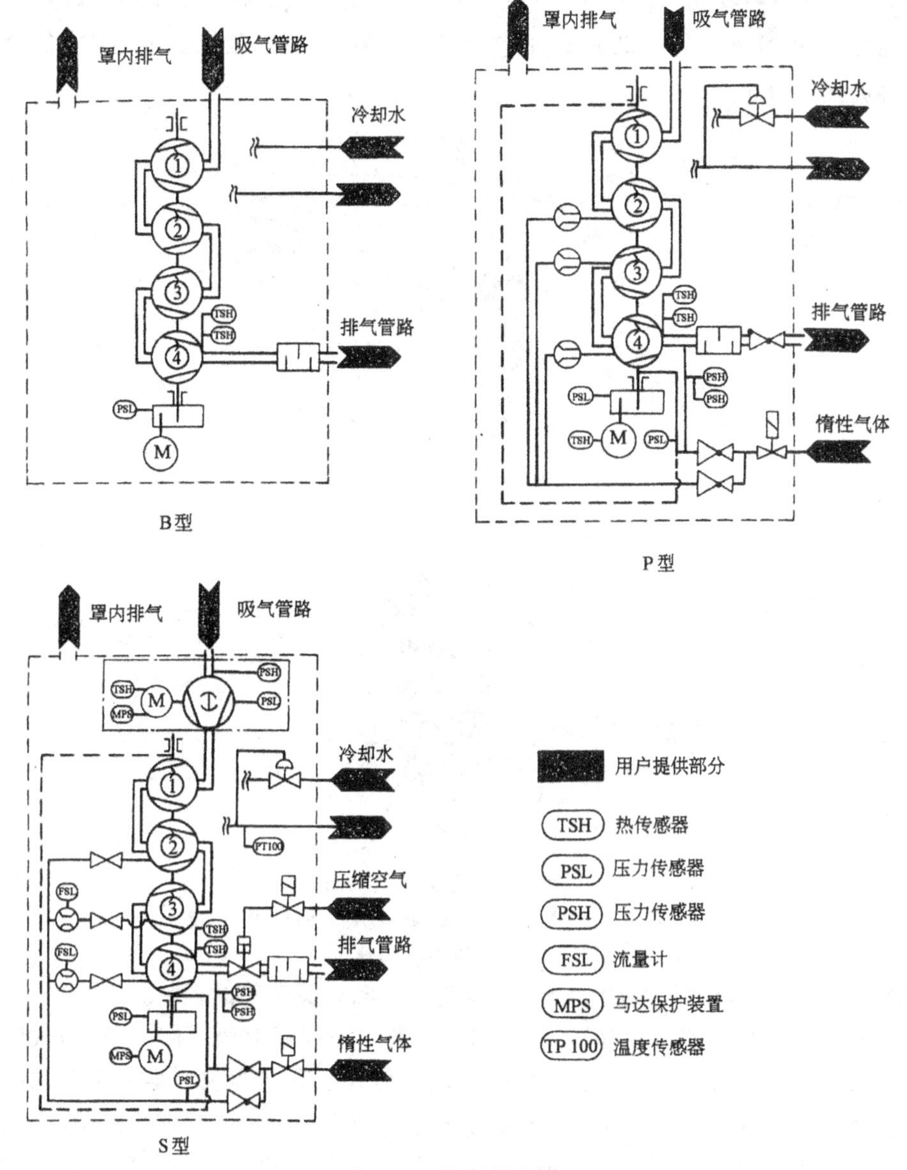

图 7-15　控制原理图

(1) 泵腔内无润滑剂，因而无返油现象发生；

(2) 抽气元件为非接触式的可实现高速运转(3000r/min)；

(3) 与被抽气体接触的表面防腐蚀耐磨损；

(4) 在泵腔内气流垂直运动，少量的颗粒物和液体等在重力作用下易于排除；

(5) 该泵型式多样，功能可以扩展，泵的主体，带有齿轮、马达以及气体净化设备，附件有入口处防返流的阀门，出口处有截流阀，电气监控及报警装置；

(6) 齿轮和泵轴的下轴承用 *PFPE* 油润滑，上端盖内的轴承用 *PFPE* 油脂润滑；

(7) 第二、三、四级均有净化气体入口，以改善被抽介质顺利通过泵腔，无此需要的可以不用通净化气体，净化气体用三个流量计分别调节，相互都是独立的，以保证节约惰性气体，利用三个电磁阀可微调其流量；

(8) 入口防返流阀能将被抽容器与泵腔隔断,出口处截流阀能将泵的出口封闭起来,将泵通以净化气体,这些阀可自动开关,真空系统有可靠的保护,杜绝了向真空室的返流,泵的各种附件如图 7-16 所示;

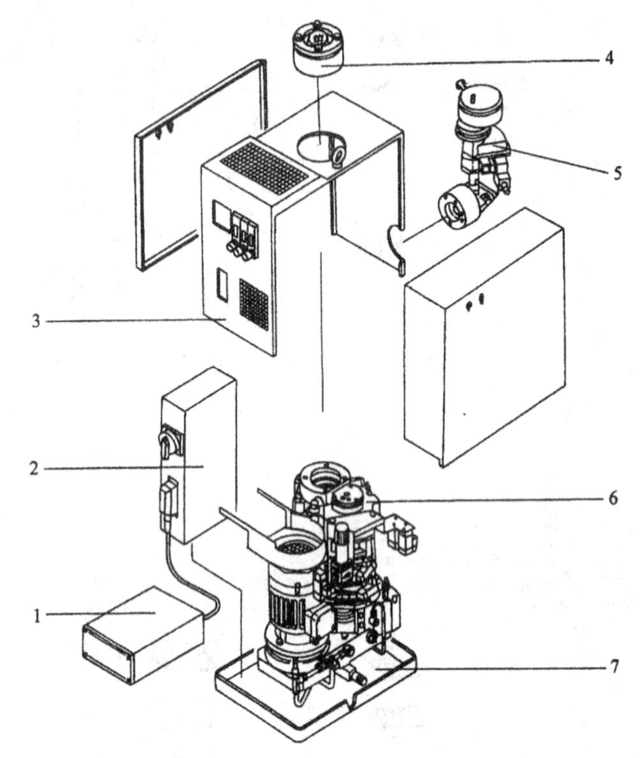

图 7-16　爪式泵附件图

1—遥控器;2—供电装置;3—外罩;4—防返流阀;5—出口截流阀;
6—泵主体;7—底座

(9) 电气监控与操作,主要有电源,远距离操作和开关阀等的控制。

当泵出现故障时泵能自动停车,两个阀门一齐关闭或截流阀关闭。动力和遥控有一台变压器和整流器,以提供所需的电流电压,以满足监控过程的需要。动力电源、继电器用以对马达的接通与断开及马达超负荷的保护。操作过程有显示器,有按钮控制,可控制马达、防返流阀的控制阀和截流阀的控制阀,第二、三、四级的净化气体的通断阀,惰性气体的主阀,净化气体向轴封处通气用的阀门等。故障的监控报警或停车,系统安全自动控制,也可按钮操作。启动时,打开净化气体,泵正常运行 3min,净化气体向各段通入,通净化气体对泵性能有些影响。每当遇到紧急情况时可按停车键,净化气体继续接通,关闭入口防返流阀,各级泵净化 1min,净化结束,马达再停车,关闭惰性气体截止阀。

8 涡旋式真空泵

8.1 概论

涡旋式真空泵(简称涡旋泵)是近年来开发出的一种新型干式真空泵。它具有如下优点:

(1) 间隙小、泄漏少,具有较高的压缩比,在较宽的压力范围内有稳定的抽速;

(2) 结构简单,零部件少;

(3) 工作压力范围宽,由于压缩腔容积的变化是连续的,因而驱动扭矩变化小,功率变化小;

(4) 振动噪声小,可靠性高。

由于其优越性能,涡旋泵作为一种新型的无油泵在国内、外真空行业内越来越引起人们的重视。

近来,人们对涡旋式压缩机的研究越来越多。涡旋式无油真空泵是由涡旋式压缩机演化而来的。

涡旋泵的研制和生产主要集中在美国、日本和英国。

8.2 涡旋泵的工作原理

涡旋泵的基本结构(图 8-1),主要包括左定子、右定子、转子、曲轴、防自转机构、进气口、排气口等部分。气体在由涡旋定子和涡旋转子组成的月牙腔内压缩,涡旋定子固定在机架的周边上,在涡旋定子的周边上开有吸气口,在转子和定子涡旋体中心部开有排气口。涡旋转子随着曲轴的回转以偏心量 R_{or} 作半径绕定子中心作公转运动。涡旋转子还受防自转机构的约束,不能自转,始终保持着一种固定的姿势,其中心绕涡旋定子的中心作半径为 R_{or} 的圆周运动。

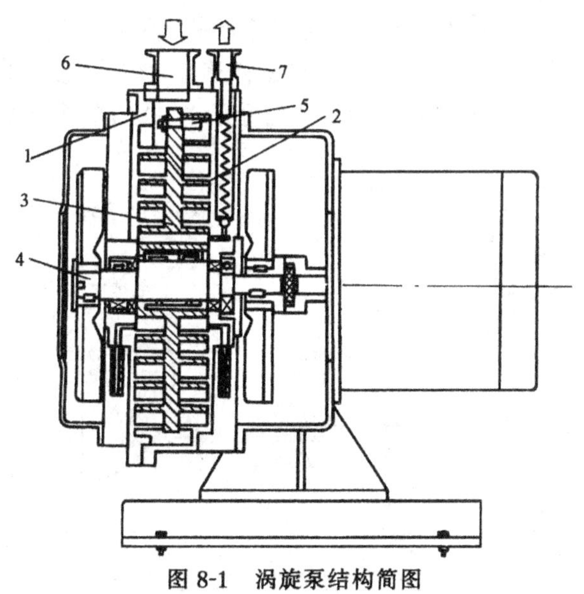

图 8-1 涡旋泵结构简图

1—左定子;2—右定子;3—转子;4—曲轴;5—防自转机构;6—进气口;7—排气口

涡旋泵的抽气原理，如图 8-2 所示。

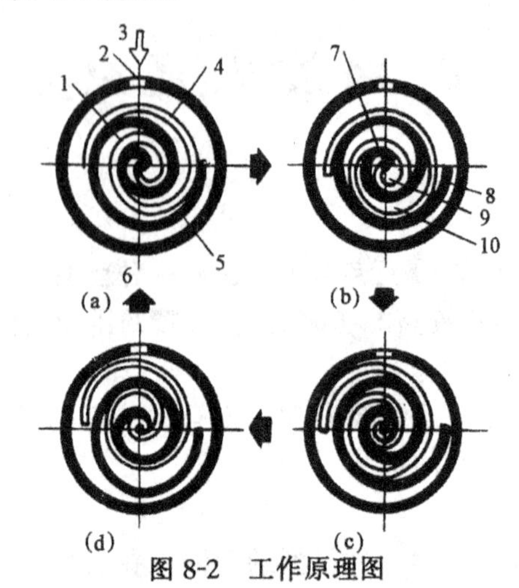

图 8-2　工作原理图

1—压缩室；2—吸气口；3—气体；4—涡旋转子；5—涡旋定子；6—吸气完了；7—排气口；8—吸气行程；9—排气行程；10—压缩行程

两个涡旋定子和涡旋转子的涡线基本相同，只要将两者的相位错开 180°，并且各自中心保持相距 R_{or} 即可组合而成。结果在两个涡旋体之间形成了一系列月牙形压缩腔。图 8-2 表示涡旋转子中心每回转 90°按顺时针方向作圆周运动时的状态。图 8-2(a)表示吸气结束后，涡旋体外圆周的压缩室处于关闭状态。由此可以设想压缩机构是压缩腔一面向中心处移动，压缩腔的容积一面连续地逐渐变小。一个压缩腔从吸气，经压缩，最后排气的全过程。

8.3　涡旋泵抽气性能的计算

8.3.1　涡旋体的几何参数

涡旋式压缩机最早由法国人 Cruex 发明并于 1905 年在美国取得专利，构成涡旋机械涡旋体的曲线可以采用正多角形的渐开线。正多角形的渐开线如图 8-3(a)所示，是一条用圆弧连接的曲线，圆的渐开线是一条用无限小的圆弧连接、曲率连续变化的曲线。

在以图 8-3(b)中的渐形角 ϕ 作为参数的坐标系中，圆的渐开线可表示为：

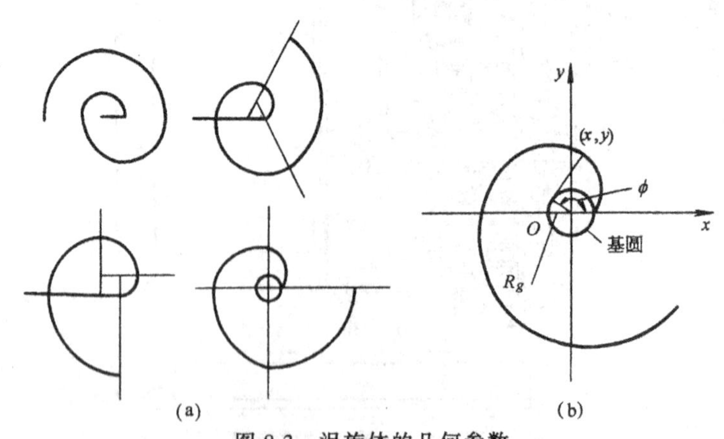

图 8-3　涡旋体的几何参数

(a)—多角渐开线；(b)—渐开线形成原理图

$$\left.\begin{aligned} x &= R_g(\cos\phi + \phi\sin\phi) \\ y &= R_g(\sin\phi - \phi\cos\phi) \end{aligned}\right\} \tag{8-1}$$

通常将图 8-3(b)中半径为 R_g 的圆称为渐开线的基圆,如果用 ϕ 作参数,根据 $r^2 = x^2 + y^2$ 的关系,式(8-1)可以写成

$$r = R_g\sqrt{1 + \phi^2}$$

在图 8-3(b)中,点(x,y)的切线斜率是:

$$\frac{\mathrm{d}y}{\mathrm{d}x} = \frac{\dfrac{\mathrm{d}y}{\mathrm{d}\phi}}{\dfrac{\mathrm{d}x}{\mathrm{d}\phi}} = \mathrm{tg}\phi$$

它总是垂直于发生线。

由于涡旋泵的涡旋体有一定宽度,在图 8-4 的坐标系中,如果以 a 为基圆上的渐开线的起始角,则涡旋体型线的点坐标为

$$\left.\begin{aligned} x_i &= R_g[\cos(\phi_i + a) + \phi_i\sin(\phi_i + a)] \\ y_i &= R_g[\cos(\phi_i + a) - \phi_i\sin(\phi_i + a)] \\ x_0 &= R_g[\cos(\phi_0 - a) + \phi_0\sin(\phi_0 - a)] \\ y_0 &= R_g[\cos(\phi_0 - a) - \phi_0\sin(\phi_0 - a)] \end{aligned}\right\} \tag{8-2}$$

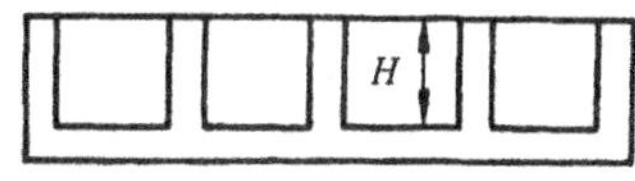

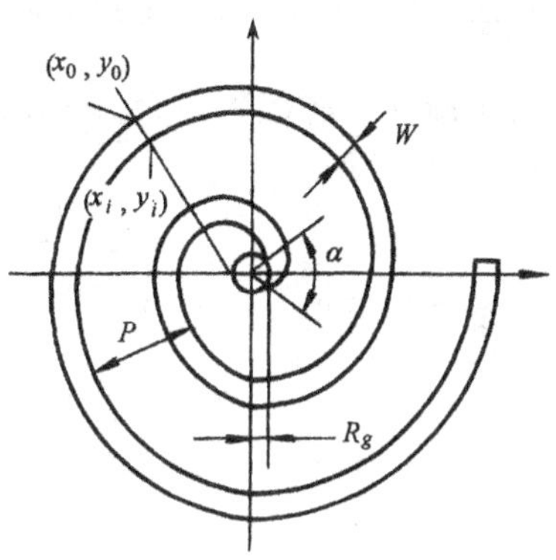

图 8-4 涡旋体几何参数

涡旋体的主要几何参数如图 8-4 所示。

涡旋体终展开角	ϕ_E
基圆半径	R_g
涡旋体节距	$P(= 2\pi R_g)$
涡旋体壁厚	$W(= 2R_g\alpha)$
涡旋体高度	H
渐开线起始角	α

8.3.2 压缩腔面积的计算

如图 8-5 所示,在基圆 O 的渐开线上取微小面积元 $\mathrm{d}A$,则,

$$\mathrm{d}A(\phi) = \frac{1}{2}(R_g\phi)^2\mathrm{d}\phi \tag{8-3}$$

式中 A ——阴影部分面积;

R_g——基圆半径;

ϕ——渐开线展开角。

积分后可以求得图中阴影部分面积 $A(\phi)$ 为:

$$A(\phi) = \int_0^\phi \frac{1}{2}R_g{}^2\phi^2\mathrm{d}\phi = \frac{1}{6}R_g{}^2\phi^3$$

则如图 8-6 所示的由 ϕ_1、ϕ_2 和渐开线所围成的阴影部分面积 $A(\phi_1,\phi_2)$ 计算如下:

图 8-6 中渐开线起始角为 $W/(2R_g)$

因此
$$A(\phi) = \frac{1}{6}R_g{}^2\left(\phi - \frac{W}{2R_g}\right)^3$$

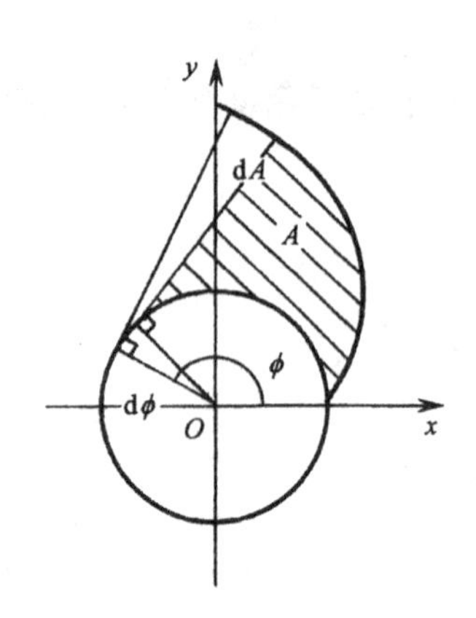

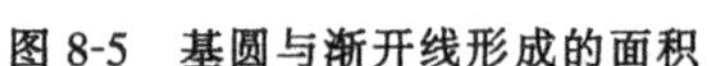

图 8-5　基圆与渐开线形成的面积

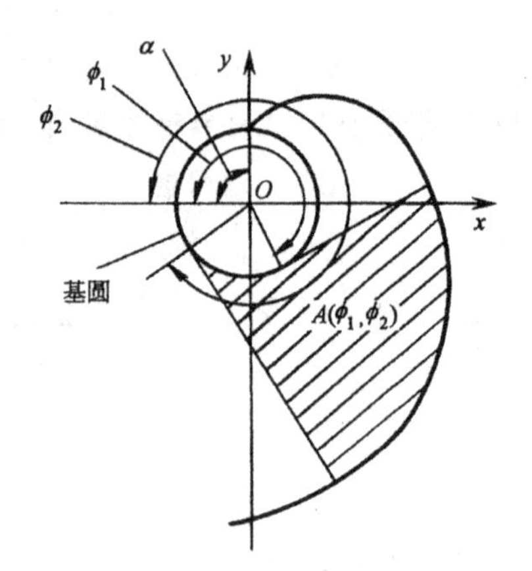

图 8-6　基圆与渐开线形成的面积

故
$$A(\phi_1,\phi_2) = A(\phi_2) - A(\phi_1)$$

式中　ϕ_1、ϕ_2——围成阴影部分面积的两个最大和最小展开角。

由于渐开线的起始角为$\frac{W}{2R_g}$,故

$$A(\phi_1,\phi_2) = \frac{1}{6}{R_g}^2\left[\left(\phi_2 - \frac{W}{2R_g}\right)^3 - \left(\phi_1 - \frac{W}{2R_g}\right)^3\right] \tag{8-4}$$

经整理后可得

$$A(\phi_1,\phi_2) = \frac{1}{2}{R_g}^2(\phi_2 - \phi_1)\left[\frac{1}{3}({\phi_2}^2 + \phi_1\phi_2 + {\phi_1}^2) \pm \frac{1}{2}\frac{W}{R_g}(\phi_1 + \phi_2) + \frac{1}{4}\left(\frac{W}{R_g}\right)^2\right] \tag{8-5}$$

在式(8-5)中"+"号和"-"号分别表示图 8-7 中(a)和(b)所示的面积。

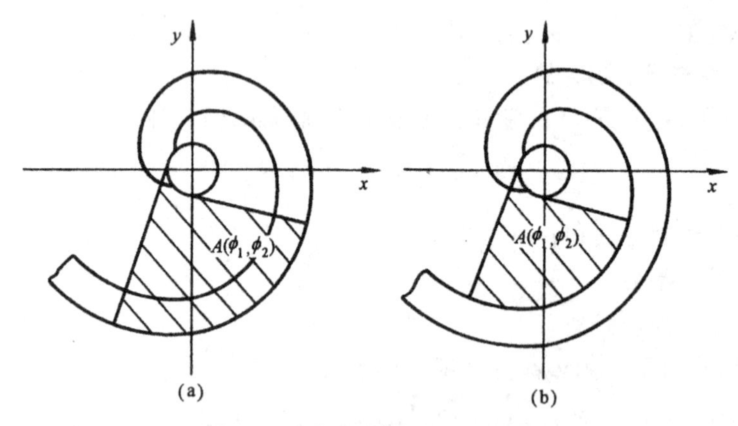

图 8-7　基圆与渐开线形成的面积

如图 8-8 中(a)图将 $\phi_1 = \phi + \pi$(ϕ_1:两条渐开线啮合时啮合点的展开角,即密封点的展开角)和 $\phi_2 = \phi + \pi + \phi'$ 代入式(8-5)可得到阴影部分面积 A_0 ,A_0 是以 O_2 为基圆展开的渐开线和展开角 ϕ_1 ,ϕ_2 围成的面积。A_0 可以表达为:

$$A_0(\phi_1,\phi_2) = A(\phi,\phi')$$
$$= \frac{1}{2}R_g{}^2\left\{\frac{1}{3}[(\phi+\pi+\phi')^2+(\phi+\pi)(\phi+\pi+\phi')+(\phi+\pi)^2]\right.$$
$$\left.-\frac{1}{2}\frac{W}{R_g}(2\phi+2\pi+\phi')+\frac{1}{4}\left(\frac{W}{R_g}\right)^2\right\} \tag{8-6}$$

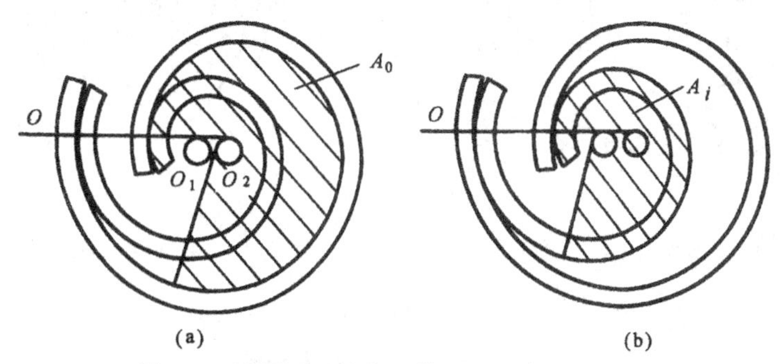

图 8-8 基圆展开的渐开线和展开角围的面积

式中 ϕ'——阴影面 A_0 的展开角。

如图 8-8 中(b)图所示,将 $\phi_1 = \phi$ 和 $\phi_2 = \phi + \phi'$ 代入式(8-5)可得到阴影部分面积 A_i,A_i 是以 O_1 为基圆展开的渐开线和展开角 ϕ,$\phi + \phi'$ 围的面积。A_i 可以表达为:

$$A_i(\phi_1,\phi_2) = A_i = (\phi,\phi')$$
$$= \frac{1}{2}R_g{}^2\phi'\left\{\frac{1}{3}[(\phi+\phi')^2+\phi(\phi+\phi')+\phi^2]\right.$$
$$\left.-\frac{1}{2}\frac{W}{R_g}(2\phi+\phi')+\frac{1}{4}\left(\frac{W}{R_g}\right)^2\right\} \tag{8-7}$$

计算出图(8-8)中(a)和(b)图中阴影部分面积 A_0 和 A_i 后就可以通过 A_0、A_i 计算出两条涡旋渐开线啮合后和其展开角 ϕ 围成的月牙形面积 $A_{\phi\phi'}$,由图 8-9 可以看出以下关系式:

$$A_{\phi\phi'} = A_0 - A_i + \Delta A \tag{8-8}$$

其中 ΔA 面积如图 8-9 所示,可以通过以下关系式计算给出

$$\Delta A = -\frac{1}{2}R_gR_{or}\left[2(\phi+\pi)+\frac{W}{R_g}\right]\sin\phi' \tag{8-9}$$

式中 R_{or}——曲柄半径,$R_{or} = \pi R_g - W$。

因此,月牙腔面积 $A_{\phi\phi'}$ 可以从下式求出:

$$A_{\phi\phi'} = \frac{1}{2}R_gR_{or}\left\{\phi'(\pi+2\phi+\phi')-\left[2(\phi+\phi')+\frac{W}{R_g}\right]\sin\phi'\right\} \tag{8-10}$$

8.3.3 压缩腔宽度 b 的计算

如图 8-10 所示,xOy 为定子坐标系,$x'O'y'$ 的转子坐标系,分别由定子坐标系原点处的基圆引出基本参数相同条渐开线在错开 180°相互啮合后形成压缩腔,因为相对两条渐开线上每点的曲线斜率都在变化,因而找到一条直线来准确地表示压缩腔各处的宽度。宽度 b 是一个很重要的参数变量。我们近似地定义这样一条线段来作为压缩腔的宽度 b。

如图 8-10 所示,设 B 点是压缩腔定子型线上的任意一点,过 B 作定子基圆 O 的切线,切点为 A,连接 AB 和转子型线的交点为 C,我们近似地定义线段 BC 为该处的宽度值。

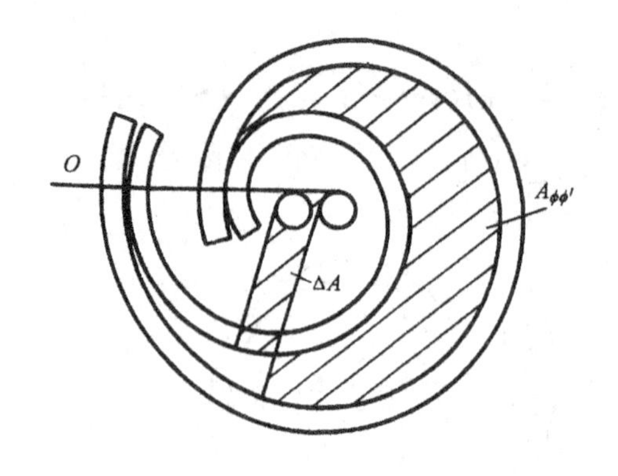

图 8-9 月牙腔 $A_{\phi\phi'}$ 的面积

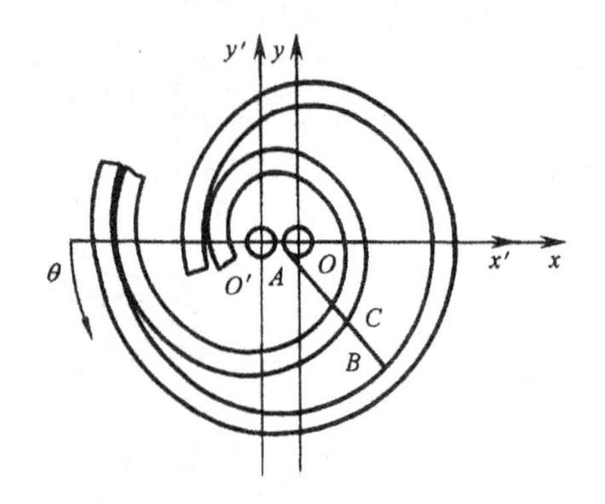

图 8-10 月牙腔宽度

设渐开线初始展开角为 O，B 点的坐标值由下式确定。

$$\left.\begin{aligned} x_i &= R_g(\cos\phi_i + \phi_i\sin\phi_i) \\ y_i &= R_g(\sin\phi_i - \phi_i\cos\phi_i) \end{aligned}\right\} \tag{8-11}$$

式中 ϕ_i —— B 点的展开角。

A 点是定子基圆上的点，由渐开线的原理可知 A 点的参数坐标可以表示为

$$\left.\begin{aligned} x_j &= R_g\cos(\phi_i) \\ y_j &= R_g\sin(\phi_i) \end{aligned}\right\} \tag{8-12}$$

则 AB 所确定的直线方程可表示为

$$y - y_j = \frac{y_i - y_j}{x_i - x_j}(x - x_j) \tag{8-13}$$

将式(8-11)、(8-12)代入式(8-13)

直线 AB 和转子型线的交点为 C，C 点在坐标的 $x'O'y'$ 上的参数坐标为

$$\left.\begin{aligned} x_R' &= R_g[\cos(\phi_R') + \phi_R'\sin(\phi_R')] \\ y_R' &= R_g[\sin(\phi_R') - \phi_R'\cos(\phi_R')] \end{aligned}\right\} \tag{8-14}$$

式中 ϕ_R' ——点 C 在坐标系 $x'O'y'$ 上基圆 O' 的展开角。

将 C 点坐标变换到 xOy 坐标系中，表示为

$$\left.\begin{aligned} x_R &= R_g[\cos\phi_R' + \phi_R'\sin\phi_R'] + R_{or}\cos\theta \\ y_R &= R_g[\sin\phi_R' - \phi_R'\cos\phi_R'] + R_{or}\sin\theta \end{aligned}\right\} \tag{8-15}$$

式中 θ ——主轴转动角度。

将式(8-15)代入式(8-13)中，即可求得 ϕ_R' 值，再将 ϕ_R' 的值代入式(8-15)，则 C 点在坐标系 xOy 上的坐标值即可求得。

则压缩腔宽度 b 的值可用下式求出

$$b = \sqrt{(x_i - x_R)^2 + (y_i - y_R)^2} \tag{8-16}$$

8.3.4 压缩腔的容积计算

涡旋泵的转子和定子的涡旋体相配合形成了一对对月牙形的压缩腔，如图 8-11 所示。为研究方便起见，对压缩腔作如下定义。

外腔：由转子涡旋体的凸面和定子涡旋体凹面相配合形成的腔。

内腔：由转子涡旋体的凹面和定子涡旋体凸面相配合形成的腔。

如图 8-11 所示的 V_{i1} 和 V_{o1} 是最外层的内腔和外腔，最外层的内腔和外腔最为重要，因为从整个运行过程来看，最外层腔不断地形成，并不断地绕转子中心线向中心推进，也就是说，当一个最外层腔逐渐变成里层腔时，又有一个新的最外层腔形成了。在其他参数确定的情况下，单位时间被“封”进的最外层腔的容积和数目决定着泵的几何抽速，因此，计算出最外层腔的容积是非常重要的。

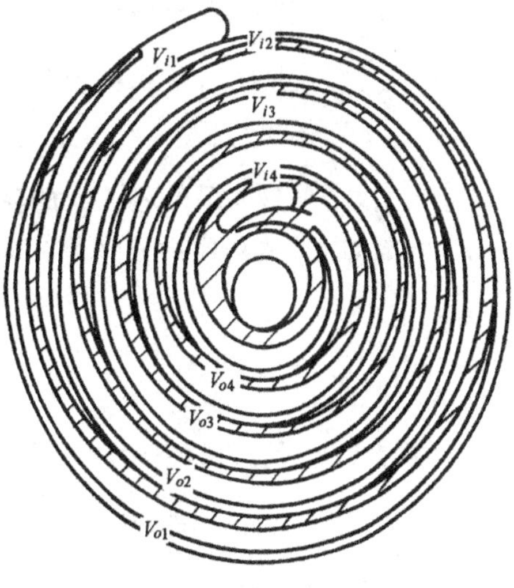

图 8-11　压缩腔平面图

最外层腔的容积大小主要由以下几个参数决定：

1）基圆半径 R_g 大小。在其他参数相同的情况下，基圆半径越大，渐开线曲率越小，渐开线围成的空间越大，则最外层压缩腔越大。

2）渐开线展开角 ϕ。渐开线展开角越大，渐开线曲率变小，渐开线所围成的空间越来越大，所形成的最外层压缩腔越大。

3）涡旋体宽度 b 和涡旋体高度 H。涡旋体宽度 b 越大，则涡旋体占去了较大的空间，从而减小了压缩腔的空间，涡旋体高度 H 越大则压缩腔容积越大，与其参数无关。

图 8-11 为涡旋真空泵转子和定子截面图，图中转子和定子的渐开线展开起始点相差为 π，转子的终展角比定子的终展开角小 0.9π。主要原因是使最外层内腔和外腔的吸气设置在进气口附近，以保证压力较低时，吸气的顺畅。

设转子角速度为 ω，以顺时针公转，转子的终展开角 ϕ_E，其初始位置如图 8-12 所示，其他结构参数为 R_g、R_{or}、H、b、W。

为计算方便，在计算时设定：在旋转的涡旋体外层 V_{o1} 形成的瞬间作为开始点，此时 $\theta=\omega t=0$。

8.3.4.1　最外层内腔 V_{i1} 容积计算

1）当 $\omega t \leqslant 0.9\pi$ 时

$\phi_1 = \phi_E - 2\pi - \omega t$　　（相当于式(8-10)中的 ϕ）

$\phi_2 = \phi_E - \pi$　　（相当于式(8-10)中的 $\phi + \phi'$）

因此

$$\phi = \phi_1 = \phi_E - 2\pi - \omega t$$

$$\phi' = -\phi_2 - \phi_1 = \pi + \omega t$$

将 ϕ，ϕ' 代入式(8-10)就可以得到 V_{i1}

$$V_{i1} = \frac{1}{2}R_g R_{or} H\left\{(\pi+\omega t)(2\phi_E - 2\pi - \omega t) - \left[2(\phi_E - \pi) + \frac{W}{R_g}\right]\sin(\omega t + \pi)\right\} \tag{8-17}$$

2）当 $0.9\pi < \omega t \leqslant 2\pi$

$$\phi_1 = (\phi_E - \pi) - (\omega t - 0.9\pi)$$

$$\phi_2 = \phi_E - \pi$$

因此

$$\phi = \phi_E - \omega t - 0.1\pi$$

$$\phi' = \omega t - 0.9\pi$$

将 ϕ，ϕ' 代入式(8-10)可求得 V_{i1}

$$V_{i1} = \frac{1}{2}R_g R_{or} H\left\{(\omega t - 0.9\pi)(2\phi_E - \omega t - 0.1\pi) - \left[2(\phi_E - \pi) + \frac{W}{R_g}\right]\sin(\omega t - 0.9\pi)\right\} \tag{8-18}$$

8.3.4.2 最外层外腔 V_{o1} 的容积计算

密封点 S_2 的角度：$\phi_1 = \phi_E - \omega t$　　（相当于式(8-10)中的 ϕ）

$\phi_2 = \phi_E$　　（相当于式(8-10)中的 $\phi + \phi'$）

因此

$$\phi' = \phi_2 - \phi_1 = \omega t$$

$$\phi = \phi_E - \omega t$$

将 ϕ 和 ϕ' 代入式(8-10)可得到

$$V_{o1} = \frac{1}{2}HR_g R_{or}\left\{\omega t(\pi + 2\phi_E - \omega t) - \left[2\phi_E + \frac{W}{R_g}\right]\sin(\omega t)\right\} \tag{8-19}$$

在上面的计算中 V_{i1} 和 V_{o1} 是按转子涡旋体外层末端始终在起始位置来计算的，即计算 V_{i1} 时假定 ϕ_2 始终等于 $\phi_E - \pi$，计算 V_{o1} 时假定 ϕ_2 始终等于 ϕ_E，因为转子上的每一点都以 R_{or} 为半径作圆周运动，故转子涡旋体外层末端点也一样作半径为 R_{or} 的圆周运动，而并非在起始位置点不动，故在计算式(8-10)中的 ϕ_2 值是始终变化的，故需要对转子每转一圈的吸入腔总容积作一修正。

修正计算示意图如图 8-12 所示，为计算方便，假设图中 O — O 为转子涡旋体外层末端点的终切点位置，转子处在该位置时，B 点恰为转子涡旋体和定子涡旋体末端相切点，即密封点，Δl 为转子涡旋体末端超出定子涡旋体末端的长度，转子上每一点都以角速度 ω 作半径 R_{or} 的圆周运动。图 8-12(b)为转子转过 ωt 后转子的位置，容积修正计算如下：

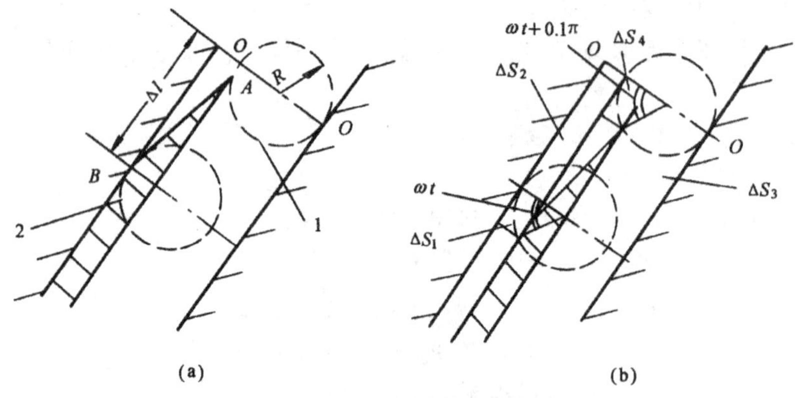

图 8-12　修正计算示意图

1— A 点运动轨迹；2— B 点运动轨迹

$$\Delta S_1 = HR_{or}^2\sin\omega t(1 - \cos\omega t)$$

$$\Delta S_2 = H\Delta l R_{or}(1 - \cos\omega t)$$

$$\Delta S_3 = HR_{or}^2\sin(\omega t + 0.1\pi)[1 + \cos(\omega t + 0.1\pi)]$$

$$\Delta S_4 = HWR_{or}\sin(\omega t + 0.1\pi)$$

式中　$\Delta l = 1.18\pi R_{or}R_g\sin(0.1\pi)$。

则总容积为：

$$\Delta V = \Delta S_1 + \Delta S_2 + \Delta S_3 + \Delta S_4 \tag{8-20}$$

故转子每公转一周，进入气体压缩腔总体积 V_0，V_0 可表示如下：

$$V_0 = V_{i1} + V_{o1} + \Delta V \tag{8-21}$$

8.3.5 各完整封闭压缩腔的容积计算

一个完整的月牙形封闭压缩腔的特征是其展开角 $\phi' = 2\pi$，将它代入式(8-10)，即可得到一个完整封闭压缩腔的容积计算公式，即

$$V_{\phi,\phi'} = V_{\phi,2\pi} = \pi H R_g R_{or}(2\phi + 3\pi) \tag{8-22}$$

由上式可以看出压缩腔的容积变化和展开角 ϕ 成线性关系：

图 8-11 中所示的各完整封闭压缩腔容积计算如下：

$$V_{o1} = \pi H R_g R_{or}(2\phi + 3\pi) = 2\pi H R_g R_{or}(\phi_E - 0.6\pi - \omega t)$$

式中 $\phi = \phi_E - 2.1\pi - \omega t$。

$$V_{o2} = \pi H R_g R_{or}(2\phi + 3\pi) = 2\pi H R_g R_{or}(\phi_E - 2.6\pi - \omega t)$$

式中 $\phi = \phi_E - 4.1\pi - \omega t$。

$$V_{o3} = \pi H R_g R_{or}(2\phi + 3\pi) \qquad \phi = \phi_E - 6.1\pi - \omega t$$
$$= 2\pi H R_g R_{or}(\phi_E - 4.6\pi - \omega t)$$

$$V_{o4} = \pi H R_g R_{or}(2\phi + 3\pi) \qquad \phi = \phi_E - 8.1\pi - \omega t$$
$$= 2\pi H R_g R_{or}(\phi_E - 6.6\pi - \omega t)$$

对于月牙形压缩腔 V_{o4}，只是当主轴回转角 θ 在一定范围内时存在当转子转过一定角度后，压缩腔 V_{o4} 就会被打开，向排气通道排气，这时 V_{o4} 就被看作“消失”了。

在图 8-11 中，大多数相对应的内腔和外腔在一般情况下是完全相同的，容积也相同，下面讨论相对应的内腔和外腔在一定条件下相等的情况。

假定当 $\omega t = \theta_1$ 时，最里层内腔 V_{i3} 开始排气，当 $\omega t = \theta_2$ 时最里层外腔 V_{o4} 开始排气。

1）当 $0 < \omega t < \theta_1$ 时，根据压缩腔之间对应的关系可得

$$V_{i2} = V_{o2}, \quad V_{i3} = V_{o3}, \quad V_{i4} = V_{o4}$$

2）当 $\theta_1 \leqslant \omega t < 0.9\pi$ 时，因为这时最里层内腔 V_{i4} 已经被打开向大气直接排气，所以该气腔不能作为一个完整的气腔来计算。其他对应内腔和外腔根据对应关系有以下关系式

$$V_{i2} = V_{o2}, \quad V_{i3} = V_{o3}$$

由于靠近转子中心部位的型线不规则，因此 V_{i3} 需要单独计算

$$V_{i4} = H(a\phi^2 + b\phi + c)$$

式中 a、b、c ——常数。

3）当 $0.9\pi \leqslant \omega t < \theta_2$ 时，最外层内腔 V_{i1} 恰好开始成为一个封闭的腔，则其容积可以用下式表示

$$V_{i1} = 2\pi H R_g R_{or}(\phi_E - 0.5\pi - \omega t), \text{其中 } \phi = \phi_E - 2\pi - \omega t$$

其余各腔依其对应关系可有以下关系式，

$$V_{i1} = V_{o1}, \quad V_{i2} = V_{o2}, \quad V_{i3} = V_{o3}$$

4）当 $\theta_2 \leqslant \omega t \leqslant 2\pi$ 时，由于当 $\theta = \theta_2$ 时，最里层外腔 V_{o4} 开始排气，V_{o4} 不能作为一个完整的腔来计算，因此有下列关系式

$$V_{i1} = V_{o1}\ ,\ V_{i2} = V_{o2}\ ,\ V_{i3} = V_{o3}$$

其中 $V_{i1} = 2\pi HR_gR_{or}(\phi_E - 0.5\pi - \omega t)$，该腔的 $\phi = \phi_E - 2\pi - \omega t$ 。

以上是对 ωt 在一个周期$[0,2\pi]$范围内对各腔之间的关系进行的讨论，对于以上的各种关系可以以 2π 为周期推广使用。

8.4 密封部位的泄漏量

如图 8-13 所示，转子与定子的齿侧间有径向间隙，两压缩腔之间采用间隙密封，密封范围从最小间隙处开始，沿顺时针、逆时针各旋转 0.3π。在实际的密封点处，密封间隙是随着展开角 ϕ 变化的。但在计算时，假设泄漏通道是由许多个矩形通道串联组成，如图 8-14 所示，只不过矩形通道的高度 b，随着展开角 ϕ 而变化。

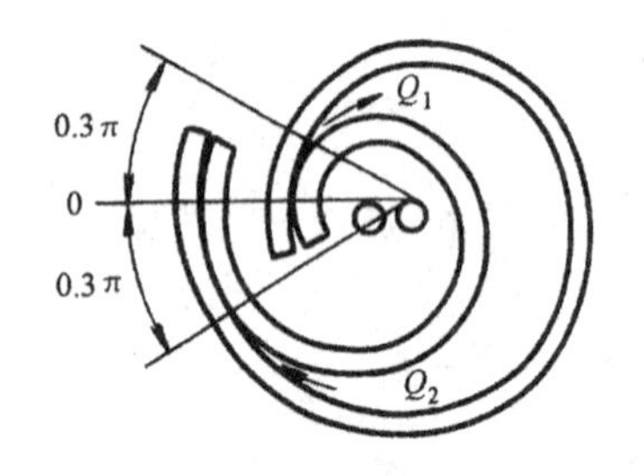

图 8-13 齿侧泄漏

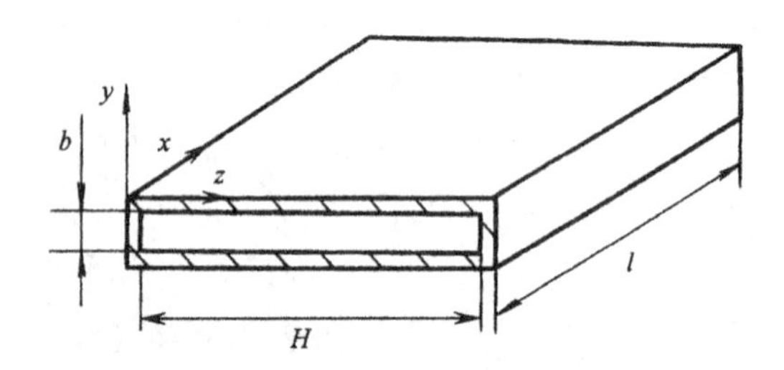

图 8-14 矩形截面泄漏通道

如果两个相邻压缩腔的压力 p_1 和 p_n 给定，那么两个压缩腔之间密封点处的压力 p_1，p_3，…，p_{n-1} 的值可以通过迭代方法获得。

在抽气过程中，由于压力的变化，从泄漏通道泄漏的气体的流态也容易发生变化，从黏滞流、过渡流到分子流，因此，建立一个统一的泄漏量方程适应各种流态是十分必要的。

8.4.1 分子流泄漏方程

由克努曾公式可知，矩形截面的长管流量公式为：

$$Q_m = -\frac{4}{3} \times \frac{8kT}{\pi m} \times \frac{1}{\bar{v}} \times \frac{A^2}{Bf} \times \frac{\mathrm{d}p}{\mathrm{d}x} \tag{8-23}$$

式中 $A = bH$；

$B = 2(b + H)$；

$\bar{v} = 159\sqrt{\dfrac{RT}{M}}$；

f——动量适应系数。

上式可简化为

$$Q_m = -\frac{4}{3\pi} \times \frac{1}{V_m} \times \frac{A^2}{Bf} \times \frac{\mathrm{d}p}{\mathrm{d}x} \tag{8-24}$$

式中 V_m——最可几速度 $\left(V_m = \sqrt{\dfrac{2RT}{M}}\right)$；

$\dfrac{\mathrm{d}p}{\mathrm{d}x}$——沿管长方向的压力梯度。

8.4.2 滑流泄漏方程

对于滑流领域的泄漏，可以使用二维 Navier-Stokes 公式和滑流边界条件来计算，泄漏

量 Q_S 可以表示为

$$Q_S = -\frac{bH^3}{12\mu}\rho\frac{\mathrm{d}p}{\mathrm{d}x} - \frac{bH^2}{2\mu}\rho\lambda\left(\frac{2}{f}-1\right)\frac{\mathrm{d}p}{\mathrm{d}x} \tag{8-25}$$

式中　μ——气体黏度；

ρ——气体密度；

λ——平均自由程[$\lambda = kT/(\sqrt{2}\pi\sigma^2 p)$]。

可以使用加权系数将上面两式(8-24)和(8-25)结合起来表达泄漏量 Q_p，如式(8-26)所示，加权系数 γ 表示自由分子流占所有分子数中的比例，即在压力为零时 $\gamma=1$，压力无限大时 $\gamma=0$。

$$Q_p = \gamma Q_m + (1-\gamma)Q_S \tag{8-26}$$

可以认为 γ 是分子不与其他分子碰撞而直接飞过通道的平均比率，γ 可用如下方法求得。

首先，对流过图 8-15 中的平行平板间的气流假定为二元气流。$\mathrm{d}S$ 为图 8-15 中的气流通道壁上的微小面积元，在于 $\mathrm{d}S$ 的法线成 φ 角的 $\mathrm{d}\varphi$ 范围内，单位时间被反射的分子数 $N_\varphi \mathrm{d}S$ 可以用下式表示

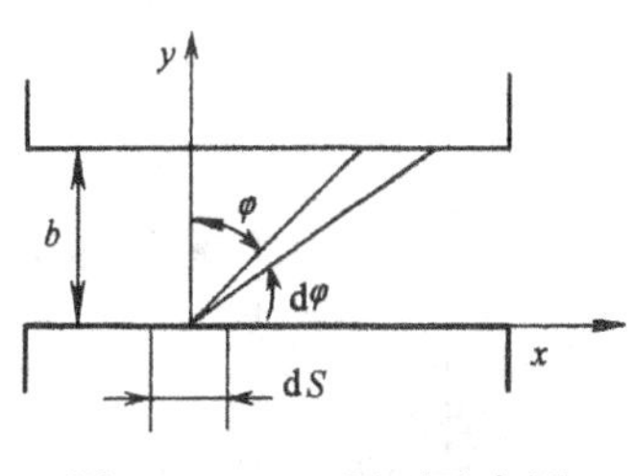

图 8-15　x-y 平面示意图

$$N_\varphi \mathrm{d}S = \frac{1}{2}N\cos\varphi \mathrm{d}\varphi \mathrm{d}S \tag{8-27}$$

式中　N——为单位面积上单位时间内被反射的全部分子数。

这些分子在到达上壁时为止，其飞越的空间距离在 x—y 平面内的投影距离 $l = S/\cos\varphi$。

距离 l 的平均值可表达为

$$\bar{l} = \int_{-\frac{\pi}{2}}^{\frac{\pi}{2}} \frac{lN_\theta \mathrm{d}S}{N\mathrm{d}S} = \frac{\pi S}{2} \tag{8-28}$$

现令二维的平均自由程为 λ_2，$l=0$ 时在 n_0 个分子中，行程 l 而没有和其他分子碰撞的分子数为 n，则行程 $\mathrm{d}l$ 时没有受到其他分子碰撞的分子数变化量 $\mathrm{d}n$ 可用下式表示

$$\mathrm{d}n = -\frac{\mathrm{d}l}{\lambda_2}n \tag{8-29}$$

将上式积分，并将 n 的初始值 n_0 代入，则

$$\gamma = (n/n_0) = \exp\left(-\frac{1}{\lambda_2}\right) \tag{8-30}$$

若 l 用平均值 $\bar{l}$ ($l = \pi S/2$)代换，在穿过通道时不和其他分子碰撞的分子数在总分子数中的比例可以求得，如下式所示

$$\gamma = \exp\{[-(\pi S)/2]/\lambda_2\} = \exp\{-\pi S/(1.488\lambda)\} \tag{8-31}$$

二维的平均自由程 λ_2 与分子速度有关，若平均自由程为 λ，则 $\lambda_2 = 0.744\lambda$。

将式(8-24)、式(8-25)、式(8-31)代入式(8-27)中，可得 Q_p

$$Q_p = \exp\left(\frac{-C_1\pi S}{1.488\lambda}\right)C_2 Q_m + \left[1-\exp\left(\frac{-\pi S}{1.488\lambda}\right)\right](Q_V + C_3 Q_{PS}) \tag{8-32}$$

式中　Q_V、Q_{PS}——分别为式(8-25)中的第一、第二项。

取 $C_1=10$, $C_2=1.86$, $C_3=1.5$ 时，计算值与实际相符。

8.4.3 由相对运动引起的泄漏量

由于密封部位按旋转的涡旋体的旋转速度而移动，在密封部位上固定其坐标，壁面(固定的和旋转的涡旋体双方均是如此)呈现和旋转方向的逆向移动。其示意图如图 8-16 所示。

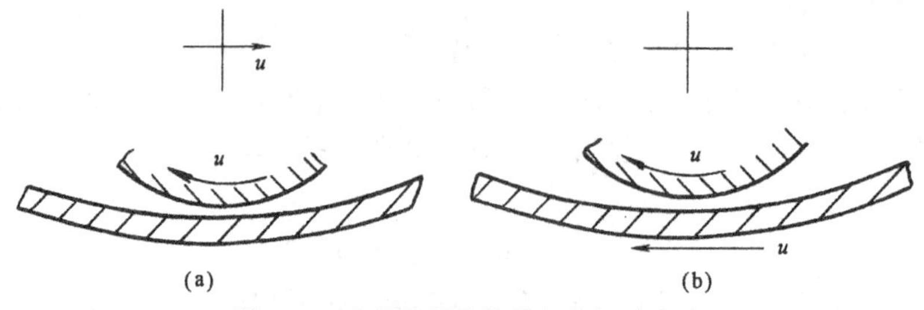

图 8-16 密封部位涡旋体间的相对运动

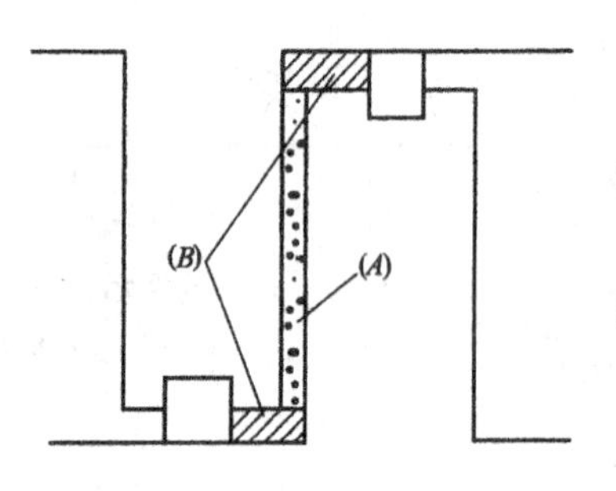

图 8-17 径向和轴向缝隙

由于这种相对运动造成的泄漏由下式表达

$$Q_W = \rho bHu \tag{8-33}$$

式中 u——转子与定子涡旋壁之间的相对速度。

因此径向泄漏量应包含由相对运动引起的泄漏，如下式

$$Q_r = Q_p + Q_W$$

如图 8-17 所示，除了上面所求的径向缝隙泄漏(A)外还存在轴向缝隙(B)部的泄漏。

轴向的间隙泄漏量与径向泄漏量的计算方法基本一致，则轴向泄漏量为

$$Q_a = -\frac{16C_2}{3\sqrt{\pi}V_m}\frac{e^2h^2}{(e+h)f}\frac{\mathrm{d}p}{\mathrm{d}x}\exp\left(-\frac{C_1\pi h}{1.488\lambda}\right) - \left\{\frac{eh^2}{6\mu}\rho\frac{\mathrm{d}p}{\mathrm{d}x} - \frac{eh^2}{\mu}C_3\rho\lambda\left(\frac{2}{f}-1\right)\frac{\mathrm{d}p}{\mathrm{d}x}\right\}\left\{1-\exp\left(-\frac{C_1\pi h}{1.488\lambda}\right)\right\} + 2Q_x \tag{8-34}$$

式中 Q_x——由于相对运动而产生的泄漏量，计算方法和上面径向泄漏的计算方法相同；

e、h——泄漏通道截面几何尺寸。

$$Q_x = \rho ehu \tag{8-35}$$

则总泄漏量可表达为

$$Q_t = Q_r + Q_a \tag{8-36}$$

在计算两腔之间的泄漏量之前，压缩腔头部和尾部的压力必须确定下来，也就是说腔内的压力分布必须确定，假定流量是稳定的，则腔内的压力变化可用下式表达

$$\frac{\mathrm{d}p}{\mathrm{d}x} = \frac{-\left(\dfrac{Q}{bH} - \dfrac{mp}{kT}u\right)}{\dfrac{8}{3\sqrt{\pi}}\cdot\dfrac{m}{2kT}\cdot\dfrac{bH}{b+H}\xi + \dfrac{b^2}{2\mu}\cdot\dfrac{mp}{kT}\left(\dfrac{1}{6}+\dfrac{\lambda}{b}\right)(1-\xi)} \tag{8-37}$$

式中 ξ——自由分子数占全部分子数的比例，$\xi = \exp(-8r_m/\lambda)$；

$$r_m = bH/4(b + H)$$

b——压缩腔宽度；

H——压缩腔高度。

8.5 涡旋泵的主要性能参数

8.5.1 抽气速率

涡旋泵的几何抽气速率 s_{th} 是由泵的几何尺寸和转速所决定的，设转速为 n，则 s_{th} 可用下式表达

$$s_{th} = 2(V_{i1} + V_{o1} + \Delta V)n \tag{8-38}$$

式中 V_{i1}、V_{o1}——转子和定子涡旋体所形成的最外层内腔和外腔的最大容积腔的容积。

ΔV——最外层压缩腔容积修正值。

由于涡旋泵存在轴向和径向泄漏，总泄漏量 Q_t 由上节求出，所以实际抽速 s 要低于几何抽速 s_{th}，设 p_1 为吸入压力，p_2 为排气压力，Q_t 为总泄漏量，则

$$sp_1 = s_{th}p_1 - Q_t \tag{8-39}$$

所以实际抽速 s 表示为

$$s = s_{th} - \frac{Q_t}{p_1} \tag{8-40}$$

8.5.2 极限压力

涡旋泵的极限压力是指不吸入气体长期运转，在测试罩内所达到的稳定的最低压力，用 p_0 表示，此时泵的抽速 $s=0$，令式(8-40)中的抽速 s 为零，则可求得极限压力

$$p_0 = \frac{Q_t}{s_{th}} \tag{8-41}$$

8.5.3 所需功率

涡旋泵所需的功率分为压缩气体的有用功率和克服摩擦的附加功率两部分。

涡旋泵是一种变容式真空泵，它在运转中总是循环动作的每一循环部分为吸气、压缩、排气三个阶段，气体压缩过程可以看作是多变过程，由热工学知道，有用功率可近似用示功图求出，如图 8-18。

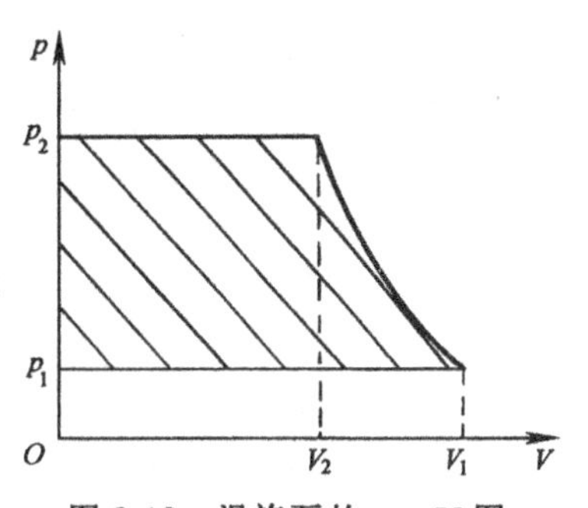

图 8-18 涡旋泵的 p—V 图

有效功为

$$A = \frac{m}{m-1}p_1V_1\left[\left(\frac{p_2}{p_1}\right)^{\frac{m-1}{m}} - 1\right] \tag{8-42}$$

功率计算公式为

$$W = p_1 s_{th}\frac{m}{m-1}\left[\left(\frac{p_2}{p_1}\right)^{\frac{m-1}{m}} - 1\right] \tag{8-43}$$

式中 p_2——泵排气压力(Pa)；

p_1——泵入口压力(Pa)；

m——多变指数($m=1.3\sim1.4$)。

根据$\frac{dW}{dP}=0$可以解出 W_{max} 对应的入口压力 p

$$p = \frac{p_2}{m^{\frac{m}{m-1}}} \tag{8-44}$$

式中　p——功率最大值所对应的吸入压力。

则

$$W_{max} = p_2 s_{th} m^{\frac{m}{m-1}} \times 10^{-3} \quad (W) \tag{8-45}$$

以上讨论的是气体压缩过程所需的功率,选择电机功率时,除考虑泵在压缩过程中所需要的功率外,还要考虑因摩擦、过载等所消耗的功率。一般按下式选用电机功率

$$W_g = \frac{\varepsilon W_{max}}{\eta_m \eta_p} \quad (W) \tag{8-46}$$

式中　ε——泵的过载系数($\varepsilon=1.2\sim1.4$);

η_m——泵的机械效率($\eta_m=0.75\sim0.80$);

η_p——泵的传动效率。

9　分子真空泵

9.1　概述

分子真空泵(简称分子泵)是1913年德国人盖得(W.Gaede)首先发明的。他又以气体的外摩擦作用为分子泵奠定了理论基础。

虽然分子泵是一种机械泵,但它已摆脱了那种靠容积变化来抽气的容积泵原理,而是靠高速运动的刚体表面来携带气体分子实现抽气的一种新型机械真空泵。通常把用高速刚体表面携带气体分子按一定方向运动的现象称为分子牵引,或称为气体的外摩擦输运现象。因此,人们把盖得发明的分子泵称为牵引分子泵。这种泵具有启动时间短,抽重气体比抽轻气体快等一系列优点。但由于它的密封间隙小,容易引起机械故障以及加工精度要求高等,除特殊需要外,实际上很少应用,曾有些人做过不少改进,出现过几种不同类型的牵引分子泵,但由于抽速低没有推广应用,曾一度被结构简单的扩散泵所代替。

德国人贝克(W.Becker)1956年发明了一种适于超高真空下工作的涡轮分子泵。这种泵和牵引分子泵相比,在结构和原理方面并不完全相同。涡轮分子泵是以高速旋转的动叶片和静止的定叶片相互配合来实现抽气的。这种泵的极限压力可以达到10^{-9}Pa以下,对油蒸气等高分子量气体的压缩比很高,几乎能达到测不出的程度。因而残余气体中油蒸气的分压力很低。由于轴承用的润滑油仅在泵的出口侧存在,故泵在运转过程中入口处检查不出油的痕迹。因此,涡轮分子泵可以获得清洁无油的超高真空。这种泵如果长期不用,轴承处的油蒸气会扩散到泵的入口侧,降低泵所能达到的清洁程度。为了消除油蒸气的污染,在工作时,须对泵的入口进行烘烤除气,烘烤温度要严格控制,过高会使叶片变形。有的在停泵时,用压力为13hPa的干燥气体充入泵内,以消除油蒸气返流造成的污染。

涡轮分子泵是一种高速旋转的机械,动叶片的线速度很高,转子的转速一般为200～1200s^{-1}。这样的转子会因动平衡不好而引起振动,使轴承很快磨损,涡轮分子泵的寿命也会因此而降低,所以涡轮分子泵动平衡的好坏是发展涡轮分子泵的关键所在。此外,涡轮分子泵对异物进入非常敏感,通常在泵的入口处设置金属过滤网。

为了彻底杜绝油蒸气对涡轮分子泵的污染和进一步提高涡轮分子泵的性能,近些年来,又出现利用空气轴承和磁悬浮轴承的新型涡轮分子泵。这样一来,涡轮分子泵作为清洁的超高真空泵就更加完善了。目前涡轮分子泵,经过烘烤去气可以获得极高真空。

我国在分子泵的研究和生产方面进展很快,在60年代研制成功的卧式涡轮分子泵的基础上,很快发展了铣制和扭制叶片的两种立式涡轮分子泵系列产品,并有抽速110、150、450、550、600、1200、1500和3500L/s等多种规格。并将磁悬浮式轴承用于涡轮分子泵。

近10年来,由于轴承和高速旋转以及数控加工技术的不断发展,国际上涡轮分子泵的研制也取得了长足的进步,抽速从50L/s已发展到25000L/s(日本)甚至达40000L/s(俄罗斯)。

涡轮分子泵的压缩比与涡轮叶片的级数有关。提高泵的压缩比要增加叶片的级数。而牵引分子泵的压缩比与抽气槽的形状有关。提高压缩比很容易。在尺寸相同的情况下,牵引分子泵的抽速比涡轮分子泵的抽速低很多。因而,利用这两种泵各自的特点,1972 年出现了一种高抽速高压缩比的涡轮—牵引复合式分子泵。这种复合式分子泵利用空气静压轴承和气动马达,可以完全做到无油。采用一种无摩擦的螺旋动密封,不用前级泵便可直接向大气中排气。

涡轮分子泵的结构不断改善,用途越来越广。在某些应用领域已有代替油扩散泵的趋势。

目前磁悬浮式涡轮分子泵和宽域型复合分子泵也早已达到实用化程度,使涡轮分子泵向高流量、高出口压力方向发展,使分子泵不仅在极高和超高真空范围内应用,还可用于高真空和中真空范围。现已成为清洁真空的重要的获得手段,应用领域在不断扩大。

9.2 牵引分子泵的抽气原理与结构特点

牵引分子泵除单独使用外,还常做复合式分子泵中间或最后的抽气级用,因此它常在分子流和黏滞流状态下工作。

为了获得牵引分子泵主要参数之间的关系,首先必须研究一下盖得提出的理论模型。

气体在两个平行平面 1 和 2 之间运动。二平面的速度分别为 u_1 和 u_2,如图 9-1 所示,其运动方向为 Ox。认为气体速度在 Ox 的垂直方向上非常小($v_y=v_z=0$)。在垂直于运动平面的 Oz 方向以及 Oy 方向上,气体压力为常数。

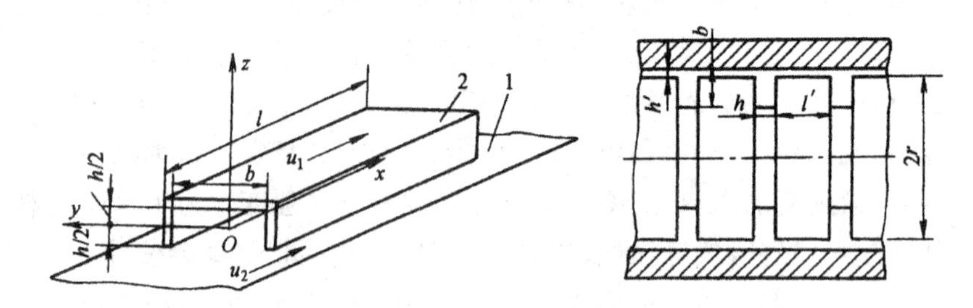

图 9-1 牵引分子泵工作原理图

因而得出

$$\frac{\mathrm{d}^2 v_x}{\mathrm{d}z^2}=\frac{1}{\eta}\cdot\frac{\mathrm{d}p}{\mathrm{d}x}$$

式中 η——动力黏性系数;

v_x——Ox 方向上气体运动速度。

将上式积分后,得到两平板间,气体速度沿通道高度的关系式,即

$$v_x=\frac{1}{\eta}\cdot\frac{\mathrm{d}p}{\mathrm{d}x}\cdot\frac{z^2}{2}+C_1 z+C_2 \tag{9-1}$$

式中 C_1 和 C_2——积分常数。

如图 9-1 所示,假如气体沿平行 xOy 的两个平面内流动,令两平行平面与 xOy 面的距离分别为 $z=\frac{h}{2}$。

在气体稳定流动时,在表面 1 附近的气体层,受有外摩擦力 $R_1=-\varepsilon f(v'_{x1}-u_1)$ 和内摩擦力 $R'_1=-\eta f\frac{\mathrm{d}v'_{x1}}{\mathrm{d}z}$,其气体层上力的平衡条件:

$$\varepsilon(v'_{x1}-u_1)+\eta\frac{\mathrm{d}v'_{x1}}{\mathrm{d}z}=0$$

同理,对靠近平面 2 的气体层上的平衡条件:

$$\varepsilon(v'_{x2}-u_2)-\eta\frac{\mathrm{d}v'_{x2}}{\mathrm{d}z}=0$$

式中 ε——外摩擦系数(表面对气体的阻力);

v'_{x1}、v'_{x2}——对表面 1 和 2 附近的气体层的速度;

f——作用摩擦力的表面积。

由式(9-1)求得 v'_{x1} 和 v'_{x2},以及 $z=\frac{h}{2}$和 $z=-\frac{h}{2}$分别代入力的平衡方程式,则得出

$$\varepsilon\left(\frac{\mathrm{d}p}{\mathrm{d}x}\cdot\frac{h^2}{8\eta}+C_1\frac{h}{2}+C_2-u_1\right)+\eta\left(\frac{\mathrm{d}p}{\mathrm{d}x}\cdot\frac{h}{2\eta}+C_1\right)=0;$$

$$\varepsilon\left(\frac{\mathrm{d}p}{\mathrm{d}x}\cdot\frac{h^2}{8\eta}-C_1\frac{h}{2}+C_2-u_2\right)+\eta\left(\frac{\mathrm{d}p}{\mathrm{d}x}\cdot\frac{h}{2\eta}-C_1\right)=0$$

从上述两式求得积分常数 C_1 和 C_2 分别为

$$C_1=\frac{u_1-u_2}{2\eta/\varepsilon+h};C_2=\frac{u_1+u_2}{2}-\frac{\mathrm{d}p}{\mathrm{d}x}\left(\frac{h}{6\eta}+\frac{1}{\varepsilon}\right)$$

因而式(9-1)可写成

$$v_x=\frac{\mathrm{d}p}{\mathrm{d}x}\left(\frac{z^2}{2\eta}-\frac{h^2}{8\eta}-\frac{h}{2\varepsilon}\right)+(u_1-u_2)\frac{z}{2\eta/\varepsilon+h}+\frac{u_1+u_2}{2}$$

通过槽宽 b(在 Oy 方向上,$y_1-y_2=b$)通道的气体的体积流量为 S,即通道的抽速($\mathrm{m^3/s}$):

$$S=m\frac{RT}{MP}=b\int_{-h/2}^{h/2}v_x\mathrm{d}z=\frac{u_1+u_2}{2}hb-\frac{\mathrm{d}p}{\mathrm{d}x}\frac{bh^2}{2}\left(\frac{h}{6\eta}+\frac{1}{\varepsilon}\right)\tag{9-2}$$

式中 m——气体的质量流量,kg/s;

R——气体普适常数 $R=8314\mathrm{J/(kmol\cdot K)}$;

T——绝对温度,K;

M——气体的分子量,kg/kmol。

在这个公式中,外摩擦系数 ε 与压力 p 的关系为

$$\varepsilon=\theta p$$

式中 θ——外黏滞性系数,对 293K 的空气,则 $\theta=1.61\times10^{-3}\mathrm{s/m}$。

将 ε 代入上式积分,在 x_1 和 x_2 处对应的压力为 p_1 和 p_2,从而得出几何参数、速度和抽气参数之间的函数关系,即

$$x_1-x_2=\frac{h^2}{6\eta(u_1+u_2)}(p_1-p_2)+\left[\frac{h}{\theta(u_1+u_2)}+\frac{mRTh}{3M6\eta(u_1+u_2)^2}\right]\times\ln\frac{p_1-2mRT/Mbh(u_1+u_2)}{p_2-2mRT/Mbh(u_1+u_2)}\tag{9-3}$$

由式(9-3),在压力平衡 $p_1=p_2=p$ 的条件下,抽气通道的最大抽气质量流量为

$$m=Mbhp(u_1+u_2)/2RT\tag{9-4}$$

在 $m=0$ 时,有最大压力差。

$$l(u_1+u_2)=\frac{h^2}{6\eta}(p_1-p_2)+\frac{h}{\theta}\cdot\ln\frac{p_1}{p_2}$$

式中　l——通道长度，$l=x_1-x_2$。

这个公式表达了黏性力和外摩擦力对工作状态即压力的影响。在压力较高时，上式的右侧的第二项比第一项小很多，即在高压力下（黏性流动），得

$$(p_1-p_2)_{max}=6\eta l(u_1+u_2)/h^2 \tag{9-5}$$

或当 $u_1=0$　令 $u_2=u$ 时

$$(p_1-p_2)_{max}=6\eta lu/h^2 \tag{9-6}$$

由此看出压力差是常量，与绝对压力 p 无关。

在低压力状态下，（气体流动近于分子流状态时）第一项非常小，同第二项比，可以忽略去，故得

$$l(u_1+u_2)=\frac{h}{\theta}\cdot\ln\frac{p_1}{p_2} \tag{9-7}$$

因为 $u_1=0$，所以压缩比 τ_{max}

$$\tau_{max}=\frac{p_1}{p_2}=e^{Lu\theta/h} \tag{9-8}$$

通道的最大抽速，在压力平衡 $p_1=p_2=p$ 的条件下，为

$$s_{max}=\frac{mRT}{Mp}=\frac{buh}{2} \tag{9-9}$$

考虑从一个通道向另一个通道经间隙气体泄漏时，其最大压缩比可从下式求得

$$A\left(\tau_{max}+\frac{1}{\tau_{max}}-2\right)+B(\tau_{max}-1)-C\lg\tau_{max}+\lg^2\tau_{max}=0 \tag{9-10}$$

式中　$A=(2\pi rh')^3/l'b(2.303h)^2$；

$B=s'\omega h'\theta(2\pi r)^3/b(2.303h)^2$

（ω 为转子旋转频率，$s'=(2b+h)/(2\pi r)$）；

$C=(u_1+u_2)2\pi r\theta/2.303h$

（$u_1=u_2=2\pi(r-b/2)\omega$）；

h'、l'、b、r 及 h 为常量，如图 9-1 所示。

这样一来，根据给定的抽速 s，从式(9-3)求 s_{max}，并要保证 $s_{max}>(5\sim10)s$，和许可的工作轮外表面上的运动速度 u 的条件下，确定通道的几何参数 h 和 $b(b>5h)$。在复合分子泵中利用牵引分子泵的转子的速度 u，它取决于高真空级转子的旋转频率和尺寸，即等于涡轮分子泵工作轮外径上许可的速度 u_2，牵引分子泵部分抽气通道的长度 l 等于牵引分子泵转子的外圆周长度。按式(9-3)和式(9-10)，根据气体的流动状态可计算出泵所能建立的压力差或压力比。

牵引分子泵级数是根据压缩气体的压力来确定的。涡轮分子泵工作叶轮有效工作的压力范围是分子流状态（约为 0.1Pa），所以牵引分子泵级可压缩气体到压力为 10^3Pa，其抽气效率已明显降低。因此在牵引分子泵级的出口压力达到 10^3Pa 以上时，应该利用旋涡式真空级了。

由盖得研制的第一台及早期的牵引分子泵的结构，如图 9-2 所示。

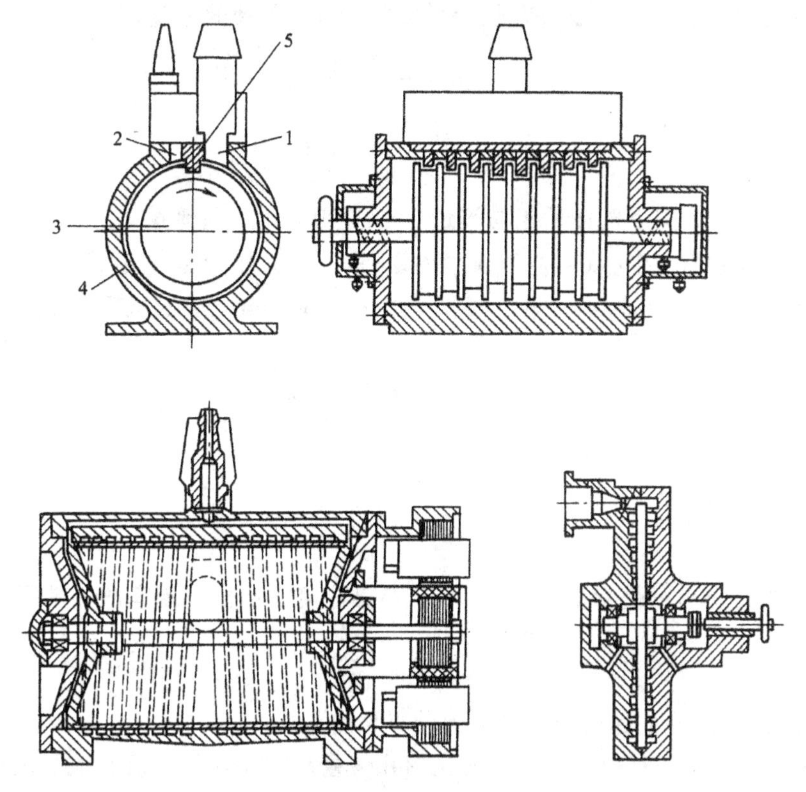

图 9-2　牵引分子泵结构简图

1—吸气口;2—排气口;3—转子;4—泵体;5—挡块

泵内有旋转的转子,转子的四周有沟槽用挡板隔开。这种泵抽速小结构复杂。在结构上不断改进,其转子做成圆柱形和圆盘形,使性能得到很大提高,在现代的复合分子泵中得到了进一步应用,而且在结构上有了很大的改进。除作复合分子泵的前级段用之外,还可以单独使用。

9.3　多槽螺旋式牵引分子泵的设计原理

上节已讲过牵引泵的工作原理,但在通道中常处于黏滞流态和分子流态。因此,必须对盖得提出的理论进行扩展,以便达到实际应用的目的。多槽螺旋式牵引分子泵就是这一理论扩展应用的实例。

由上节式(9-2)给出通道抽速公式,从而得出流量公式如下:

$$Q_0 = \frac{u_1 + u_2}{2} bhp - \frac{bh^2}{2}\left(\frac{h}{6\eta}p + \frac{1}{\theta}\right)\frac{\mathrm{d}p}{\mathrm{d}x} \tag{9-11}$$

式中　Q_0——通道气流量(Pa·m³/s);

u_1——上壁速度(m/s);

u_2——下壁速度(m/s);

p——气体压力(Pa);

η——内黏滞性系数(Pa·s);

θ——外黏滞性系数(s/m)。

将式(9-11)写成 Q_1 和 Q_2 两项之和，每项相当于单独的流量，即

$$Q_1 = \frac{u_1 + u_2}{2} bhp \tag{9-12}$$

$$Q_2 = \frac{bh^2}{2}\left(\frac{h}{6\eta}p + \frac{1}{\theta}\right)\frac{\mathrm{d}p}{\mathrm{d}x} \tag{9-13}$$

Q_1 表示在 x 方向上气体的正向流量；而 Q_2 则表示反向流量。

现讨论一下式(9-13)，从右侧括弧中得知，第一项与压力 p 有关，而第二项为常量。因此在通道抽气的某一瞬间，不是第一项起支配作用，就是第二项起支配作用。于是式(9-13)可简化成为

$$Q_{2\eta} = \frac{bh^3}{12\eta} \cdot p\frac{\mathrm{d}p}{\mathrm{d}x} \tag{9-14}$$

和

$$Q_{2\theta} = \frac{bh^2}{2\theta} \cdot \frac{\mathrm{d}p}{\mathrm{d}x} \tag{9-15}$$

由上两式可得出一个特征压力 p_s，也就是黏滞流态和分子流态的分界压力，即

$$p_s = \frac{6\eta}{\theta h} \tag{9-16}$$

分界压力 p_s 对应的通道长度定义为分界长度 x_s。

从式(9-16)看出，分界压力 p_s 与通道的几何量 h 和 η/θ 的比值有关。现把压力范围分成 $p > p_s$ 和 $p < p_s$ 两个区域来分别讨论。

对于 $p > p_s$ 区域，气体为黏滞流状态，此时的气流量应为

$$Q_0 = \frac{u_1 + u_2}{2} bhp - \frac{bh^3}{12\eta} \cdot p\frac{\mathrm{d}p}{\mathrm{d}x} \tag{9-17}$$

对于 $p < p_s$ 区域，则为分子流态，此时的气流量为

$$Q_0 = \frac{u_1 + u_2}{2} bhp - \frac{bh^2}{2\theta} \cdot \frac{\mathrm{d}p}{\mathrm{d}x} \tag{9-18}$$

从分界压力 p_s 处定为 x 的坐标原点，即 $x = 0$，当 $p = p_r$ 大气压力时其坐标 $x = x_s$，对式(9-17)积分得 $p_r \geqslant p \geqslant p_s$ 范围内，压力 p 与坐标 x 的关系。

$$p = \left(\frac{u_1 + u_2}{h^2}\right) 6\eta x + p_s \tag{9-19}$$

当 $p \leqslant p_s$ 时，则 $0 > x > -\infty$，对式(9-18)积分得

$$p = p_s \exp\left[\frac{(u_1 + u_2)\theta}{h} x\right] = p_s \exp mx \tag{9-20}$$

从式(9-19)可以看出，当压力 p 处于 p_r 和 p_s 区间内时，压力 p 与距离 x 成线性关系；从式(9-20)可以看出在 $p \leqslant p_s$ 区间内，p 与 x 成负指数关系。

多槽螺旋式牵引泵的抽气特性及结构如图 9-3(a)所示。图 9-3(b)为图 9-3(a)上的 C 部放大图。图上有 γ 个宽度为 b 的抽气槽，各槽之间用宽度为 l' 的凸台分隔，转子与定子之间的间隙为 h'。抽气槽与转轴 AA' 的垂线成 ϕ 角，凹槽深度为 h，转子的转速为 n，转子对槽的相对速度 $u = 2\pi rn\cos\phi$（沿槽方向的速度分量，实现抽气）。

由图 9-3 得知，其几何关系为

$$\left.\begin{aligned} dx_1 &= \cos\phi dx \\ dx_2 &= \sin\phi dx \end{aligned}\right\} \tag{9-21}$$

$$\left.\begin{aligned} u_1 &= 2\pi rn, \\ u_2 &= 0 \end{aligned}\right\} \tag{9-22}$$

$$\left.\begin{aligned} b &= \left(\frac{2\pi r - \gamma l}{\gamma}\right)\sin\phi \\ l' &= l\tan\phi \end{aligned}\right\} \tag{9-23}$$

式中　b——槽的宽度；

r——转子的半径。

并令 $s=\tan\phi$，得 $\cos\phi=\dfrac{1}{\sqrt{(1+s^2)}}$，$\sin\phi=\dfrac{s}{\sqrt{(1+s^2)}}$。

令相邻的三个槽的中点，分别为 B_1、B_0 和 B_2，其相应的压力为 p_-，p_0 和 p_+，它们与 x 的坐标位置有关。

由图 9-3 得知：

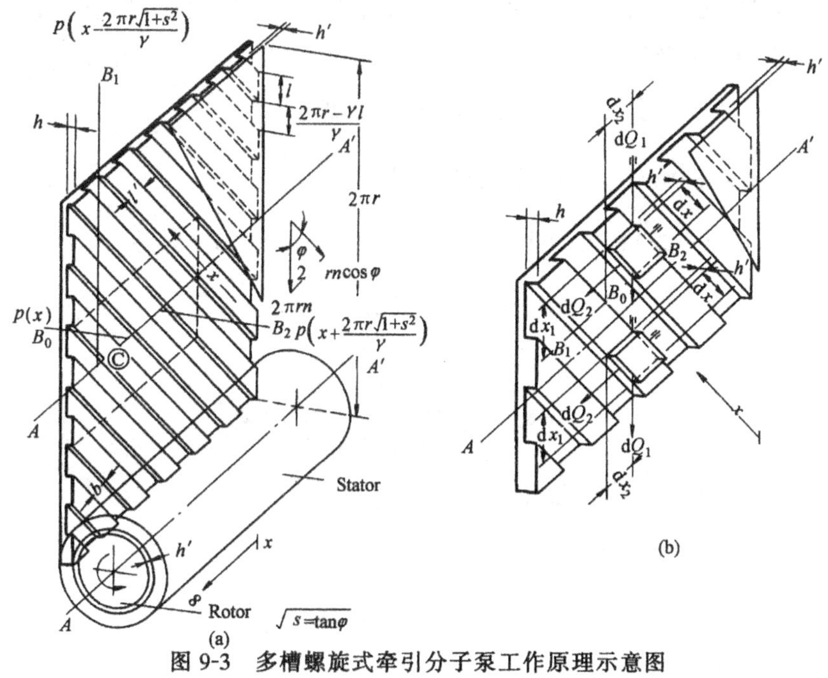

图 9-3　多槽螺旋式牵引分子泵工作原理示意图

(a)—多槽螺旋泵的内表面展开图；

(b)—为上图(a)的局部 C 详细示意图

$$B_0B_2\cos\phi=\frac{2\pi r}{\gamma}$$

$$B_1B_0\cos\phi=\frac{2\pi r}{\gamma}$$

因而

$$B_0B_2=B_1B_0=\frac{2\pi r}{\gamma}\sqrt{(1+s^2)} \tag{9-24}$$

在分子流态时，压力 p 与坐标 x 成负指数关系。当 $0\geqslant x>-\infty$ 时，则有：

B_0 点的坐标为 x，压力为 $p_0 = p_s \exp mx$；

B_1 点的坐标为 $x - \frac{2\pi r}{\gamma}\sqrt{(1+s^2)}$，其压力为

$$p_- = p_s \exp m\left[x - \frac{2\pi r}{\gamma}\sqrt{(1+s^2)}\right]$$

B_2 点的坐标为 $x + \frac{2\pi r}{\gamma}\sqrt{(1+s^2)}$，其压力为

$$p_+ = p_s \exp m\left[x + \frac{2\pi r}{\gamma}\sqrt{(1+s^2)}\right]$$

如图 9-3(b)所示，多槽螺旋泵工作在分子流状态下，由于转子旋转的携带作用，造成间隙 h' 的返流量为 $\mathrm{d}Q_1$，其方向垂直于转轴 AA'。从式(9-18)的第一项导出，并用 h' 代替 h，用 $\mathrm{d}x_2$ 代替 b，则得

$$\mathrm{d}Q_1 = \frac{u_1 + u_2}{2} h' p \mathrm{d}x_2 \tag{9-25}$$

由于相邻槽的压力差造成的间隙 h' 的返流量为 $\mathrm{d}Q_2$，其方向为转轴 AA' 方向。此 $\mathrm{d}Q_2$ 可从式(9-18)的第二项导出

$$\mathrm{d}Q_2 = \frac{h'}{2l'\theta}\Delta p \mathrm{d}x_1 \tag{9-26}$$

式中用 $\mathrm{d}x_1$ 代替 b；h' 代替 h；用 $\frac{\Delta p}{l'}$ 代替 $\frac{\mathrm{d}p}{\mathrm{d}x}$。

将式(9-21)、式(9-22)和式(9-23)代入式(9-25)和式(9-26)则得

$$\mathrm{d}Q_1 = \frac{\pi r n h'}{\sqrt{(1+s^2)}} p \mathrm{d}x \tag{9-27}$$

$$\mathrm{d}Q_2 = \frac{h'^2}{2l'\theta\sqrt{(1+s^2)}}\Delta p \mathrm{d}x \tag{9-28}$$

由 B_2 点到 B_0 点的返流量为 $\mathrm{d}Q'$，即

$$\begin{aligned}\mathrm{d}Q' &= \mathrm{d}Q_1 + \mathrm{d}Q_2 \\ &= \left[\frac{\pi r n h' s}{\sqrt{(1+s^2)}}\left(\frac{p_+ + p_0}{2}\right) + \frac{h'^2(p_+ - p_0)}{\alpha 2l'\theta\sqrt{(1+s^2)}}\right]\mathrm{d}x\end{aligned} \tag{9-29}$$

由 B_0 点向 B_1 点的返流量为 $\mathrm{d}Q''$，即

$$\begin{aligned}\mathrm{d}Q'' &= \mathrm{d}Q_1 + \mathrm{d}Q_2 \\ &= \left[\frac{\pi r n h' s}{\sqrt{(1+s^2)}}\left(\frac{p_0 + p_-}{2}\right) + \frac{h'^2(p_0 - p_-)}{\alpha 2l'\theta\sqrt{(1+s^2)}}\right]\mathrm{d}x\end{aligned} \tag{9-30}$$

在 B_0 点处气流的净增量为 $\mathrm{d}Q$，即

$$\mathrm{d}Q = \mathrm{d}Q' - \mathrm{d}Q''$$

将 p_0、p_- 和 p_+ 代入上式，并积分，则得

$$Q=\left\{\frac{h'^2}{\alpha 2L'\theta\sqrt{(1+s^2)}}\left[\exp\left(\frac{m2\pi r\sqrt{(1+s^2)}}{\gamma}\right)+\exp\left(-\frac{m2\pi r\sqrt{(1+s^2)}}{\gamma}\right)-2\right]\right.$$

$$\left.+\frac{\pi rnh's}{2\sqrt{(1+s^2)}}\left[\exp\left(\frac{m2\pi r\sqrt{(1+s^2)}}{\gamma}\right)+\exp\left(-\frac{m2\pi r\sqrt{(1+s^2)}}{\gamma}\right)\right]\right\}p_s\frac{\exp(mx)}{m} \tag{9-31}$$

式中 α 为修正系数,即槽中心处压差,经修正为凸台两端的压差,即 $\alpha=\frac{B_0B_2}{l'}$。

因为从槽必须抽走的气流量为 Q,由式(9-18)给出新的公式:

$$Q=\left[\frac{\pi rnh(2\pi r-\gamma l)s}{\gamma(1+s^2)}-\frac{h^2(2\pi r-\gamma l)}{2\gamma\theta\sqrt{(1+s^2)}}m\right]p_s\exp(mx) \tag{9-32}$$

令式(9-31)和(9-32)两式相等,从中便可求出 m 值。

我们定义,两个相邻槽之间的压力比为 k,而 k 总是大于 1 的。多槽螺旋式牵引泵相邻槽,即在点 x 和 $x+[2\pi r(1+s^2)]/\gamma$ 之间的压力比为

$$k=\frac{p_+}{p_0}=\exp\left(\frac{m2\pi r\sqrt{(1+s^2)}}{\gamma}\right) \tag{9-33}$$

从上式可以看出,每一个螺旋距离的压缩比 k 是个常数与 x 无关。对式(9-33)求得 m 为

$$m=\frac{\gamma}{2\pi r\sqrt{(1+s^2)}}\ln k \tag{9-34}$$

由式(9-31)和式(9-32)相等求得的 m 表达式与式(9-34)中的 m 相等,消去 m 即可得出压缩比 k 的公式。

$$\frac{(2\pi r)h'^2}{\alpha Lh^2(2\pi r-\gamma l)\gamma}\cdot\frac{(1+s^2)}{s^2}\cdot\frac{(k-1)^2}{k}+\frac{(2\pi r)^3h'n\theta}{2h(2\pi r-\gamma l)\gamma}(1+s^2)\frac{(k^2-1)}{k}$$

$$-\frac{(2\pi r)\theta n}{h\gamma}\ln k+\ln^2k=0 \tag{9-35}$$

从式(9-35)可求得 k 值。将式(9-34)代入式(9-20),得出压力 p 与 x 的关系式

$$p=p_s\exp\left(\frac{-\gamma\ln k}{2\pi r\sqrt{(1+s^2)}}x\right) \tag{9-36}$$

螺旋通道的长度 x 为

$$x=\frac{2\pi r\sqrt{(1+s^2)}}{\gamma\ln k}\ln\frac{p_s}{p}$$

在分子流态,压力由 p_0 到 p_s,泵的高度 H 为

$$H=x\sin\phi=\frac{2\pi rs}{\gamma\ln k}\ln\frac{p_s}{p_0} \tag{9-37}$$

经计算得知,在分子流态下,泵的高度 H 很短。

当 $p<p_s$ 时,由式(9-18)可写成抽速 s 的表达式,即

$$s=\frac{Q_0}{p}=bh\left(\frac{u_1+u_2}{2}-\frac{h}{2\theta}\cdot\frac{\Delta p}{p}\cdot\frac{1}{\Delta x}\right)$$

用

$$\Delta x=\frac{2\pi r\sqrt{(1+s^2)}}{\gamma},$$

和 $$\frac{\Delta p}{p}=\frac{k-1}{k}$$来代换，则上式得

$$s=\frac{bh}{\sqrt{(1+s^2)}}\left(\pi rn-\frac{h\gamma}{4\pi r\theta}\frac{k-1}{k}\right) \tag{9-38}$$

多槽螺旋式牵引泵的抽速则为

$$s=(2\pi r-\gamma l)h\ \frac{s}{1+s^2}\left(\pi rn-\frac{h\gamma}{4\pi r\theta}\frac{k-1}{k}\right) \tag{9-39}$$

此式即为 γ 个槽的抽速，其中 $\theta=3/8(\pi m/kT)^{1/2}$，与气体性质有关。

通过式(9-35)和(9-39)可以计算压缩比 k 和多槽螺旋式泵的抽速 s。在几何参数中间，ϕ 值是抽气性能的主要调节参数。选择最佳的 ϕ 值，可使压缩比 k 和抽速 s 都处于最佳状态。

从下述计算实例中足可以看出，调节 ϕ 值来满足抽速 s 的作用了。

若结构参数为 $h=5\times10^{-3}\text{m}$，$h'=0.25\times10^{-3}\text{m}$，$l=23\times10^{-3}\text{m}$，$\gamma=6$，$r=45\times10^{-3}\text{m}$，$n=1000\text{s}^{-1}$和 $\alpha=2$。被抽气体为空气 $\theta=1.61\times10^{-3}\text{s}\cdot\text{m}^{-1}$。

将各值代入式(9-35)后求得压缩比 k，再代入式(9-39)，则得抽速 s 与 ϕ 的关系式，即

$$s=0.1023\ \frac{s}{1+s^2}\quad \text{m}^3/\text{s} \tag{9-40}$$

因为 $\pi rn\gg\frac{h\gamma}{4\pi r\theta}\cdot\frac{k-1}{k}$，故可将式(9-39)的$\left(\frac{h\gamma}{4\theta\pi r}\cdot\frac{k-1}{k}\right)$项忽略，式(9-39)可写成

$$s=(2\pi r-\gamma l)h(\pi rn)\frac{s}{1+s^2} \tag{9-41}$$

若用式(9-41)，其抽速 s 的误差达20%，不同的 ϕ 值与 s 和 k 的关系，经计算如表9-1所示。

对空气，ϕ 与 k 和 s 的关系如图9-4所示。

表9-1　ϕ 值与 s 和 k 的关系

ϕ	$s=\tan\phi$	k	s /$\text{m}^3\cdot\text{s}^{-1}$
10	0.176	12.5	0.017
20	0.364	15.4	0.032
30	0.577	14.6	0.044
35	0.700	13.6	0.048
40	0.839	12.2	0.050
50	1.191	9.1	0.050
60	1.732	5.3	0.044
70	2.747	1.8	0.032

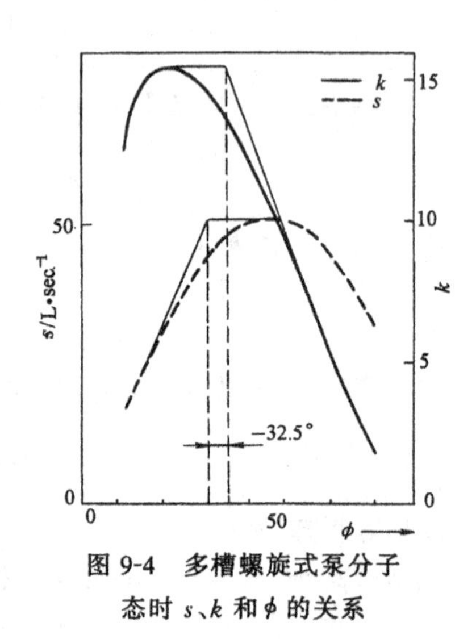

图9-4　多槽螺旋式泵分子态时 s、k 和 ϕ 的关系

从图9-4上可以选择所要求的一对 k 和 s，以确定最佳的 ϕ 角。如图9-4所示 $\phi=30\sim32.5°$时泵的抽速和压缩比为最佳值。

在黏滞态时压力 p 与通道长度 x 成正比，即

$$p = m'x \tag{9-42}$$

式中　m'——比例系数。

按与分子态相同的办法，令经间隙的返流量与从槽抽走的气流量相等。可以求得 m' 值。即

$$m' = 12\pi rn\eta ls^2 \frac{\dfrac{2\pi r - \gamma l}{\sqrt{(1+s^2)}} - 2\pi rh' \sqrt{(1+s^2)}}{[2\pi r \sqrt{(1+s^2)}]^2 h'^3 + (2\pi r - \gamma l) h^3 ls^2} \tag{9-43}$$

由式(9-42)得知

$$x = \frac{1}{m'}(p_r - p) \tag{9-44}$$

$$x_s = \frac{1}{m'}(p_r - p_s) \tag{9-45}$$

$$H_s = \frac{1}{m'}(p_r - p_s)\sin\phi \tag{9-46}$$

式中，H_s 为多槽螺旋式泵，压力由 p_s 压缩到 p_r 的高度。如果泵的几何参数为 $h = 1.5 \times 10^{-3}\text{m}, h' = 0.1 \times 10^{-3}\text{m}, r = 50 \times 10^{-3}\text{m}, n = 500\text{s}^{-1}, \alpha = 2, \gamma = 6, \phi = 5°$。

对于 $\eta = 1.83 \times 10^{-5}\text{Pa·s}, \theta = 1.61 \times 10^{-3}\text{s/m}$，则 $p_s = 46\text{Pa}$，将各参数代入式(9-43)，求得 $m' = 6146.3\text{Pa/m}$，因而

$$H_s = \frac{1}{m'}(p_r - p_s)\sin\phi = 1.437\text{m}$$

实际上这样高的结构是不能实现的，因此要设法降低泵的高度。我们由已知的几个公式：

$$p = m'x;\ p = p_s\exp(mx);$$

$$p = \frac{Q}{bh}\frac{1}{u};\ x_s = \frac{1}{m}(p_r - p_s)$$

来画出图 9-5 给出压力 p 和速度 u 与抽气槽长度 x 的关系曲线。

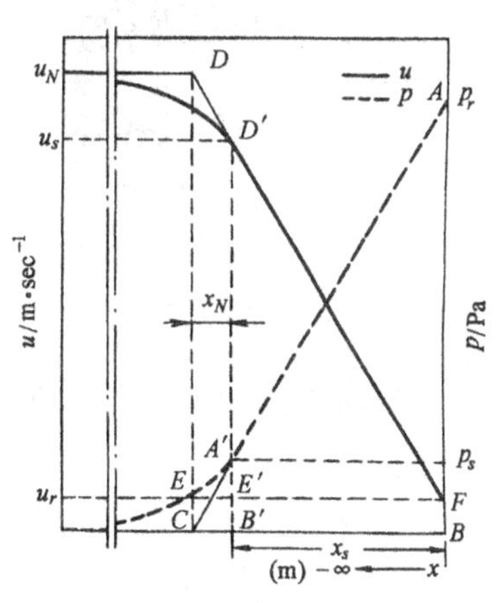

图 9-5　压力 p 和速度 u 与槽长度 x 的关系

从相似三角形 ABC、$A'B'C$ 和 DEF，$D'E'F$，得知

$$\frac{x_s + x_N}{x_N} = \frac{p_r}{p_s}$$

或者

$$x_N = \frac{x_s p_s}{p_r - p_s} \tag{9-47}$$

和

$$\frac{u_N - u_r}{u_s - u_r} = \frac{x_s + x_N}{x_s} \tag{9-48}$$

式中　u_s——气体分子在压力 p_s 点的速度；

u_r——泵出口处，压力 p_r 点气体分子的速度；

u_N——泵入口处，气体分子的速度，即槽表面在 ϕ 角方向的速度分量。它等于

$$u_N = \frac{\pi rn}{\sqrt{(1+s^2)}} \tag{9-49}$$

由式(9-47)、式(9-48)和式(9-49)导出

$$u_s=\frac{\pi rn}{\sqrt{(1+s^2)}}\cdot\frac{p_r-p_s}{p_r}+\frac{p_s}{p_r}u_r \tag{9-50}$$

上式未知项$\left(\frac{p_s}{p_r}\right)u_r$，可从式(9-12)得

$$\frac{Q_1}{bh}=u_rp_r=u_sp_s$$

经整理得

$$u_s=\frac{\pi rn}{\sqrt{(1+s^2)}}\cdot\frac{p_r}{(p_r+p_s)} \tag{9-51}$$

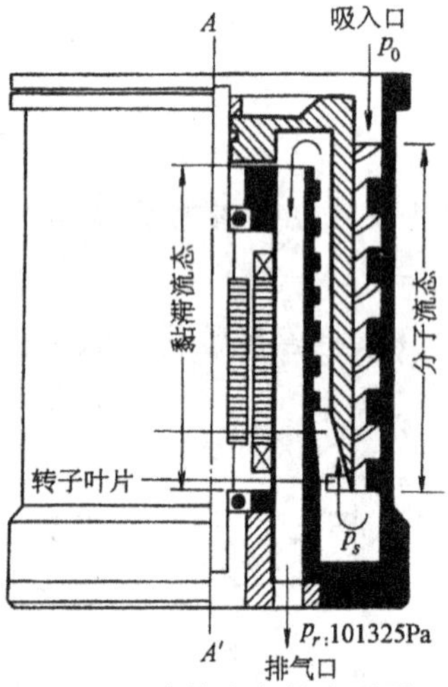

在黏滞流态，长度为 x_s 的管道，入口压力为 p_s，而这时气体分子的速度为 u_s。

若是我们想办法使气体分子的速度达到 u_s，在通道长度 $x<x_s$ 时，其压力可同样能达到 p_s。实际上在泵的入口处，增加一个圆盘，并带有叶片，使气体分子的速度达到 u_s，就可以缩短黏滞流态工作的通道长度。

如图 9-6 所示，在黏滞态的入口处加一个带叶片的转子，使气体分子达到速度 u_s 值，即可缩短黏滞流态通道的长度。

图 9-6　直排大气的牵引泵的结构示意图

黏滞流态时的抽速公式，用式(9-17)得

$$s=\frac{Q_0}{p}=\frac{u_1+u_2}{2}bh-\frac{bh^3}{12\eta}\cdot\frac{\mathrm{d}p}{\mathrm{d}x} \tag{9-52}$$

用 $\mathrm{d}p/\mathrm{d}x=m'$，上式可写成

$$s=bh\left(\frac{u_1+u_2}{2}-\frac{h^2}{12\eta}m'\right) \tag{9-53}$$

将式(9-43)的 m' 代入式(9-53)得

$$s=bh\left\{\frac{u_1+u_2}{2}-\pi rnlh^2s^2\frac{\dfrac{(2\pi r-\gamma l)h}{\sqrt{(1+s^2)}}-2\pi rh'\sqrt{(1+s^2)}}{\dfrac{[2\pi r\sqrt{(1+s^2)}]^2h'^3}{\gamma\alpha}+(2\pi r-\gamma l)h^3ls^2}\right\} \tag{9-54}$$

相对速度为 $2\pi rn\cos\phi$ 代替$\frac{u_1+u_2}{2}$，再把 b 代以 γb(因有 γ 个抽气通道)。

把式(9-54)括弧内的第二项忽略，所引起的误差为 20%，使式(9-54)得以简化成

$$s=(2\pi r-\gamma l)\pi rnh\frac{s}{1+s^2} \tag{9-55}$$

此 s 即为多槽螺旋泵在黏滞态时的抽速计算公式。式中 s 与 η 无关了。

9.4　涡轮分子泵的抽气原理及结构特点

在研究涡轮分子泵的抽气机理时，首先取出涡轮分子泵的一个转子叶列，如图 9-7(a)所示，叶片的倾角为 α，叶片厚度为 t，叶片的节距为 a，叶片弦长为 b，叶片是彼此平行的很长

的平板。转子叶片将空间分割成空间①和空间②。气体分子从空间①经叶片通道进入空间②的通过几率为 M_{12}。从 A_1A_1 面的左侧入射的气体分子进入②侧的通过几率大于从 A_2A_2 面入射的气体分子通过到①侧的通过几率 M_{21}。转子的运动速度 $\bar{u}$,其运动方向如图 9-7(a)所示。

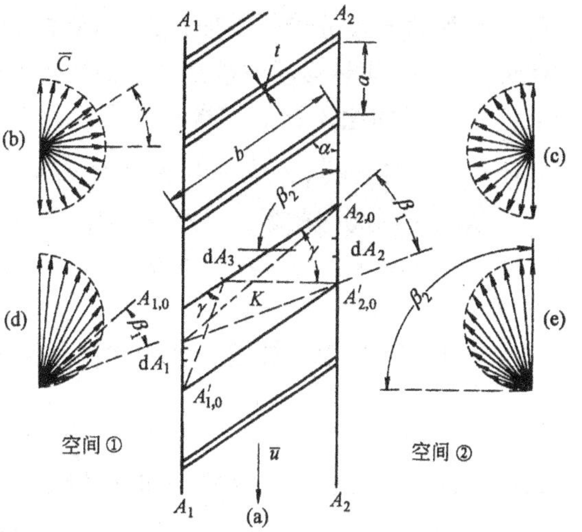

在空间①和②内的气体分子的速度分布如图 9-7 的(b)和(c)所示,但仅一半的速度矢量是朝向 A_1A_1 面和 A_2A_2 面的。气体分子都以相同的平均热运动速度 $\overline{C}$ 运动,为简化起见,令 $\bar{u}=\overline{C}$。

图 9-7 涡轮分子泵的抽气原理图

如果我们站在动叶列上观察两侧气体分子的相对速度分布,则如图 9-7 的(d)和(e)所示的形式。

现在令 $A_{1,0}$,$A'_{1,0}$,$A'_{2,0}$,$A_{2,0}$之间的叶片通道空间为 K。

从左侧①入射到表面元 dA_1 上的气体分子,其速度分布如图 9-7 的(d)所示,在与两个叶片面成 β_1 的扇形空间,气体分子可自由地通过叶片通道。在 $A_{1,0}$和 $A'_{1,0}$之间任取的表面元 dA_1,所对应的 β_1 角稍有些不同。可从图 9-7 的(d)和(a)另取。在 $A_{2,0}$和 $A'_{2,0}$之间取 dA_2 其入射气体分子的入射角度 β_2,没有一个气体分子从右边向左边自由地飞过 K 区的。因此从叶片运动的观点看,由①向②自由飞过 K 区的通过几率大于由②向①自由飞过 K 区的通过几率,即 $M_{12free}>M_{21free}$。

在不能直接飞过 K 区的气体分子,则要入射到叶片的上壁 $A_{1,0}$—$A_{2,0}$或下壁 $A'_{1,0}$—$A'_{2,0}$上,因而,这些气体分子将被吸附在壁上停留一段时间后被解吸,各向同性的向半空间发射,因为叶片表面的温度与气体分子的温度相同,所以发射的气体分子的热运动速度为 $\overline{C}$。从特殊的表面元 dA_3(dA_3 的选取面对于 $A'_{1,0}A'_{2,0}$的中间)故 dA_3 上解吸的气体分子入射到①侧和入射到②侧的几率是相等的(因为 dA_3 对 $A_{1,0}A'_{1,0}$面和相对 $A_{2,0}A'_{2,0}$面的张角均为 γ)。从叶片的几何关系看,对 dA_3 右边的所有表面元对②侧的张角总是大于对①侧的($\gamma_2>\gamma_1$)。因为 dA_3 左侧的单元数少于右侧的单元数,因此由壁面上解吸的气体分子朝向②侧的要大于朝向①侧的。同样得知对 $A'_{1,0}$—$A'_{2,0}$壁的作用相反,但粒子的数目也是逐渐减少了。总的看来从壁上解吸的气体分子进入②侧的粒子数大于进入①侧的粒子数。因为解吸的粒子还可能入射到相对的叶片壁上再被吸附和解吸,最后传输到①侧或②侧的粒子不是显而易见的,只能从大量的计算中才能得到。

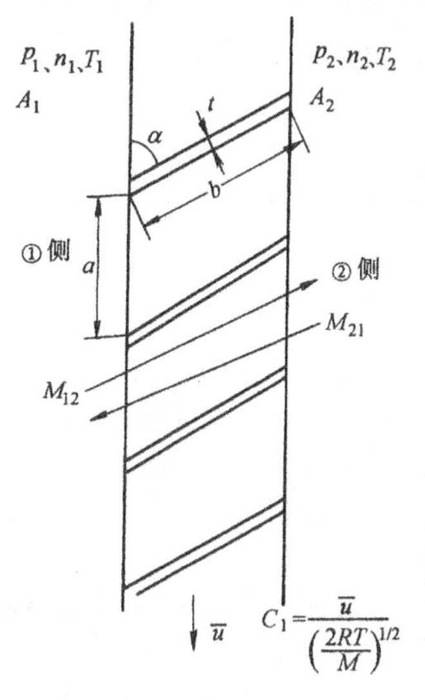

图 9-8 单叶列简化结构图

研究涡轮分子泵的抽气原理时,首先研究单级转子叶列的抽气特性。

假设涡轮分子泵的一个单叶列的简化模型如图 9-8 所示。

经过叶列的气体分子的平均自由程远远大于叶列通道的几何尺寸，气体分子以麦克斯韦速度分布，以平均热运动速度运动，在叶列上吸附及解吸遵守余弦定律，叶片的厚度 t 远小于节距 a，故可略去不计。在半径方向上叶片的运动速度认为是常量 $\bar{u}$。对于叶片的参数常以倾角 α，节弦比 $s_0=a/b$ 和无因次速度比 $C_1=\bar{u}/\sqrt{2RT/M}$ 来表征。

从①侧到②侧的通过几率为 M_{12}，从②侧到①侧的通过几率为 M_{21}。在①侧的气体分子密度为 n_1，压力为 p_1，气体温度为 T_1，通道口面积为 A_1，在②侧相应的为 n_2，p_2，T_2 和 A_2。

气体分子从①侧到②侧的净气流量为

$$\frac{\overline{C}n_1}{4}A_1H=\frac{n_1\overline{C}}{4}A_1M_{12}-\frac{n_2\overline{C}}{4}A_2M_{21} \tag{9-56}$$

式中　H——表征抽气效率的抽气系数（也称何氏系数）。

若 $A_1=A_2$，$T_1=T_2$，$p_2/p_1=n_2/n_1$ 则式(9-56)可写成

$$H=M_{12}-\frac{p_2}{p_1}M_{21} \tag{9-57}$$

或

$$\frac{p_2}{p_1}=\frac{M_{12}}{M_{21}}-\frac{H}{M_{21}} \tag{9-58}$$

若 $p_1=p_2$（即 $n_1=n_2$）则由式(9-57)得最大抽气系数为

$$H_{\max}=M_{12}-M_{21} \tag{9-59}$$

若 $H=0$（即抽速等于零时）则由式(9-58)得最大压缩比 $K_{\max}$ 为

$$K_{\max}=\left(\frac{p_2}{p_1}\right)_{\max}=\frac{M_{12}}{M_{21}} \tag{9-60}$$

在分子流范围内，单叶列的抽气特性可用式(9-59)和(9-60)两式来表示。

气体分子通过叶列的通过几率 M_{12} 和 M_{21} 与叶列的速度比 C_1，叶列倾角 α 和叶列的节弦比 a/b 有关。通常 M_{12} 和 M_{21} 可用积分方程法、蒙特卡罗法、传输矩阵法和角系数法求得。

为方便起见，这里给出数表9-2、可直接引用 M_{12}、M_{21}、$H_{\max}$ 和 $K_{\max}$。$H_{\max}$ 和 $K_{\max}$ 与叶片的节弦比 a/b，倾角 α 及速度比 C_1 的关系如图9-9所示。

表 9-2　涡轮分子泵单叶列抽气性能表

数　值	节弦比 a/b								
	0.4	0.6	0.8	1.0	1.2	1.4	1.6	1.8	2.0
$\alpha=10°, C_1=0.2$									
M_{12}	0.0565	0.0831	0.1171	0.1714	0.2634	0.3557	0.4314	0.4922	0.5416
M_{21}	0.0344	0.0515	0.0738	0.1104	0.1908	0.2855	0.3668	0.4332	0.4877
$H_{\max}$	0.0221	0.0316	0.0433	0.0610	0.0725	0.0702	0.0645	0.0590	0.0538
$K_{\max}$	1.641	1.615	1.588	1.552	1.380	1.246	1.176	1.136	1.110
$\alpha=10°, C_1=0.4$									
M_{12}	0.0715	0.1042	0.1452	0.2081	0.3024	0.3917	0.4638	0.5215	0.5682
M_{21}	0.0269	0.0405	0.0584	0.0872	0.1589	0.2525	0.3355	0.4043	0.4611
$H_{\max}$	0.0446	0.0637	0.0868	0.1209	0.1435	0.1392	0.1283	0.1173	0.1072
$K_{\max}$	2.656	2.572	2.488	2.386	1.903	1.551	1.382	1.290	1.233

续表 9-2

<table>
<tr><th rowspan="2">数 值</th><th colspan="9">节弦比 a/b</th></tr>
<tr><th>0.4</th><th>0.6</th><th>0.8</th><th>1.0</th><th>1.2</th><th>1.4</th><th>1.6</th><th>1.8</th><th>2.0</th></tr>
<tr><td colspan="10">$\alpha=10°, C_1=0.6$</td></tr>
<tr><td>M_{12}</td><td>0.0893</td><td>0.1288</td><td>0.1772</td><td>0.2477</td><td>0.3420</td><td>0.4275</td><td>0.4959</td><td>0.5506</td><td>0.5944</td></tr>
<tr><td>M_{21}</td><td>0.0213</td><td>0.0323</td><td>0.0465</td><td>0.0689</td><td>0.1305</td><td>0.2214</td><td>0.3054</td><td>0.3760</td><td>0.4348</td></tr>
<tr><td>H_{max}</td><td>0.0680</td><td>0.0965</td><td>0.1305</td><td>0.1788</td><td>0.2115</td><td>0.2061</td><td>0.1905</td><td>0.1743</td><td>0.1596</td></tr>
<tr><td>K_{max}</td><td>4.184</td><td>3.986</td><td>3.803</td><td>3.595</td><td>2.620</td><td>1.931</td><td>1.624</td><td>1.461</td><td>1.367</td></tr>
<tr><td colspan="10">$\alpha=10°, C_1=0.8$</td></tr>
<tr><td>M_{12}</td><td>0.1097</td><td>0.1565</td><td>0.2124</td><td>0.2891</td><td>0.3815</td><td>0.4628</td><td>0.5272</td><td>0.5784</td><td>0.6199</td></tr>
<tr><td>M_{21}</td><td>0.0173</td><td>0.0263</td><td>0.0379</td><td>0.0550</td><td>0.1062</td><td>0.1928</td><td>0.2768</td><td>0.3488</td><td>0.4092</td></tr>
<tr><td>H_{max}</td><td>0.0924</td><td>0.1302</td><td>0.1746</td><td>0.2342</td><td>0.2754</td><td>0.2700</td><td>0.2504</td><td>0.2297</td><td>0.2107</td></tr>
<tr><td>K_{max}</td><td>6.344</td><td>5.948</td><td>5.611</td><td>5.262</td><td>3.594</td><td>2.401</td><td>1.905</td><td>1.659</td><td>1.515</td></tr>
<tr><td colspan="10">$\alpha=10°, C_1=1.0$</td></tr>
<tr><td>M_{12}</td><td>0.1324</td><td>0.1868</td><td>0.2501</td><td>0.3311</td><td>0.4204</td><td>0.4971</td><td>0.5575</td><td>0.6056</td><td>0.6445</td></tr>
<tr><td>M_{21}</td><td>0.0144</td><td>0.0220</td><td>0.0315</td><td>0.0447</td><td>0.0858</td><td>0.1667</td><td>0.2498</td><td>0.3226</td><td>0.3844</td></tr>
<tr><td>H_{max}</td><td>0.1179</td><td>0.1648</td><td>0.2185</td><td>0.2865</td><td>0.3346</td><td>0.3304</td><td>0.3078</td><td>0.2830</td><td>0.2601</td></tr>
<tr><td>K_{max}</td><td>9.183</td><td>8.492</td><td>7.937</td><td>7.414</td><td>4.900</td><td>2.982</td><td>2.232</td><td>1.877</td><td>1.677</td></tr>
<tr><td colspan="10">$\alpha=10°, C_1=1.2$</td></tr>
<tr><td>M_{12}</td><td>0.1570</td><td>0.2192</td><td>0.2893</td><td>0.3728</td><td>0.4582</td><td>0.5301</td><td>0.5868</td><td>0.6317</td><td>0.6680</td></tr>
<tr><td>M_{21}</td><td>0.0124</td><td>0.0189</td><td>0.0269</td><td>0.0373</td><td>0.0693</td><td>0.1434</td><td>0.2247</td><td>0.2978</td><td>0.3605</td></tr>
<tr><td>H_{max}</td><td>0.1446</td><td>0.2002</td><td>0.2623</td><td>0.3356</td><td>0.3889</td><td>0.3868</td><td>0.3621</td><td>0.3339</td><td>0.3076</td></tr>
<tr><td>K_{max}</td><td>12.65</td><td>11.58</td><td>10.74</td><td>10.01</td><td>6.61</td><td>3.700</td><td>2.612</td><td>2.122</td><td>1.853</td></tr>
<tr><td colspan="10">$\alpha=10°, C_1=1.4$</td></tr>
<tr><td>M_{12}</td><td>0.1831</td><td>0.2529</td><td>0.3291</td><td>0.4135</td><td>0.4945</td><td>0.5619</td><td>0.6148</td><td>0.6567</td><td>0.6906</td></tr>
<tr><td>M_{21}</td><td>0.0110</td><td>0.0167</td><td>0.0237</td><td>0.0320</td><td>0.0562</td><td>0.1228</td><td>0.2014</td><td>0.2742</td><td>0.3376</td></tr>
<tr><td>H_{max}</td><td>0.1721</td><td>0.2362</td><td>0.3054</td><td>0.3815</td><td>0.4383</td><td>0.4391</td><td>0.4134</td><td>0.3825</td><td>0.3530</td></tr>
<tr><td>K_{max}</td><td>16.63</td><td>15.11</td><td>13.91</td><td>12.93</td><td>8.799</td><td>4.577</td><td>3.053</td><td>2.395</td><td>2.046</td></tr>
<tr><td colspan="10">$\alpha=10°, C_1=1.6$</td></tr>
<tr><td>M_{12}</td><td>0.2103</td><td>0.2875</td><td>0.3687</td><td>0.4527</td><td>0.5291</td><td>0.5921</td><td>0.6414</td><td>0.6687</td><td>0.7120</td></tr>
<tr><td>M_{21}</td><td>0.0100</td><td>0.0152</td><td>0.0213</td><td>0.0282</td><td>0.0461</td><td>0.1047</td><td>0.1800</td><td>0.2630</td><td>0.3157</td></tr>
<tr><td>H_{max}</td><td>0.2002</td><td>0.2723</td><td>0.3474</td><td>0.4245</td><td>0.4830</td><td>0.4873</td><td>0.4614</td><td>0.4058</td><td>0.3963</td></tr>
<tr><td>K_{max}</td><td>20.98</td><td>18.97</td><td>17.35</td><td>16.05</td><td>11.48</td><td>5.653</td><td>3.563</td><td>2.543</td><td>2.255</td></tr>
<tr><td colspan="10">$\alpha=20°, C_1=0.2$</td></tr>
<tr><td>M_{12}</td><td>0.1509</td><td>0.2042</td><td>0.2578</td><td>0.3181</td><td>0.3850</td><td>0.4519</td><td>0.5097</td><td>0.5578</td><td>0.5983</td></tr>
<tr><td>M_{21}</td><td>0.0958</td><td>0.1327</td><td>0.1706</td><td>0.2158</td><td>0.2750</td><td>0.3426</td><td>0.4058</td><td>0.4611</td><td>0.5084</td></tr>
<tr><td>H_{max}</td><td>0.0551</td><td>0.0716</td><td>0.0872</td><td>0.1023</td><td>0.1104</td><td>0.1092</td><td>0.1035</td><td>0.0967</td><td>0.0899</td></tr>
<tr><td>K_{max}</td><td>1.575</td><td>1.450</td><td>1.511</td><td>1.474</td><td>1.400</td><td>1.319</td><td>1.255</td><td>1.210</td><td>1.177</td></tr>
</table>

续表 9-2

数 值	节弦比 a/b								
	0.4	0.6	0.8	1.0	1.2	1.4	1.6	1.8	2.0
	$\alpha=20°, C_1=0.4$								
M_{12}	0.1862	0.2490	0.3105	0.3765	0.4449	0.5076	0.5609	0.6051	0.6417
M_{21}	0.0763	0.1065	0.1378	0.1750	0.2278	0.2924	0.3563	0.4169	0.4638
H_{max}	0.1100	0.1425	0.1728	0.2015	0.2171	0.2153	0.2045	0.1912	0.1779
K_{max}	2.442	2.337	2.254	2.151	1.953	1.736	1.574	1.462	1.384
	$\alpha=20°, C_1=0.6$								
M_{12}	0.2259	0.2983	0.3671	0.4367	0.5036	0.5621	0.6106	0.6504	0.5832
M_{21}	0.0614	0.0864	0.1120	0.1419	0.1866	0.2467	0.3100	0.3687	0.4206
H_{max}	0.1644	0.2119	0.2551	0.2948	0.3170	0.3154	0.3007	0.2817	0.2626
K_{max}	3.677	3.452	3.277	3.078	2.699	2.278	1.970	1.764	1.624
	$\alpha=20°, C_1=0.8$								
M_{12}	0.2685	0.3503	0.4253	0.4965	0.5604	0.6139	0.6575	0.6930	0.7221
M_{21}	0.0505	0.0714	0.0925	0.1162	0.1525	0.2065	0.2675	0.3263	0.3795
H_{max}	0.2180	0.2789	0.3328	0.3804	0.4078	0.4073	0.3900	0.3667	0.3426
K_{max}	5.314	4.907	4.597	4.275	3.673	2.972	2.458	2.124	1.903
	$\alpha=20°, C_1=1.0$								
M_{12}	0.3125	0.4030	0.4828	0.5539	0.6136	0.6620	0.7009	0.7329	0.7578
M_{21}	0.0427	0.0604	0.0782	0.0969	0.1254	0.1223	0.2295	0.2873	0.3409
H_{max}	0.2698	0.3425	0.4047	0.4571	0.4882	0.4897	0.4713	0.4449	0.4169
K_{max}	7.317	6.667	6.177	5.718	4.894	3.842	3.054	2.549	2.223
	$\alpha=20°, C_1=1.2$								
M_{12}	0.3563	0.4544	0.5375	0.6070	0.6624	0.7059	0.7402	0.7677	0.7901
M_{21}	0.0372	0.0526	0.0678	0.0828	0.1045	0.1438	0.1962	0.2519	0.3051
H_{max}	0.3191	0.4018	0.4697	0.5242	0.5579	0.5620	0.5440	0.5159	0.485
K_{max}	9.581	8.637	7.932	7.333	6.340	4.908	3.772	3.043	2.590
	$\alpha=20°, C_1=1.4$								
M_{12}	0.3982	0.5027	0.5877	0.6550	0.7061	0.7451	0.7754	0.7994	0.8189
M_{21}	0.0333	0.0470	0.0603	0.0727	0.0889	0.1208	0.1676	0.2202	0.2722
H_{max}	0.3650	0.4557	0.5274	0.5823	0.6172	0.6243	0.6077	0.5792	0.5467
K_{max}	11.96	10.69	9.750	9.013	7.945	6.167	4.625	3.630	3.008
	$\alpha=20°, C_1=1.6$								
M_{12}	0.4369	0.5464	0.6323	0.6972	0.7445	0.7796	0.8065	0.8274	0.8320
M_{21}	0.0305	0.0430	0.0548	0.0654	0.0775	0.1026	0.1435	0.1924	0.2570
H_{max}	0.4064	0.5034	0.5774	0.6319	0.6671	0.6770	0.6629	0.6350	0.5750
K_{max}	14.32	12.720	11.531	10.66	9.611	7.598	5.621	4.302	3.237

续表 9-2

数值	节弦比 a/b								
	0.4	0.6	0.8	1.0	1.2	1.4	1.6	1.8	2.0
					$\alpha=30°, C_1=0.2$				
M_{12}	0.2493	0.3194	0.3810	0.4392	0.4945	0.5448	0.5888	0.6264	0.6585
M_{21}	0.1672	0.2191	0.2664	0.3142	0.3654	0.4176	0.4669	0.5112	0.5502
H_{max}	0.0821	0.1003	0.1146	0.1250	0.1291	0.1272	0.1219	0.1152	0.1083
K_{max}	1.491	1.459	1.430	1.398	1.353	1.305	1.261	1.225	1.197
					$\alpha=30°, C_1=0.4$				
M_{12}	0.2978	0.3771	0.4449	0.5058	0.5602	0.6074	0.6473	0.6808	0.7090
M_{21}	0.1361	0.1800	0.2202	0.2614	0.3078	0.3581	0.4079	0.4542	0.4957
H_{max}	0.1617	0.1972	0.2247	0.2444	0.2524	0.2493	0.2394	0.2266	0.2133
K_{max}	2.188	2.096	2.020	1.935	1.820	1.696	1.587	1.499	1.430
					$\alpha=30°, C_1=0.6$				
M_{12}	0.3483	0.4363	0.5088	0.5707	0.6228	0.6660	0.7015	0.7309	0.7552
M_{21}	0.1117	0.1488	0.1827	0.2172	0.2575	0.3042	0.3529	0.3999	0.4430
H_{max}	0.2366	0.2784	0.3261	0.3534	0.3653	0.3618	0.3486	0.3310	0.3120
K_{max}	3.119	2.931	2.784	2.627	2.418	2.189	1.988	1.828	1.705
					$\alpha=30°, C_1=0.8$				
M_{12}	0.3979	0.4934	0.5693	0.6307	0.6798	0.7187	0.7500	0.7753	0.7962
M_{21}	0.0933	0.1250	0.1536	0.1819	0.2157	0.2573	0.3034	0.3496	0.3934
H_{max}	0.3046	0.3684	0.4157	0.4488	0.4641	0.4615	0.4466	0.4257	0.4027
K_{max}	4.265	3.947	3.706	3.467	3.152	2.794	2.472	2.218	2.024
					$\alpha=30°, C_1=1.0$				
M_{12}	0.4437	0.5454	0.6233	0.6835	0.7293	0.7643	0.7916	0.8134	0.8312
M_{21}	0.0799	0.1073	0.1317	0.1549	0.1822	0.2179	0.2600	0.3044	0.3478
H_{max}	0.3638	0.4380	0.4916	0.5286	0.5471	0.5464	0.5316	0.5090	0.4834
K_{max}	5.553	5.081	4.732	4.413	4.002	3.508	3.044	2.672	2.390
					$\alpha=30°, C_1=1.2$				
M_{12}	0.4831	0.5896	0.6688	0.7276	0.7704	0.8021	0.8262	0.8451	0.8602
M_{21}	0.0703	0.0946	0.1157	0.1348	0.1564	0.1859	0.2233	0.2647	0.3066
H_{max}	0.4128	0.4951	0.5531	0.5927	0.6140	0.6162	0.6029	0.5804	0.5536
K_{max}	6.870	6.236	5.780	5.396	4.925	4.314	3.700	3.193	2.805
					$\alpha=30°, C_1=1.4$				
M_{12}	0.5143	0.6245	0.7046	0.7623	0.8030	0.8321	0.8537	0.8703	0.8834
M_{21}	0.0635	0.0854	0.1042	0.1203	0.1372	0.1608	0.1928	0.2305	0.2702
H_{max}	0.4508	0.5392	0.6005	0.6420	0.6658	0.6713	0.6609	0.6398	0.6132
K_{max}	8.095	7.317	6.765	6.339	5.853	5.174	4.427	3.776	3.269

续表 9-2

数　值	节弦比 a/b								
	0.4	0.6	0.8	1.0	1.2	1.4	1.6	1.8	2.0
				$\alpha=30°, C_1=1.6$					
M_{12}	0.5362	0.6494	0.7306	0.7880	0.8275	0.8549	0.8747	0.8896	0.9012
M_{21}	0.0587	0.0787	0.0958	0.1097	0.1231	0.1416	0.1682	0.2016	0.2385
H_{max}	0.4775	0.5707	0.6348	0.6782	0.7044	0.7134	0.7065	0.6888	0.6628
K_{max}	9.138	8.250	7.629	7.180	6.720	6.039	5.199	4.412	3.779
				$\alpha=40°, C_1=0.2$					
M_{12}	0.3369	0.4165	0.4804	0.5348	0.5820	0.6228	0.6578	0.6877	0.7133
M_{21}	0.2401	0.3030	0.3558	0.4040	0.4500	0.4935	0.5336	0.5696	0.6016
H_{max}	0.0968	0.1135	0.1247	0.1308	0.1320	0.1293	0.1242	0.1181	0.1117
K_{max}	1.403	1.375	1.350	1.324	1.293	1.262	1.233	1.207	1.186
				$\alpha=40°, C_1=0.4$					
M_{12}	0.3883	0.4754	0.5433	0.5986	0.6444	0.6823	0.7139	0.7404	0.7624
M_{21}	0.2001	0.2550	0.3014	0.3446	0.3877	0.4303	0.4712	0.5090	0.5443
H_{max}	0.1882	0.2205	0.2419	0.2540	0.2567	0.2520	0.2427	0.2312	0.2191
K_{max}	1.940	1.865	1.803	1.737	1.662	1.586	1.515	1.454	1.403
				$\alpha=40°, C_1=0.6$					
M_{12}	0.4366	0.5302	0.6009	0.6561	0.6997	0.7345	0.7627	0.7856	0.8047
M_{21}	0.1675	0.2151	0.2554	0.2931	0.3318	0.3721	0.4123	0.4508	0.4865
H_{max}	0.2691	0.3151	0.3459	0.3630	0.3679	0.3625	0.3503	0.3349	0.3182
K_{max}	2.607	2.465	2.353	2.238	2.109	1.974	1.850	1.743	1.654
				$\alpha=40°, C_1=0.8$					
M_{12}	0.4781	0.5769	0.6495	0.7041	0.7456	0.7775	0.8026	0.8227	0.8391
M_{21}	0.1421	0.1836	0.2184	0.2507	0.2843	0.3207	0.3589	0.3968	0.4330
H_{max}	0.3360	0.3933	0.4311	0.4535	0.4614	0.4568	0.4437	0.4259	0.4061
K_{max}	3.364	3.142	2.973	2.809	2.623	2.424	2.236	2.073	1.938
				$\alpha=40°, C_1=1.0$					
M_{12}	0.5099	0.6128	0.6868	0.7409	0.7807	0.8104	0.8331	0.8510	0.8654
M_{21}	0.1232	0.1597	0.1900	0.2172	0.2455	0.2774	0.3123	0.3484	0.3840
H_{max}	0.3867	0.4530	0.4968	0.5237	0.5352	0.5330	0.5208	0.5026	0.4814
K_{max}	4.138	3.836	3.615	3.411	3.180	2.922	2.668	2.443	2.253
				$\alpha=40°, C_1=1.2$					
M_{12}	0.5301	0.6363	0.7118	0.7660	0.8049	0.8332	0.8545	0.8708	0.8839
M_{21}	0.1095	0.1422	0.1688	0.1919	0.2153	0.2421	0.2730	0.3064	0.3404
H_{max}	0.4206	0.4941	0.5430	0.5741	0.5897	0.5911	0.5815	0.5645	0.5434
K_{max}	4.842	4.478	4.216	3.992	3.739	3.441	3.130	2.842	2.596

续表 9-2

数 值	节弦比 a/b								
	0.4	0.6	0.8	1.0	1.2	1.4	1.6	1.8	2.0
				$\alpha=40°, C_1=1.4$					
M_{12}	0.5326	0.6474	0.7249	0.7801	0.8191	0.8470	0.8675	0.8831	0.8953
M_{21}	0.0997	0.1294	0.1534	0.1732	0.1924	0.2144	0.2409	0.2708	0.3025
H_{max}	0.4369	0.5180	0.5720	0.6069	0.6267	0.6326	0.6266	0.6123	0.5928
K_{max}	5.404	5.002	4.726	4.504	4.258	3.950	3.602	3.261	2.960
				$\alpha=40°, C_1=1.6$					
M_{12}	0.5362	0.6476	0.7275	0.7846	0.8247	0.8531	0.8736	0.8890	0.9010
M_{21}	0.0926	0.1202	0.1421	0.1596	0.1754	0.1933	0.2153	0.2417	0.2702
H_{max}	0.4436	0.5274	0.5854	0.6250	0.6493	0.6598	0.6583	0.6477	0.6308
K_{max}	5.789	5.387	5.119	4.916	4.701	4.414	4.058	3.683	3.334

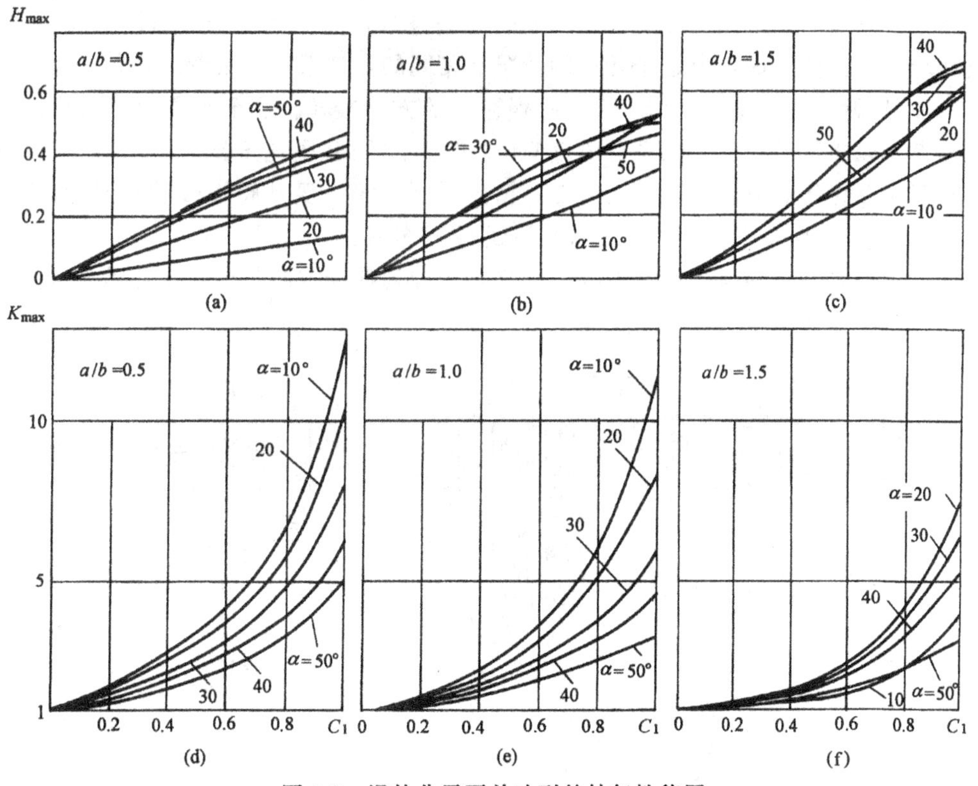

图 9-9 涡轮分子泵单叶列的抽气性能图

涡轮分子泵都是由多级叶列串联组成的，即转子、定子、转子、定子、转子，……，转子，按次序转子和定子交替排列。叶列的级数是由泵要求的压缩比来确定的，一般涡轮分子泵都有 15～31 级叶列。

以单叶列的抽气特性为基础来讨论多级叶列的抽气性能。按一般道理来说，多级叶列是由单级叶列组成的，它和多级泵是由单级泵串联起来的情况是一样的。第一级叶列的入口为泵的入口侧，最末级叶列的出口为泵的前级侧。多级叶列总的正向和反向的传输几率也可用蒙特卡罗法和近似法计算。

多级叶列首先应该注意的问题是如何去选择这些组成多级泵的单叶列的几何尺寸和形状，从上述的单叶列的抽气特性的分析结果看出，几何形状不同的叶片其抽气特性是不同的。因此，在多级叶列组合时，在泵的吸入侧附近应选择抽速大的叶片形状，其压缩比可相对小一些。在经过几级叶列压缩之后，压力增大，抽速下降，这时就应该选择那种压缩比高抽速低的叶片形状，这样安排叶列，整个涡轮分子泵的抽气性能就会得到抽速高，压缩比大，级数少的结果；

若想提高叶列的抽速，叶列的几何参数应选 $a/b \geqslant 1.0$，$\alpha = 30° \sim 40°$；若想提高压缩比则应选 $a/b = 0.5$，$\alpha = 10° \sim 20°$。叶片的速度比 C_1 值越高，叶列的抽气性能越好，但由于叶列受强度和与气体摩擦生热的限制，C_1 值不能选得过高，一般来说 $C_1 \leqslant 1.0$ 为多。

在叶列之间向左向右流动的气体分子是不符合麦克斯韦速度分布的。然而按麦氏速度分布计算其误差不大，因此便将叶列按麦氏分布得到的传输几率的结果，用来表示涡轮分子泵串联叶列的传输几率。这样使问题简化了。

对于定子叶列可以用对转子叶列相同的办法进行计算。当定子的两侧均为转子时，本质上和转子叶列的两侧均为定子叶列的情况是相同的。如果令观察者站在转子叶列上去观察定子叶列，就会发现定子叶列以转子叶列相反的方向旋转。这个观察者可以是被抽气体分子本身。如果定子叶列一侧是自由空间(没有转子叶列，则速度比 $C_1 = 0$，即气体分子与定子叶列不存在相对速度 $\bar{u}$。因而通常涡轮分子泵的第一级叶轮为转子叶列，而最末一级叶轮也是转子叶列，每一级叶列都发挥应有的抽气作用。

涡轮分子泵的叶列是几何相似的。而且转子叶列槽的方向与定子叶列槽的方向恰好相反。叶列的分布情况如图 9-10 所示。

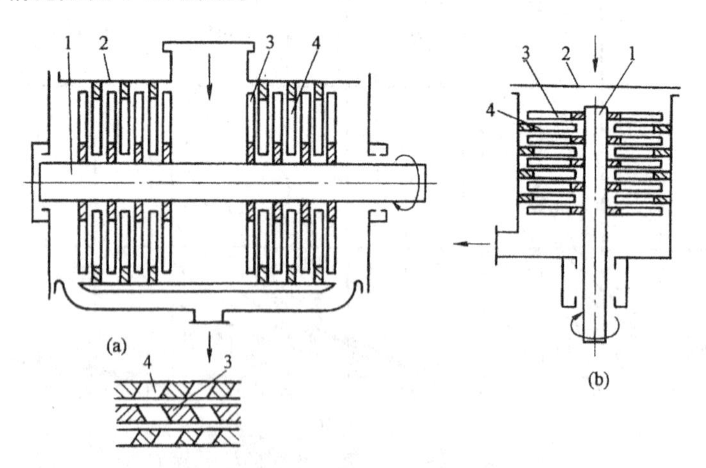

图 9-10　涡轮分子泵结构示意图

涡轮分子泵是由泵壳 2，主轴 1，转子叶列 3，定子叶列 4 组成的。涡轮分子泵的抽气组件是由多级转子叶列和多级定子叶列相间排列组成的。通常选择不同几何参数的叶列组成高、中、低三个抽气段，高段以提高抽速为目的选叶列的几何参数，低段以提高压缩比为目的选叶列的几何参数，而中段、是高、低段的过渡阶段，既考虑适当的抽速又兼考虑压缩比的过渡达到合理的匹配，以适应流量 $Q = sp =$ 常数的要求。

转子的驱动常由中频电机或气动马达来实现。

涡轮分子泵的组合叶列间都存在有间隙，如图 9-11 所示。转子叶列与定子叶列间的间隙为 δ_3，转子叶列顶端与泵壳之间的间隙为 δ_2，定子叶列内孔与轴之间的间隙为 δ_1。

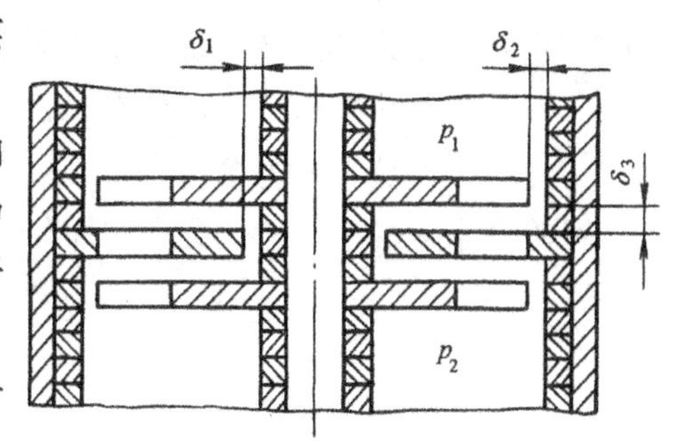

图 9-11　叶列的安装间隙示意图

实际的安装间隙是根据安装条件决定的。对于工作轮外径 $D_2=100\sim200$mm 时，$\delta_3=1\sim1.2$mm；对于 $D_2=500\sim700$mm 时 $\delta_3=2\sim2.5$mm。因为防止叶列振动相碰，工作轮外径 D_2 增大时，则 δ_3 的值也要增大。对于 δ_2 间隙的选取为径向间隙的环形面积 F_2 与转子叶轮槽的抽气面积 F_p 之比，即 $F_2/F_p=0.02$，间隙返流的面积为正向抽气面积的 2%；环形间隙 δ_1 的面积 F_1 与定子叶列的抽气面积 F_C 之比，即 $F_1/F_C=(4\sim6)\times10^{-3}$。间隙 δ_1，δ_2 和 δ_3 的值对叶列的抽速和压缩比影响很大，故需尽量在许可条件下选小值。

为了稳定工作，在泵制造时，要做好转子的动平衡，根据俄罗斯有关资料报导转子许可不平衡量为

$$G=0.107m/n \tag{9-61}$$

式中　m——转子的质量，g；

n——转子旋转频率，s^{-1}。

对泵选择的轴承，在用油或油脂润滑的条件下，轴承直径 d(mm)乘以旋转频率 n(s^{-1})要低于临界值，即

$$dn\leqslant13000\quad(\mathrm{mm\cdot s^{-1}}) \tag{9-62}$$

9.5　涡轮分子泵抽气性能的计算

涡轮分子泵的抽气性能由泵的极限压力和抽速以及前级压力等组成。

在泵的出口侧气体流动处于分子流态时，泵的极限压力与泵的叶列级数、泵吸入侧泵体内表面及转子的零件表面的放气率，泵的抽速以及抽气腔的密封程度有关。

泵的抽速则与工作轮叶列通道的几何参数以及工作轮特性的合理匹配有关。

涡轮分子泵的结构有非常良好的气密性，因此，泵的极限压力主要取决于吸入侧零、部件的表面放气率。现在泵体多由 12Cr18Ni10Ti 不锈钢制造，工作轮多由铝合金或钛合金制造。

材料的放气率、放出的气体成分与表面加工的质量，高真空下烘烤除气状态以及表面氧化膜的情况有关。经高真空下烘烤除气、不锈钢的平均放气率为 $3\times10^{-8}\sim3\times10^{-10}\mathrm{Pa\cdot m^3/(s\cdot m^2)}$；而铝合金和钛合金经高真空下烘烤除气后，其平均放气率为 $2\sim5\times10^{-7}\mathrm{Pam^3/(s\cdot m^2)}$。

在不考虑泵的漏气影响时，泵所能获得的极限压力为

$$p_{\min}=\frac{\sum_{j=1}^{j=m}F_jq_j}{s}\quad(\mathrm{Pa}) \tag{9-63}$$

式中　F_j——吸入侧某放气部分的表面积，m^2；

q_j——某放气部分的出气率，$Pa·m^3/(s·m^2)$；

s——泵的工作抽速，m^3/s。

涡轮分子泵的总压缩比为 K_t，即

$$K_t = \frac{p_f}{p_{\min}} = \prod_{i=1}^{n} K_i \tag{9-64}$$

式中　p_f——泵的前级压力，Pa；

K_i——第 i 工作轮的压缩比；

n——工作轮的级数。

第一个工作轮的抽速

$$s_{01} = s_1 + u_1(K_1 - 1.0) \tag{9-65}$$

式中　s_1——第一个工作轮抽除的气体的体积。

$$s_1 = s_p + \frac{Q_1}{p_1} \quad (m^3/s) \tag{9-66}$$

式中　s_p——泵已知的抽速，m^3/s；

u_1——径向环形间隙的流导，m^3/s；

〔$u_1(K_1 - 1.0)$为经过径向环形间隙返流的气体的体积(m^3/s)，仅被第一工作轮抽除〕

Q_1——吸气侧的放气量，$Pa·m^3/s$。

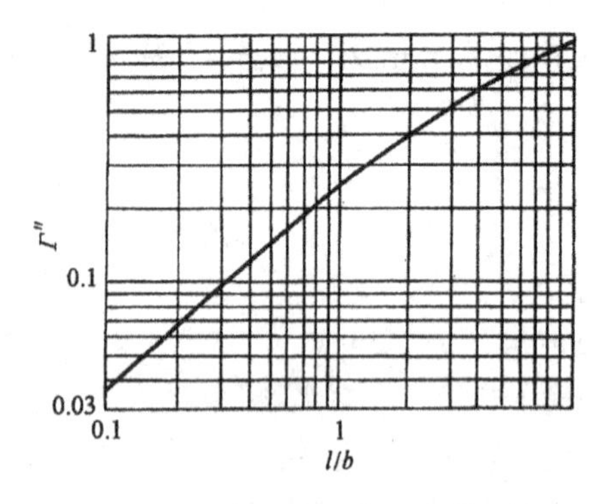

图 9-12　分子流态下系数 Γ''与间隙通道的 l/b 之间的关系

径向环形间隙的流导 u_i 为

$$u_i = \frac{8}{3}\sqrt{\frac{RT}{2\pi M}}\frac{ab^2}{l}\Gamma'' \tag{9-67}$$

式中　R——气体普适常数，J/kmol；

T——气体的温度，K；

M——气体的分子量；

a——工作轮周长，m；

b——径向间隙，m；

l——工作轮的宽度，m；

Γ''——与 l/b 有关的系数(如图 9-12 所示)。

对于 293K 的氮气，则 u_i 为

$$u_i = 314ab^2\Gamma''/l \quad (m^3/s)$$

对于第 i 个工作轮，

$$s_{0i} = s_i + u_i(K_i - 1.0)$$

其中

$$s_i = \frac{s_{i-1}}{K_{i-1}} + \frac{Q_i}{p_i} \tag{9-68}$$

式中　Q_i——第$(i-1)$和第 i 工作轮之间表面放气量

$$Q_i = \sum_{j=1}^{j=m} F_{ji}q_{ji}$$

式中　j——在第 i 工作轮前出气表面的标号；

p_i——第 i 工作轮的吸入压力。

第 i 个工作轮的压缩比,在考虑有气体经过间隙返流和零部件的表面放气时

$$K_i = K_{\max gi} - \frac{s_i}{s_{\max i}}(K_{\max gi} - 1.0) \tag{9-69}$$

式中 $K_{\max gi}$——第 i 个工作轮在有间隙返流时的最大压缩比,即

$$K_{\max gi} = \frac{s_{\max i}K_{\max i} + u_i(K_{\max i} - 1.0)}{s_{\max i} + u_i(K_{\max i} - 1.0)} \tag{9-70}$$

式中 $s_{\max i}$和$K_{\max i}$为第 i 个叶轮的最大抽速和最大压缩比,在第 i 轮的几何参数确定后可从表 9-2 和下式求得。

$$s_{\max i} = 36.4H_{\max i}F_i\sqrt{\frac{T}{M}} \quad (\mathrm{m^3/s}) \tag{9-71}$$

式中 F_i——第 i 个工作轮叶列通道端面积之和,$\mathrm{m^2}$;

T——气体温度,K;

M——气体的分子量。

从上式可以看出,工作轮叶片通道的几何参数、被抽气体的种类和温度对抽气性能有很大影响。对于不同的 α 和a/b 值的工作轮其抽气性能多半取决于叶轮的圆周速度 $\bar{u}$ 和气体分子热运动的最可几速度 $\sqrt{2RT/M}$之比 C_1。当 C_1 值越大则叶列的 $H_{\max}$和 $K_{\max}$也越大。

在图 9-13 上给出,当 $\alpha = 35°$, $C_1 = 0.2$、0.4、0.6 和 0.8 时,$H_{\max}$和 $K_{\max}$与 a/b 的关系。从图上看出在 $a/b = 1 \sim 1.4$ 时 $H_{\max}$有最大值。而且随 C_1 的增长而 $H_{\max}$增大。对于 $K_{\max}$则随 C_1 的增长和 a/b 的减小而增大。

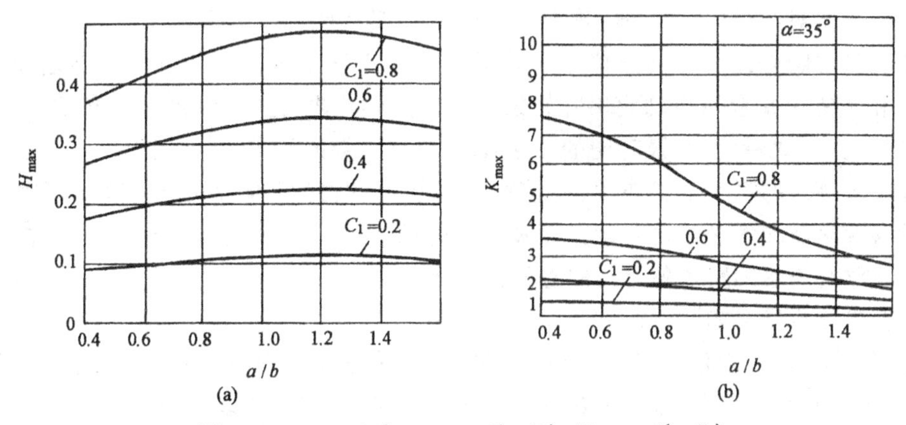

图 9-13 $\alpha = 35°$时,$H_{\max} = f(a/b)$,$K_{\max} = f(a/b)$

在图 9-14 上给出,以 a/b 为变量的$H_{\max}$和 α 的关系;再以 α 为变量的 $H_{\max}$与 a/b 的关系曲线。在 $\alpha = 35° \sim 40°$时有 $H_{\max}$的最大值。这时,气体分子从一侧向另一侧通过的几率有不同值存在。而当 α 角越小,从相反方向通过的几率值越小,也就是 $M_{12} - M_{21}$的差的绝对值降低了。同时角度 $\alpha > 35° \sim 40°$时,气体在叶轮相反方向通过时气体分子同通道表面的作用,就使 M_{12}和 M_{21}相差不多了,当 $\alpha = \frac{\pi}{2}$时,$M_{12} = M_{21}$了。

从图 9-14(b)的关系曲线,可以求得最佳的 a/b 值,以便保证有最大的 $H_{\max}$值,即保证

有最大的正反向的通过几率的差值。

a/b 值越小，则叶片通道相对越长，气体分子向反方向通过的正向通过几率变小了导致了降低了通过几率值，使 H_{max} 下降了。

当 a/b 值过大时，气体分子经过叶列通道中与叶片壁面碰撞的分子数减少了，削弱了叶片壁对分子的作用，导致了通过几率之差减少了，即 H_{max} 也就下降了。

最大压缩比与角度的关系 $K_{max}=f(\alpha)$，如图 9-15 所示。当 α 角增加时，反向通过几率增加了，结果使最大压缩比 K_{max} 降低了。

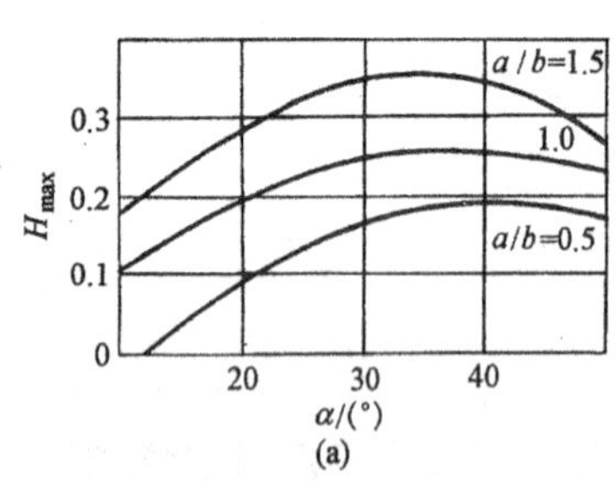

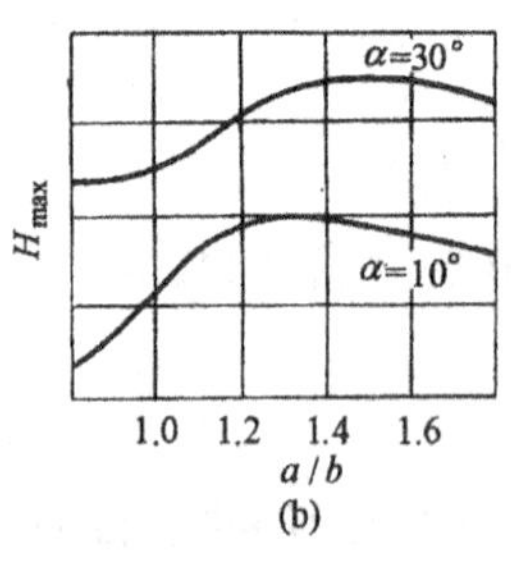

图 9-14　在 $C_1=0.6$ 时，$H_{max}=f(\alpha)$，$H_{max}=f(a/b)$

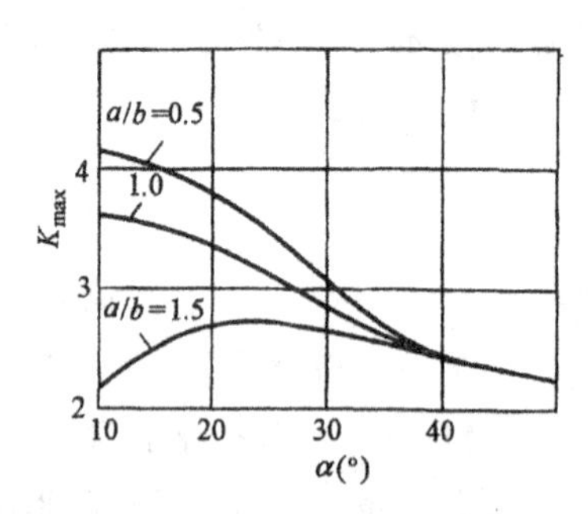

图 9-15　当 $C_1=0.6$ 时 K_{max} 与 α 的关系

对于 a/b 值小时，气体分子同叶片通道壁的作用增强了，使压缩比增加了。在 a/b 值大时，经过叶片通道与叶片壁无碰撞的几率增加了，结果使叶轮的压缩比降低了。

从图 9-13(a)看出 C_1 从 0.2 到 0.8 时，在 $\alpha=35°$ 时 a/b 的最佳值是不变的。见图 9-14(a)，不同的 a/b 值对应的最佳角度值实际上是不变的即 $\alpha=35°\sim40°$。

理论研究得知，H_{max} 达到最大值所对应的 a/b 值为1.0～1.4。对所有的 α 角基本上都是这样的。而对这样的 a/b 值，最大压缩比 K_{max} 没有明显的变化。

在确定的圆周速度 $\bar{u}$ 和气体分子热运动最可几速度之比 C_1 之后，经选定叶片的几何参数 α 和 a/b 之后就可以确定出叶轮的抽气特性和叶轮的主要参数 H_{max} 和 K_{max}。

在给定 C_1 之后，对各级叶轮的 α 和 a/b 值有一定的要求。

从吸入侧泵的第一个工作轮，应该有尽可能大的抽速，因为它也就确定了整个泵的抽速。而以后串联的各级叶轮应该保证泵所需的压缩比。各参数选择合理，就可能用最少的工作轮的数目来达到整个泵所需的总的压缩比。

由上述分析得出如下结论：

1) 为了保证工作轮有较高的通过几率，因而，可得到较高的抽速，在保持可行的最大压缩比时，几何参数应在 $\alpha=35°\sim40°$，$a/b=1.0\sim1.4$ 之间来选取。

2) 在保证足够高的 H_{max} 时，要有尽可能高的 K_{max} 值，其几何参数，必须在 $\alpha=10°\sim20°$，$a/b=0.6\sim0.8$ 之间选取。

3) 为了提高工作轮的工作抽速和压缩比，必须提高工作轮的转速。

4) 为了改善工作轮的抽气性能，把叶片作成按半径扭曲的，实际上是不适当的。

在用小的 α 和 a/b 的工作叶片组成抽气叶列组时，它只适用于泵体内表面和转子零件表面放气量小的时候。若放出的是大分子量气体且放气量大的，所有的工作轮都应该用开式结构。

在图 9-16 给出 $a/b=1.0$ 时 H_{max} 和 K_{max} 和 C_1 的关系。

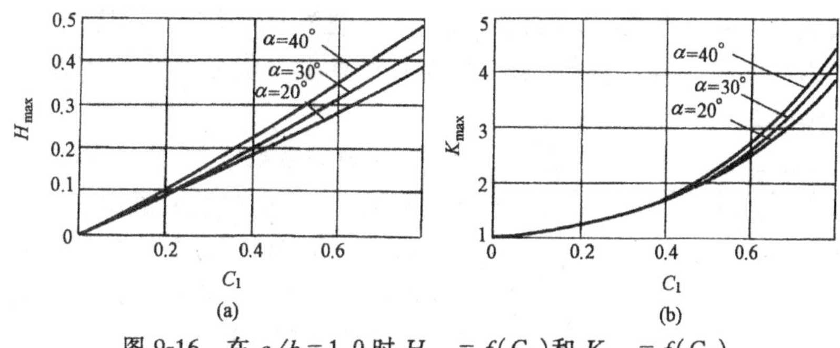

图 9-16 在 $a/b=1.0$ 时 $H_{max}=f(C_1)$和 $K_{max}=f(C_1)$

当 C_1 增加时,压缩比 K_{max}随 C_1 呈指数增加,而抽气系数 H_{max}随 C_1 呈线性变化(在 $C_1=0\sim0.8$ 之间,偏差不超过 9%)。

因此,对于给定 α 和a/b 时在有足够精度的情况下,这种线性关系可写成

$$H_{max}=AC_1$$

式中 A——为与 α 和a/b 值有关的常数。

因而,当 $C_1\leqslant0.8$ 时,用工作轮抽气时,对不同分子量的被抽气体的最大抽速值是不变的。即由式(9-71)得

$$s_{max}=36.4H_{max}F\sqrt{\frac{T}{M}}=36.4A\frac{\bar{u}}{\sqrt{\frac{2RT}{M}}}F\sqrt{\frac{T}{M}}$$

$$=\frac{36.4A\bar{u}F}{(2R)^{1/2}}$$

由上式看出最大抽速与被抽气体的类别无关,而对各种气体的最大抽速值不变。

当压缩比 $K\neq1.0$ 时,泵的工作抽速随被抽气体分子量的降低而稍有些提高。

在泵抽不同分子量气体时,从泵的吸气口断面到第一个工作轮之间的管道的阻力不同,而使工作抽速有些变化。另外,还有叶轮环形间隙的流导也与气体的分子量有关,在气体分子量小时,被抽气体通过间隙的返流量也要增加,因而环形间隙的流导也会影响泵的工作抽速值。

被抽气体的分子量越小,泵所能建立的压缩比就越小。

因而,对一般的涡轮分子泵,对氢气的压缩比为 $10^3\sim10^4$;对氮的压缩比为 $10^8\sim10^9$,对重的气体(如 $M=50\sim100$),压缩比可高达 $10^{12}\sim10^{15}$。

根据这个特点得知,被抽的真空系统中的残余气体为轻的气体,主要是氢。而质量数 M 大于 44 的气体分子并不存在了。

被抽气体温度下降,对泵的工作抽速无明显的影响。实际上只能提高泵的压缩比。如果将泵的抽气部分冷却到液氮温度时,可有效地提高泵的压缩比,对轻的气体可提高 $10^2\sim10^3$ 倍,泵的极限压力也降低了。

前级泵的选择也很重要。在涡轮分子泵的排气侧,最后的工作轮的后边,前级泵要保证在此处,处于分子流状态。在涡轮分子泵整个吸入压力的范围内,前级泵的抽速不应该小于涡轮分子泵在出口条件下的抽速。

理论和实验研究指出,吸入压力,大约从 $p=10^{-1}\sim1.0$Pa 再提高时,在泵的工作轮中,

就会出现过渡流或黏滞流状态。因而会显著地影响泵的抽速和压缩比。

现在作为涡轮分子泵前级泵的多为油封式旋片泵或无油式机械泵。在吸入压力为 $1.0\sim10^{-1}$Pa时，泵的抽速已为零了。

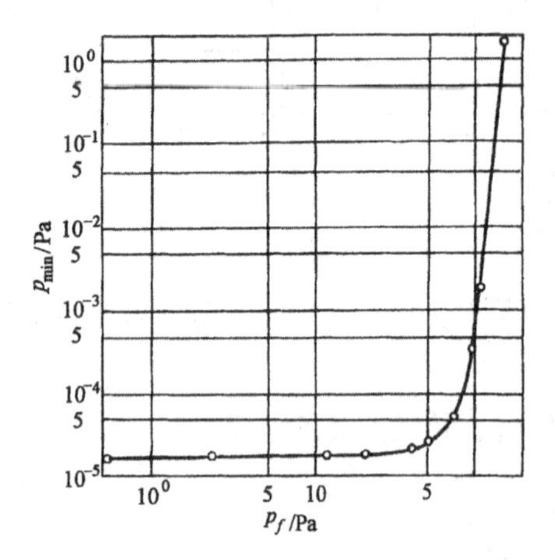

图 9-17 抽速为 200L/s 的涡轮分子泵的前级压力与极限压力的关系

实验研究结果得知：抽速为 200 L/s 的涡轮分子泵的前级压力 p_f 对泵的极限压力 p_{min} 的影响如图 9-17所示。当前级压力在从 1.0 变到 20Pa 时。实际上泵的极限压力不受影响。这是因为在泵的最后级中出现气体过渡流的影响并不明显所致。在前级压力从 65 增加到 130Pa 时，泵的极限压力从 4×10^{-5} 增加到 2×10^{-3}Pa。在继续增加前级压力从 130 到 200Pa 时，泵的极限压力大约增加三个数量级，而这时泵的压缩比从 $K=10^4$ 降到 $K=10^2$，这是受涡轮分子泵的抽气叶列中气体流动的状态的变化所决定的。

涡轮分子泵的抽速与吸入压力无关的最大吸入压力为 $10^{-1}\sim1.0$Pa。采用过渡压力，即涡轮分子泵的排气压力和前级泵的吸气压力不应该超过 65～130Pa。在这种过渡压力下，前级泵的抽速应该等于涡轮分子泵抽除排气通道总的放气时的抽速。

在作为前级泵所能建立的压力低于 10^{-1}Pa 时，仅在涡轮分子泵建立的压缩比低于前级泵假定的吸入压力和式(9-63)确定的极限压力之比才适用，即用涡轮分子泵建立的压缩比，在没有泵体内表面和转子零件表面的放气时来决定泵的级数。

涡轮分子泵抽气性能的计算方法是在涡轮分子泵抽气通道结构材料等已知后，进行其验算性质的计算，其计算步骤如下：

1）确定泵体和转子、定子工作轮在吸入侧和叶轮之间的表面放气量：Q_1 和 Q_2。

2）按式(9-63)求泵的极限压力。

3）选择前级泵，保证涡轮分子泵最后的工作轮之后气体流动处于分子流态。

4）计算确定工作轮的数目(转子和定子)。

按次序从第一个工作轮开始计算一直到前级压力为止，压缩比的计算按式(9-64)进行。这是在计算抽速为零时(即 p_{min})的情况下最大的压缩比。认为第一个工作轮的抽速是由吸气侧放气和间隙返流所组成的。即

$$s_{01}=\frac{Q_1}{p_{min}}+u_1(K_1-1)$$

第一个工作轮所建立的压缩比由式(9-69)确定。

第 i 个工作轮前的压力为

$$p_i=p_{i-1}K_{i-1} \tag{9-72}$$

5）在整个吸入压力范围内，由给定的 Q_{minf} 到 $s_{max}p_f$ 的气流量确定泵的抽气性能的计算点。

经过前级泵的最小气流量由放气流量确定的，即

$$Q_{\min f} = Q_1 + \sum_{i=2}^{i=n} Q_i + Q_{3f}$$

式中　Q_{3f}——涡轮分子泵排气腔(在最末级的工作轮之后)的放气量。

按前级泵的特性,$Q_f = Q_{\min f}$定出 p_f 和 $p_{\min}$最后工作轮上的压缩比为

$$K_n = \frac{K_{\max gn} s_{\max n}}{s_{\max n} + (s_{n+1} - Q_{3f}/p_{n+1})(K_{\max gn} - 1)}$$

式中　$s_{n+1} = Q_{\min f}/p_{n+1}$; $p_{n+1} = p_f$

对第 i 个工作轮

$$K_i = \frac{K_{\max gi} s_{\max i}}{s_{\max i} + (s_{i+1} - Q_{i+1}/p_{i+1})(K_{\max gi} - 1)} \tag{9-73}$$

按 K_n 值确定最后工作轮的抽速

$$s_n = (s_{n+1} - Q_{3f}/p_{n+1})K_n$$

最后工作轮前的压力 $p_n = p_f/K_n$

按此逐级确定出 K_i、s_i、p_i 从所有的工作轮一直到第一个工作轮为止。因而可确定出泵的实际的 $p_{\min}$值。

还要计算出泵的吸入工作压力 p_p 和对应的泵抽速s_p 的表达式 $s = f(p)$。在这种情况下,在确定级数时,按给定的泵的抽速来求第一个工作轮的抽速,即

$$s_{01} = s_p + \frac{Q_1}{p_p} + u_1(K_1 - 1)$$

涡轮分子泵电动机的功率计算。

涡轮分子泵电动机的功率主要消耗在压缩气体,克服机械损失以及驱动润滑用的油泵所需的功率。

涡轮分子泵压缩气体近似于等温压缩,尽管有很大的压缩比($10^8 \sim 10^{10}$),但气体的密度非常低(吸入压力 $10^{-10} \sim 10^{-2}$Pa)。

在涡轮分子泵中,气体压缩,是靠工作轮传输气体分子向高压力方向,以克服各种气流阻力。

在涡轮分子泵中机械损失不大,泵用高精度滚动轴承,因此机械效率 $\eta_m = 0.95 \sim 0.97$。

泵压缩气体所耗的功率 N_H:

$$N_H = mL_{us} \quad (\mathrm{W}) \tag{9-74}$$

式中　m——质量流率 kg/s, $m = s\rho$(s 为泵的抽速 m³/s, ρ 为气体的密度 kg/m³, $\rho = p/RT$)。

等温压缩功

$$L_{us} = 2.3RT\lg\left(\frac{p_f}{p}\right)$$

式中　R——气体常数,J/(kg·K);

T——压缩气体的温度,K;

p_f——泵的前级压力,Pa;

p——吸入的最低工作压力,Pa。

油泵电机功率

$$N_0 = V_0(p_{0f} - p_{01} + \rho_0 gh) \quad (W)$$

式中　V_0——油的容积流量,m^3/s;

p_{0f}——油泵的排出压力,Pa;

p_{01}——油泵的吸入压力,Pa;

h——泵所建立的压头,m;

ρ_0——油的密度,kg/m^3。

涡轮分子泵电动机功率

$$N = (N_n + N_0)/\eta_M \quad (W)$$

为了提高转子的启动力矩,缩短惯性启动时间,计算所得功率常增大10%～15%。

按上述公式计算所得的功率很低,人们通常根据所要求的启动时间来确定电机的功率。

10 水 喷 射 泵

10.1 概述

水喷射泵是用水做工作介质，通过高速喷射来引射气体，使被抽容器内达到一定真空度的粗真空抽气设备。

水喷射泵结构简单，加工容易，成本较低，工作可靠，安装维护方便。具有压缩比高，既能直接对大气排气，又能直接抽除含有颗粒状介质、易燃、易爆或有腐蚀性的气体以及液气混合介质等特点。它的主要缺点是由于水气两种流体在泵内混合时能量损失较大，因此抽气效率较低。

水喷射泵可用于真空蒸发、脱水、过滤、结晶、浓缩、干燥、除气、物料输送以及尾气和粉尘的吸收等，广泛应用于轻工、化工、制药、造纸、食品、环保、冶金、石油及矿山选矿等方面。

单级水喷射泵的极限压力可达 3.3kPa，两级水喷射泵串联可获得更低的极限压力，但是其极限压力不能低于同温度下水的饱和蒸汽压力，水喷射泵也可作为其他真空泵的前级泵使用。

10.2 水喷射泵的工作原理与结构

10.2.1 泵的工作原理

水喷射泵的工作原理如图 10-1 所示。具有一定压力的工作介质水通过喷嘴 1 在吸入室中高速喷出，将水的压力能转变成动能，吸入室内的气体被高速射流强制挟带，使吸入室内压力降低而形成真空。被抽气体从吸入室 2 的入口进入，在扩压器 3 中两股流体进行扩散混合及动量和能量的交换，使两者的压力速度均衡，进而被增压到高于大气压力，排到泵外大气中。其中可凝性气体溶于水中，不可凝性气体由排气孔析出，水通过水泵循环使用。由于液态水的射流对被抽气体进行抽吸和压缩，泵内流体属气液两相流动，而且气体和液体之间容重相差很大，因此运动情况比较复杂，可大致将其分为三段过程。

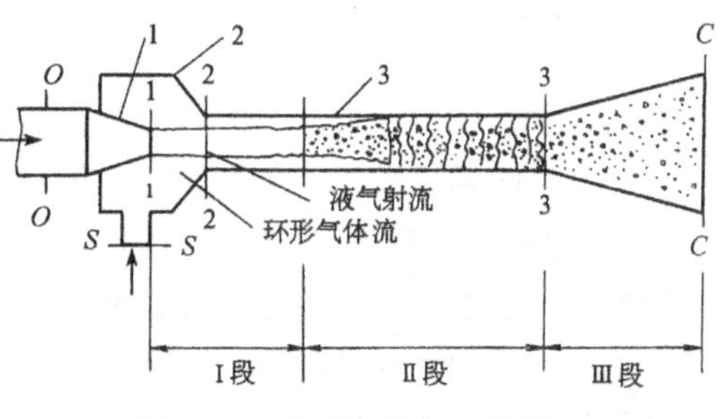

图 10-1 水喷射泵的工作原理

1—喷嘴；2—吸入室；3—扩压器

Ⅰ段是液体射流与气体相对运动段，从喷嘴喷出的液体射流是密实的，由于射流边界层与气体之间的黏滞作用，射流将气体从吸入室带入至扩压器的渐缩段，液气两者作相对运动，且均为连续介质。水射流由于受外界扰动的影响，在射出喷嘴不太远的距离后，产生脉动和表面波，其脉动频率约为 3000～4000Hz。

Ⅱ段是液气混合段，在扩压器的喉管处，由于液体质点的紊动扩散作用，水射流表面波的振幅不断增大，当振幅大于射流半径时，它被剪切分散形成液滴。高速运动的液滴分散在气体中，与气体分子冲击和碰撞将能量传给气体，这样气体被加速和压缩。在该流动段内，液体变成不连续介质，而气体仍为连续介质。

Ⅲ段是扩压运动段,气体被液滴粉碎为微小气泡,液滴重新聚合成液体,气泡则分散在液体中成为泡沫流。随着通过扩压器扩散段的液气混合介质的动能转换成压力能,压力升高,气体被进一步压缩。此时,液体为连续介质,气体则变为分散介质。由于液体的热容量较大,因此可以认为气体是在等温过程中受到压缩的。

水喷射泵对气体的抽吸和压缩主要是在Ⅰ和Ⅱ阶段。它的主要作用是使工作流体与被吸流体在进入扩压管前混合均匀,以均匀流速进入扩压段,使动能转换为压力能的过程是在最小能量损失的形式下进行的。此时,喷射泵具有较高的效率。由此可见,一定的混合长度是必不可少的。据黏性流体的性质,摩擦损失与混合段长度成正比。因此,既要增加射流和气体接触的表面积,同时使喉管有足够的长度来保证两股流体在混合段内混合均匀,在扩散段进口处具有均匀的流速,又要尽可能地使用较短的混合长度,减少摩阻损失,是提高水喷射泵工作效率的主要途径。

10.2.2 泵的结构型式

10.2.2.1 泵的分类

水喷射泵根据喷射方式、结构型式进行分类。

A 按喷射方式分类:

1) 连续喷射。工作液射流是连续的。目前大多数水喷射泵采用这种方式。

2) 旋流喷射。工作液射流是旋转的,这样可以增加液气的接触面积,并使射流较快地破碎分散成液滴,从而提高泵的效率。缺点是旋流发生器要消耗一部分能量。

3) 脉冲喷射。工作液射流是脉冲间断的,脉冲射流可以使流体混合迅速,减少混合段长度。其传能方式除了液滴的碰撞以外,还有类似活塞式压缩机的传能方式。

B 按结构型式分类

a 单级

1) 单喷嘴短喉管。单喷嘴喷射泵的结构如图 10-2 所示。单级短喉管水喷射泵的体积小,结构简单,但效率较其他型式泵的低,喉管长度是喉管直径的 5~8 倍。

2) 单喷嘴长喉管。效率较高,其喉管长度是喉管直径的 10~60 倍。

3) 多喷嘴。结构如图 10-3 所示。其喷嘴数量为 4~19个。由于增加了工作射流与气体的接触面积,所以效率较高。

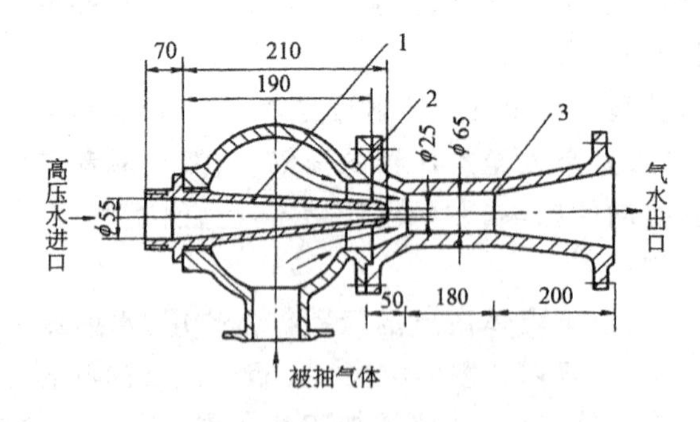

图 10-2 单喷嘴水喷射泵

1—喷嘴;2—吸入室;3—扩压器

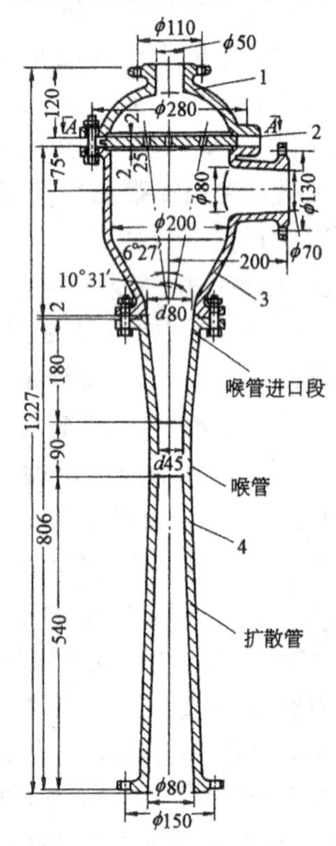

图 10-3 多喷嘴水喷射泵

1—进水室;2—多孔喷嘴;3—吸入室;4—扩压器

b 多级

多级水喷射泵大多是两级，如图 10-4 所示。第一级吸气后，液气混合射流在第二级再吸气，这样可以充分利用射流的能量来达到降低泵的极限压力的目的。

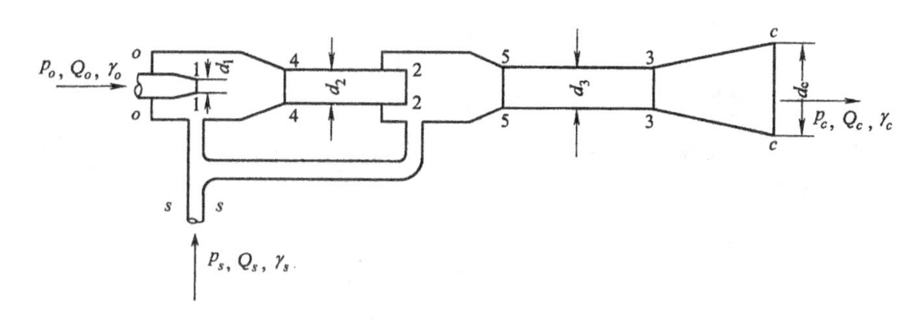

图 10-4 双级水喷射泵

10.2.2.2 泵的结构

A 喷嘴

水喷射泵的喷嘴的作用是将水的压力能转变为动能，它的结构对泵的性能有较大的影响。常用的形式有锥形收缩型喷嘴；圆形薄壁孔口型喷嘴；流线型喷嘴及多孔型喷嘴等。

B 吸入室

吸入室与进气管相连。吸入室一般为圆筒形，其截面为喷嘴出口面积的 6～10 倍。

C 扩压器

扩压器由三部分组成。渐缩段的作用是使被抽气体平顺地进入喉管，其收缩半角 $\beta = 15^\circ \sim 30^\circ$。喉管使液体与气体均匀混合进行传质和传能，其断面为圆形。渐扩段是将液气混合介质的动能转变成压力能，使被抽气体得到压缩，其渐扩角 $\alpha = 5^\circ \sim 8^\circ$。

10.3 水喷射泵的设计与计算方法

水喷射泵的主要性能为极限压力，质量流率 $Q_A = sp_{A_1}$ 和抽速 s。

水喷射泵所能达到的极限压力，取决于水的温度所对应水的饱和蒸汽压力，例如水温为 293K 时，其极限压力为 2.3kPa。但这时，对空气的极限分压力，实际上是很低的，它主要取决于通过喷嘴的水中溶解空气的含量，如经验指出，利用自来水时，可达到 1Pa。

水喷射泵的质量流率，是随工作介质（水）的流量 G_W 和压力 p_W 的增加而增大的。

水喷射泵的抽速，在增加工作介质（水）的流量和压力时，也有所增加。因为水喷射泵抽除的是蒸汽和气体混合物，是由被抽气体和工作介质（水）射流的水饱和蒸汽所组成的混合物。因而水喷射泵的抽速也取决于工作介质（水）的温度，即水的饱和蒸汽压力 p_V。

水喷射泵抽速 s(m^3/s)与被抽气体的吸入压力 p_A 和排气压力 p_B 的关系如下：

$$s = KG_W \frac{p_A - p_V}{p_A} \cdot \frac{T_A}{T_W} \sqrt{\left(\frac{p_W - p_A}{p_B - p_A}\right)} - 1 \tag{10-1}$$

式中 K——常数，（当工作介质为水，被抽气体为空气时 $K = 0.85$）；

G_W——工作介质（水）的体积流量，m^3/s；

T_A 及 T_W——被抽气体和工作介质的温度，K。

在 $p_A \gg p_V$ 和 $p_W \gg p_B \gg p_A$ 的工作压力范围内，水喷射泵的抽速 s 与入口压力 p_A 无关，但在极限压力（$p_A = p_V$）时，抽速 $s=0$。

水喷射泵的体积引射系数 γ 为：

$$\gamma = \frac{s}{G_W} \tag{10-2}$$

它等于泵的抽速和工作介质的体积流率之比。

按经验公式可求得最大的体积引射系数（即当 $T_W \approx T_A$，$p_A - p_V \approx p_A$ 时，由式（10-1）可得出式（10-3））：

$$\gamma_{max} = 0.85\sqrt{\frac{p_W - p_A}{p_B - p_A}} - 1 \tag{10-3}$$

水喷射泵的计算步骤如下：

已知数据为：泵在给定的吸入压力 p_A 时的抽速，被抽空气的温度为 T_A，工作介质（水）的压力为 p_W，工作介质（水）的温度为 T_W。空气的排气压力为 p_B。

要求确定出：喷嘴出口截面的直径 d_1，混合室直径 d_3（如图 10-5 所示），以及水的体积流率 G_W。

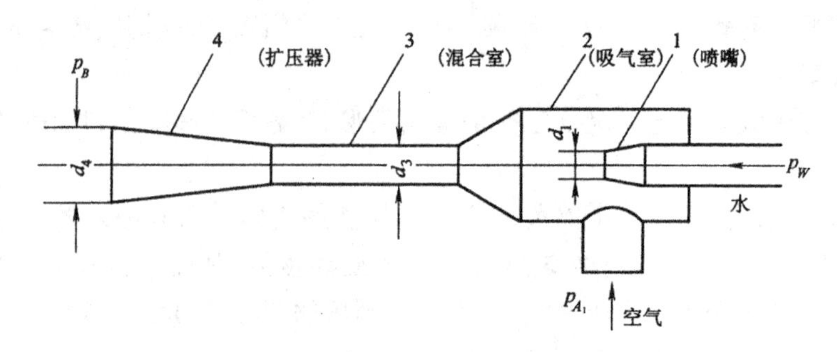

图 10-5　水喷射泵几何尺寸示意图

水喷射泵工作介质（水）的体积流率 G_W 由式（10-1）得

$$G_W = \frac{1.18 s p_A}{p_A - p_V} \cdot \frac{T_W}{T_A} \cdot \frac{1}{\sqrt{(p_W - p_A)/(p_B - p_A)} - 1} \tag{10-4}$$

工作喷嘴出口断面积

$$f_1 = \frac{G_W}{0.95\sqrt{2v(p_W - p_A)}} \quad (\mathrm{m}^2) \tag{10-5}$$

式中　v——水的比容，$\mathrm{m^3/kg}$。

工作喷嘴出口直径

$$d_1 = 1.13\sqrt{f_1} \quad (\mathrm{m}) \tag{10-6}$$

泵的主要几何参数

$$\frac{f_3}{f_1} = \frac{p_W - p_A}{p_B - p_A} \tag{10-7}$$

混合室直径

$$d_3 = d_1\sqrt{\frac{f_3}{f_1}} \quad (\mathrm{m}) \tag{10-8}$$

其余的几何参数：

从喷嘴出口断面到圆柱形混合室入口断面的距离 $l \approx 1.5d_3$，圆柱形混合室长度 $l_3 = 8d_3$，扩压器出口直径 $d_4 \approx 2.5d_3$，扩压器的张角为 8°。

水喷射泵应该用管道直径不低于 d_4，长度约为 $10d_4$ 的水管与排水槽相连。

水喷射泵在抽蒸汽和蒸汽空气混合物时，泵的质量流率，实际上要远大于抽干空气时的质量流率。因为，这时水喷射泵主要不是引射气体，而是混合物的凝结。例如水喷射泵在抽水蒸汽时要比抽干空气时的质量流率大 200～300 倍。

水喷射泵可用任何材料(如玻璃、金属、塑料)制造。

10.4 水喷射泵的安装形式

水喷射泵工作系统由工作水泵或有压水源、水喷射泵、管路系统、阀门、水气分离器和测试仪表等组成。常用的系统有两种安装方式，垂直安装与水平安装。由于水气两相的水平运动与垂直运动在流态上有较大的差异，所以水喷射泵的安装方式对它的性能有一定的影响。

垂直安装时，由于流动比较对称，阻力损失小，所以传能效果较好。但是垂直安装需要一定高度的空间。

水平安装时，在流动过程中由于重力的影响，气泡相对的集中在上部，使阻力损失增加。

从安装高度上考虑，又分低位安装和高位安装。低位安装时，水喷射泵扩压器出口断面比排水池液面高 0～2m。由于高度低，安装比较容易。高位安装时，水喷射泵扩压器出口断面比排水池液面高 8～10m。在相同工作压力条件下，高位安装泵比低位安装泵的吸气量可以增加 30%左右。这是利用水的位能对气体进行附加压缩的缘故。

在水喷射泵工作过程中，当工作介质压力 p_W，吸入气体压力 p_A 和出口压力 p_B 发生变化时，会出现工作状态的变化，这种状态下有时会不吸气或吸气量不能增加等情况，这是由于水喷射泵处于极限状态与液体汽化和激波等因素有关。

11 蒸汽喷射泵

11.1 概述

蒸汽喷射泵是以蒸汽作为工作介质，从拉瓦尔喷嘴中喷射出高速蒸汽射流来携带气体，从而达到抽气目的。水蒸气是应用最多的工作介质，本章主要介绍水蒸气喷射泵。

蒸汽喷射泵有如下特点：

1) 该泵无机械运动部件，工作不受润滑、振动等条件限制，因此可以制成抽气能力很大的泵。

2) 结构简单，工作稳定可靠，使用寿命长。只要泵的结构材质选择适当，可以很好地抽除含有大量水蒸气、粉尘、易燃、易爆及有腐蚀性的气体。

3) 如用水蒸气作为工作介质，则系统无油污染。

4) 泵工作需要提供带有一定压力的工作蒸汽源。工作水蒸气压力一般为 $5\sim15\times10^5$Pa。

5) 泵的工作压力范围较宽，多级蒸汽喷射泵的工作压力范围可从大气压到0.1Pa，而且可以直排大气。

因为蒸汽喷射泵具有上述特点，所以广泛应用于冶金、化工、食品、制药等各个领域。

11.2 蒸汽喷射泵的工作原理

11.2.1 泵的工作原理

蒸汽喷射泵的结构见图 11-1，其泵内压力和速度的变化过程见图 11-2。

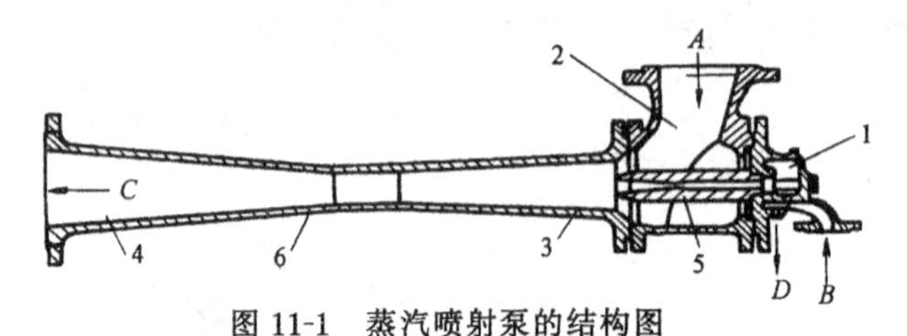

图 11-1 蒸汽喷射泵的结构图

1—工作蒸汽进入室；2—吸入室；3—混合室；4—压缩室；5—拉瓦尔喷嘴；6—扩压器

A—被抽气体入口；*B*—工作蒸汽入口；*C*—混合气流出口；*D*—工作蒸汽冷凝液排放口

泵由工作蒸汽进入室、气体吸入室、拉瓦尔喷嘴和扩压器等相连组成。拉瓦尔喷嘴和扩压器这两个部件组成了一条断面变化的特殊气流管道。工作蒸汽通过喷嘴将压力能转变成动能进行抽气，而混合气流通过扩压器又将动能转变成压力能从而进行排气。工作蒸汽压力 p_0 和扩压器出口压力 p_4 之间的压力差，使工作蒸汽得以在管道中流动。

虽然蒸汽喷射泵的结构比较简单，但是由于泵的工作机理与精确设计计算非常复杂，为适用工程设计的需要，达到简化计算的目的，对喷射器的工作过程做如下假设：1)工作蒸汽与被抽气体为理想气体。2)工作蒸汽与被抽气体在喷嘴出口到扩压器喉部入口间为等压混合。3)流体在扩压器喉部发生正激波。4)工作蒸汽及被抽气体在泵内的膨胀与压缩为绝热过程。

泵的抽气过程可以分成三个阶段：

1) 工作蒸汽经过拉瓦尔喷嘴变成超音速气流而喷射到混合室内，由于蒸汽流处于高速而压力降低，同时降温，使吸入室(混合室)内形成负压区。此时，被抽气体吸进混合室。

泵内工作蒸汽和被抽气体的压力 p 及速度 w 的变化情况如图 11-2 所示。工作蒸汽进入到拉瓦尔喷嘴喉部最小断面处，其压力达到临界值 p_k，此时蒸汽流速度达到音速 w_k。在拉瓦尔喷嘴的扩张段，速度逐渐上升而压力继续下降。当达到喷嘴出口截面时，速度达到超音速，压力为 p'_0 。蒸汽流流出喷嘴后，继续膨胀到 p''_0 ，这时工作蒸汽的压力才与被抽气体的压力相等，即 $p''_0 = p''_1$ 。

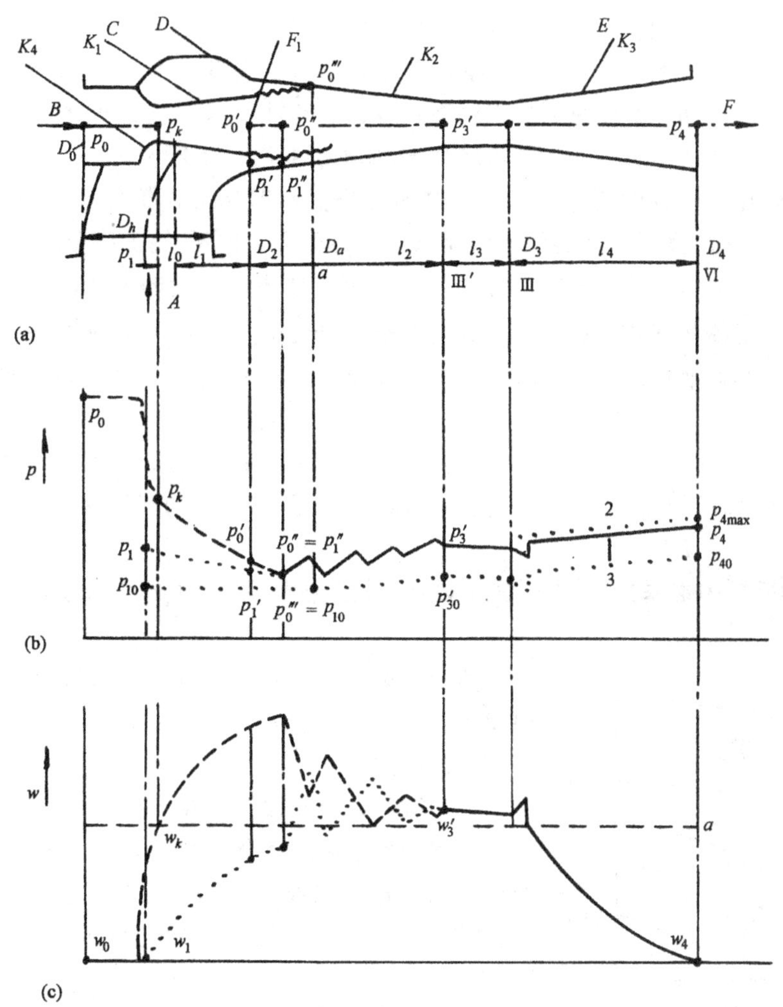

图 11-2　蒸汽喷射泵内压力与气流速度变化过程

A—被抽气体；B—工作蒸汽；C—拉瓦尔喷嘴；D—混合室；E—扩压器；F—混合气流

“——”表示混合气流；“－－－”表示工作蒸汽流；“……”表示被抽气体

被抽气体从 p_1 到 p''_1 的压力差，使被抽气体得到显著的加速。

2) 工作蒸汽和被抽气体两股气流在混合室内相互混合并进行动量和能量交换，把工作蒸汽由压力能转变来的动能传给被抽气体,从而使工作蒸汽速度 w_0 逐渐降低,被抽气体速度 w_1 逐渐增高,两者速度逐步接近。最后在扩压器喉部某处两者速度达到一致(w'_3),并产生正激波。使得混合气流速度下降,从激波前的超音速 w'_3下降到激波后的亚音速 w_3,同时压力上升到 p_3。

3) 在某一给定的压力下,亚音速混合气流从扩压器喉部流出的瞬时其速度可能再次达到音速。然后,混合气流在扩压器渐扩段速度下降,压力增高,直到扩压器的出口处,混合气流压力增至 p_4,速度降为 w_4。

11.2.2 泵的抽气特性和特性曲线

A 变工况时压力沿泵扩压器轴线的分布

用引射系数 μ 作为表达蒸汽喷射泵抽气能力的特性参数,其定义为被抽气体流量 G_h 与工作蒸汽流量 G_0 之比,$\mu = G_h/G_0$。

保持泵吸入室内的压力 p 不变,在泵扩压器出口处安置一放气针阀,用来调节改变扩压器的出口反压力 p_4,使泵处于变工况下工作。首先将泵吸入室的气体入口封闭,通过调节针阀使吸入室内的压力为 p_1,得到排气压力(扩压器出口反压力)为 $p_4(0)$。此时引射系数 $\mu=0$,激波在扩压器的渐缩段产生。这时工作蒸汽射流必须单独地充满扩压器的横断面,其能量完全用来克服扩压器的出口反压力。而后调节针阀,使扩压器出口反压力下降至 $p_4(1)$,且保持吸入室压力 p_1 不变,于是吸入室就要放入一定量的气体,使引射系数上升至 μ_1。此时用来克服扩压器反压力的工作蒸汽射流的部分能量可用来抽气,激波也前移向喉部发生。当继续调节针阀,使出口反压力 p_4 降至 $p_4(g)$时,激波在扩压器的喉部入口Ⅲ′—Ⅲ′断面处产生,有利于减少气体的返流。此时的引射系数为 μ_g。当继续使 p_4 降低时[例如降到 $p_4(3)$],引射系数不再增加,仍为 μ_g。这是因为 p_4 继续降低所产生的膨胀波是以音速向上游传播,所以这个微扰动不会改变激波前(超音速区)的气流状态,因此引射系数保持不变。

μ_g 称为极限引射系数(最大引射系数)。对应的反压力 $p_4(g)$称为极限反压力(临界反压力)。

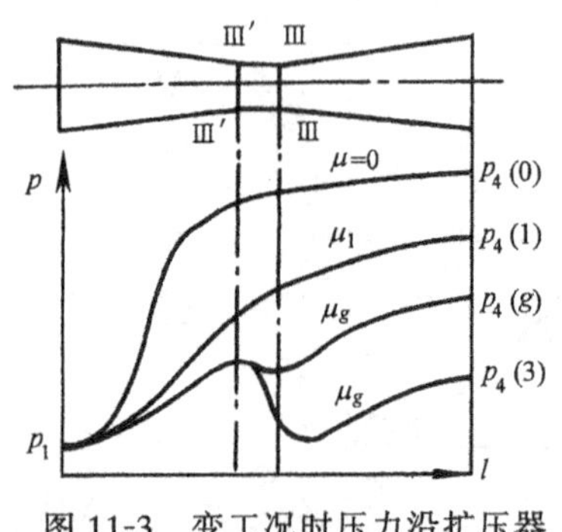

图 11-3 变工况时压力沿扩压器轴线的分布

蒸汽喷射泵工作时,扩压器的出口反压力不应超过极限反压力,即:$p_4 \leqslant p_4(g)$。当 $p_4 \geqslant p_4(g)$时,泵工作不稳定,抽气性能降低。

B 单级喷射器的抽气特性

蒸汽喷射泵吸入气体压力 p_1 与抽气量 G_h 的关系曲线称为泵的特性曲线。根据变工况时扩压器中的压力分布(如图 11-3 所示)可绘制出单级喷射泵的特性曲线图(如图 11-4 所示)。

设 $p_1(1)$、$p_1(2)$、$p_1(3)$为三组吸入压力,其对应的极限引射系数分别为 $\mu_g(1)$、$\mu_g(2)$、$\mu_g(3)$。假定两级泵抽气,且前面一级喷射泵的负荷为不可凝气体,在两级喷射泵之间设置冷凝器,前面一级喷射泵的工作蒸汽都被冷凝器所冷凝排除,因此这两级喷射泵的负荷相等,即图 11-4 中横坐标的刻度对这两级喷射泵相同。ab 线为极限工况下喷射泵的反压力与引射系数的关系曲线,

即 $p_4(g)=f(\mu_g)$；用 cd 线表示下一级喷射泵的吸入压力与引系数的关系曲线，则 ab 与 cd 线的交点 M 决定了前级喷射泵的过载点 g（前面一级泵的出口压力即为后级泵的入口压力）。当前面一级喷射泵的引射系数小于 $\mu_g(2)$ 时，表示前一级喷射泵运行在极限工况下的工作段－fg 段。当引射系数大于 $\mu_g(2)$ 时则说明前一级喷射泵运行在过载段－gh 段。

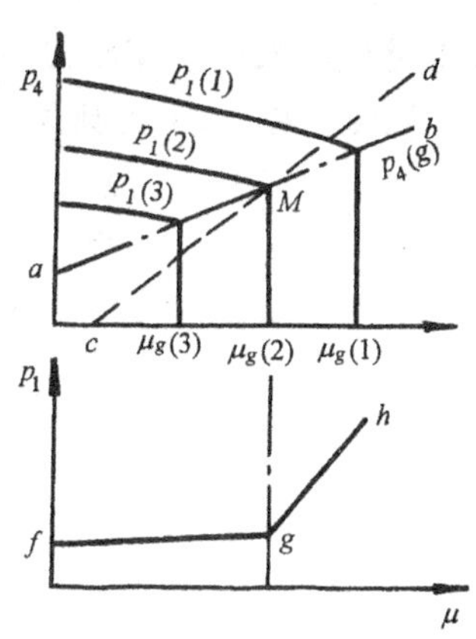

图 11-4　在不同入口压力 $p_1(1)>p_1(2)>p_1(3)$ 时泵的抽气性能与出口反压力的关系

为使多级泵都可靠地工作在极限工况下的工作段，则各级泵的实际反压力应低于极限反压力。

图 11-5 给出了在一定工作蒸汽压力下，蒸汽喷射泵抽气量与吸入压力和极限排气压力的关系曲线。由图可见，若泵的抽气量增加，则吸入压力显著上升，但极限排气压力（极限反压力）上升很少。这说明增加抽气量，能使入口真空度降低；减少负荷，能提高真空度，但负荷过分减少，会使工作蒸汽射流在扩压器喉部发生的激波前移，使泵的工作不稳定，降低泵的抽气性能。

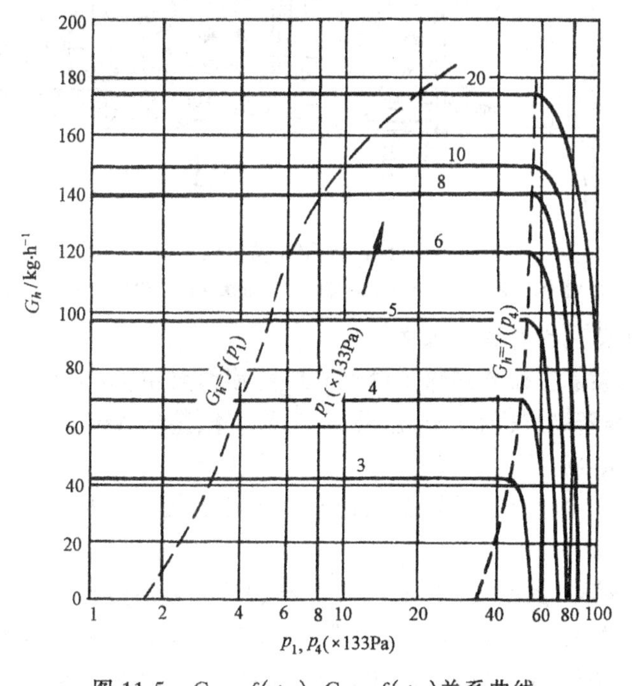

图 11-5　$G_h=f(p_1)$；$G_h=f(p_4)$ 关系曲线

一般来说，在负荷减少时所需的动量也少，但对于蒸汽喷射泵来说，负荷过少时，不但会造成能源浪费还会出现上述现象。故在负荷变化较大情况下，可备用几台泵并联运行，根据负荷变化情况来决定需要开动泵的台数，以节省工作蒸汽耗量和保证泵工作稳定可靠。

11.3　蒸汽喷射泵的结构与组成

11.3.1　泵的结构

通常单级水蒸气喷射泵的压缩比不大于 10，入口工作压力不低于 10kPa。因此当需要获得更低的入口工作压力时，则需要由两个或两个以上的喷射器和冷凝器串联组成多级蒸汽喷射泵。图 11-6 是典型五级水蒸气喷射泵的结构示意图和实物照片。

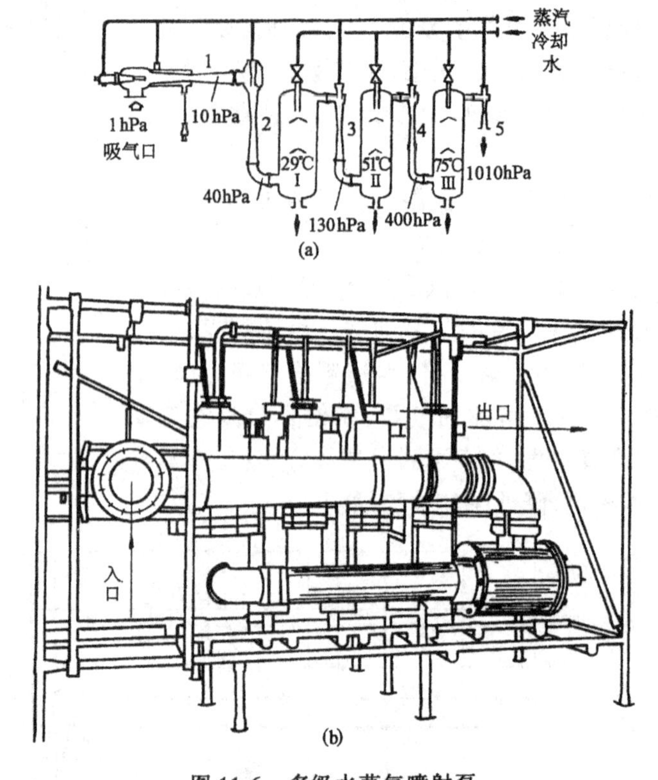

图 11-6 多级水蒸气喷射泵

(a)五级水蒸气喷射泵结构示意图；(b)五级水蒸气喷射泵实物示意图

11.3.2 多级蒸汽喷射泵的组成

多级蒸汽喷射泵的工作系统除了前面介绍的喷射泵主体（又称喷射器）之外，主要由以下几部分组成：冷凝器、蒸汽加热套、启动泵、工作蒸汽供汽系统。

11.3.2.1 冷凝器

冷凝器的作用是将混合气体中的可凝性蒸汽部分凝结排除，以减少下一级泵的负荷。其结构形式如下：

1）混合式冷凝器。如图 11-7 所示，冷却与被冷却介质直接混合而进行热量交换，冷却效果好。该种冷却器按其结构分类，有喷淋式[如图 11-7(a)所示]和隔板式[如图 11-7(b)所示]。因为混合式冷凝器结构简单，冷却效率高，故在水蒸气喷射泵中被广泛使用。

2）表面式冷凝器。如图 11-8 所示，冷却介质与被冷却介质不直接接触。两者通过固体（如铜、钢管等）表面的传热进行热交换。这种冷凝器便于冷凝物的处理和回收。但因其结构复杂，冷却效率较低，一般在特殊场合下才使用。

3）喷射式冷凝器。如图 11-9 所示，以压力水作为喷射器的工作介质，形成高速射流抽吸被冷凝物，混合冷凝并压缩排出。它具有抽气、冷凝双重作用，故适于抽吸和冷凝含有大量可凝性蒸汽的场合。

冷凝器按其在喷射泵中的安装位置，又分为前冷凝器、中间冷凝器和后冷凝器。

(1) 前冷凝器。安装在第一级喷射器吸入口前,主要为了减少第一级泵的负荷。只有当被抽混合物中含有大量的可凝性蒸汽,并且混合物中的蒸汽分压力大于冷却水温度所对应的饱和蒸汽压时方能使用。

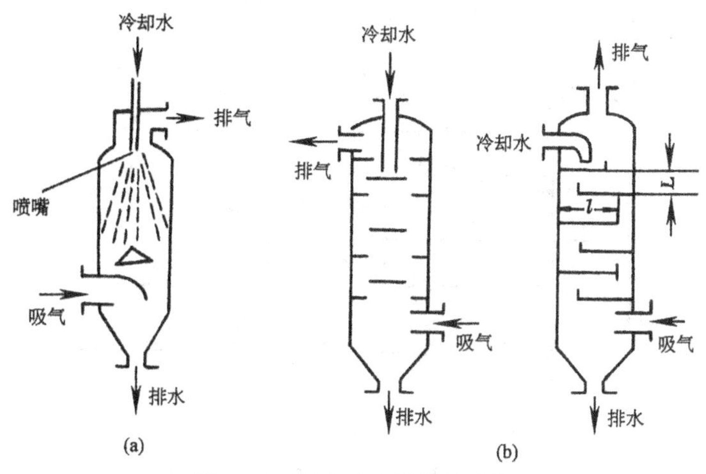

图 11-7 混合式冷凝器示意图

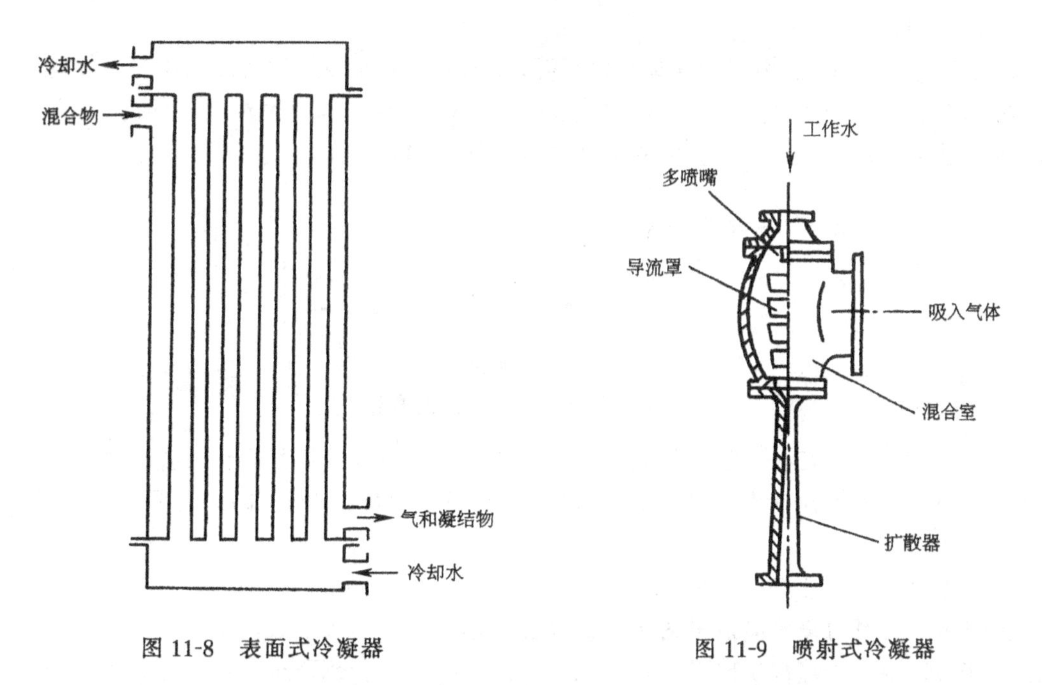

图 11-8 表面式冷凝器

图 11-9 喷射式冷凝器

(2) 中间冷凝器。在蒸汽喷射泵中应用最多的是中间冷凝器,它设置在两级喷射器之间。冷凝器的容积大小和具体安装位置应视进入冷凝器中混合物的量、混合物的蒸汽分压力和冷却水温度而定。在蒸汽喷射泵中根据情况,往往需要设置好几个中间冷凝器。一般,以第一级冷凝器冷凝量最大,通常称为主冷凝器。

(3) 后冷凝器。安装在末级喷射器之后,主要为了消除末级喷射器的废气或回收余热。后冷凝器通常可不要。

11.3.2.2 蒸汽加热套

蒸汽加热套的结构形式如图 11-10 所示。当某级泵的入口工作压力低于 533Pa 时,由于工作蒸汽经过拉瓦尔喷嘴以超音速喷出后的急剧膨胀而产生温度降低，将使喷嘴出口处和扩压器入口处结冰，由此使泵的抽气性能恶化。为避免出现这种现象，保证喷射器正常工作，可在喷嘴和扩压器渐缩部分安装蒸汽夹套，通入工作蒸汽加热，防止结冰现象发生。

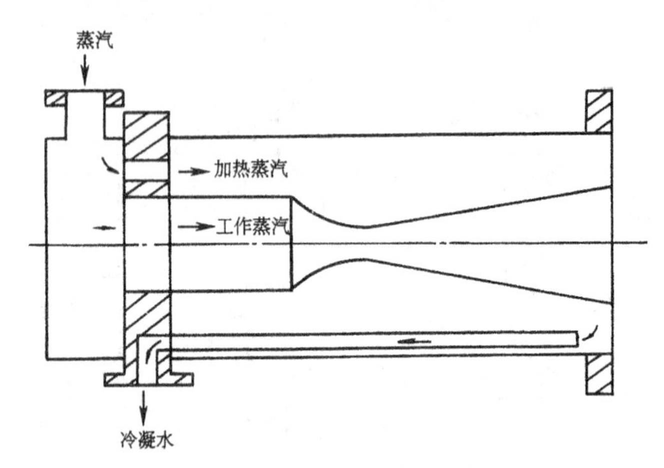

图 11-10　蒸汽加热套结构示意图

11.3.2.3　启动泵

对于某些工艺过程，例如钢液真空处理等，要求真空泵在很短时间内迅速将被抽容器抽至需要的真空度。为了满足工艺过程的快速抽气要求和有效地利用蒸汽源的潜力，可在真空系统中设置启动泵。其在系统中的安装位置如图 11-11 所示。

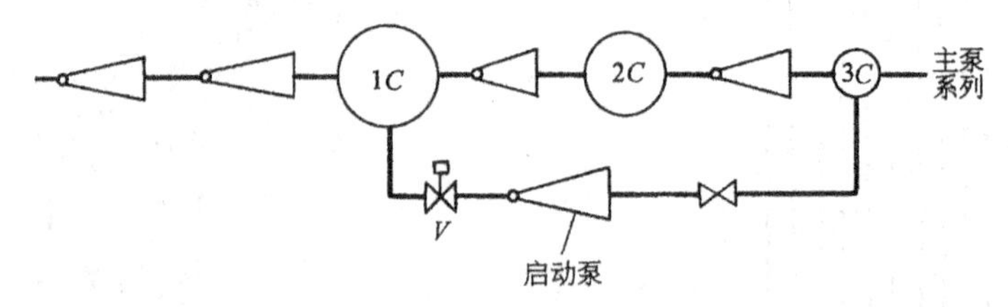

图 11-11　设置启动泵的蒸汽喷射泵

启动泵与并联的喷射器的工作蒸汽总耗量应等于真空系统正常运转时各级喷射器蒸汽耗量的总和。这样可在不增加工作蒸汽总供汽量（即不增加锅炉容量）的前提下，最大限度地缩短抽气时间。

11.3.2.4　工作蒸汽供汽系统

工作蒸汽质量对蒸汽喷射泵的实际抽气性能影响很大。所谓蒸汽质量主要指蒸汽的干度（或湿度）和温度。蒸汽喷射泵适用的工作蒸汽应为干饱和或稍过热蒸汽。为了保证蒸汽喷射泵系统的供汽质量，使系统正常有效地工作，则供汽系统根据需要应设置以下装置：

1）蒸汽减温和过热装置。一般对于热力网的蒸汽（过热度常高于 100℃）必须降温使用，通常可在供汽管网上增设“蒸汽自动减温装置”。反之，如果是自备锅炉供汽，为保证工作蒸汽具有一定的过热度和干度，则应在锅炉供汽管路上安装过热器。

2）汽水分离器。通常，对于不带过热器的锅炉供汽系统，锅炉出口所供蒸汽的湿度常高于 4%，而经供汽管线冷却后，特别是当环境温度较低且长距离管线供汽时，其蒸汽湿度可能远高于 4%，在这种情况下应设置汽水分离器，使工作蒸汽的湿度降至 2% 以下。

3）蒸汽排放与消音装置。蒸汽排放装置的作用主要是当供汽开始时，将供汽总管中的初始冷凝水和湿蒸汽排出供汽系统。而大量的初始水往往是使供汽系统中产生水锤现象的主要原因。其次蒸汽排放装置还可防止当真空系统快速停泵时,在锅炉及供汽管网中可能产生的压力突升现象。

为了减少蒸汽排放时的噪声,可在排放口处安装消音装置。消音器还可安装在末级喷射器的出口处。

4) 被抽气体的冷却与除尘装置。由图 11-12 可知,水蒸气喷射泵的抽气能力随被抽气体温度升高而降低。为了有效地发挥蒸汽喷射泵的抽气能力,当被抽气体的温度较高时,应在被抽气体进入泵抽气系统之前的管路上设置水冷却装置,对被抽气体进行降温处理。

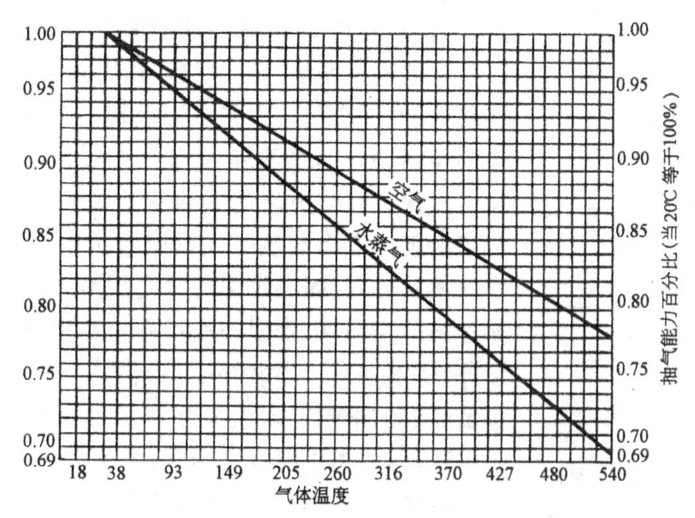

图 11-12 泵抽气量与被抽气体温度之间关系

实践表明,被抽气体中若含有灰尘往往成为抽气系统的故障源。例如,灰尘在管路弯头、阀门、喷射器中大量沉积而引起气流阻塞,阀门失灵以至系统泄漏等,最终导致喷射器抽气性能恶化。因此,必须在喷射泵入口抽气管路上设置有效的清灰除尘装置。

多级蒸汽喷射泵抽气系统除了以上所述组成装置之外,还包括真空阀门、供水系统、计量及控制系统等。

对于大排气量的真空抽气系统,高真空级可设计成并列式(主泵、辅泵系列)或多台泵并联运行,这样可使单泵的几何尺寸不致太大,而且可以随着抽气负荷的变化改变并联泵开停的数量,有效地利用能源,节省能耗。

11.4 蒸汽喷射泵的安装形式

11.4.1 高架式泵的安装

高架式蒸汽喷射泵的安装形式如图 11-13 所示,是目前使用最广泛的一种形式。在高架式安装形式中,冷凝器中的冷却水靠水的自重克服大气压力而自然排出。所以通常要求安装高度不低于 11m。高架式安装形式的缺点是由于安装高度较高,辅助平台、上下蒸汽管路等综合造价高,操作维修不方便。但是由于它的故障率低,可以连续长期无故障运行,所以目前仍然得到广泛应用。

11.4.2 半高架式泵的安装

鉴于高架式蒸汽喷射泵安装高度较高,因此发展了一种半高架式蒸汽喷射泵。将泵置

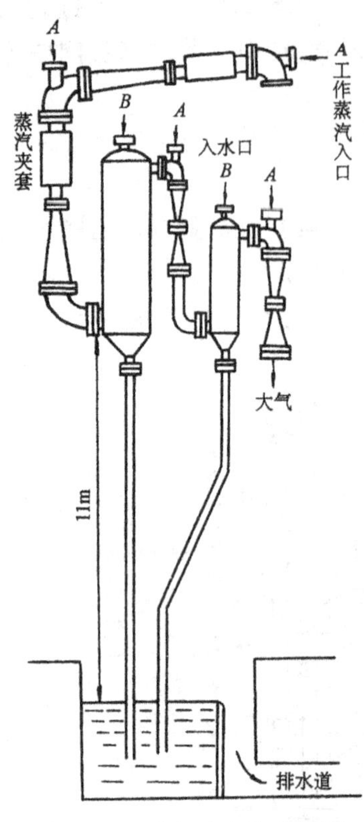

图 11-13 高架式蒸汽喷射泵

于约 5m 高的平台之上，采用离心水泵强制抽除冷凝器中的冷凝水，所以冷凝器中的水位应与水泵连锁控制。其优点是安装位置较低，但是水泵在高吸程中工作时，由于压力较低，急易产生气蚀现象，造成返水事故，降低了系统运行的可靠性。故目前很少采用。

11.4.3 低架式泵的安装

低架式蒸汽喷射泵抽气系统目前有以下两种型式：汽水串联喷射泵、蒸汽喷射引流式泵。

11.4.3.1 汽水串联喷射泵

水喷射泵所能达到的极限压力约为 2660Pa，因此为求得到较高的真空度，可在其前面串联一级蒸汽喷射器组成汽水串联喷射泵。这种泵由于系统中无冷凝器，故无须高台架设。汽水串联喷射泵的最大优点是安装使用方便。由于蒸汽喷射泵的工作蒸汽带入的热量可使水喷射泵的循环水箱内的水温升高，循环水温所对应的饱和蒸汽压力决定了它所能达到的真空度，水温的逐步升高将导致水喷射器的真空度下降，所以在汽水串联泵工作时需不断供给补给水，以减缓水温造成的影响。即使如此汽水串联喷射泵的工作真空度仍很低，只能用于粗真空场合。

11.4.3.2 蒸汽喷射引流式泵

蒸汽喷射引流式泵，这种结构形式的泵是利用工作系统本身的蒸汽能源带动一蒸汽引流喷射器，用于抽除冷凝器中的冷凝水。这种形式的泵可在生产制造厂家将其整体安装在一个机架上。这样在现场可以很便捷地安装，而且占用体积小，使用操作方便，适用于中、小型真空系统抽气用。

11.5 蒸汽喷射泵的设计计算

虽然泵的设计方法很多，但概括起来有以下几种方法：

1) 分别研究膨胀、混合和压缩过程的能量变化，对流体的热力学规律进行描述。此法繁琐且诸多假设，与实际工况有很大差别，精确性差。

2) 理论计算法。该方法不对喷射器工作过程中的各个环节进行孤立的分析，而是在喷射器的整个工作过程中采用气体动力学的计算公式研究喷射器主要特征断面(例如喷嘴喉部、喷嘴出口、扩压器喉部等)的几何参数与气体动力参数的关系，探讨泵临界工况的实质，并在计算公式中引入相应的实验系数。该方法对某些特定工况下的泵，计算误差较小。但计算方法仍然相当繁琐，很多情况下计算结果与实践仍有较大差距。

3) 简易计算法。该方法是根据大量的实验，归纳出简易的图表数据和经验公式来进行设计计算。该方法简便易行，但局限于实验过的结构和工作范围，特别是对高真空度、大抽气量的泵，其计算误差较大。

因篇幅所限，本章只介绍简易计算法。

11.5.1 蒸汽喷射泵的参数选择

11.5.1.1 工作蒸汽的选择

A 工作蒸汽压力的选择

一般说来,工作蒸汽压力越高,工作蒸汽与冷却水耗量越少。但当工作蒸汽的压力过高时,上述规律并不明显。这是因为过高的蒸汽压力会导致膨胀增加,喷嘴长度增加,引起喷嘴损失增加所致。而且蒸汽压力越高,蒸汽生产费用以及设备投资费用越多。因此,一般工作蒸汽压力在0.4~1.6MPa(表压)范围内选取。

在泵的工作压力较低(如低于133Pa)时,为了利用废气余热,减小多级喷射器的第一、二级附面层的影响及改善喷嘴加工工艺性,工作蒸汽压力下限可选择为0.25MPa。

B 工作蒸汽干度及温度的选择

一般无论是过热或是饱和的工作蒸汽,对泵的性能无太大的影响。但是因蒸汽管道的散热及工作蒸汽在喷嘴中膨胀而变湿,使泵的性能不稳定。特别是工作蒸汽压力较低时,泵的喷嘴的膨胀度又很大,使蒸汽处于"过冷"状态。此时如果工作蒸汽中含有固体颗粒或液滴,便可能成为冷凝中心,使蒸汽骤然凝结。这样不仅导致喷嘴内工作蒸汽静压力升高,速度降低,还会使喷嘴内积水,加剧了喷嘴的磨耗和腐蚀。故一般选择工作蒸汽过热度为10~20℃为宜,蒸汽干度96%以上。工作蒸汽过热度太大,不仅浪费能源,还会使泵的性能不稳定。

11.5.1.2 冷却水的选择

冷凝器的冷却水入口温度越低,冷却水的耗量越少。这是因为可以提高冷凝器的冷凝能力,减少进入下一级泵的负荷。一般冷却水进出口温差可以取大些。当吸入压力较高时,冷却水温对蒸汽及水耗量影响不大,这是因为通过冷凝器的蒸汽混合物温度较高。

11.5.1.3 多级泵级数与压缩比的选择

A 级数的选择

多级蒸汽喷射泵可以根据不同要求的吸入工作压力来选取泵的级数。多级蒸汽喷射泵的级数与工作压力的关系如表11-1所示。

表11-1 多级蒸汽喷射泵的级数与工作压力的关系

级　数	1	2	3	4	5	6
吸入压力/Pa	1.3×10^4~1.0×10^5	2.7×10^3~2.7×10^4	4×10^2~4×10^3	6.7×10~6.7×10^2	6.7~133.3	0.67~13.3

B 压缩比的确定

1) 泵总压缩比 Y 的确定:

$$Y=\frac{p_4}{p_1} \tag{11-1}$$

式中　p_1——第一级喷射器的入口压力;

p_4——末级喷射器的出口压力,$p_4=(1.05\sim1.1)$大气压力。

2) 每一级平均压缩比 $\overline{Y}_i$:

$$\overline{Y}_i=\sqrt[n]{Y} \tag{11-2}$$

式中　n——泵的级数；

$\overline{Y}_i$——每一级平均压缩比。

以 $\overline{Y}_i$ 为基准调整各级喷射器的压缩比，应满足

$$p \cdot Y_1 \cdot Y_2 \cdot Y_3 \cdots\cdots > p_4$$

调整原则为：

(1) 从第一级到末级的压缩比一般应逐渐减少，最大压缩比 $Y_{max}=10\sim12$，最小压缩比 $Y_{min}=3\sim4$。压缩比太大太小都会影响泵的性能稳定。

(2) 进入第一级冷凝器的混合物中的蒸汽分压力对应的饱和温度要比冷却水入口温度高 8～12℃。

(3) “压力重叠度”取 10%，即相邻两级喷射器的前面一级的极限反压力应比后级的吸入压力高 10%。

(4) 冷凝器的阻力(压力降)约为 670～1330Pa。位于高真空处的冷凝器的阻力取小值，位于低真空处的冷凝器的阻力取大值。

11.5.1.4　泵抽气负荷的估算

A 当量换算

因在粗低真空范围内喷射器的抽气机理主要是黏性携带作用，所以引射系数与被抽气体的摩尔质量和温度有关。为了简化计算，被抽气体均指 20℃ 的纯空气。为此，对于任意温度下的空气或非纯空气的被抽气体要进行当量换算，通常用修正系数来校正。

首先设定一些符号(如图 11-14 所示)：

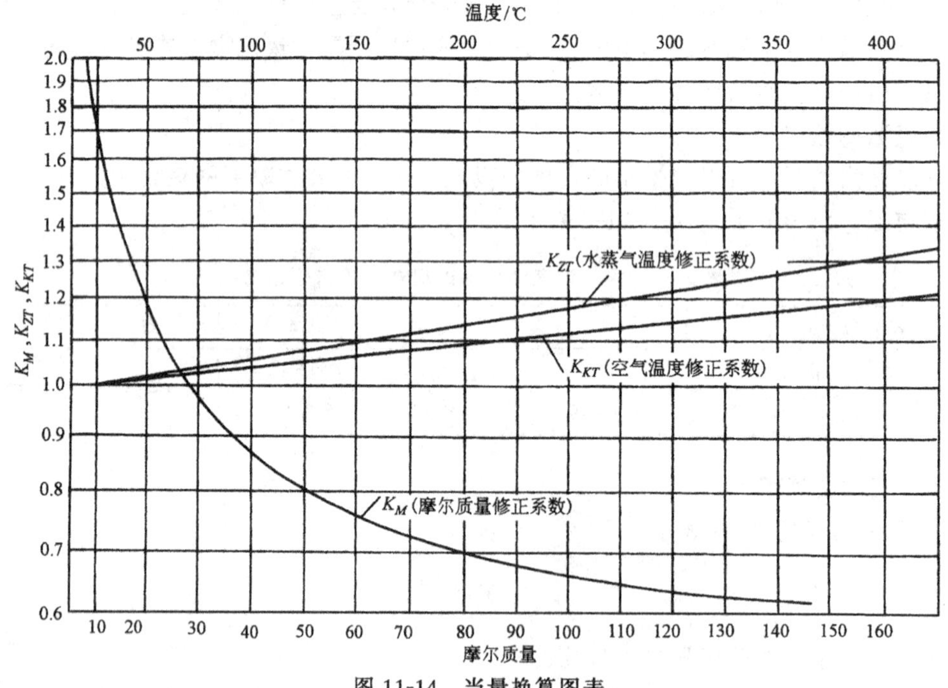

图 11-14　当量换算图表

K_{KT}——空气温度修正系数；

K_{ZT}——水蒸气温度修正系数；

K_M——摩尔质量修正系数；

G_K——泵抽吸的空气量；

G_Z——泵抽吸的水蒸气量；

G_{20}——当量20℃纯空气量；

G_h——泵抽吸的混合气体总量。

将被抽气体量都换成20℃的纯空气当量 G，有

对于温度超过20℃的空气：

$$G_{20} = G_K \cdot K_{KT} \tag{11-3}$$

对于水蒸气：

$$G_{20} = G_Z \cdot K_{ZT} \cdot K_M \tag{11-4}$$

对于水蒸气与空气的混合气体：

$$G_{20} = G_K \cdot K_{KT} + G_Z \cdot K_{ZT} \cdot K_M \tag{11-5}$$

对于其他混合气体：

先求出混合气体的平均摩尔质量，然后再做当量换算。

$$G_{20} = G_h \cdot K_M \cdot K_{KT} \tag{11-6}$$

平均摩尔质量的求法：

1) 已知混合气体的流量，用混合气体中每种气体摩尔质量去除各自的流量，所得的商的总和再去除混合物的总流量即为平均摩尔质量；

2) 若已知混合气体中每种气体的各自含量百分比，应用每种气体的摩尔质量除各自含量的百分比，所得的商数总和的倒数即为平均摩尔质量；

3) 如果已知混合气体的体积百分比时，应用混合气体中每种气体的体积百分比乘以各自的摩尔质量，所得乘积的总和即为混合气体的平均摩尔质量。

B 其他被抽气体负荷

1) 工作蒸汽放出的气体量 G：

$$G_{ok} = G_0 \times 10^{-3} \quad \text{kg/h} \tag{11-7}$$

式中 G_0——工作蒸汽耗量。

2) 冷却水放出的气体量 G：

$$G_{sk} = W \times 10^{-2} \quad \text{kg/h} \tag{11-8}$$

式中 W——冷却水耗量 t/h。

3) 喷射泵系统的漏气量 G_l，按图11-15选取。对于工作压力低于133Pa时，图中给出的漏气量偏大，此时应根据经验选取适当值。

泵抽吸气体总负荷 G 为

$$G = G_{20} + G_{ok} + G_{sk} + G_l \tag{11-9}$$

11.5.2 简易计算法

11.5.2.1 假定

1) 喷嘴与扩压器喉部以临界工况工作(马赫数 $M=1$)。

2) 影响引射系数的因素很多，在此引射系数按表11-2中给出的实验数据选取。

3) 喷射器遵循几何相似原理。

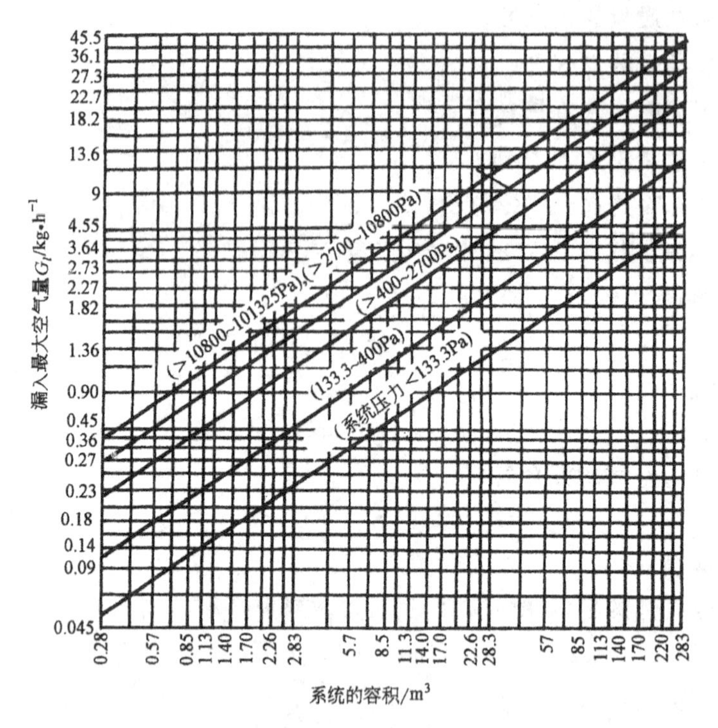

图 11-15　被抽系统漏入空气的最大量

4）设计参数确定后，按下面近似公式进行核算：

$$p_4 = \left(\frac{D_{kp}}{D_3}\right)^2 (1 + \mu_h) p_0 \quad \text{(Pa)} \tag{11-10}$$

式中　p_4——喷射器排出压力，Pa；

p_0——工作蒸汽压力，Pa；

D_{kp}——喷嘴喉部直径，mm；

D_3——扩压器喉部直径，mm；

μ_h——引射系数（按表 11-2 选取）。

5）该计算方法许可被抽气体的分子量为 19～50，温度为 10～50℃，在此范围内不需作当量换算。

表 11-2　引射系数选择表

Y \ μ_h \ B	10	15	20	30	40	60	80	100	150	200	300	400	600	800	1000	1500	2000	3000	4000
1.2	3.1	3.42	3.6	3.71	3.8	3.89	3.95	4.0	4.01	4.02	4.03	4.04	4.05	4.06	4.06	4:06	4.07	4.07	4.07
1.4	1.73	1.98	2.11	2.31	2.4	2.47	2.52	2.56	2.59	2.61	2.61	2.62	2.62	2.63	2.34	2.65	2.65	2.66	2.66
1.6	1.12	1.32	1.45	1.58	1.67	1.75	1.79	1.83	1.88	1.92	1.95	1.98	2.00	2.00	2.01	2.01	2.01	2.01	2.01
1.8	0.81	1.00	1.11	1.23	1.29	1.36	1.41	1.44	1.49	1.53	1.58	1.61	1.64	1.66	1.67	1.67	1.69	1.70	1.71
2.0	0.58	0.76	0.87	0.98	0.05	1.12	1.17	1.20	1.24	1.28	1.32	1.35	1.38	1.40	1.42	1.44	1.45	1.46	1.47
2.2	0.46	0.60	0.71	0.82	0.89	0.07	1.01	1.05	1.10	1.13	1.17	1.20	1.23	1.20	1.26	1.28	1.30	1.32	1.33
2.4	0.37	0.48	0.55	0.68	0.72	0.82	0.86	0.90	0.94	0.98	1.02	1.05	1.09	1.12	1.14	1.17	1.20	1.22	1.23

续表 11-2

Y \ μ_h \ B	10	15	20	30	40	60	80	100	150	200	300	400	600	800	1000	1500	2000	3000	4000
2.6	0.30	0.41	0.49	0.58	0.65	0.71	0.77	0.81	0.86	0.90	0.94	0.97	1.00	1.03	1.06	1.06	1.10	1.12	1.13
2.8	0.24	0.34	0.41	0.50	0.57	0.64	0.69	0.73	0.73	0.82	0.87	0.89	0.93	0.96	0.98	1.00	1.03	1.04	1.05
3.0	0.19	0.28	0.34	0.41	0.47	0.53	0.59	0.62	0.68	0.71	0.77	0.81	0.86	0.89	0.91	0.93	0.94	0.96	0.98
3.2	0.17	0.25	0.31	0.38	0.43	0.50	0.54	0.57	0.62	0.67	0.71	0.75	0.79	0.82	0.84	0.86	0.89	0.91	0.92
3.4	0.16	0.22	0.27	0.35	0.40	0.46	0.50	0.52	0.58	0.62	0.67	0.70	0.73	0.76	0.78	0.80	0.82	0.84	0.85
3.6		0.19	0.24	0.31	0.36	0.42	0.46	0.49	0.54	0.59	0.63	0.65	0.69	0.71	0.73	0.75	0.76	0.78	0.79
3.8		0.17	0.22	0.23	0.33	0.39	0.43	0.45	0.50	0.53	0.57	0.60	0.63	0.65	0.67	0.69	0.71	0.73	0.74
4.0			0.19	0.25	0.30	0.35	0.40	0.42	0.46	0.50	0.53	0.55	0.59	0.61	0.62	0.64	0.66	0.68	0.70
4.5			0.15	0.20	0.24	0.29	0.33	0.36	0.40	0.44	0.48	0.51	0.53	0.55	0.57	0.59	0.60	0.62	0.63
5.0				0.16	0.19	0.24	0.28	0.31	0.35	0.38	0.41	0.43	0.46	0.48	0.50	0.51	0.53	0.55	0.56
5.5					0.16	0.21	0.24	0.27	0.30	0.33	0.37	0.40	0.42	0.44	0.45	0.47	0.49	0.51	0.52
6.0						0.18	0.20	0.23	0.26	0.30	0.33	0.36	0.39	0.41	0.42	0.43	0.45	0.46	0.47
7.0						0.15	0.17	0.19	0.22	0.25	0.29	0.31	0.34	0.36	0.37	0.39	0.41	0.42	0.43
8.0								0.16	0.19	0.22	0.25	0.27	0.30	0.32	0.33	0.35	0.36	0.38	0.39
9.0									0.16	0.19	0.21	0.23	0.26	0.28	0.30	0.32	0.33	0.35	0.36
10.0											0.18	0.20	0.23	0.25	0.27	0.29	0.30	0.32	0.33

11.5.2.2 设计计算步骤

A 已知条件

p_0、p_4 的符号意义及单位同式(11-10)；p_1 为吸入压力 Pa；t_1 为冷却水入口温度℃；G_h 为被抽气体量 kg/h；$B=\frac{p_0}{p_1}$为膨胀比；$Y=\frac{p_4}{p_1}$为压缩比。

B 引射系数 μ_h

根据 B 与 Y，从表 11-2 查得 μ_h。

C 泵需要的工作蒸汽耗量 G_0

$$G_0=\frac{G_h}{\mu_h} \quad (\mathrm{kg/h}) \qquad (11\text{-}11)$$

D 喷嘴计算（如图 11-16 所示）

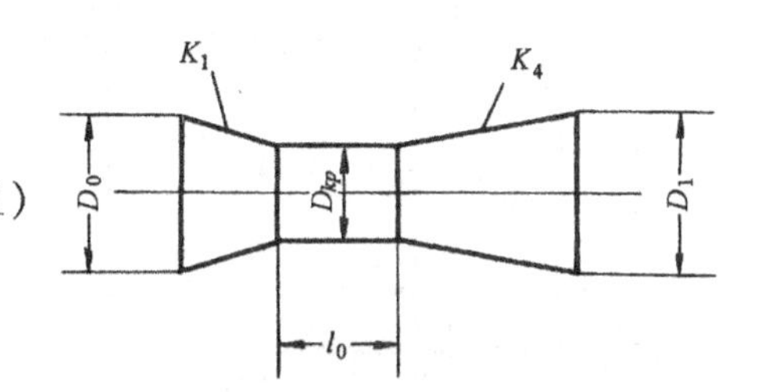

图 11-16 喷嘴计算尺寸图

1）喷嘴喉部直径 D_{kp}：

$$D_{kp}=1.6\sqrt{\frac{G_0}{p_0\times10^{-5}}} \quad (\mathrm{mm}) \qquad (11\text{-}12)$$

2）喷嘴出口直径 D_1：

$$D_1=C\cdot D_{kp} \quad (\mathrm{mm}) \qquad (11\text{-}13)$$

式中 C——经验系数。选取原则为：

对于饱和水蒸气

当 $B<500$ 时，$C=0.61(2.52)^{\lg B}$

当 $B>500$ 时，$C=0.51(2.65)^{\lg B}$

对于过热水蒸气：

当 $B<500$ 时，$C=0.67(2.77)^{\lg B}$

当 $B>500$ 时，$C=0.56(2.36)^{\lg B}$

3）喷嘴入口直径 D_0：

$$D_0=(3\sim4)D_{kp} \tag{11-14}$$

4）喷嘴喉部长度 l_0：

$$l_0=(1\sim2)D_{kp} \tag{11-15}$$

5）喷嘴锥度 K：

（1）喷嘴渐缩段锥度 K_1：

当 $p_1>133\text{Pa}$ 时，$K_1=1:4$

当 $p_1<133\text{Pa}$ 时，$K_1=1:3$

（2）喷嘴渐扩段锥度 K_4：

$$K_4=1:1.2$$

E 扩压器计算（如图 11-17 所示）

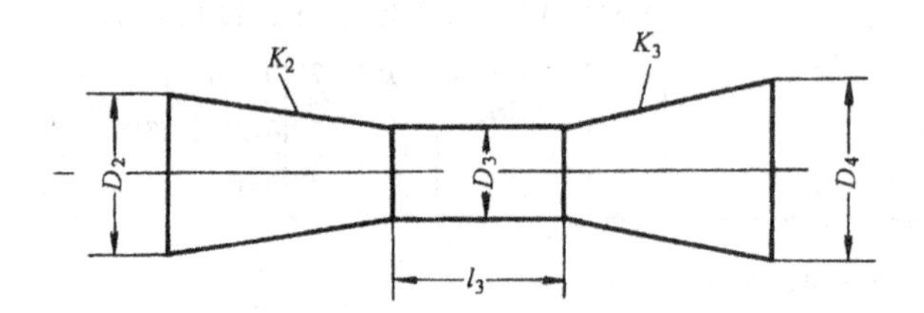

图 11-17 扩压器计算尺寸图

1）扩压器喉部直径 D_3：

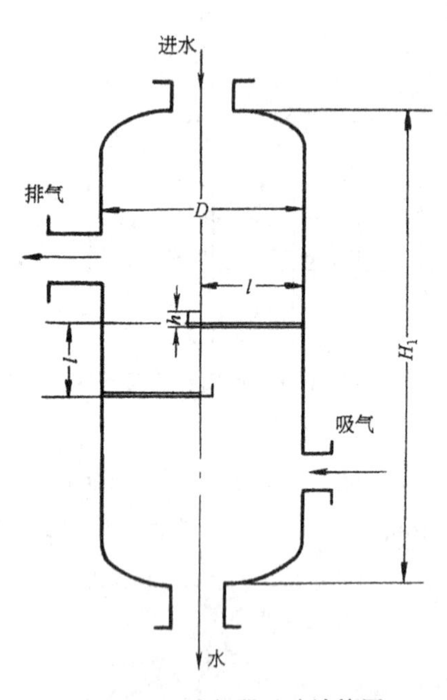

图 11-18 冷凝器尺寸计算图

$$D_3=1.6\sqrt{\frac{\frac{18}{29}(G_k+G_{ok}+G_{sk}+G_l)+G_z+G_0}{p_4\times10^{-5}}} \tag{11-16}$$

当喷射器位于冷凝器之前时，$G_{sk}=0$。

2）扩压器入口直径 D_2：

当 $p_1>13.3\text{kPa}$ 时，$D_2=1.5D_3$； (11-17)

当 $p_1<13.3\text{kPa}$ 时，$D_2=1.7D_3$。 (11-18)

3）扩压器出口直径 D_4：

$$D_4\approx1.8D_3 \tag{11-19}$$

4）扩压器喉部长度 l_3

$$l_3=(2\sim4)D_3 \tag{11-20}$$

5）扩压器锥度：

（1）渐缩段锥度 $K_2=1:10$

（2）渐扩段锥度 $K_3=1:8\sim1:10$

F 吸入混合室计算

泵吸入口直径 D_h，$D_h=(2\sim2.5)D_3$ (11-21)

G 冷凝器的计算(如图 11-18 所示)

1) 已知条件:

t_1、p_4、G_k(冷凝器入口处非可凝性气体含量)、G_{z4}(冷凝器入口处可凝性蒸汽含量)。

2) 冷却水耗量 W:

首先根据 p_4 查水蒸气对应的饱和温度 t_s,求得冷却水出口温度 t_2 为:

$$t_2=\frac{1}{3}(t_s-t_1)+t_1+(1\sim3℃)$$

冷却水耗量 W 为:

$$W=0.6\frac{G_s}{t_2-t_1}\quad(t/h)\tag{11-22}$$

式中 通过冷凝器的水蒸气凝结量,由下式求得

$$G_s=G_{z4}-G'_{z4}\quad(kg/h)$$

式中 G'_{z4}——冷凝器出口处可凝性蒸汽的流量。由下式求得

$$G'_{z4}=18\frac{G_k}{M_k}\cdot\frac{p'_{z4}}{p'_4-p'_{z4}}\quad(kg/h)\tag{11-23}$$

式中 p'_4——冷凝器出口处混合物全压力,由下式求得

$p'_4=p_4-(670\sim1330)$Pa(高真空取 670Pa,低真空取 1330Pa);

p'_{z4}——冷凝器出口处蒸汽分压力(Pa),即由冷凝器出口处混合物温度 t'_4查得的饱和蒸汽压力。$t'_4=t_1+(1\sim3)℃$

M_k——冷凝器出口处不可凝气体的分子量。

3) 冷凝器直径 D:

当蒸汽混合物通过冷凝器的速度为 15~20m/s 时,冷凝器圆筒部分直径 D 为

$$D=(5\sim8)\sqrt{G_{zh}\cdot V_{\Sigma h}}\quad(mm)\tag{11-24}$$

式中 G_{zh}——进入冷凝器的混合物流量,kg/h;

$V_{\Sigma h}$——进入冷凝器的混合物的比容,可近似地用 p_4 查得的饱和蒸汽比容代替,单位为 m^3/kg。

4) 冷凝器圆筒部分高度 H_1 由下式求得

$$H_1=(4\sim6)D\quad(mm)\tag{11-25}$$

5) 冷凝器内部隔板:

(1) 隔板数目 n: $n=5\sim8$

(2) 隔板间距 l:l 沿气流方向逐渐减少,可按等差级数排列。

$$最大间距\ l_{max}\geqslant\frac{D}{3}$$

$$最小间距\ l_{min}\geqslant\frac{D}{6}$$

(3) 隔板宽度 l: $l=\frac{D}{2}+50\quad(mm)$

(4) 隔板上小孔直径: $d=4\sim8\quad(mm)$

小孔中心距: $T=(2\sim3)d\quad(mm)$

(5) 隔板水膜厚度: $h=(50\sim70)\quad(mm)$

6）喷淋混合式冷凝器设计计算：

（1）喷头孔板每个孔的水流量 Q

$$Q = 36.4 A \Phi_3 \sqrt{2gH} \quad (\mathrm{m^3/h}) \tag{11-26}$$

式中 A——喷头孔板每个孔的截面积，m^2；

Φ_3——流量系数，通常取 $\Phi_3 = 0.7 \sim 0.8$；

g——重力加速度，$g = 9.8 m/s^2$；

H——喷头进水压力与冷凝器内工作压力之差，Pa。

（2）喷头孔的数目 n

$$n = \frac{W}{Q} \tag{11-27}$$

式中 W——冷却水流量 m^3/h，由式(11-22)求得。

（3）喷淋混合式冷凝器的其他参数计算与隔板混合式冷凝器相同。

11.6 蒸汽喷射泵抽气时间的计算

对于某些工艺过程，例如钢液真空精炼等，要求喷射泵在短时间内迅速将某容器抽至需要的真空度。为此，必须根据工艺过程给定的负荷，计算泵的抽气时间；也可以根据要求的抽气时间核算泵的抽气量能否满足工艺要求。

泵对各种气体的抽气时间按下式计算

$$T = \frac{1.2 \times 10^{-4} \cdot \alpha \cdot V \cdot M(p_1 - p_2)}{(G_2 - \alpha \cdot A)(273 + t)} \quad (\mathrm{h}) \tag{11-28}$$

式中 T——抽气时间，h；

V——被抽容器的容积，m^3；

p_1、p_2——分别为抽气开始和终止时的压力，Pa；

G_2——在 p_2 压力和温度 t 时，泵对分子量为 M 的气体的抽气量，kg/h；

t——被抽气体的温度，℃；

M——被抽气体的分子量；

A——系统的漏气量，kg/h；

α——由泵性能决定的修正系数，由实验方法求得。

对于单级启动泵或对于后级喷射器的抽气能力远大于前级抽气能力的多级泵，α 可按图 11-19 选取。

对于常见的多级泵的设计，各级泵在额定压力下的抽气能力基本平衡，因此在计算抽气时间时，除末级喷射器的修正系数 α 按图 11-19 选取之外，其他各级喷射器的 α 值可近似取为 1。

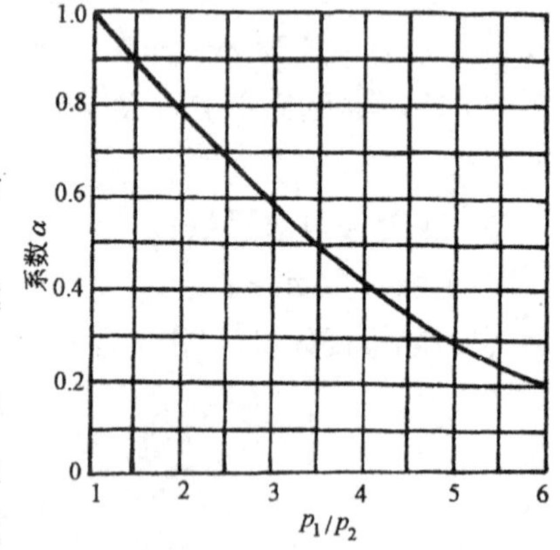

图 11-19 修正系数 α

12 油 扩 散 泵

12.1 概述

油扩散泵属于射流真空泵的一种，但与水蒸气喷射泵不同的是，油扩散泵工作在高真空区域，以低压高速油蒸气流作为工作介质。泵的抽气过程是被抽气体扩散到油蒸气射流中而被携带到泵出口排除的过程。

油扩散泵的工作压力范围为 $10^{-1} \sim 10^{-6}$Pa，其极限压力可达 10^{-8}Pa。泵的抽气速率可从每秒几升到每秒十几万升。此外与其他高真空或超高真空获得设备相比，油扩散泵除效率低外，它具有单位抽速所需成本较低，结构简单，没有机械运动部件，操作方便，使用寿命长，高可靠性和维修方便等特点，因此它成为一种量大面广的获得高真空和超高真空的真空泵。油扩散泵除了在一般工业中有广泛应用外，特别适应于那些要求对大工作室(大的被抽容器)进行快速抽空以及迅速排除被处理材料在处理过程中放出大量气体的工艺过程。例如，真空冶金、真空热处理设备及真空镀膜设备等。

12.2 油扩散泵的工作原理

12.2.1 泵的抽气过程

图 12-1 为油扩散泵的结构示意图，其抽气工作过程如图 12-2 所示。

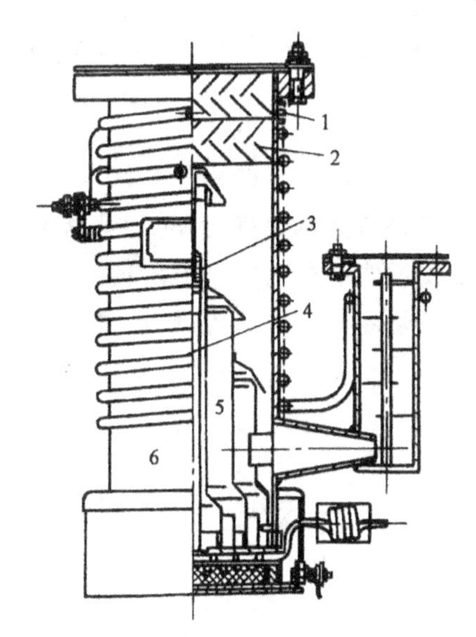

图 12-1 油扩散泵结构示意图

1—电阻丝；2—人字形挡板；3—弹簧；4—中心拉杆；5—泵芯；6—泵壳

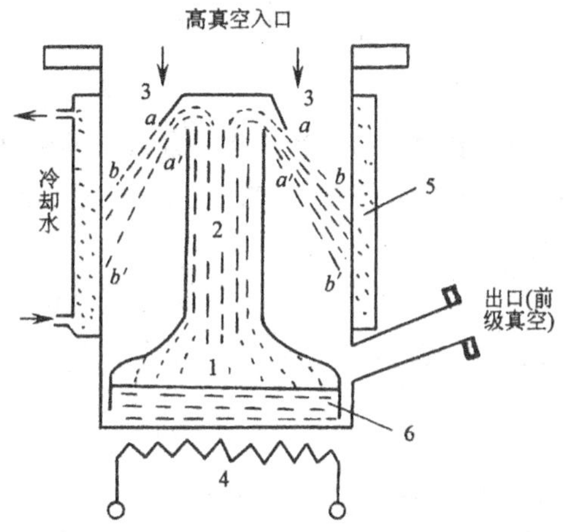

图 12-2 油扩散泵的抽气过程示意图

1—锅炉；2—导流管；3—喷嘴；4—加热器；5—冷凝器；6—工作介质；*ab*—射流的抽气表面

在图 12-2 中的锅炉 1 内装有工作介质(泵油)6，并用电热器 4 加热使之沸腾蒸发而产生油蒸气。由于泵内已经预抽真空，压力较低，故泵油可以在较低温度下蒸发。油蒸气经导流管 2 进入伞形喷嘴 3，油蒸气经过喷嘴将压力能转化成动能，形成高速蒸气射流。当油蒸气呈锥环状(见图 12-2aa-bb 断面)从伞形喷嘴以超音速喷出后急剧膨胀,其速度逐渐增大,压力及密度逐渐降低,射流中气体分子的浓度非常低。射流上面的被抽气体因密度差很容易扩散到射流的内部,并与工作蒸气分子碰撞,在射流方向上得到动量,从而被蒸气射流携带到水冷的泵壁处(b-b')。在 b-b'处,工作蒸气大部分被冷凝成油滴沿泵壁回到油锅中循环使用。这样在喷嘴和泵冷却壁之间形成了稳定的工作蒸气流。而被抽气体在 b-b'处从冷凝的蒸气射流中释放出来后堆积压缩,最后被下级蒸气射流携带走。经过这样的逐级压缩,最后被前级泵抽走。

12.2.2 扩散泵的抽气机理与性能计算

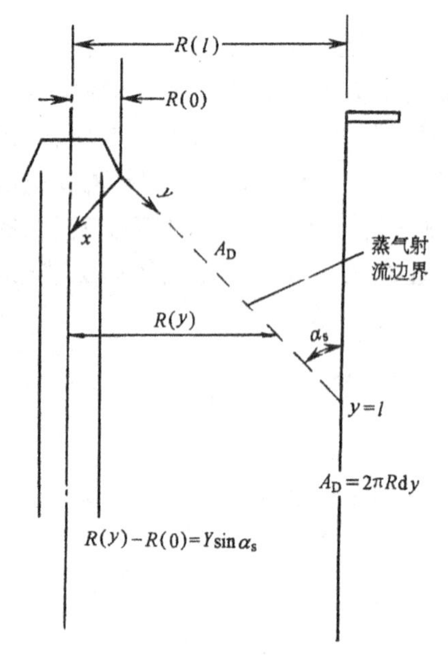

图 12-3 扩散泵的抽气模型

扩散泵的抽气机理是比较复杂的,至今尚无十分圆满的理论来精确计算泵的抽气性能。本书主要介绍在菲克扩散定律基础上建立起来的抽气模型,该模型比较接近泵的实际工作情况。

扩散泵的抽气模型如图 12-3 所示。

1) 气体分子在蒸气射流中的扩散流量 I_D 服从于菲克第一定律,即

$$I_D = -\int_{A_D} D\frac{\mathrm{d}n}{\mathrm{d}x}\cdot \mathrm{d}A_D \tag{12-1}$$

式中 D——气体扩散系数;

A_D——工作蒸气射流的表面积;

n——气体分子密度。

2) 气体分子在蒸气射流内部的浓度分布满足于菲克第二定律,即

$$\frac{\partial n}{\partial t} = D\cdot\frac{\partial^2 n}{\partial x^2} \tag{12-2}$$

设蒸气射流边界上的速度为 w,且坐标系选在界面上(见图 12-3)。利用初始条件($t=0$,蒸气射流在喷嘴处不含气体分子)和边界条件($x=0$;在蒸气射流界面上,气体分子密度为常数;$x=\infty$在远离蒸气射流界面处,气体分子密度为零):

$$n\binom{t=0}{x>0}=0;\ n\binom{t>0}{x=0}=n_0;\ n\binom{t>0}{x=\infty}=0 \tag{12-3}$$

可以求出式(12-2)的解,即

$$n\left(\frac{x}{2\sqrt{Dt}}\right) = n_0\left[1-\mathrm{erf}\left(\frac{x}{2\sqrt{Dt}}\right)\right] \tag{12-4}$$

由式(12-4)经变换可得出

$$\frac{\mathrm{d}n}{\mathrm{d}x} = -\frac{n_0}{\sqrt{\pi Dt}} = -\frac{n_0}{\sqrt{\dfrac{\pi D_0 y}{n_d w}}} \tag{12-5}$$

式中 n_d——蒸气射流密度。

$D\approx D_0/n_d$

将式(12-5)代入式(12-1),且将 $\mathrm{d}A_D=2\pi R\cdot\mathrm{d}y$ 代入,则可得气体分子的扩散流量为

$$I_D = -\int_0^l \frac{D_0}{n_d}\left(-\frac{n_0}{\sqrt{\frac{\pi D_0 y}{n_d w}}}\right)2\pi R \mathrm{d}y = 2n_0\sqrt{\frac{\pi D_0 w}{n_d}}\int_0^l \frac{R(y)}{\sqrt{y}}\mathrm{d}y \tag{12-6}$$

在蒸气射流界面处的抽速为

$$s_D = \frac{I_D}{n_d} = 2\sqrt{\frac{\pi D_0 w}{n_d}}\int_0^l \frac{R(y)}{\sqrt{y}} \cdot \mathrm{d}y \tag{12-7}$$

由图 12-3 可知 $R(y) - R(0) = y\sin\alpha_s$，因此式(12-7)可化简为

$$s_D = 2\sqrt{\frac{\pi D_0 w}{n_d}}\int_0^l \frac{y\sin\alpha_s + R(0)}{\sqrt{y}}\mathrm{d}y = \frac{4}{3}\sqrt{\frac{\pi D_0 w \cdot l}{n_d}} \cdot [R(l) + 2R(0)]$$

式中 $R(l)$——泵体内径；

$R(0)$——喷嘴外径；

l——蒸气射流有效长度。

l 值为

$$l = \frac{R(l) - R(0)}{\sin\alpha_s}$$

将 l 值代入前式，则有

$$s_D = \frac{4}{3}\sqrt{\frac{\pi D_0 w[R(l) - R(0)]}{n_d \cdot \sin\alpha_s}}[R(l) + 2R(0)] \tag{12-8}$$

从式(12-8)可以看出蒸气射流的抽气能力 S_D 与泵的几何尺寸、蒸气流的特性和被抽气体种类有关。

由于一级喷嘴所能建立的压缩比较小，为了获得较高的压缩比，降低扩散泵的极限压力和提高最大出口压力，油扩散泵多做成多级喷嘴串联的形式，并共用一个泵体。且在泵的设计上应使后级喷嘴的排气量大于前级喷嘴的排气量，即

$$I = sp \leqslant s_1 p_1 \leqslant s_2 p_2 \leqslant \cdots\cdots \leqslant s_i p_i \cdots\cdots \leqslant s_n p_n \tag{12-9}$$

式中 s_i 和 p_i 为第 i 级喷嘴的抽速和压力。这样，便保证了由第一级喷嘴排出的气体量能顺利地被各级抽走。

对于泵的抽速来说，多级泵的抽速完全取决于第一级喷嘴的抽速，故前面对单级喷嘴抽速的理论分析同样适用于多级泵。

如果考虑各级喷嘴的过载能力，由于各级蒸气射流对被抽气体的压缩，则式(12-9)；各级的压力为 $p < p_1 < p_2 < \cdots\cdots$；各级喷嘴的抽速则为 $s > s_1 > s_2 > \cdots\cdots$；这也意味着各级喷嘴的抽气面积 $A > A_1 > A_2 > \cdots\cdots$，最后一级喷嘴的抽气面积最小，它决定了泵的最大出口压力。总之，扩散泵的抽气特性与工作蒸气射流是密切相关的。

12.3 油扩散泵的结构特点

如图 12-4 所示，扩散泵的主要结构部件有泵体、喷嘴、冷却帽、蒸气流导管和加热器等。现代的油扩散泵都是做成多级的。在多级结构中，利用伞形喷嘴和喷射喷嘴组成泵内的导流系统。

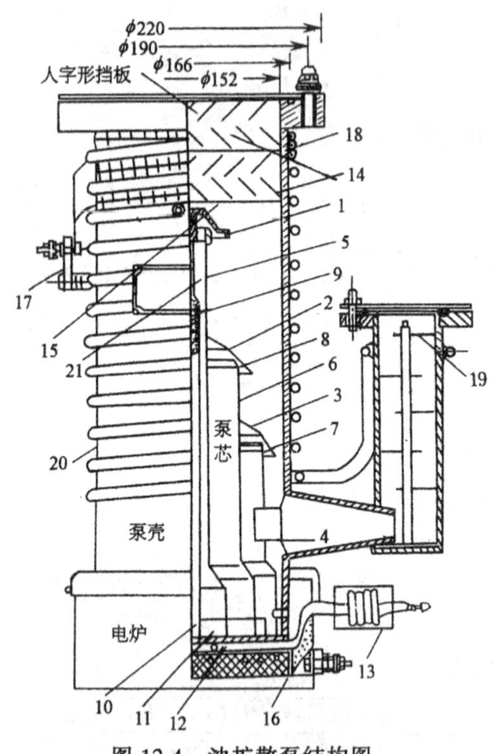

图 12-4 油扩散泵结构图

1—一级喷嘴；2—二级喷嘴；3—三级喷嘴；4—四级喷嘴；5—内导流管；6—中导流管；
7—外导流管；8—定距垫片；9—弹簧；10—拉杆；11—分馏环；12—快速冷却水管；
13—快速冷却水套；14—人字形挡板；15—防爬板；16—电炉；17—烘烤电源接线座；
18—泵体上段加热器；19—挡油阱；20—泵壳；21—泵芯

12.3.1 加热器与加热功率

与扩散喷射泵相比，油扩散泵的抽气量和最大出口压力要低得多，所以泵的加热功率也比较低。油扩散泵的锅炉直径通常等于(或小于)泵口直径。抽速大于 500L/s 的油扩散泵锅炉的热负荷不超过 2～2.5W/cm^2。

在油扩散泵中，油蒸发所消耗的功率通常为总功率的 60%～70%，其余部分为补偿各种热损失的功率。在扩散泵中热损失主要有以下几个方面：从加热器表面经过锅炉壁向外界的热传导(占 20%～25%)；沿泵壁从热的锅炉向冷的泵体的热传导(占 10%～15%)；从导流管表面向泵壁的辐射和气体与蒸气的混合物从导流管向泵壁的热传导(5%～10%)。如果泵的结构比较好，则热损耗可降到总功率的 10%～15%。例如，对泵的加热器和锅炉进行绝热保温，可以明显地降低热损耗。如果采用封闭式加热器，锅炉底面和加热器之间没有空气层存在，则加热功率可以很好地利用。

12.3.2 泵体

扩散泵的泵体结构如图 12-5 所示。对于一般的扩散泵，泵体多做成直筒形；对于大型泵，也有用锥筒形或凸腔形泵体。由于圆筒形泵体便于加工，所以目前应用较多。

泵口直径 D<250mm 的泵体用无缝钢管做成；大泵的泵体用 4～10mm 厚的钢板卷成圆筒焊接而成，焊缝不能漏气。泵内壁应抛光镀镍。

图 12-5(b)所示的凸腔泵体可以在不增加泵口尺寸的情况下，使抽速得到较大的提高。

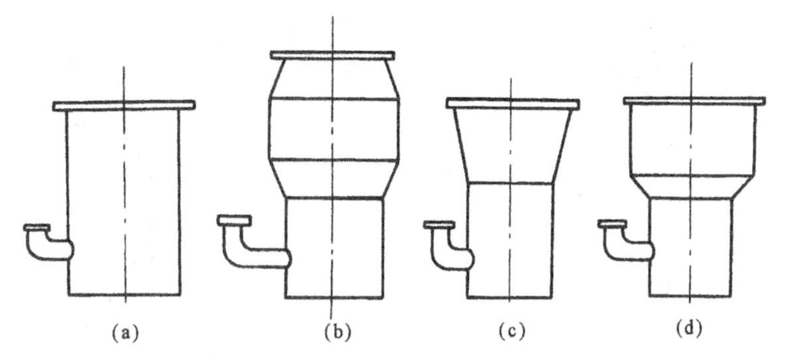

图 12-5 扩散泵泵体外形图

凸腔泵体是将直筒形泵体改变为局部鼓形凸腔泵体。加工方法仍是用钢板焊接而成。泵的底部截面与泵法兰入口直径仍相同,只是泵体在入口法兰的下部扩大泵腔,扩大的直径延伸到第 2 级喷嘴射流直射到的泵壁处。由于泵体凸腔,扩大了抽气作用空间,增大了第一、二级喷嘴间通导能力,也就提高了抽速。

超高真空油扩散泵的泵体一般用不锈钢制成,且进行抛光处理,以减少材料吸放气对真空度的影响。

泵壁冷却也是很重要的问题。不适当的泵壁表面温度,使碰撞在扩散泵内表面的油蒸气分子不易凝聚,沿泵壁向下流的油层表面温度比泵壁温度高得较多,易于产生再蒸发,形成油蒸气返流。所以泵壁冷却效率要高。一般在泵壁外面焊上螺旋形铜管或做成水套形式(也可在水套中间装上螺旋形钢丝)。泵冷却部位通常只限于蒸气流能喷射到的区域,这样可以使从上面冷凝下来的油在回到油锅前受到较高的热度,使溶解在油中的气体放出,避免它再混入油蒸气中进入各级喷嘴,影响泵的真空度。

12.3.3 喷嘴

在多级扩散泵中,利用伞形喷嘴和喷射喷嘴及导流管组成泵的导流系统。

12.3.3.1 伞形喷嘴(扩散喷嘴)

伞形喷嘴其特点是喷嘴直径一级比一级大,呈塔形。因为喷嘴与泵壁之间的间隙越大,气体扩散的有效面积就越大。所以位于入口端的第一级主要从增大泵的抽速来考虑。气体经过一次压缩后,压力增大,气体密度较高,在较小的面积里就能通过,所以,后几级喷嘴与泵壁的间隙做得越来越小,这样还可以阻止压力越来越高的气体穿过蒸气流反扩散到高真空端去,使泵的极限压力降低。

伞形喷嘴有两个主要的几何参数:

1) 喷嘴间隙 δ。如图 12-6 所示,间隙的大小影响到油蒸气流的流量及泵的性能。一般 $\delta = 0.5 \sim 2\text{mm}$。

2) 喷嘴张角。如图 12-7 所示,张角过大,从喷嘴到泵壁的距离远了,在泵壁附近不能形成较密集的蒸气流,气体反扩散增强,泵抽气性能变坏;张角太小,油分子的水平方向速度增大,容易引起油蒸气反射到高真空端去,并使气体分子向蒸气流中的扩散受到阻碍,也会使泵的抽气性能变坏。一般,张角的选取范围在 50°~80°,对于不同大小和型式的泵,设计时选取的张角的数值也不同。

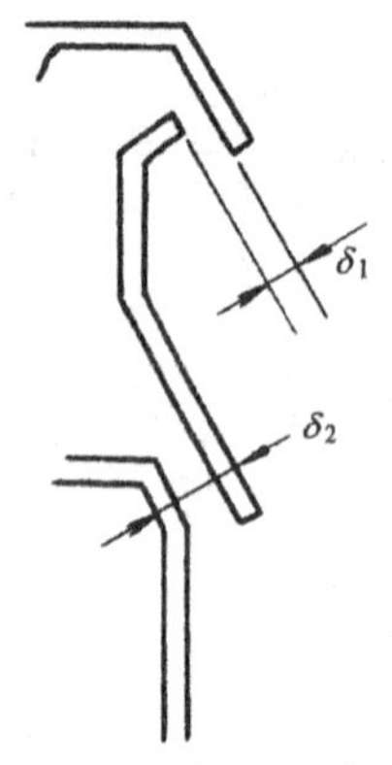

图 12-6 喷嘴间隙 δ

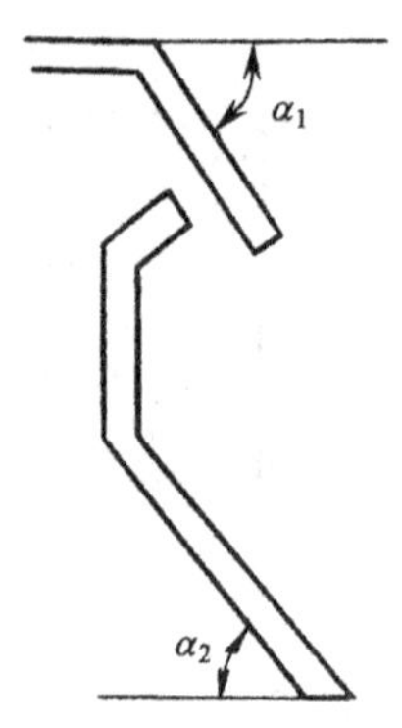

图 12-7 喷嘴张角 α

总之,喷嘴的尺寸和形状对泵的抽气性能影响很大,在泵的设计、制造和装配时应认真考虑。

12.3.3.2 喷射喷嘴

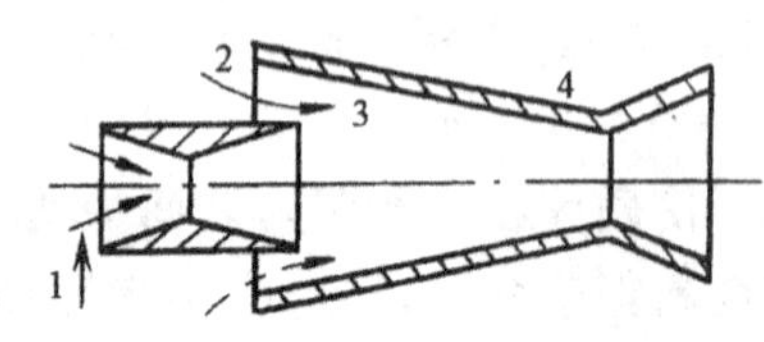

图 12-8 喷射式喷嘴

1—油蒸气;2—咽部;3—气体;4—扩压器

扩散泵末级有用喷射喷嘴的,它与伞形喷嘴不同,它的形状是先渐缩后渐扩,中间有个截面积最小的喉部(见图 12-8)。这种喷嘴通常和一个扩压器相配合,来保证泵能承受较高的出口压力。

根据流体力学的原理,工作油蒸气经过喷射喷嘴后,在其出口处可获得很高的速度(可达到超音速)。再根据能量守恒定律,流速快的地方则压力较低,故在出口处形成一个低压区。于是被抽气体由于压力较高将流向此处,并与蒸气射流相混合,被带往泵的出口方向。紧接着喷射喷嘴的是一个扩压器。在扩压器里的流动过程刚好与喷射喷嘴相反,即在扩压器里,将混合后的气体的流速降低,压力提高,以便承受较高的反压力。

采用喷射喷嘴和扩压器后,不仅可以提高泵的最大许可出口压力,也可以提高泵在中等压力时的抽速。故一般扩散泵常以喷射喷嘴作为最后一级,也称喷射级。

12.3.4 分馏装置

采用分馏装置是消除扩散泵油中挥发性较高的轻馏分对泵的性能产生不良影响的重要手段。

一般的扩散泵油都是由具有不同的分子量和不同的蒸气压的多种馏分组成的一种混合物。为了防止轻馏分(蒸气压高)油蒸气进入被抽系统影响泵的极限压力,希望第一级喷嘴喷出的蒸气流中不含有轻馏分。而第二、三级的要求可相应低些。为达到这一目的,在泵的结构上采用了可以自动将油的轻、重馏分分开,以满足不同喷嘴需要的分馏装置。分馏装置如图 12-9 所示,在水冷泵壁上凝

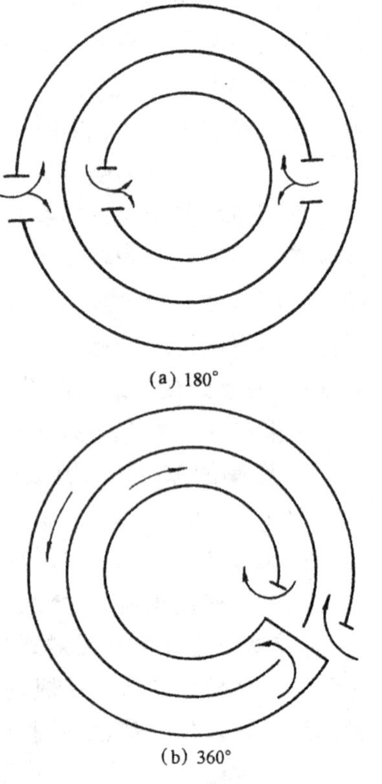

图 12-9 分馏装置示意图

结的油液流回锅炉后受到分馏装置的作用延长了油的加热路径,先蒸发的轻馏分供给末级喷嘴,后蒸发的重馏分供给高真空喷嘴,满足了分级供油的要求。

实践证明,具有良好的分馏装置的扩散泵,可使油蒸气的返流量大大减少,因而能使泵的极限压力降低近一个数量级。

12.4 油扩散泵的性能参数

12.4.1 抽气速率

油扩散泵的抽速与入口压力之间的关系一般用抽气特性曲线来表示,如图 12-10 所示。从图中可以看出,泵的抽速在入口压力很宽的范围内保持不变(见图中 b 段)。此时泵的抽速与入口压力无关。但是在较低和较高的入口压力下,泵的抽速出现下降的趋势(图中 a 段与 c 段)。

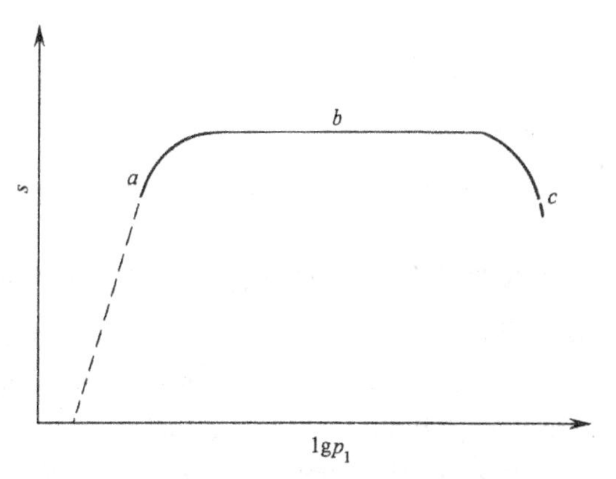

图 12-10 泵抽速与入口压力的关系

在低入口压力范围内,随着压力的降低,气体从前级通过蒸气射流的反扩散增加,使抽速下降。除此之外,在低入口压力下,由锅炉出来的蒸气流释放气体和泵壁放气也开始影响泵的抽速。当蒸气凝结物回流时,被压缩的气体溶解于凝结物中一起回到锅炉内,并随着重新蒸发的蒸气流回到高真空喷嘴喷出释放。这部分气体在很大程度上影响了泵的极限压力,并降低了泵的抽速。当反扩散回来的气体和蒸气流释放的气体及泵壁放出气体的总和等于被抽走的气体时,抽速接近于零。

当泵的入口压力在正常工作压力范围内时,泵从被抽容器中抽除的气体量较大,这时由于反扩散、泵壁放气以及从油凝结物中释放的气体等反流的气体量与泵的抽气量相比已经可以忽略不计了,因而这时泵的抽速与入口压力无关了。

在泵刚开始抽气时,入口压力较高,抽气量也很大,大量的气体分子进入到蒸气射流中与蒸气流分子碰撞,使蒸气射流的定向运动速度衰减,结果使蒸气流中的激波向喷嘴方向移动,致使蒸气射流同泵壁脱离。这时,气体就会从前级侧返流,使泵的抽速较低,接近于前级泵的抽速。

泵的抽速受很多因素影响,如被抽气体的种类和温度;泵的几何尺寸;泵油的种类和蒸气射流的状态(与喷嘴的结构及加热功率等有关)以及泵的出口压力等。

12.4.2 极限压力

泵的极限压力受许多因素的影响,如前级侧气体的反扩散、泵壁温度下泵油的饱和蒸气压、蒸气流中释放出的气体以及泵壁放气等。其中气体经过蒸气射流的反扩散与蒸气射流下部的气体压力、蒸气射流的密度和速度以及气体的分子量有关。

在扩散泵抽除某种规定的气体且泵处于最佳的加热功率情况下,由图 12-11 可知,当泵的出口压力小于泵的最大(临界)出口压力 $p_{2\max}$时,泵的极限压力不受泵出口压力 p_2 的影响。即此时,气体的反扩散对泵极限压力的影响不大。这时候对泵的极限压力起决定作用的是泵油的饱和蒸气压、泵油工作时的裂化分解程度及泵壁的放气。

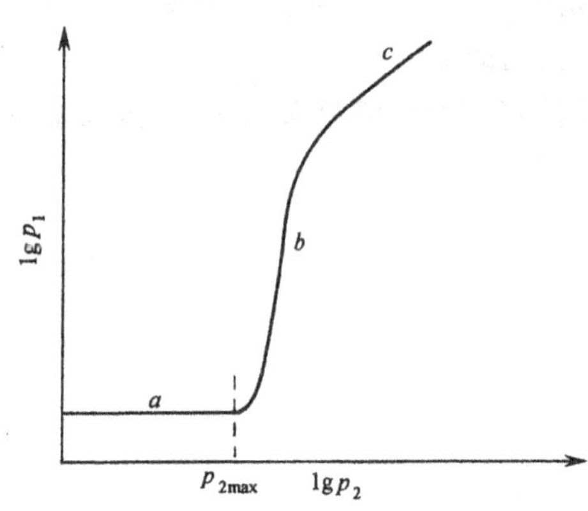

图 12-11 泵入口压力与出口压力的关系

泵油通常是由各种馏分组成的，所以工作时要进行分馏，使高真空喷嘴喷射出的蒸气在泵壁温度下的饱和蒸气压低才行。有时泵油加热到工作温度可能产生局部裂化，放出气态物质，锅炉的表面热负荷越大，则裂化程度越利害。所以在泵的设计和使用时，应让锅炉的表面热负荷不超过规定值。在一定条件下，泵壁放气也是影响泵极限压力的一个主要因素。如果对泵壁进行烘烤除气，则可降低泵的极限压力。

12.4.3 最大出口压力

扩散泵的最大出口压力 p_{2max} 主要是由最后一级喷嘴的工作状态决定的。它取决于蒸气射流的密度 n_d、喷嘴的蒸气流量和最后一级喷嘴的结构。

为了提高泵的最大出口压力，必须提高蒸气射流的密度和喷嘴的流量，即提高泵的加热功率。最大出口压力与加热功率成线性关系。

在多级扩散泵的结构中，最后一级喷嘴常做成喷射喷嘴结构。油扩散泵的最大出口压力一般规定为 40Pa。

12.5 扩散泵油的特性及返油

12.5.1 对扩散泵油的要求

扩散泵油的性质对扩散泵的抽气性能影响特别大，因而对扩散泵油的基本要求是：

1）泵油的分子量要大；

2）为了降低泵的极限压力，要求泵油在常温下的饱和蒸气压要低；

3）为了使泵能在较高的出口压力下工作，要求泵油在沸腾温度下的饱和蒸气压应尽可能大；

4）泵油的热稳定性(高温下不易分解)和抗氧化性能(与大气接触时不会因氧化改变泵油的性能)要好；凝固点和低温黏度要低；而且还要无毒、耐腐蚀、成本低。

12.5.2 泵油对极限压力的影响

泵油的种类和成分对泵的极限压力影响很大，在结构相同的扩散泵中，如果使用 3 号扩散泵油，其极限压力只能达到 10^{-5}Pa；而改用 275 号硅油，其极限压力则能达到 10^{-7}Pa，极限压力可降低两个数量级。

真空系统中被抽气体的分压力也随泵油的不同而变化，这就是泵油成分所带来的影响。例如，油扩散泵抽气系统中不加特殊措施很难获得较清洁的真空。

12.5.3 泵油的饱和蒸气压

为了获取高真空，希望泵油在常温下有较低的饱和蒸气压。同时又要求泵在较高的出口压力下工作，希望泵油在锅炉温度下有较高的饱和蒸气压。因此，最适合扩散泵工作的泵油其饱和蒸气压随温度变化的关系曲线的斜度要大。泵油的温度与饱和蒸气压的对应关系可由下式计算求得

$$\lg p = A - \frac{B}{T} + 2.123 \tag{12-10}$$

式中 p——泵油的饱和蒸气压,Pa;

A、B——常数,与油的种类有关(见表12-1);

T——泵油的温度,K。

表12-1 各种泵油的蒸气压常数 A 和 B 值

泵油型号	274号硅油	275号硅油	276号硅油	三氯联苯	增压泵油	扩中1	扩轻1	3号扩散泵油
A	8.50	11.46	9.96	8.01	5.50	9.92	9.57	10.64
B	4760	5720	5400	3300	2960	4950	5000	5400

泵油的蒸发潜热 q 为

$$q = 19.15\frac{B}{M} \quad (\mathrm{kJ/kg}) \tag{12-11}$$

式中 M——泵油的分子量。

在选择泵油时不仅要考虑式(12-10)的关系,还要计算蒸发时所需要的热量,即产生1kg/s的蒸气流量所需要的功率,即

$$\frac{N_n}{G_n} = q + c(t_2 - t_1) \quad (\mathrm{kW \cdot s/kg}) \tag{12-12}$$

式中 N_n——蒸发所需的功率,kW;

G_n——泵工作时所需要的泵油蒸发量,kg/s;

c——泵油的比热[在100℃时,$c = 2.1\mathrm{kJ/(kg \cdot K)}$];

t_2——锅炉内泵油的工作温度,K;

t_1——向锅炉回流的泵油的温度,K。

12.5.4 泵油的返流

油扩散泵工作时,不管使用什么样的泵油,即使泵口加冷阱,也总有一部分油蒸气返流进入高真空端。它们在泵口建立的压力,比相对泵壁温度下的饱和油蒸气压还要高很多。这不但影响泵的极限压力,而且还对被抽容器造成污染。

在相同温度下,不同的泵油具有不同的返油率;而同一种泵油,温度增高返油率加大。因此,泵的返油率与泵的锅炉的加热功率有关。

油扩散泵具有结构简单、使用方便的特点,但泵油返流污染被抽容器,限制了它的应用范围。因此,这个问题仍是需要人们不断地去研究解决的课题。

研究表明,扩散泵返流油蒸气的来源主要有如下几个方面,如图12-12所示。

a:凝结于顶喷嘴表面上的油膜的再蒸发;

b:泵壁上凝结油膜的再蒸发和爬移;

c:喷嘴内喷出的高速油蒸气流碰到泵壁后的散射;

d:油蒸气由喷嘴喷出后,由于油蒸气分子的热运动、碰撞、反弹,包括泵油爆沸产生的飞溅和压力起伏引起的泵油分子直接向高真空侧返流。

在上述四种主要返油来源中,以第一种(即 a)为最主要,约占整个返油率的70%左右。

为了使返油率下降,可针对上述返油源采取对策。通常利用挡油帽和挡油环等来作为

降低返油率的主要措施(如图 12-13)。在顶喷嘴上加一个优选形状的挡油帽,可使返油率大大降低。这种挡油帽的挡油效果较好且对泵抽速没有太大的影响,所以在现代扩散泵的设计中经常采用这种结构。在顶喷嘴上方,紧贴泵壁加一挡油环,经实验得知,返油率最多可减少 20%。

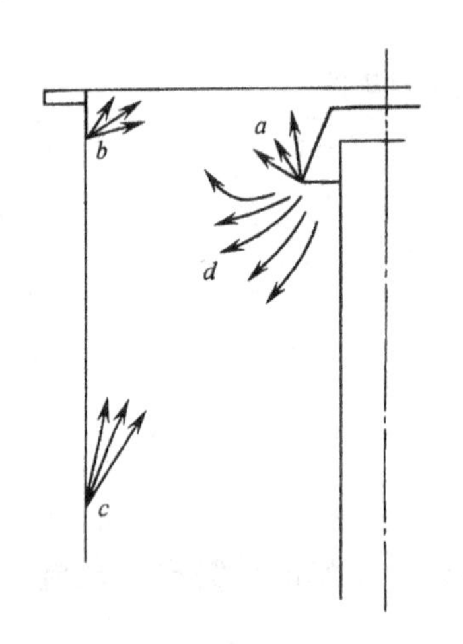

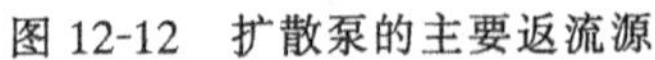
图 12-12 扩散泵的主要返流源

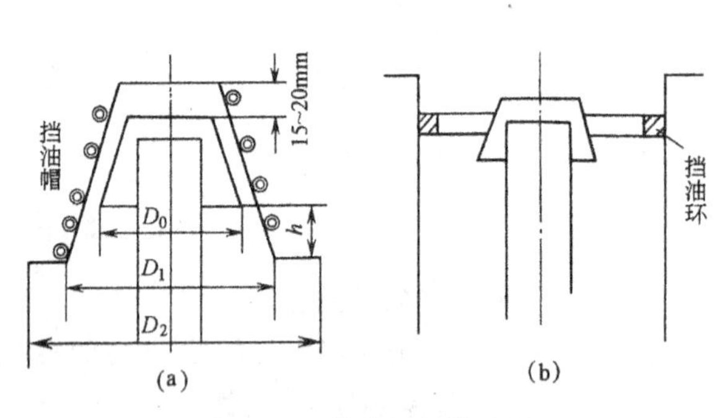

图 12-13 挡油帽与挡油环

在对降低泵的返油率有更高要求时,可以在抽气系统上采用各种结构的冷阱和障板。另外,调好泵的最佳加热功率值的方法亦可使返油率减小。在泵加热开始和终止时,返油率将出现峰值,可以用控制泵口处的阀门的方法来克服。

12.6 扩散泵系统使用中的故障分析及处理

1) 如果在长时间使用后。扩散泵的工作性能逐渐变坏(即极限压力升高和抽速降低),而其他情况正常,则主要是泵油氧化,质量变坏。此时则应更换泵油。

2) 如果泵接入系统后,真空度抽不上去,则首先检查泵所在系统的漏气率是否超过允许值;同时检查泵电炉的供电电压是否正常、泵的冷却是否正常。如果上述方面一切均正常,则可认为是泵芯装配方面的问题、泵芯装配前未清洗干净、泵油不够或质量不好及加热功率未调整好等。

如果泵工作一直正常,性能突然变坏,而且不是系统漏气,则可能是电炉丝断了。

3) 如果前级真空泵工作不正常或容量不够,也会使扩散泵工作不正常。

油扩散泵常见故障及消除方法如表 12-2 所示。

表 12-2 常见故障及消除方法

故障	原因	消除方法
扩散泵不起作用	1. 系统漏气	关闭泵上部阀门、检漏
	2. 电炉不起作用	检查电炉电源是否接触良好和电炉丝是否烧断
	3. 油温不足	检查加热电压和功率是否符合规定
	4. 泵出口压力过高	检查前级管道有无漏气,前级泵抽速是否符合要求,工作是否正常
	5. 泵本身漏气	查前级管道与泵体焊接处,泵底与泵体焊接处有否漏气,应对此二处细加检漏
	6. 泵底烧穿	此时应更换

续表 12-2

故　障	原　　因	消　除　方　法
极限真空度低	1．系统漏气，泵本身微漏 2．泵芯安装不正确 3．系统和泵内不清洁 4．泵油变质 5．泵冷却不好 6．泵油不足 7．泵过热	查漏处，消除之 检查各级喷口位置和间隙是否正确 检查、清洗、烘干 泵清洗后换油 检查水流量和进出水温度，保持水路畅通、环境通风 加油至规定数量 降低加热功率并检查冷却水流量
抽速过低	1．泵油加热不足 2．泵芯安装不正确	检查电源电压及电炉功率是否符合规定 检查各级喷口有无倾斜及间隙是否正确
返油率过大	顶喷嘴螺帽松动泵芯内结构不合理加热功率不对	消除通孔螺帽，加挡油帽改进结构，加挡油装置重调加热功率，加防爆沸挡板，泵口加冷阱等

13　油扩散喷射泵

13.1　概述

油扩散喷射泵又称油增压泵，它是从油扩散泵发展而来的。油扩散喷射泵的工作压力范围为 $10 \sim 10^{-2}$Pa，在此工作压力范围内油扩散喷射泵有较高的抽速和最大出口压力。通常油扩散喷射泵要比油扩散泵的抽气量高 4～20 倍，加热功率高 2～5 倍。按其工作压力范围来说，油扩散喷射泵正好填补了油封式机械泵和高真空油扩散泵抽气能力下降的中间地带。油封式机械泵的抽速在低压力范围有明显地降低，在 10^{-1}Pa 时实际上抽速几乎为零；而大多数的高真空油扩散泵在这样的压力范围内抽速也较小。然而在 $1 \sim 10^{-1}$Pa 的工作压力范围内，油扩散喷射泵恰好具有较大的抽速。因此，油扩散喷射泵除用作主泵外，还可以用到大型油扩散泵的出口处，来增加其出口压力，使前级机械泵能有效地工作，故称其为油增压泵。油扩散喷射泵与油扩散泵相比，不同点仅在于性能曲线的有效工作范围不同而已。虽然两者的结构和应用有所不同，但抽气的基本原理没有多大的区别。

油扩散喷射泵目前广泛用于真空感应炉和真空电弧炉、电容器的真空干燥和浸渍、真空蒸馏等设备上。

13.2　油扩散喷射泵的工作原理与结构特点

在油扩散喷射泵的工作压力范围内，被抽气体的流动状态处于黏滞流和分子流之间的一个很宽的范围。这是油扩散喷射泵的一个很重要的特点，它在很大程度上决定了油扩散喷射泵的抽气机理。在油扩散喷射泵中，蒸气射流携带气体是以蒸气射流的边界与被抽气体之间的黏性摩擦和被抽气体向蒸气射流内部扩散这两种作用为前提的。在较高入口压力下，抽气是以黏性携带为主的过程；在低入口压力下，抽气是以扩散携带为主的过程。因此，在高入口压力下，要想得到更好的抽气效果，则蒸气射流必须要有足够的密度，以利于蒸气射流对气体的黏性携带；在低入口压力下，则要求蒸气射流必须有足够的稀薄度，以利于蒸气射流的扩散抽气。然而，蒸气射流的状态在泵入口压力范围内，是不能随被抽气体的压力变化而改变的。因而合理地选择蒸气射流状态是非常重要的。

对泵来说，无论是在高入口压力下工作还是在低入口压力下工作，即在整个工作压力范围内工作，都应该有足够高的抽速。当然，这样的蒸气射流状态，对于泵单独在高压力下或在低压力下工作，性能就不可能是最佳的了，只能是对泵的整个工作范围来说是最佳的。在给定的工作压力范围内，泵也只能在某一压力下有抽速最大值。

为了得到较高的最大出口压力，泵的蒸气射流必须有较高的密度。同时，为了在较宽的工作压力范围内能获得较大的抽速，蒸气射流的密度还不能过分地增加。若使这两个相互矛盾的要求都得到满足，泵必须采用多级喷嘴串联工作，如图 13-1 所示。这样可以增加排气压力高的最末一级喷嘴的蒸气射流密度，来满足较高的最大出口压力的要求。依次往前的喷嘴，其蒸气射流密度可逐级降低，因为蒸气射流也逐级工作在较低的出口压力下。在泵的吸气口喷嘴一级，蒸气射流的状态应该在规定的工作压力范围内，保证有抽速的最大值。

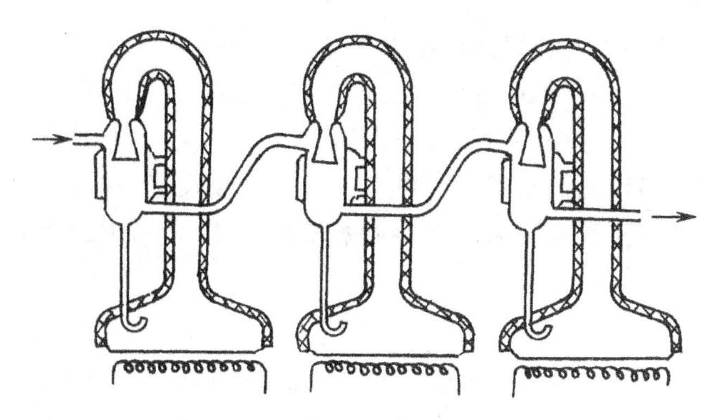

图 13-1　多级喷嘴抽气原理图

在多级喷嘴的结构中，下一级喷嘴要保证上一级喷嘴的正常工作，即每个单级喷嘴的抽气特性要符合连续性方程。即

$$G=s_1p_1\leqslant s_2p_2\leqslant\cdots\cdots\leqslant s_np_n \tag{13-1}$$

式中 G 为泵的抽气量；$s_1,s_2,s_3\cdots\cdots,s_n$ 为各级喷嘴对应的抽速值；$p_1,p_2,p_3,\cdots\cdots,p_n$ 为各级喷嘴对应的入口压力，在数值上分别等于上一级喷嘴的出口压力。

多级泵的典型特性曲线如图 13-2 所示。以抽气量 G 为常数，画出点划线可得出各级喷嘴的入口压力和上一级喷嘴的出口压力。

实现多级泵的结构，如采用图 13-1 给出的形式，则泵的体积非常庞大。因此，在油扩散喷射泵的设计中往往采用伞形喷嘴的结构形式。这种喷嘴的典型结构如图 13-3 所示。它由下唇 a 和上帽 b 组成，蒸气由与下唇相连的导流管进入，并改变流动方向经过喷嘴的最小喉部断面，在上帽和下唇之间的环形通道内膨胀。这和在拉瓦尔喷嘴中的情况是一样的。蒸气以亚音速在导流管内流动，在到达喷嘴最小断面处时，蒸气流加速到临界速度，而后沿着断面逐渐扩大的通道膨胀，到达超音速。利用这种能使蒸气流改变方向的伞形喷嘴，会使多级泵的结构简单而紧凑。

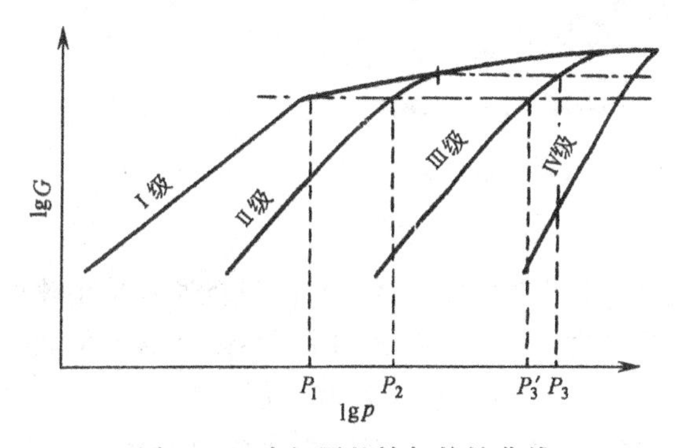

图 13-2　多级泵的抽气特性曲线

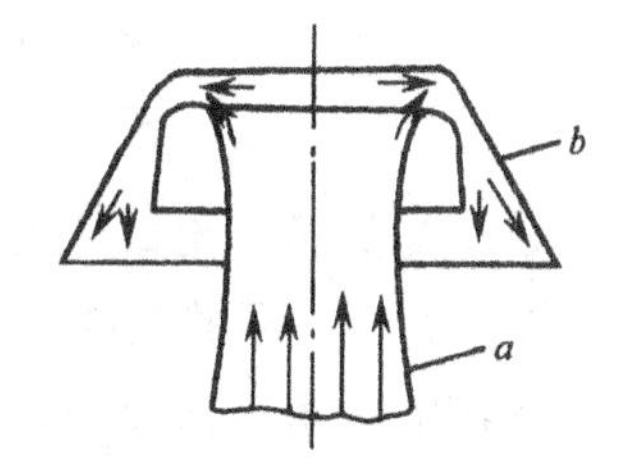

图 13-3　伞形喷嘴示意图

a—下唇；b—上帽

通常把泵的各级喷嘴都安置在同一个泵体之内。油扩散喷射泵锅炉内的蒸气压力一般为 1～2kPa，在个别情况下，可以到达 4kPa 喷嘴与泵的轴线相垂直的平面成 60°～70°的倾角。喷嘴的扩张度（即喷嘴的出口断面积和最小断面积之比）：泵的出口级喷嘴为 2～3；在多数情况下，入口级喷嘴为 20～50。

图 13-4 所示为双级喷嘴小型油扩散喷射泵的典型结构。泵体是由下部焊有锅炉的圆形泵壳构成的，在泵壳内插有喷嘴导流系统。由于扩散喷射泵的工作压力较高，故无需对油进行分馏。油蒸气从锅炉沿中心导流管进入第一级喷嘴，经中心导流管与外部导流管之间的环形通道进入第二级喷嘴。由喷嘴喷射出的蒸气流被泵壁冷凝后，沿泵体内表面经汇流管返回到锅炉中。由于扩散喷射泵的加热功率较高，所以其锅炉的蒸发面积和加热面积都比油扩散泵要大。

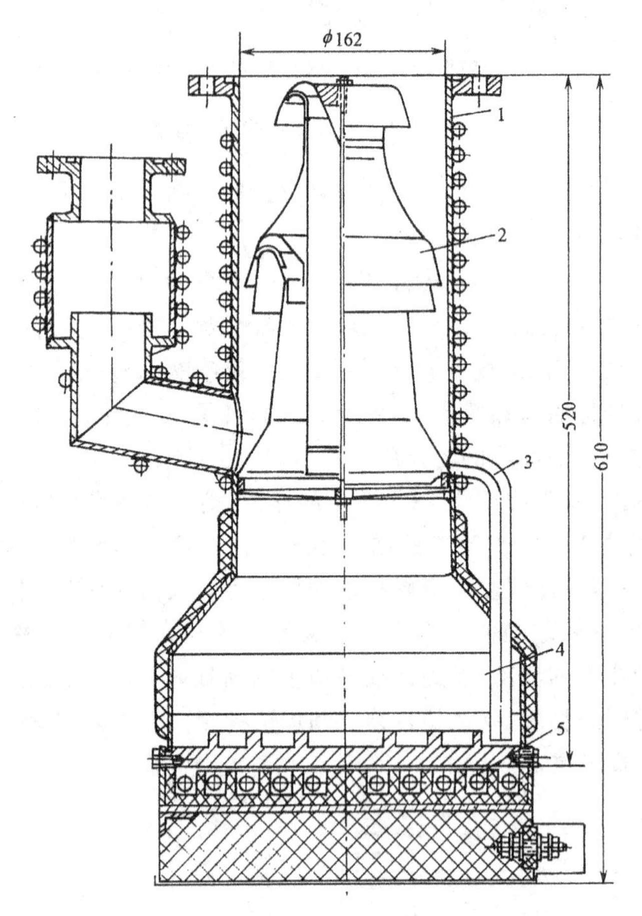

图 13-4　小型双级油扩散喷射泵结构图

1—泵体；2—导流管；3—汇流管；4—锅炉；5—电热器

为了得到较高的最大出口压力，在很多大型油扩散喷射泵结构中，出口级通常采用喷射喷嘴，如图 13-5 所示。泵的喷射级垂直（或水平）布置于锥形混合室内。各级伞形喷嘴共用的导流管安装在锥形泵体内，这种泵的特点是对喷射级单独供应蒸气。因为喷射级的喷嘴要求供应较高压力的蒸气，所以这种单独供应蒸气的结构可相应提高锅炉内的蒸气压力。由锅炉出来的高压蒸气只进入喷射级，而其余的各级喷嘴，用隔离孔板对蒸气进行节流，使蒸气的压力降低，然后进入其余的各级喷嘴。这样一来，就满足了泵入口处伞形喷嘴级的蒸气压力比喷射级的蒸气压力低几倍的要求，使各级喷嘴的工作更为合理，降低了不必要的功率消耗。

油扩散喷射泵有时采用锥形泵体来代替圆形泵体。一般说来，泵口的直径是由第一级

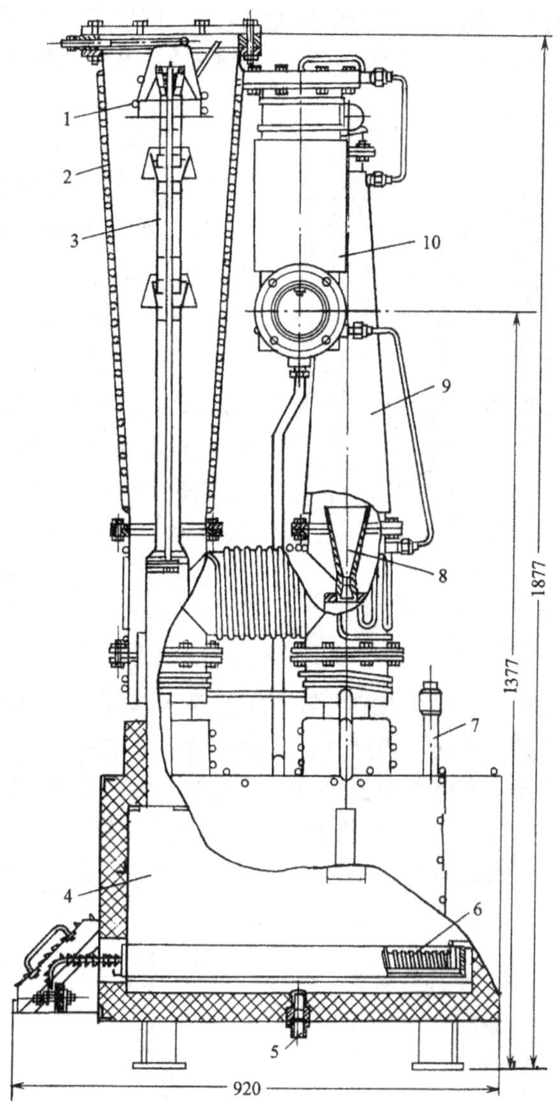

图 13-5　带喷射级的油扩散喷射泵结构图

1—挡油帽；2—泵体；3—导流管；4—锅炉；5—放油孔；6—加热器；7—注油管；8—喷射喷嘴；9—喷射级混合室；10—挡油阱

喷嘴的抽速值决定的。当采用圆柱形泵体时，由于第一级喷嘴之后的各级喷嘴的抽速是逐级减少的，所以各级喷嘴与泵体之间的环形流道面积也应逐级缩小，这相应带来了泵内部的导流管系统的直径要逐级加大，因而各级喷嘴的尺寸也要逐级加大。在所需一定的蒸气耗量的情况下，由于喷嘴喉部直径大，在临界面积一定时，临界断面处的喉部间隙要缩小，有时在结构上到达如此小的程度比较困难。在锥形泵体的情况下，尽管各级喷嘴的尺寸相同，但各级的环形流道面积是逐级缩小的。所以利用锥形泵体的直径逐渐缩小来保证各级喷嘴的抽速所需要的环形面积，是油扩散喷射泵采用锥形泵体的主要原因。但是，在性能相同的条件下，锥形泵体要比圆形泵体高很多(大约 1.5 倍)。因此，有时为了降低泵的高度，宁可采用圆形泵体。

油扩散喷射泵的外壳(泵体和锅炉)是用碳钢制造的。喷嘴导流系统的零件多用铝来制造。水冷却系统，小型泵用螺旋管焊在泵壳上；大型泵则大多数采用水冷套型式，以达到好的冷却效果。泵的加热器有两种形式：一种是裸露式的，另一种是封闭式的。

13.3 油扩散喷射泵的抽气特性

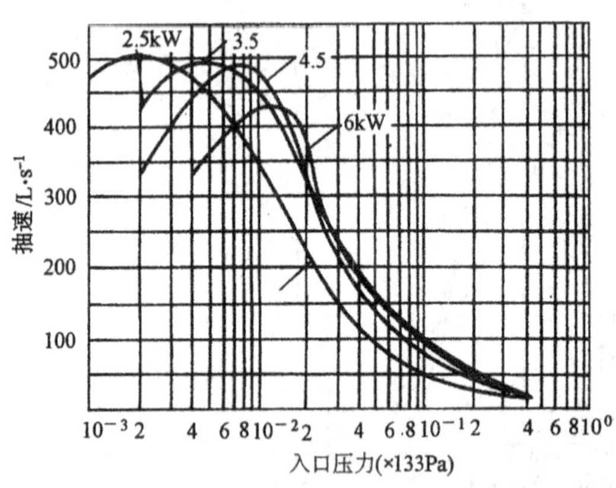

图 13-6 改变加热功率时泵入口压力与抽速之间的关系

如前所述，如果改变泵的蒸气射流状态（改变蒸气射流密度），可以使泵的抽速最大值在抽气特性曲线上向高入口压力或低入口压力方向移动。如图 13-6 所示，由于加热功率不同而使蒸气射流的密度也不同，结果使抽速最大值所对应的工作压力值也不同。加热功率增加，蒸气射流密度大，抽速最大值所对应的工作压力值也高。因此对油扩散喷射泵来说，当提高加热功率时，泵的抽速最大值向高入口压力方向移动；降低泵加热功率时，泵的抽速最大值向低入口压力方向移动。

由实验得出，当泵加热功率变化时，泵抽气量与入口压力之间的关系如图 13-7 所示。当降低加热功率时（锅炉温度低），蒸气射流的密度降低了，相应地增加了被抽气体向蒸气射流内部的扩散，结果使低压力范围的抽气量有所增加，而高压力范围的抽气量有所降低。改变泵喷嘴的扩张度也会得到类似的结果，如图 13-8 所示。因为加大喷嘴的扩张度也会使蒸气射流的密度下降，同样能提高低压力范围的抽气量而降低高压力时的抽气量。

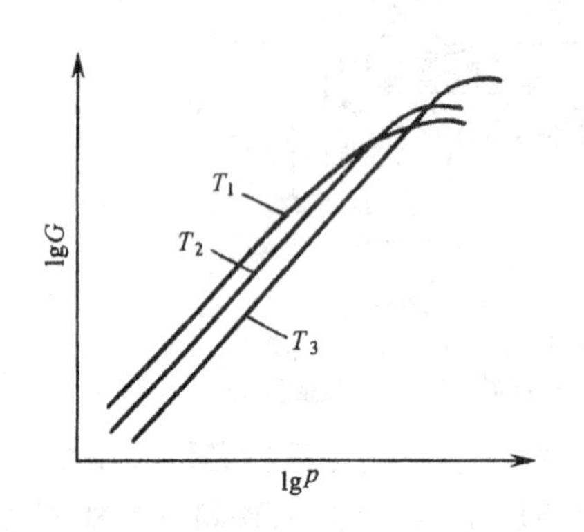

图 13-7 不同锅炉温度（$T_1 < T_2 < T_3$）时泵（单级）的抽气量与入口压力的关系

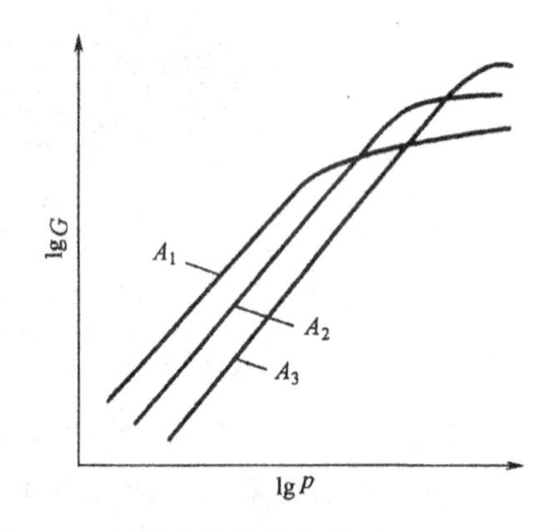

图 13-8 不同喷嘴扩张度（$A_1 > A_2 > A_3$）时泵（单级）的抽气量与入口压力的关系

泵的最大出口压力（或某级喷嘴的最大出口压力）也同样取决于泵的加热功率和喷嘴的扩张度。提高加热功率和降低喷嘴的扩张度都能提高泵的最大出口压力，如图 13-9 及图 13-10所示。

单级喷嘴的抽速与喷嘴出口压力的关系如图 13-11 所示。从图中可以看出，当喷嘴级的出口压力逐渐提高时，抽速先保持不变；当出口压力一旦达到最大出口压力之后，抽速则开始急剧地下降。

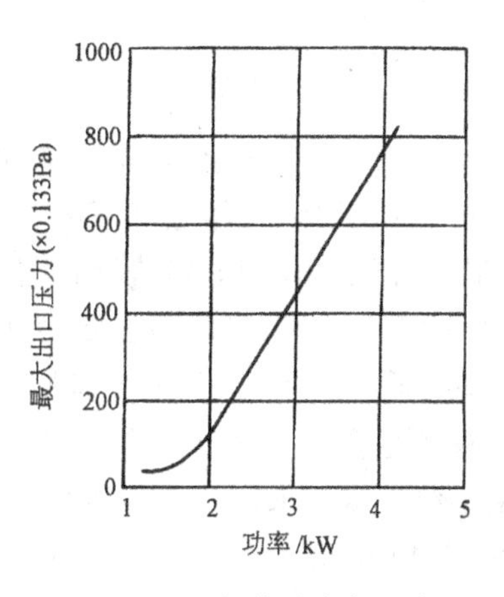

图 13-9 泵加热功率与最大出口压力的关系

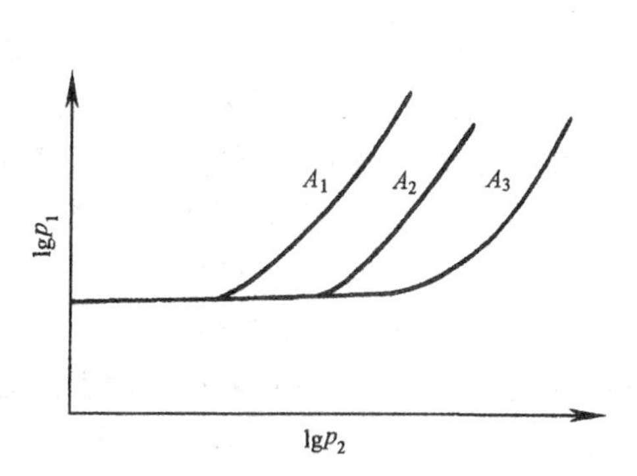

图 13-10 不同扩张度($A_1>A_2>A_3$)单级泵的入口压力与出口压力的关系

如果保持喷嘴的扩张度 A 和供应给喷嘴的蒸气温度 T 不变,而用增加喷嘴喉部断面的方法来改变蒸气的耗量,则在不改变喷嘴与泵壁之间环形流道面积的条件下,喷嘴抽气特性是按图 13-12 所示的关系来变化的。

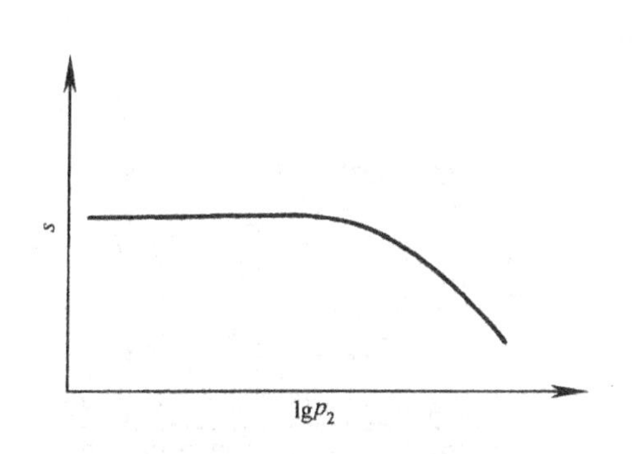

图 13-11 单级喷嘴的抽速与出口压力的关系

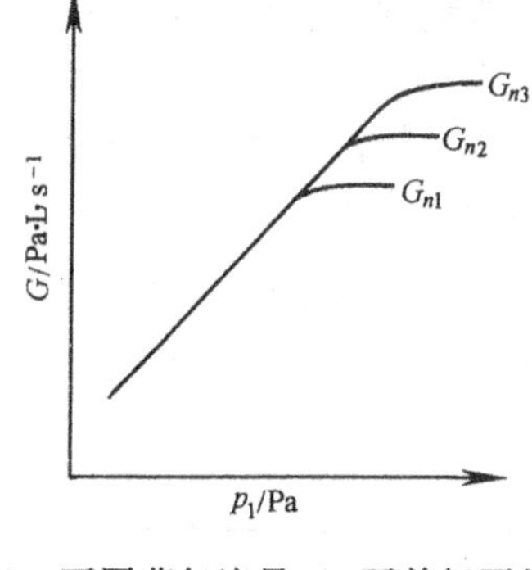

图 13-12 不同蒸气流量 G_n 下单级泵的抽气量 G 与入口压力 p_1 的关系($A=\mathrm{const}$, $T=\mathrm{const}$, $G_{n1}<G_{n2}<G_{n3}$)

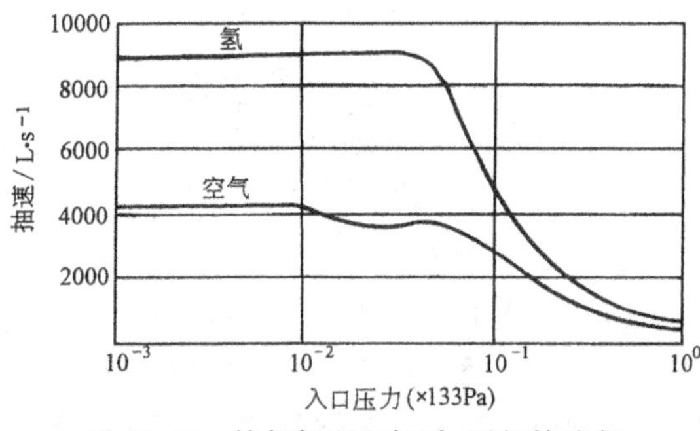

图 13-13 抽氢气和空气时,泵的抽速与入口压力的关系

因为从扩散喷射泵喷嘴出来的蒸气射流的密度相当大,能很好地抽除轻的气体。图13-13给出了泵抽氢气和抽空气时的抽速与入口压力的关系。

泵的抽速也与喷嘴的级数有很大关系,在泵体直径给定的条件下,增加喷嘴与泵壁之间的环形通道面积可以增加泵的抽速。为了增加喷嘴与泵壁之间的环形通道面积,可以缩小喷嘴帽的直径。但这样做会引起喷嘴级的最大出口压力降低,这时可用增加泵内喷嘴级数来弥补喷嘴级压缩比的降低。当然,这样做会增加泵的高度。

13.4 增压泵油及降低返油的措施

由于油扩散喷射泵在高压力($10 \sim 10^{-2}$Pa)下有较高的抽气量,所以泵的工作液(增压泵油)的热稳定性和抗氧化性一定要好。要求增压泵油在泵锅炉工作温度下要有较高的饱和蒸气压,油的蒸发潜热要低,馏分要窄,以免泵油工作时放出轻馏分影响泵的性能。增压泵油在室温下不需要有非常低的饱和蒸气压,在20℃时有10^{-3}Pa数量级已足够了。

油扩散喷射泵在工作过程中会出现油蒸气向被抽容器和前级真空侧迁移的现象(即返油现象)。油扩散喷射泵和油扩散泵一样,从喷嘴出来的超音速蒸气射流具有朝向泵入口方向的蒸气流线。正是这种流线变成了油蒸气向被抽系统返流的来源。为了防止油蒸气向被抽系统迁移,在泵的喷嘴上方装有水冷挡油帽,如图13-14所示。挡油帽的作用在于切断蒸气的流线,使流线边缘线落到泵壳的水冷壁上,保证了向上迁移的蒸气得以完全凝结。实践证明,泵带挡油帽工作,可使被抽系统的返油率约降低95%。

应该指出,这种挡油帽仅在泵的工作压力范围内才比较有效。在入口压力较高时,喷嘴射出的蒸气流被空气流所破坏,蒸气就开始往被抽系统中返流。因此,在泵运行时必须使被抽系统的压力不得超出泵的工作压力范围。泵在正常工作时,由于泵入口处的挡油帽和出口处的冷凝器起作用,泵油的迁移并不明显,因而泵的返油率通常与泵连续工作时间的长短无关。一般情况下,这种挡油帽可使泵的抽速降低5%～10%。

为了防止油蒸气从增压泵的出口向前级真空侧迁移,可在泵的喷射级喷嘴之后安装水冷盘式冷凝器,如图13-15所示。它是由一些带孔的和不带孔的盘状铜板组成的。这两种不同的盘状铜板相互交替地安装在一个水冷的支架上。

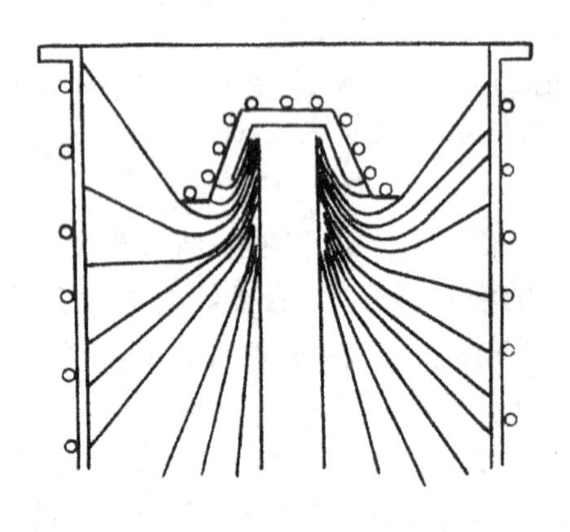

图13-14 挡油帽的工作原理

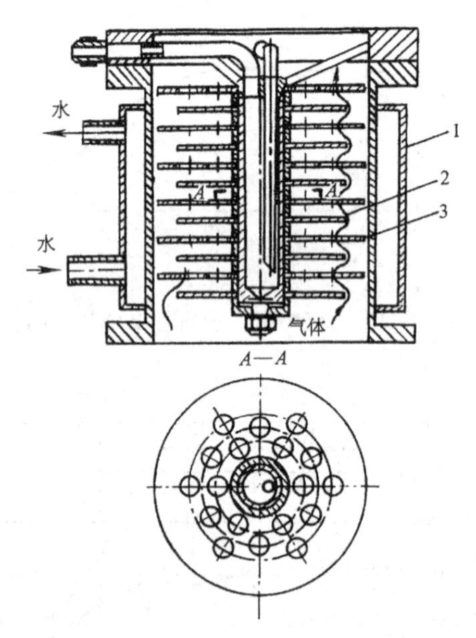

图13-15 前级盘式挡油冷凝器
1—泵壳;2—无孔圆盘;3—带孔圆盘

在抽气系统设计时,要在油扩散喷射泵和被抽容器之间安装真空阀门,当泵启动和关闭时,阀门使泵与被抽容器隔离。否则在泵启动和关闭阶段,由于泵的各级喷嘴还没有形成定向的蒸气射流或者已经不是定向流了,会出现向被抽容器内返油。此外,在被抽系统出现意外事故暴露大气时,及时关闭阀门也可以保护泵油不受氧化。

14 低 温 泵

14.1 概述

低温泵是利用低温(低于100K)表面冷凝、吸附和捕集气体来获得和保持真空的设备。它有很多优点:1)起始压力高(原则上可从大气压开始抽气),极限压力低,可达 10^{-13}Pa,因此,其工作压力范围宽。2)抽速大,对于20℃空气,最大抽速可达 11.6L/s·cm^2。3)可以抽除各种气体,从而获得清洁的超高真空。4)作为大容量的排气系统,占地面积小,电力消耗少。5)有极大的灵活性,可以做成插入式,用于无法布置其他类型泵的场合。低温泵运行时需要冷剂或制冷设备。

低温泵的应用范围相当广泛:1)在空间科学技术中,宇宙空间存在着真空和低温状态,外层空间的真空度可达 10^{-14}Pa,温度为3K左右。因此,低温泵是宇宙空间模拟的理想设备。此外,研究空间条件下材料表面现象,低压空气动力学试验,火箭发动机高空点火试验,空间生物技术等,都用低温泵。2)应用在高能物理、等离子体和核聚变研究中。3)应用在薄膜制备领域。4)应用在微电子学,尤其是半导体微电子技术,如离子注入,离子刻蚀等。5)应用在近代科学仪器中,如扫描电镜,电子衍射仪等各种表面分析仪器。

14.2 低温泵的抽气原理和分类

在低温抽气过程中,低温表面上发生的现象是十分复杂的。它受传导、气—固相变,低温沉积物的不断增长与变化,低温沉积物的结构及其热物理性质等因素的影响。而且被抽气体热物理性质是各不相同的多组分混合物,使情况更加复杂。因此,探明气体分子束缚在低温表面上的力的性质及低温抽气机理是现代物理学最复杂的问题之一。

关于低温抽气机理,有许多不同的看法,大致可归纳为两种:一种是按速度分布决定捕获率的学说,它认为飞到冷表面的气体分子中,仅仅是能量低于某一临界值的分子才被捕获;另一种是动态平衡学说,它认为飞到冷表面的气体分子停留在冷表面上,同时有另外一些分子从表面蒸发,离开表面,被捕捉和离开表面的分子之差就是抽气速度。后者比较流行,本书按后者介绍低温抽气机理。

如图14-1所示,用液He冷却固体表面达4.2K,空气中除 H_2、He以外,大部分气体的饱和蒸气压都低于 10^{-10}Pa,即空气中主要气体成分都会被冷凝,达到了抽真空的目的。按这种原理抽真空的泵叫低温冷凝泵。典型结构如图14-2所示。

在低温表面上粘贴一些固体吸附剂,气体分子打到这些多孔的吸附剂上而被捕集。这种泵叫低温吸附泵。根据吸附剂不同,这种泵又可分为两种类型:一类是非金属吸气剂泵,以活性炭、分子筛等为吸附剂;另一类是金属吸附剂泵,以蒸发或升华在冷面上的钛、钽、钼等金属或其合金为吸气剂。气体霜也有类似吸附剂一样的吸气作用,像二氧化碳、水蒸气等易冷凝的气体,在低温表面上凝结的同时,将不易冷凝的气体(如氦)也一起埋葬或吸附抽除。

实际应用的低温泵常将低温冷凝与吸附作用结合起来,构成如图14-3所示的结构,对各种气体都能抽除。

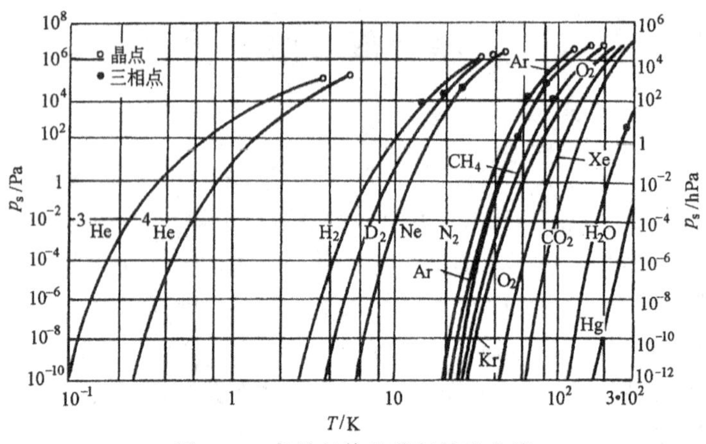

图 14-1 各种气体的蒸气特性曲线

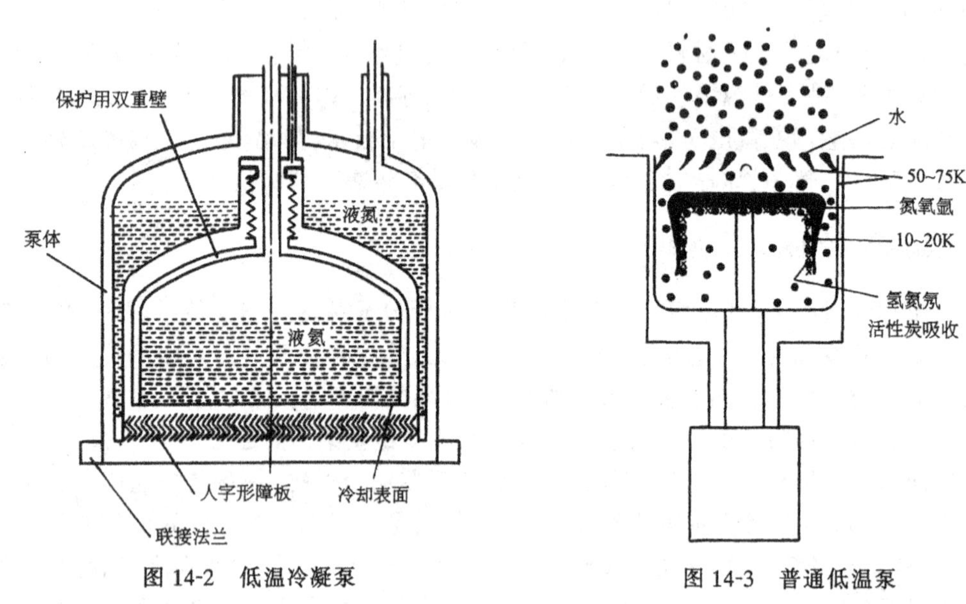

图 14-2 低温冷凝泵

图 14-3 普通低温泵

如果按着供给低温介质的方式分类,又可分为贮槽式(图 14-2),连续流动式(图 14-4)和闭循环小型制冷机式低温泵(图 14-5)。这种闭循环小型制冷机低温泵又称现代低温泵,它由低温泵(图 14-3)、压缩机和膨胀机等部分组成。制冷介质氦气由压缩机压缩,经进气管到膨胀机。这时进气阀门打开,膨胀机活塞在专用电机带动下向上运动,使膨胀机下腔充满高压气体。当活塞到达上部顶端时,关闭进气阀,同时打开排气阀,使膨胀机与低压端相通,气体膨胀制冷,活塞向下移动把冷量贮存在活塞内的蓄冷器中。如此多次循环,在一、二级冷头处分别获得低于 80K 和 20K 的低温和所需制冷功率,并使气体在低温面上凝结,在活性炭上吸附而被抽除。

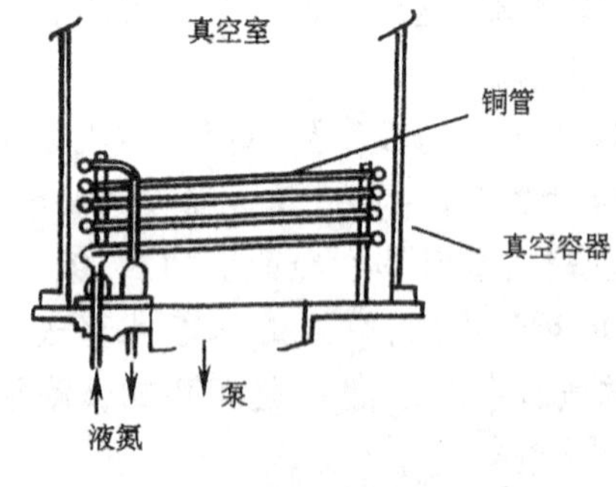

图 14-4 连续流动式低温泵

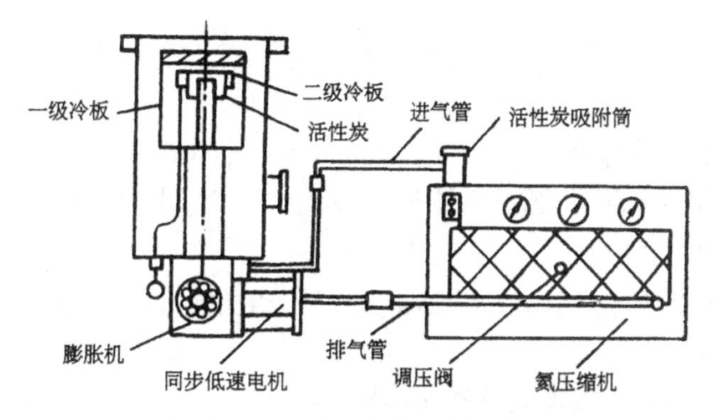

图 14-5　小型制冷机低温泵

14.3　低温泵的抽速

14.3.1　低温泵的理论抽速

在分子流状态下,低温泵的理论最大抽速:

$$s_{\max}=3.64A\left(\frac{T_g}{M}\right)^{1/2} \tag{14-1}$$

式中　A——冷表面积,cm^2;

T_g——被抽气体温度,K;

M——气体分子量;

$s_{\max}$——最大抽速,L/s。

在过渡流和黏滞流状态下,分子间的碰撞给低温抽气带来了重要影响。由于低温表面和容器之间有温度梯度和压力梯度,分子碰撞的结果迫使气体向低压方向流动,使气体分子受到定向力的作用。于是,在低温泵中气体以高速连续流向低温面,具有远大于分子流区域的抽速。其最大值为

$$s_{\max}=A\left(\frac{KRT_g}{M}\right)^{\frac{1}{2}}\left(\frac{2}{K+1}\right)^{-\frac{K+1}{2(K-1)}} \tag{14-2}$$

式中　A——低温表面积;

K——气体绝热指数;

R——气体常数;

T_g——气体温度;

M——气体分子质量。

计算表明,低温泵在黏滞流的抽速为分子流的三倍。

14.3.2　低温泵的实际抽速

从式(14-1)和式(14-2)中可见,最大理论抽速与容器中的压力和冷表面的温度无关,实际上这是不可能的,泵的实际抽速远小于理论抽速。当被冷凝泵抽除的气体压力与冷凝物在低温表面温度下的平衡压力相等时,泵便失去了抽气能力,即抽速为零。

14.3.2.1　被抽气体压力和低温表面温度对抽速的影响

其抽速(L/s)可用下式计算

$$s_{pt} = s_{\max}\left[1 - \frac{p_s}{p_g}\left(\frac{T_g}{T_s}\right)^{\frac{1}{2}}\right] \tag{14-3}$$

式中　p_g——被抽气体压力,Pa;

p_s——冷凝面温度下,被抽气体的蒸气压力(见图 14-1),Pa;

T_s——冷凝面的温度,K。

气体的饱和蒸气压 p_s 随温度 T_s 呈指数下降,当被抽气体压力一定时,T_s 越低,实际抽速越接近理论抽速。

14.3.2.2　凝结系数对冷凝泵抽速的影响

其抽速(L/s)可用下式表示

$$s_\alpha = \alpha s_{pt} = \alpha s_{\max}\left[1 - \frac{p_s}{p_g}\left(\frac{T_g}{T_s}\right)^{\frac{1}{2}}\right] \tag{14-4}$$

式中　α——凝结系数。

根据低温抽气原理,其定义为

$$\alpha = \frac{N - N_r - N_d}{N} \tag{14-5a}$$

式中　N——入射到低温表面的分子数;

N_r——被反射的气体分子数;

N_d——被吸附的分子中,在表面停留一段时间又解吸了的分子数。

α 值受很多因素影响,表 14-1 是根据道逊和黑古德等人的实验数据整理出来的,各种气体以各种入射温度打在不同温度的自身固化层上的凝结系数。表 14-2 列出了 300K 的各种气体打在 77K 的自身冷凝层上的凝结系数。此外,还测得 He 打在 4.2K 的 5A 型分子筛上的凝结系数大于 0.7,在 4.2K 的多孔银上凝结系数为 0.85,H_2 在 4.2K 的铜板上凝结系数为 0.5~0.75。

表 14-1　各种气体在不同入射温度下打在不同温度的低温表面上的凝结系数

低温面温度/K	N_2			Ar			CO_2		CO			O_2	
	77K	300K	400K	77K	300K	400K	77K	300K	77K	300K	400K	77K	300K
10	1.0	0.65	0.49	1.0	0.68	0.50	1.0	0.75	1.0	0.90	0.73		
12.5	0.99	0.63	0.49	1.0	0.68	0.50	0.98	0.70	1.0	0.85	0.73		
15	0.96	0.62	0.49	0.9	0.67	0.50	0.96	0.67	1.0	0.85	0.73		
17.5	0.90	0.61	0.49	0.81	0.66	0.50	0.92	0.65	1.0	0.85	0.73		
20	0.84	0.60	0.49	0.80	0.66	0.50	0.90	0.63	1.0	0.85	0.73	1.0	0.86
22.5	0.80	0.60	0.49	0.79	0.66	0.50	0.87	0.63	1.0	0.85	0.73		
25	0.79	0.60	0.49	0.79	0.66	0.50	0.85	0.63	1.0	0.85	0.73		
77							0.85	0.63	1.0	0.85	0.73		

表 14-2　温度为 300K 的各种气体打在 77K 低温表面上的凝结系数

气　体	H_2O	NH_3	CH_3OH	CH_3Cl	C_2H_5OH	CH_2Cl_2	CF_2Cl_2	SO_2	CO_2	N_2O	CCl_4
凝结系数	0.92	0.45	1.0	0.93	1.0	0.82	0.76	0.74	0.63	0.61	1.0

14.3.2.3　辐射屏流导对抽速的影响

为减少低温泵对低温介质的消耗，减轻低温板的热负荷，往往在低温板周围加上辐射屏，如图 14-6 所示。这时，低温泵的抽速要受到辐射屏流导的影响。

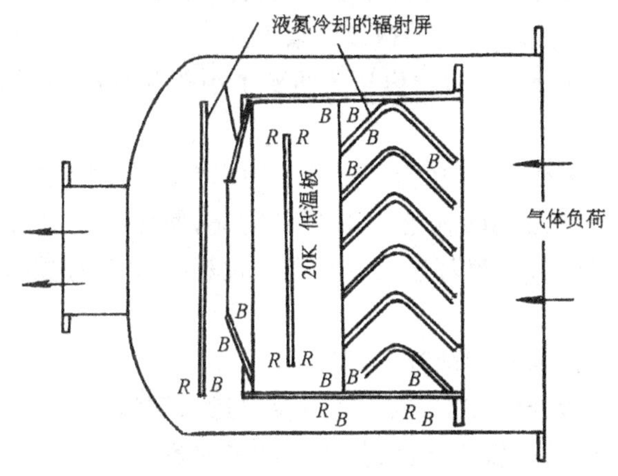

图 14-6　有辐射屏的低温泵

B—涂黑表面；R—反射表面

$$\frac{1}{s_u}=\frac{1}{s_\alpha}+\frac{1}{u} \tag{14-5b}$$

式中　u——辐射屏的流导，L/s；

s_α——无辐射屏低温板的抽速，L/s；

s_u——考虑辐射屏后低温泵的抽速，L/s。

14.3.2.4　凝结层对低温泵抽速的影响

低温泵在工作一段时间以后，低温表面凝结一定厚度的固态气体层，它的存在，对低温泵抽速有一定影响。其影响主要取决于冷凝层的性质，也就是取决于冷凝层的结构和类型。B.A.Hands 认为冷凝层的导热率是冷凝层的类型和结构的复杂函数。如果沉积速率低，冷凝层可以有一个玻璃状外表，凝结层导热好，对抽速几乎无影响；如果沉积速率高，冷凝层出现类似雪花状结构，导热不好，会降低抽速，但对捕集非凝结性气体有利。

14.3.3　低温冷凝泵典型的抽速特性曲线

图 14-7 是 Dawson 和 Haygood 对室温二氧化碳在 77K 低温表面上凝结时测得的典型抽速曲线。并对它解释如下：

1）容器内的压力和凝结物的蒸气压相同时，抽速为零。

2）容器内压力升高时，因为开始进行凝结而出现抽速。在 10^{-4}～10^{-5}Pa 压力范围内，随着压力升高抽速增加。

3）在 10^{-2}～10^{-4}Pa 范围内，抽速与压力无关，保持恒值。这种现象可以解释为把低温冷凝面看成是气体在一边，蒸气在另一边的薄壁小孔。

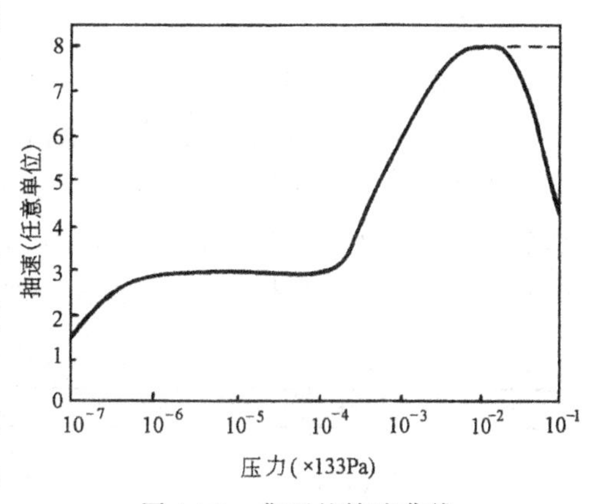

图 14-7　典型的抽速曲线

小孔两边的压差增加时，气流速度增加。在分子流状态时，气流的速度一直增加到声速，这时压差再增加，入射的分子数也不变了，即抽速与压差无关，是常数。

4) 在 10^{-2} ~ 10^{-1}Pa 压力范围内，分子平均自由程变短了，泵内气体从分子流变成了过渡流，流量与压力成比例的上升，使抽速急剧增大。

5) 在 10^{-1} ~ 10^{0}Pa 区域内，容器内压力达到了小孔临界压力，气流速度等于声速时，抽速达最大值。

6) 在 1.33Pa 以上区域，气体压力超过了上述临界压力，抽速突然下降。其原因是非凝结性气体在冷凝面附近增加，由气体的热传导和对流，使冷面温度上升。并且非凝结性气体在冷面附近堆积，形成阻挡层，可凝性气体必须经过碰撞才能通过阻挡层凝结在冷面上，所以使抽速下降。

14.3.4 低温泵抽速的测试问题

低温泵由于有低温表面的存在，测抽速时应注意以下问题：

1) 由于泵入口处有 77K 低温表面，使得测试罩内各处温度不均匀，造成温度梯度，使气体密度、热运动速度和压力都出现各向异性，测试罩内气体不服从麦克斯韦分布。

2) 泵入口处 77K 屏蔽板对不同种类气体影响不同。有些气体冷凝，有些气体不凝。不凝性气体入射到泵内，一部分通过 77K 挡板进入低温区，而大部分反射回测试罩内，且返回的气体温度接近 77K。因此，测抽速时要考虑气体种类。

14.4 低温泵的极限压力

14.4.1 低温泵极限压力的计算及讨论

在达到极限压力时，泵的抽速为零。所以从式(14-4)可得

$$1-\frac{p_s}{p_g}\left(\frac{T_g}{T_s}\right)^{\frac{1}{2}}=0$$

$$p_g=\left(\frac{T_g}{T_s}\right)^{\frac{1}{2}}p_s \tag{14-6}$$

式中 p_g——极限压力，Pa；

T_g——被抽气体温度，K；

T_s——冷凝面温度，K；

p_s——冷凝物上的蒸气压，其值随温度而变化，Pa。

对于氮气(泵壳为室温)，用不同温度的低温表面抽气时，得到的极限压力列于表 14-3。从表中可见，14K 低温表面可以得到的极限压力是 6.1×10^{-14}Pa。如果将氮换成空气，只能得到 1.33Pa 的极限压力，这是氖、氢和氦分压之和。

表 14-3 几种不同温度的泵抽氮的分压力

T_s/K	p_s/Pa	p_g/Pa
80	1.33×10^{-2}	4.12×10^{-2}
20	1.33×10^{-8}	5.19×10^{-8}
14	1.33×10^{-14}	6.12×10^{-14}
4	1.33×10^{-28}	1.16×10^{-27}

p_s 值可用克劳修斯—克拉贝隆(clausius-clapeyron)方程计算

$$\lg p_s = A - \frac{B}{T_s} \tag{14-7}$$

式中 $A = \frac{0.4343r}{RT_1}$；$B = \frac{0.4343r}{R}$；T_1 为大气压下气体的沸点温度，K；R 为气体常数；r 为气体分子蒸发潜热。

如果是带有低温吸附的低温泵，式(14-6)中的 p_s 应改为 T_s 温度下的吸附平衡压力 p_e，p_e 远远低于 p_s。p_e 可查相应吸附剂的吸附等温线。

14.4.2 低温泵压力的测量

通常测量在常温下真空泵的压力时，只测分子密度 n 即可，然后根据 $p = nKT$ 算得 p。但在低温泵内存在着温度梯度，于是有分子热流逸发生，并且粒子流密度、热运动速度、压力出现各向异性，这就为压力的准确测量带来了困难。也就是说在低温泵里测量的压力，不仅与 n 有关，还与 T 有关，测量规管放在不同位置测得的压力不一样。如果按穆尔(Moore)提出的方法，在冷凝面和气源之间设置规管，认为这两个面是平行的，仅使规管开口的方向不同，所测得的压力就不相同。当规管开口朝向气源时压力为

$$p_a = F(m_e + m_s) \tag{14-8}$$

当规管开口朝向冷凝抽气面时，所测得压力为

$$p_b = F[m_e(1-f) + m_s] \tag{14-9}$$

当规管开口与冷面和气源面相垂直时，压力为

$$p_c = F\left[m_e\left(\frac{2-f}{2}\right) + m_s\right] \tag{14-10}$$

式中 m_e——单位时间从气源发出的气体质量；

m_s——单位时间从冷面上蒸发出的气体质量；

f——分子碰撞到冷面上后被粘附在上面的那部分。

$F = \frac{1}{Af}\left(\frac{2\pi KT}{\mu}\right)$，其中 A 为冷面的面积，μ 为气体分子质量。

以上说明，影响准确测定低温泵极限压力的因素较多，还处在研究中，目前尚无明确标准规定。

14.4.3 降低极限压力的方法

欲降低极限压力，就是设法增强抽气因素，减小反抽气因素。在超高真空状态下，低温冷凝泵的极限压力主要由两部分组成，一部分是被抽气体的饱和蒸气压，另一部分是被抽容器的表面放气。在低温泵中所用材料大部分是不锈钢，而不锈钢放出的主要是氢气，因此，增强低温泵对氢的抽除很有意义。

14.4.3.1 降低低温表面和防辐射挡板的温度

降低低温面温度可降低被抽气体饱和蒸气压。降低挡板温度可减少已凝气体的脱附。

$$p_g = p_f + A(T_B^4 - T_s^4) \tag{14-11}$$

式中 A——与辐射屏种类有关的常数，对于人字形单层挡板 $A = (1.6\sim3.5)\times10^{-18}\text{Pa}\cdot\text{K}^{-4}$；

T_B——挡板温度，K；

T_s——冷板温度,K。

14.4.3.2 降低抽气前容器中不可凝气体的分压力

形成最后极限压力的主要气体是不可凝气体。因此,应设法去除。

1) 予抽法。从图 14-1 中 Ne、He、H_2 的饱和蒸气压曲线知,使用 4.2K 低温板,从大气压开始抽气,极限压力只能达到 5×10^{-2}Pa。若在低温泵启动前先用其他泵抽出一些气体,则不可凝气体分压也相应减小。如予抽至 1.3×10^{2}Pa,再用 4.2K 低温板抽气,可得 5×10^{-4}Pa 的极限压力。予抽的真空度愈高,极限压力愈低。

2) 冲洗法。如果用 20K 下可凝的气体 CO_2、N_2 等冲洗被抽容器,经几次冲洗置换后,可将容器中原有的不可凝气体大大减少,当低温泵启动后可凝性气体冷凝,降低了极限压力。

14.4.3.3 提高吸附抽气的效果

选择吸附效果好的吸附剂,增加吸附剂量和吸附面积。

14.4.3.4 增强低温捕集抽气作用

如在 4.2K 低温表面上预冷 N_2 形成凝结层,可使 H_2 压力降低两个数量级。

14.5 低温泵的其他参数

14.5.1 排气量

低温泵的排气量是指泵的抽速下降至零(或下降 30%)时,所抽的气体量,又称抽气容量。

$$Q = spt_{\max} \tag{14-12}$$

式中 Q——排气量;

p——工作压力;

s——抽速;

$t_{\max}$——最长抽气工作时间,指泵开始工作到抽速下降至初始抽速的 70%~80% 这段时间。

从式(14-12)可知,排气量与抽速和工作压力有关。对于一台低温泵其制冷能力一定,外来的总热负荷决定了低温泵的工作压力,从而决定着低温泵的最大排气量。

14.5.2 制冷时间

低温泵开始制冷到额定温度的时间为制冷时间。它与多种因素有关。在冷液式泵中,与冷剂的流量、蒸发速率、热负荷、制冷时的真空度、泵的结构等因素有关。在制冷机低温泵中,则与制冷机的机型、制冷量、热负荷、制冷时真空度、启动压力及泵的结构等因素有关。选用和设计低温泵时,一般应使制冷时间短些,对工作有利,当然还要考虑经济性。目前国内外的产品中,小型泵制冷时间不超过 90min,大型泵不超过 180min。图 14-3 为小型制冷机低温泵,从室温降至低温板温度所需制冷时间可用下式计算

$$t_d = \sum_{i=1}^{n} \frac{m \cdot C_{i-(i+1)} \cdot (T_i - T_{i+1})}{W_{i-(i+1)}} + t_0 \tag{14-13}$$

式中 m——二级冷板的重量,g;

$C_{i-(i+1)}$——在 T_i 到 T_{i+1} 温度内冷板材料的平均比热,J/(g·K);

$W_{i-(i+1)}$——T_i 到 T_{i+1}温度间隔内平均有效制冷功率,J/s;

t_0——制冷机空载降温时间,s;

n——所分的温度间隔数。温度间隔取得越小,计算越精确。

14.5.3 制冷功率及温度

为了得到相同的极限压力,对于不同的气体,所需低温面的温度和冷量不同;对于同一种气体,用不同的抽气方法,所需的冷面温度和冷量也不相同。根据热力学第二定律,为获得低温 T_s 下的制冷量 Q_s,所需最小功率 W_{min}为

$$W_{min}=\frac{Q_s}{T_s}(T_a-T_s) \tag{14-14}$$

式中 T_a——室温。

表 14-4 给出在不同温度 T_s 下,制取 1W 冷量所需最小室温功率 W_{min}的理论值和实际消耗功率 W_{rcd}。

表 14-4 $T_a=300$K 时在不同 T_s 下制取 1W 冷量所需的功率

T_s/K	W_{min}/W	W_{rcd}/W	W_{rcd}/W_{min}
80	2.75	10	3.64
20	14	70	5
14	20	150	7.5
4	70	1500	20.27
2	150	6000	40
10^{-3}	3×10^5	兆瓦级	

从表 14-4 可知,温度 T_s 越低,实际消耗的功率越大,花费的成本越高。

14.5.4 低温泵的工作寿命

冷凝泵的工作寿命有两个含义,一是使用到必须加热再生的时间,称为再生寿命;另一是充一次冷剂所能工作的时间,称为装填寿命。

14.5.4.1 再生寿命

$$t=D\frac{A^2}{K'm^2} \tag{14-15}$$

式中 $D=\rho K(T_s-T_w)$;

A——冷凝面面积,cm²;

K'——凝结热,J/g;

m——凝结量,g/s;

ρ——凝结物密度,g/cm³;

T_s——凝结层外表面温度,K;

T_w——冷凝面温度,K;

K——凝结物的热传导率。K 与 ρ 的值可从图 14-8 和图 14-9 查出。

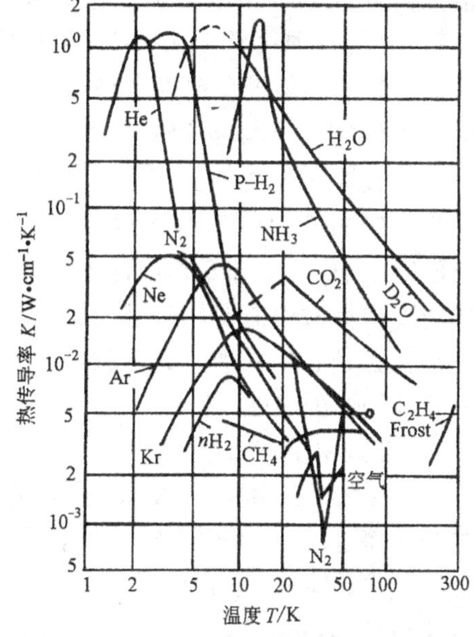

图 14-8 凝结物的热传导率

14.5.4.2 贮槽式泵的装填寿命

$$t=V/Q_v \tag{14-16}$$

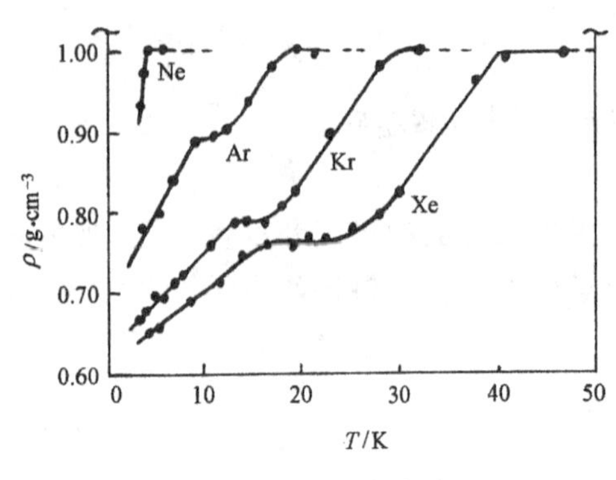

图 14-9 凝结物密度

式中 V——冷剂容积,L;

Q_v——单位时间冷剂耗量,L/s。

本维纽蒂(Benvenuti)讨论了这种泵的寿命,认为容器高度与半径比最多不超过4,再高不会提高泵的装填寿命。

14.5.4.3 吸附泵的工作寿命

吸附泵的最大工作寿命 t_{max} 等于吸附板两次活化(再生)所间隔的时间

$$t_{max}=\frac{Vm}{sp} \tag{14-17}$$

式中 V——吸附容量,Pa·L/kg,可根据吸附等温线确定;

m——吸附剂质量,kg;

s——抽速,L/s;

p——泵入口压力,Pa。

为了再生时不产生有爆炸危险的混合气体,每立方米泵室容积中 H_2 含量不应超过安全界线,通常为 1600～6600Pa·m³。此外,还要在泵上装一个安全阀。

14.6 现代低温泵的结构及设计

14.6.1 现代低温泵的总体布置及设计原则

典型低温泵的布置如图 14-10 所示,泵的中心是由膨胀机第二级冷头冷却的主低温板,温度通常为 20K。低温板像一个倒过来的杯子,其内表面用低温树脂黏结剂(低温胶)粘附活性炭构成的低温吸附板。低温板用辐射屏包围起来,其温度常取为 77K,由膨胀机的第一级冷却。辐射屏顶部加上障板,整体装在一个帽子形的泵壳里,装到主真空系统上。

一般这种结构布置成 $x=0.75y$,第二级对第一级的冷却功率比为 1:3.5～1:11,而在低压时 1:100～1:200 是最佳值。低温泵的抽速随泵口横截面的增加而增大,随高度的变化很小。因此,有一种布置得很巧妙的窄(矮)泵,形状如图 14-11 所示。这种结构不但抽速高,而且体积小,安装方便。

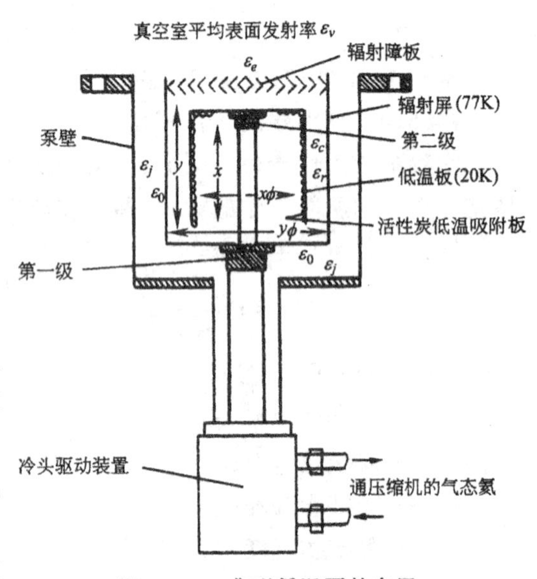

图 14-10 典型低温泵的布置

图 14-12 是日本 ULVAC 公司的 CRYO-U12H 型低温泵的主体布置图。其第一级冷头与 80K 辐射屏和障板相连,主要抽除水蒸气;第二级冷头与 15K 的低温板相连,抽除其他可凝性气体;最里边是 15K 活性炭床,抽除 He、Ne、Ar 等气体。这种结构的特点是单独设有活性炭床,而不是将活性炭涂在低温板的内表面。因此,对惰性气体的抽速可以提高。

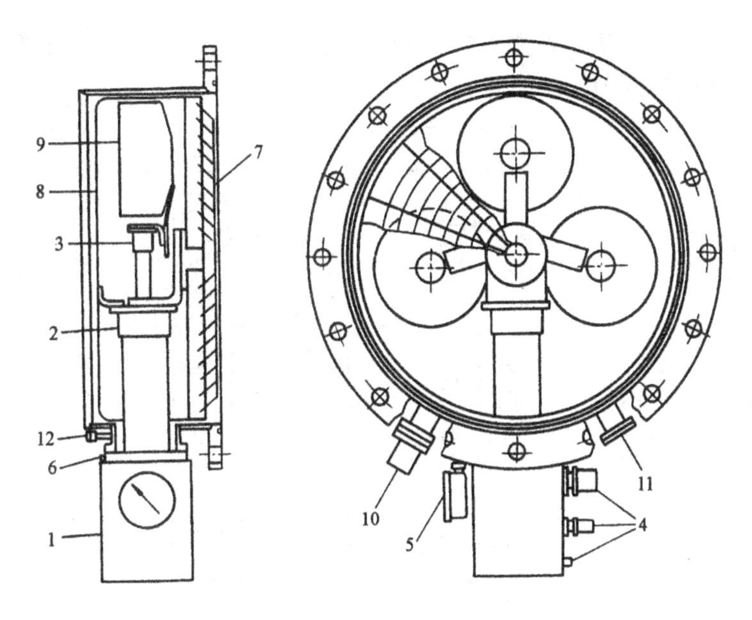

图 14-11　一种窄泵结构

1—致冷膨胀机；2——级冷头；3—二级冷头；4—气、电接头；5—H_2 蒸气温度计；6—排水口；7—百叶窗式入口障板；8—热板；9—冷板（三个）；10—压力安全阀；11—排气口；12—清洗口

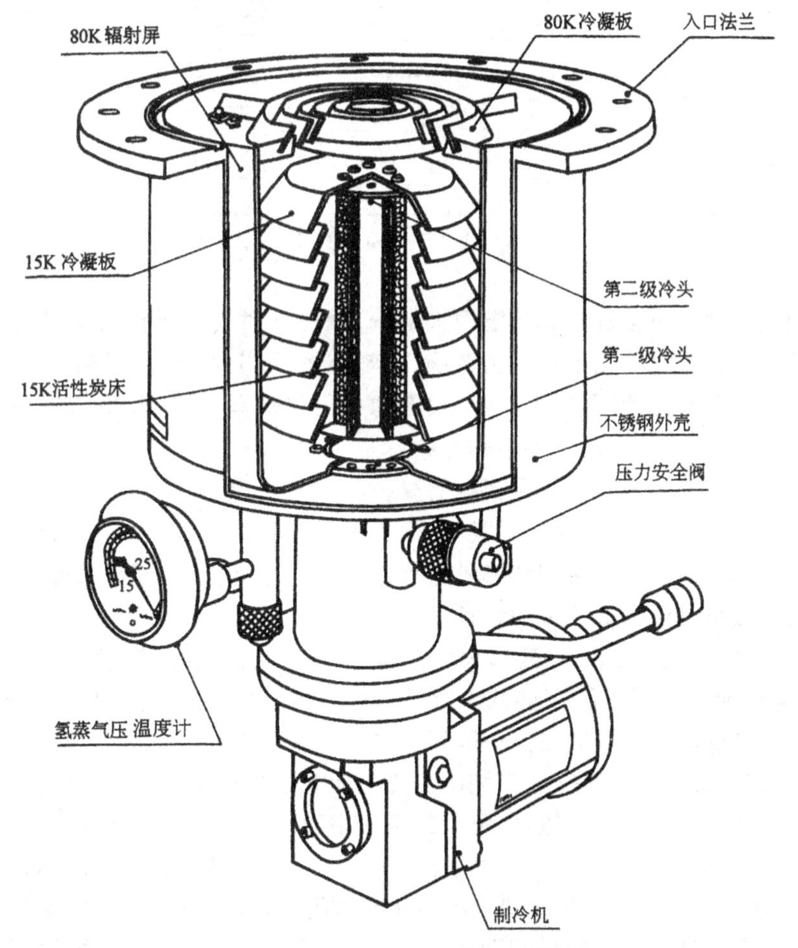

图 14-12　CRYO-U12H 型低温泵结构

如图 14-5 所示，与现代低温泵制冷膨胀机相连的还有一套氦制冷压缩机部分。适合这种制冷机的制冷循环如图 14-13 所示。

循　　环	结　　构	$p-V$ 曲线图	主要制造厂家
斯特林	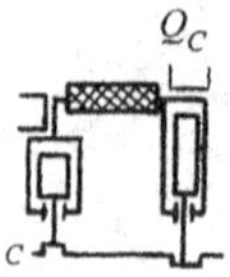	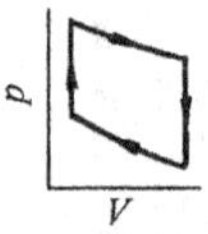	英国菲利浦 休斯航空器 玛拉克 日本电子
$V(M)$	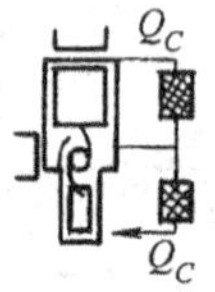	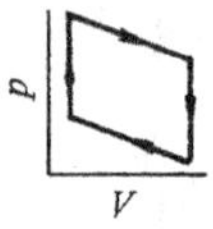	菲利浦 休斯航空器
$G\text{-}M$	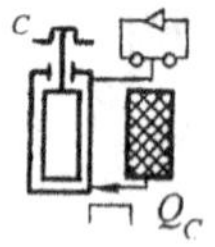	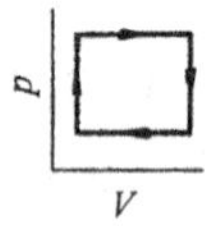	大阪酸素
沙尔凡		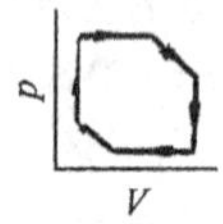	大阪酸素
泰克尼斯	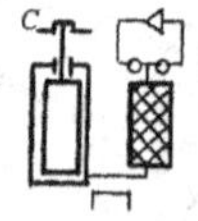	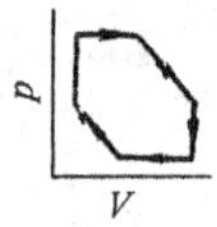	共同制氧

图 14-13　适合于低温泵的几种制冷循环

由于现代低温泵包括真空和低温两大部分，故设计时要满足两方面的要求。其设计原则是应满足抽速、极限压力、工作压力范围、抽气容量、再生时间、低温温度及制冷量、工作寿命、振动、经济性等方面的要求。当然还要考虑材料的低温特性、真空密封和壳体强度等问题。至于制冷机方面的内容，本书不作介绍。

低温泵设计的具体步骤应该是根据需要，提出抽速、极限压力、工作压力、系统总布置、被抽气体的种类和温度等，选择泵的类型、低温板温度和材料等，然后进行结构设计，同时对辐射屏、辐射挡板、低温抽气面积和热负荷等进行设计计算，最后设计或选定制冷系统。

14.6.2　辐射屏和辐射挡板的设计

在低于 30K 的低温泵中，一般都必须加辐射屏和辐射挡板。辐射屏和辐射挡(障)板的位置如图 14-10 所示。它们除了能减少对低温板的热负荷外，本身也是冷凝泵，因此大大减少了低温板的热负荷和气体负荷。一般辐射屏和挡板的温度多选为液氮温度。

辐射屏与挡板的结构、形状和安装的位置与低温泵的用途有关，也就是与气体负荷和热负荷的流向有关。一般总是希望：热负荷减至最小而气体的通导几率最大。如果用 μ 表示气体的通过几率，t_a 表示辐射传输几率，选挡板结构时尽可能使 μ 值最大而 t_a 值最小。从结构上来说，要使 t_a 小，至少要做到一次性光学密闭，这就相应降低了气体对低温板的通导几率。热屏蔽作用愈高，对抽速影响愈严重。图 14-14 给出了几种常用的结构形式和 μ、t_a

值。

挡板	参数			
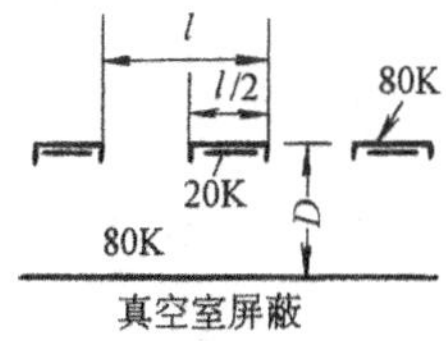 l, l/2, 80K, 20K, D, 80K, 真空室屏蔽	$\frac{D}{l}$	0.16	0.25	0.50
	μ	0.16	0.21	0.23
	t_a	0.009	0.014	0.015
R_1飞行器外壳, R_2, 80K, 20K, 80K, 真空室屏蔽	$\frac{R_1}{R_2}$	0.63	0.52	0.31
	μ	0.30	0.34	0.44
	t_a	0.017	0.017	0.016
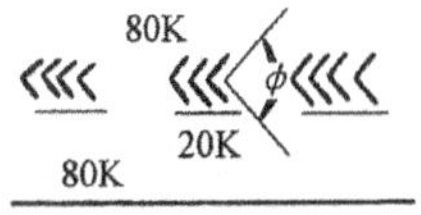 80K, ϕ, 20K, 80K	ϕ	60°	90°	120°
	μ	0.44	0.48	0.52
	t_a	0.020	0.022	0.022
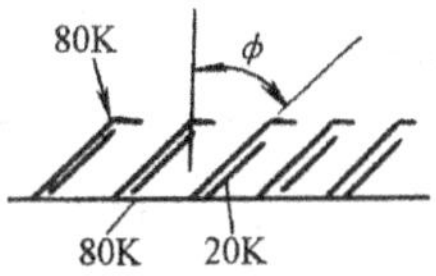 80K, ϕ, 80K, 20K	$\phi=45°$			
	$\mu=0.51$			
	$t_a=0.031$			

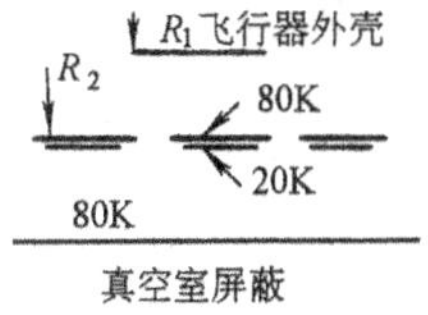

图 14-14　几种常用挡板的通导几率和辐射传输几率

为进一步提高泵的性能，还可以从以下几个方面采取措施：1)将挡板和屏蔽的内表面发黑处理，以减小 t_a。因为内表面发黑可使通过挡板透射过来的热辐射几乎全部被吸收，降低了对低温板的热负荷，保证了低温板的低温，从而提高了泵的极限真空度。挡板发黑的方法有多种，如阳极氧化、涂黑漆、涂吸收红外线性能好的材料等。2)在屏蔽的外表面镀银或镀亮镍并抛光，容器内壁和泵壳内壁也抛光，以减小屏蔽热负荷。3)设计辐射屏时要选择导热性能好的材料，其形状应使射到屏底的分子漫反射后飞向吸附面，以提高抽速。

设计辐射屏及挡板时，应作如下计算：

1) 热负荷的计算。辐射屏及挡板的热负荷主要是辐射热，另外还有冷凝 CO_2、H_2O 气体的热负荷和给其他气体降温的热负荷。这些热负荷由制冷机一级冷头承担。

$$Q_B = A_B \cdot \varepsilon_B \sigma (T_W^4 - T_B^4) + S_B \gamma K_1 \Delta T + K' \left(\frac{MP}{RT_B}\right) S_1 \tag{14-18}$$

式中　A_B——屏蔽面积；

ε_B——屏蔽外侧辐射系数；

σ——黑体辐射常数（$\sigma = 5.67 \times 10^{-12} \text{W/cm}^2 \cdot \text{K}$）；

T_W——泵壳温度（一般为 300K）；

T_B——屏蔽温度(通常取 80K);

S_B——与挡板和辐射屏接触的气体速率(常取 $S_B = S/\mu$),S 为低温板的抽速;

γ——被抽气体密度(对空气为 1.3g/L);

K_1——被抽气体的比热[对空气为 1J/(g·K)];

ΔT——被抽气体与屏蔽面温差,K;

K'——气体凝结热,J/g;

M——气体摩尔质量,g/mol;

P——在工作压力范围内的最高压力,Pa;

R——气体普适常数[$R = 8314.25$Pa·L/(mol·K)];

S_1——凝结在屏蔽上的气体速率,$S_1 = S_B - S$ L/s。

K'值可从表 14-5 查得。表中几种气体的温度均为 300K。ε_B 值可从表 14-6 中相应的温度范围内查得。从表中可知屏蔽外表面应抛光。

表 14-5 几种气体的凝结热

气　　体	CO_2	Ar	N_2	H_2O	CO
冷面温度/K	143	70	62	78	55
K'/J·s^{-1}	600	199	242	335	302

表 14-6 几种材料辐射系数的实验值

材　　料	室 温 下	78K 表面在 300K 辐射下	20K 表面在 78K 辐射下	4.2K 表面在 78K 辐射下
铝　　板	0.03	0.02	0.018	0.011
抛光铝板			0.02~0.05	0.02~0.04
抛光黄铜板	0.035	0.029	0.025~0.028	0.018
金　　板	0.02	0.01~0.02	0.014	
银　　板	0.02~0.03	0.008		0.004
不锈钢板	0.074	0.048		
铜表面涂黑		0.85		
铝阳极处理		0.90		

2) 确定屏蔽罩的口径。确定屏蔽罩口径的原则是保证泵的实际抽速,即用户所要求的抽速 S。S 与气体通过挡板流入屏蔽罩时的抽速 S_B 有如下关系

$$S = \frac{S_B \cdot C}{S_B + C} \tag{14-19}$$

式中　C 为流导,当挡板为单层百叶窗时,$C = 0.45S_B$,若为双人字形时,$C = 0.26S_B$,若为单人字形,C 值在 $0.45S_B$ 与 $0.26S_B$ 之间取值。实际上 S_B 应等于气体在 T_B 温度下的最大理论比抽速 S_{th} 与屏蔽罩口面积 A 之积,而 $S_{th} = 3.638\sqrt{\frac{T}{M}}$,所以 $A = S_B/S_{th}$。若屏蔽罩为圆形,则有

$$D = \sqrt{\frac{4A}{\pi}} \tag{14-20}$$

式中　D——屏蔽罩的口径。

3) 屏蔽罩的高度 H_B。确定 H_B 的原则是在能将冷头和低温板放入的情况下，H_B 应小一些为好。因此，在设计好制冷机后才能根据冷头尺寸选定 H_B，再求出 A_B 值，并计算出 Q_B。设计时应先选 H_B（一般选 $H_B = D$），估算出 Q_B，然后计算制冷机第一级冷量是否满足要求，直到能满足要求为止。

4) 确定屏蔽罩板材的厚度。在保证屏蔽罩温度最高处不超过选定的挡板温度，并保证屏蔽罩不变形的情况下，板材厚度越薄越好。一般选用导热性能好的材料。一些材料导热系数列于表 14-7。当给定冷头与挡板间温差 ΔT 后，可按下式求板厚度

表 14-7　几种材料的导热系数

材料名称 \ λ 值/$W \cdot cm^{-1} \cdot K^{-1}$ \ 温度K	293	73	20	4
无氧高导热铜($BSCIO_3$)	3.9	5.2	11.0	2.4
韧的电解铜(BS101)	3.9	5.7	13.0	3.2
精制韧高导热铜(BS102)	3.9	5.7	13.0	3.2
脱氧磷铜(BS106)	2.9～3.6	～1.0	～0.4	～0.09
99.99%纯铝	2.3	4.5	5.5	
99%纯铝	2.1	3.0	2.7	0.56
退火铝合金 1100(CuO:2%, Si+Fe:1%, MnO:5%, ZnO:1%)	2.1	2.5	2.5	0.5

$$b = \frac{Q_B}{\lambda \pi D \Delta T} \tag{14-21}$$

式中　Q_B——通过厚度 b 的板传递的热量；

D——屏蔽罩的直径。

14.6.3　低温板及吸附面的设计

低温板及吸附面温度的选择应主要考虑被抽气体的成分，要求的极限压力和经济成本三方面。

低温板材料选择应满足热传导率高、机械强度高、发射率低、成本低四方面要求。目前一般采用铝、铜，在铜上镀银或金。银是产生最低氢饱和蒸气压的材料。低温板直接贴紧固定在制冷机一级冷头上，为使两者接触良好，在两者之间设铟垫片。

低温板的表面应该是抛光的，机械抛光的表面比其他电化学抛光表面效果好。

低温板的结构设计应满足以下几点要求：1)进入挡板的气体能直接打在低温板上。2)可凝性气体不能直接打在吸附面上，以免占据吸附剂的吸附空位，影响对不可凝性气体的抽速。3)非可凝性气体打到吸附剂表面上应当均匀分布，以免影响抽速和吸附容量。

吸附剂的选择应从微观表面积大、热传导性能好、吸附容量高、再生性能好等几方面考虑。目前普遍认为活性炭，特别是椰子壳活性炭，其微观表面积大，吸附量大，是制冷机低温泵较为理想的吸附剂。

吸附剂的粘接工艺对泵的抽气特性影响较大。目前粘接工艺大致有三种：一是机械夹固；二是用黏结剂粘结；三是用等离子喷涂。用黏结剂粘结不但会堵塞部分吸附剂微孔，而

且在吸附剂与金属板之间有一层黏结剂,使吸附面与金属板之间的温差变大。国外有人将活性炭和低温板表面用一种3.5%Ag-Zn合金粘结,将活性炭嵌进熔化的合金中,形成3mm厚的平面,此法不堵塞活性炭表面微孔,使活性炭表面温度比用环氧树脂或低温胶粘结的低。

低温板及吸附面设计时,应做如下计算

1) 低温板面积的计算。根据所要求的抽速计算低温板面积。

(1) 无辐射屏的低温泵:

$$A=\frac{S_{max}}{S_0}\cdot\alpha_1=\frac{S_{max}\cdot\alpha_1}{3.638(T_g/M)^{1/2}} \tag{14-22}$$

式中 S_{max}——理论上最大抽速,取设计时用户要求的抽速,L/s;

S_0——理论上单位面积的抽速,$L/(s\cdot cm^2)$;

α_1——影响系数,在1.1~1.3之间取值;

T_g——被抽气体温度;

M——被抽气体分子量;

A——低温板面积,cm^2。

(2) 有屏蔽的低温泵:

$$A=\left(1+\frac{1}{\mu}\right)S_u\alpha_1/S_0 \tag{14-23}$$

式中 S_u——考虑辐射屏后的低温泵抽速,L/s;

μ——屏蔽的通导几率。

2) 低温板热负荷的计算。低温板上的热负荷由制冷机二级冷头承担,主要有下列几项负荷组成。

(1) 辐射热负荷:热辐射与气体压力无关。在有辐射屏包围低温板的情况下,低温板冷凝面上受到的热负荷 $Q_1(W)$ 为

$$Q_1=A\frac{\sigma(T_B^4-T_C^4)}{\frac{1}{\varepsilon_C}+\left(\frac{1}{\varepsilon_B}-1\right)}+t_a\varepsilon_C\sigma(T_W^4-T_C^4)A \tag{14-24}$$

式中第一项为挡板对低温板的热辐射;第二项为器壁通过挡板对低温面的热辐射;T_C 是低温板温度;T_B 是挡板温度;T_W 是容器温度;ε_C 和 ε_B 分别为低温板辐射率和挡板辐射率,其值可查表14-6;其余符号意义同前。

在选取 ε_C 和 ε_B 时,应考虑随着抽气过程的进行,在低温板和辐射挡板上要结霜,这时使辐射率很快上升。如果低温板表面凝上0.4mm厚的 N_2 霜层(相当于泵在 4×10^{-4}Pa下工作24h),可使辐射率增大0.5左右。因此,运转周期长的泵,设计时应选 $\varepsilon_C=0.4\sim0.5$ 之间。如果辐射挡板上凝结 CO_2 霜厚度大于0.6mm时,辐射率保持在0.8左右。因此,一般选 $\varepsilon_B=0.5\sim0.9$ 之间。

(2) 被抽气体冷凝热负荷 $Q_2(W)$:

$$Q_2=S\gamma K\Delta T+K'\left(\frac{MP}{RT_C}\right)S \tag{14-25}$$

式中第一项是被抽气体从室温或从挡板温度 T_B 降到低温板温度放出的显热;第二项是被

抽气体凝结时放出的凝结热；S 为低温板抽速，L/s；γ 为被抽气体密度，g/L；K 为被抽气体的比热，J/(g·K)；ΔT 为被抽气体与低温板之间的温度差，K；T_C 为低温板温度；其余符号同式(14-18)，K'值查表 14-5，也可由下式计算(J/g)：

$$K' = C_1(T_a - T_b) + K_1 + C_2(T_b - T_c) + K_2 + C_3(T_c - T_d) \qquad (14\text{-}26)$$

式中　C_1 为从室温到沸点温度气体的平均比热，C_2 为从沸点温度到熔点温度气体的平均比热，C_3 为从熔点温度到低温板温度气体的平均比热，单位均为 J/(g·K)；T_a、T_b、T_c、T_d 分别为室温、气体的沸点温度、熔点温度和低温板温度，单位均为 K；K_1 为气化潜热、K_2 为熔解热，单位为 J/g。

(3) 气体的热传导和对流换热：制冷机低温泵常在 1.33×10^{-1}Pa 压力下启动，故对流换热可忽略。气体分子的导热 Q_3(W/cm²)为

$$Q_3 = K_\alpha \cdot \alpha_0 \cdot P(T_2 - T_1) \qquad (14\text{-}27)$$

式中　K_α 是 T_1 温度下气体的自由分子导热系数，可由 0℃时自由分子导热系数 K_0 求得，$K_\alpha = K_0\sqrt{\dfrac{273}{T_1}}$。$K_0$ 值见表 14-8；α_0 为温度适应系数换算值，$\alpha_0 = \dfrac{\alpha_1\alpha_2}{\alpha_2 + (A_2/A_1)(1-\alpha_2)\alpha_1}$，$A_1$、$A_2$ 为两换热板面积，cm²；α_1、α_2 为两换热板的温度适应系数，与表面状态、温度、气体种类有关，可查表 14-9；P 为压力，Pa；T_1、T_2 为两换热面温度，K。

表 14-8　一些气体的 K_0 值和黏度 η_0 值

气　体	分 子 量	0℃时的 K_0/J·cm^{-2}·s^{-1}·K^{-1}·Pa^{-1}	20℃的 η_0/N·s·cm^{-3}·Pa
H_2	2.016	45.53×10^{-5}	3.63×10^{-10}
He	4.003	22.07×10^{-5}	5.16×10^{-10}
H_2O	18.016	19.88×10^{-5}	10.80×10^{-10}
Ne	20.18	9.83×10^{-5}	11.48×10^{-10}
N_2	28.02	12.47×10^{-5}	13.50×10^{-10}
O_2	32.00	11.71×10^{-5}	14.48×10^{-10}
Ar	39.94	6.97×10^{-5}	16.20×10^{-10}
CO_2	44.01	12.78×10^{-5}	16.95×10^{-10}

表 14-9　一些气体在某些表面上的适应系数

表面＼气体	H_2	He	Ne	Ar	Kr	Xe	O_2	N_2	空气	CO	CO_2	H_2O	Hg	真空油 O.O.P
白金	0.22	0.238	0.57	0.89			0.74		0.90	0.75	0.76	0.72	1.00	
抛光白金	0.26 (0℃)		0.65	0.85 (30℃)			0.83 (20℃)	0.87			0.86 (20℃)			
黑化白金	0.556						0.927				0.95			
未刻蚀钨			0.05	0.33	0.43	0.61								
刻蚀钨			0.06	0.36	0.47	0.69								
1100K 的钨		0.028		0.17										
1700K 的钨		0.027		0.10										
镍	0.29		0.82	0.93			0.86	0.82						
铁、铜、铝			0.1 (铁)	0.4 (铁)					0.85～0.95					
硅硼玻璃														0.2～0.3

由式(14-27)可知，气体分子的导热与压力成正比。图 14-15 给出其关系曲线，从图知，

压力小于 1.33Pa 时，空气的导热可忽略不计。

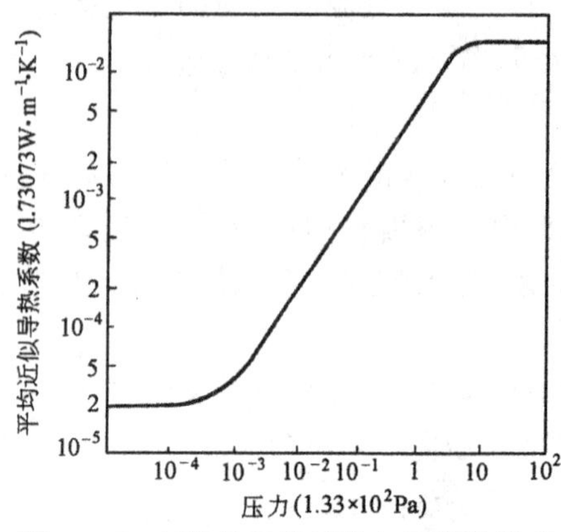

图 14-15 气体的导热系数与压强的关系

(4) 吸附面上的吸附热：非可凝性气体 H_2、He、Ne 被吸附剂吸附时，放出吸附热 Q_4，该热量通过吸附剂传给低温板、消耗制冷机二级冷量。一些吸附剂的吸附热见表 14-10。

表 14-10 常见吸附剂的吸附热/kJ·mol⁻¹

吸附剂 \ 吸附的气体	He	H_2	Ne	N_2	Ar	Kr	Xe
多孔玻璃	2.847	8.248	6.448	17.836	15.826		
天然活性炭	2.638	7.829	5.359	15.491	15.324		
碳黑	2.512		5.694		18.17		
氧化铝					11.723	14.486	
石墨化碳黑					10.3	13.816	17.71
钨					7.955	18.841	33.49～37.68
钼							33.49
钽							22.19
液化热 (kJ·mol⁻¹)	0.0837	0.9	1.805	5.61	6.523	9.035	12.648

$$Q_4 = q_a \cdot G_a \tag{14-28}$$

式中 q_a——吸附剂的吸附热；

G_a——被吸附气体的总量。

15 溅射离子泵

15.1 概述

溅射离子泵又称潘宁泵，它是一种使用较广泛的清洁真空泵。其优点是无油、无振动、无噪音；使用简单可靠，寿命长，可烘烤；不需要冷剂，置放方向不限；工作压力范围宽（1～10^{-10}Pa），对惰性气体抽速大。缺点是带有笨重的磁铁，体积和重量较大，成本高；对有机蒸气污染敏感，连续抽 30min 油蒸气就会使泵启动困难；在抽惰性气体时，二极泵会出现氩不稳定性。

这种泵被广泛的应用于现代尖端技术的一些领域中，如原子能工程、核工业、高能加速器、宇宙模拟、表面物理、电子工业和高纯金属的冶炼等领域。

15.2 溅射离子泵的工作原理

15.2.1 溅射离子泵的结构

如图 15-1 所示，最简单的二极型溅射离子泵，其阴极由钛板组成，阳极由多个不锈钢圆筒（或四方格、六方格）组成，放于两块阴极钛板之间，磁场方向与阴极板垂直，当阳极加上适当高压（对阴极为正电位）时，在阳极小室内产生放电，这种放电在压力低于 1Pa 时发生，放电可维持到很低的压力。

15.2.2 泵内的物理过程

当给单元泵加上电场与磁场以后，等电位线的形状如图 15-2 所示。在这样电磁场作用下，空间中的一个自由电子将怎样运动呢？

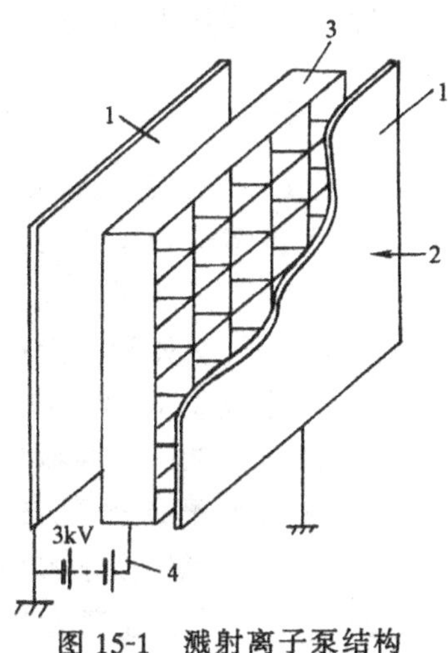

图 15-1 溅射离子泵结构

1—阴极板；2—磁场方向；3—阳极；4—电源

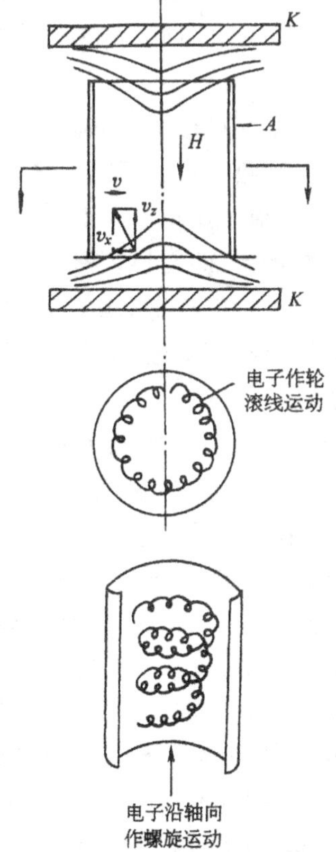

图 15-2 泵内的物理过程

自由电子在电场的作用下,有两个速度分量,一个是轴向速度分量 v_z,另一个为横向速度分量 v_x。v_x 与磁场方向垂直,因而受洛仑兹力为 $-e\,v_x\boldsymbol{H}$,此力使电子在横截面上作轮滚线运动,轮滚线的圈大小受电子速度(也就是阳极电压)和磁场强度的影响。电子速度愈大则轮滚线的圈也就愈大,大到一定程度,电子就落到阳极上。磁场的作用是相反的,磁场愈强,轮滚线的圈愈小,起一个约束的作用。所以阳极电压较高时,需要加一个较强的磁场,以免电子直接落到阳极上。

轴向电场的作用是使电子沿轴向运动。如图 15-2 所示的电子,它受轴向电场力作用向上加速运动,跨过阳极中心水平线后,开始受斥力而减速运动,靠近阴极时 v_z 为零而反向,重新受轴向电场的加速向下运动,过中心水平线后又开始减速,快到阴极前 v_z 又变为零而反转。如此不停地重复上述运动。

电子在水平面上作轮滚线运动,同时在轴向又作往复运动,结果使电子的真正轨迹很像一根拉开了的电炉丝绕成一个螺旋状放在阳极筒里的样子。电子在阳极筒里受磁场约束,要经历很长的路程后才落到阳极筒上。

很多电子受磁场的约束,以轮滚线的形式贴近阳极筒旋转,而形成一层旋转电子云,像一个环形屏套走马灯似地快速旋转。转速很高,电子路程也很长。在压力为 10^{-4}Pa 时,电子大概经历 1km 的路程才落到阳极上;在 10^{-8}Pa 时,电子旋转路程约 10Mm。因而空间贮存的电荷密度很大,达到 10^{10}个/cm^3 数量级。电子在电子云中的束缚时间也随压力的降低而增加。在 10^{-4}Pa 时,电子在电子云中的束缚时间为 1ms;而在 10^{-10}Pa 时,可达 17min。

由于上述大量电子在阳极筒里长时间旋转,所以气体分子很容易被电子碰撞电离。离子在电场作用下,飞向阴极并轰击钛板,结果产生两种作用,一是钛被溅射出来,二是打出二次电子。

钛原子从阴极板上不断溅散出来,沉积在阳极筒内壁和阴极板上,维持泵的抽气能力。每一个轰击阴极的离子所能溅散出来的钛原子数称溅散系数。能量大和质量大的离子溅散能力强些,斜射要比正面轰击的效果好得多。为保证阳极筒内壁上钛薄膜的吸气能力,必须有足够的溅散率,即要加足够的电压,以保证离子的轰击能量。

离子轰击钛板打出的电子称做二次电子;气体分子被电离放出的电子叫做繁流二次电子。这两种电子都受电、磁场约束而进入旋转电子云,补偿因跑到阳极上而损失的电子,维持潘宁放电。

15.2.3 对各种气体的抽气机理

如图 15-3 所示:*A* 在低压下,当阴极和阳极之间加上高电压时,引起场致发射。*B* 在电、磁场作用下电子作螺旋运动。*C* 电子与气体分子碰撞产生正离子和繁流二次电子,引起雪崩效应。*D* 正离子轰击钛阴极,溅散出钛原子落在阳极筒上,形成新鲜钛膜,也有的落在阴极外围区(β 区)。*E* 活性气体与新鲜钛膜反应形成化合物,化学吸附在阳极筒内壁。惰性气体被电离,离子在电场作用下轰击阴极过程中被排除。其排除方式为:1)离子直接打入阴极表面内或 β 区(如图中 *a*);斜射的离子切入阴极表面,离子和钛一起被掀掉,埋葬在 β 区(图中 *b*)。2)离子没打入阴极内,从阴极得一电子恢复为中性原子或分子,反射到阳极内表面的钛膜中被埋掉(图中 *c*),这叫“荷能中性粒子反射”。*F* 对于氢,由于其质量小,氢离子轰击钛板的溅射产额甚低。氢离子 H_2^+ 或 H^+ 打到钛板上与电子复合变成 H 原子,然后扩散入钛的晶格内,形成 TiH 固溶体而被排除。常温下这种固溶体中 H_2 的浓度为

0.05%，当温度高于250℃时，便又开始分解放出氢气。钛大量吸氢后，由于放热反应使钛板温度升高，达到250℃以上时，就会重新释放出氢气并导致钛板晶格膨胀造成龟裂。故通常要加大钛板的散热能力来改善溅射离子泵对氢气的排除能力。要提高对氢的抽速，需保持钛板表面清洁，选用晶格常数较大的 β-Ti 或钛合金作为阴极板，或引入与氢可比拟的氩含量。因氩的溅散产额高，可提高对氢的抽速。

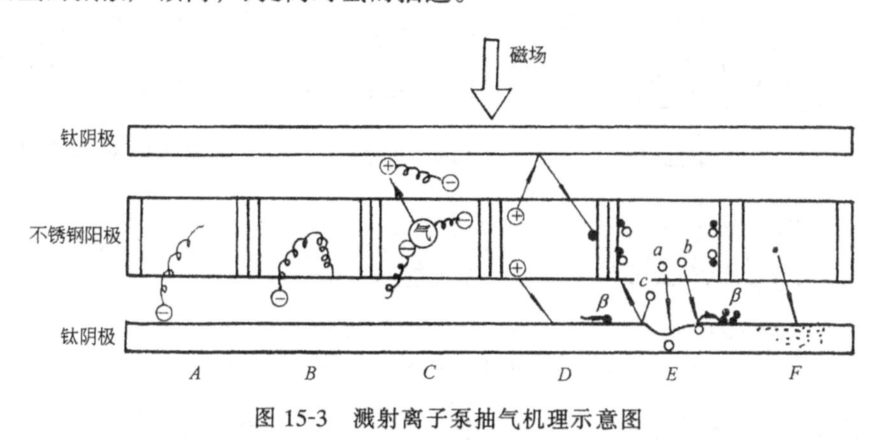

图 15-3　溅射离子泵抽气机理示意图

15.3　溅射离子泵的设计

15.3.1　泵的类型选择

二极型溅射离子泵在排除氩、氦和氙等惰性气体时，经常会出现氩压力循环上升的现象，即真空系统内的压力突然脉冲式地上升，然后又下降，压力变化幅度为 10^{-2}Pa 数量级。这种现象称为“氩不稳定性”。图 15-4 给出了二极型溅射离子泵在空气压力为 10^{-3}Pa 时进行数百小时或在 10^{-4} Pa 时进行数千小时排气后所出现的氩不稳定性。为克服这种现象，出现了各种改进型的溅射离子泵，图 15-5 给出了几种改进型结构。

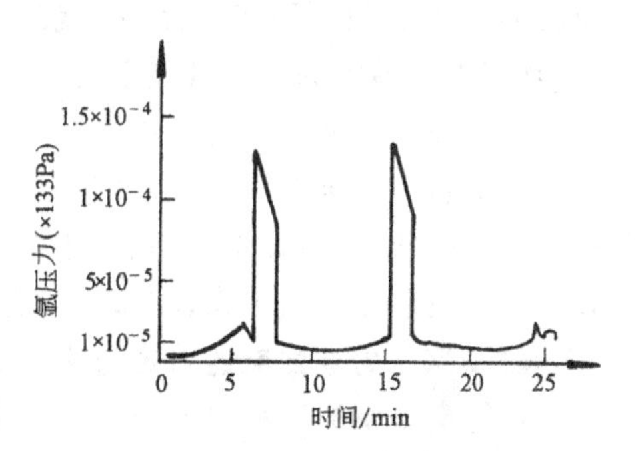

图 15-4　二极型溅射离子泵排除氩气后出现的不稳定性

根据各种结构的特点，设计时可按下列原则选用：1）二极型泵工艺简单，磁铁的磁隙小，只是启动压力低。如果不是在高压力下启动而且对惰性气体抽速无特殊要求，还是选用这种泵好。2）如果要求启动压力高，可以采用三极型结构，或采用其他辅助办法。三极型结构工艺复杂，如果是三电位，电源也复杂。磁铁的磁隙也大了。3）如果为了抽除氩、氦，可以采用多孔型阴极。但在钽板上打孔麻烦。从工艺上考虑，可以采用非对称型阴极。要从材料上考虑可以采用二电位三极型。4）磁控管型和端子板型都是为了提高对氩的抽速。放电强度、溅射能力都提高了，但工艺上困难较大。5）几种泵对各种气体抽气能力相差较大，可按具体情况选用。

15.3.2　电极材料的选择

1）阳极材料。通常用不锈钢材料，多用壁厚为 0.5mm 的无缝不锈钢管，直径为 12～40mm，其中 ϕ20 用得较多。早期也有人用钛，是为了防止因工作时间过长而引起溅射到阳极上的钛膜脱落。

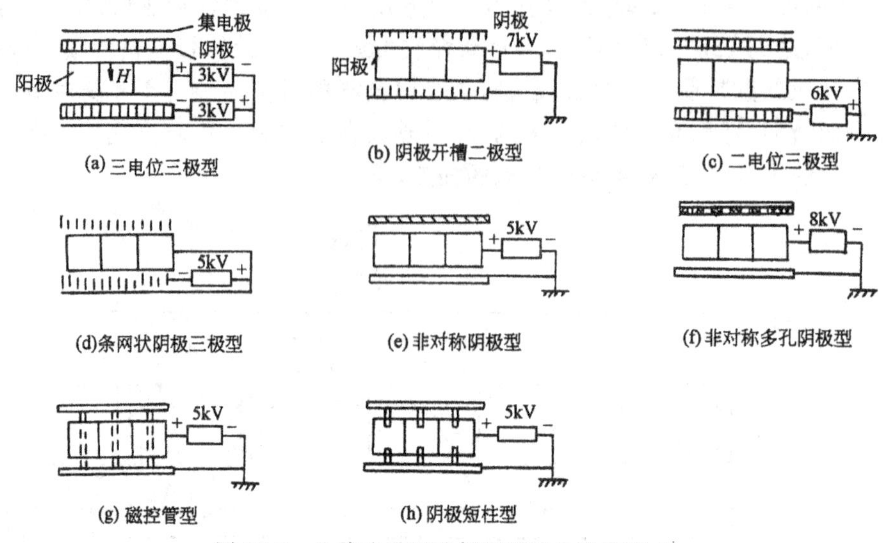

图 15-5　几种改进型溅射离子泵的结构型式

2）阴极材料。多用 1～3mm 厚的钛板，也有用 β 结构钛合金 Ti-15Mo 和钽的。用 Ti-15Mo 作为阴极可使泵抽氢速率提高 60％以上，抽空气速率提高 15％左右(在 7×10^{-4}Pa)。钽不仅对活性气体有较高的解吸活化能，而且原子量大，特别是在二极型泵中可以使氩离子撞击阴极后反射到阳极上而被捕获的多，因而提高了对氩等气体的抽速，克服了氩不稳定性，具有类似特点的还有其他金属。

15.3.3　阳极电压的选择

一般随着阳极电压升高，溅射离子泵抽速平稳增加。在较高的电压下抽速呈现饱和。在太高的电压下(例如 10kV)，由于电击穿和强烈出气导致阳极钛膜脱落，而受到限制。一般考虑到电极之间的绝缘，功率消耗、漏电、电弧等因素，阳极电压限制在 3～8kV 范围内。

15.3.4　磁场强度的选择与磁路设计

溅射离子泵的磁场强度小于一定值时(例如二极型泵为 44.56kA/m)，泵不能工作。又考虑到永久磁铁所能达到的磁场强度，也不能选得过高，一般在 64～240kA/m 之间选取，通常选用 95～127kA/m。

设计磁路时，要求磁路闭合，尽可能减少漏磁通。磁路理论计算复杂，通常先粗略计算，再在实际磁路中测试。由磁学基本公式

$$\sigma B_g A_g = B_m A_m \tag{15-1}$$

$$\kappa_2 H_g l_g = H_m l_m \tag{15-2}$$

式中　σ——漏磁系数；

κ_2——磁势损失系数；

B_g——空气隙中磁感应强度，T；

A_g——空气隙截面积，cm^2；

B_m——磁铁中磁感应强度，T；

A_m——磁铁截面积，cm^2；

H_g——空气隙中磁场强度，A/m；

l_g——空气隙长度,cm;

H_m——磁铁中磁场强度,A/m;

l_m——磁铁长度,cm。

对铁氧体磁铁,通常选 $A_g = A_m$,在空气中 $B_g = B_m$,所以

$$\sigma\kappa_2 B_g H_g l_g = B_m H_m l_m$$

当选 $\sigma B_g = B_m = B_d$,$H_m = H_d$ 时,在最大磁能积点工作的磁铁长度 l_m 近似为

$$\begin{aligned} l_m &= \frac{\sigma\kappa_2 B_g^2}{B_m H_m} l_g = \frac{\sigma\kappa_2 B_g^2}{B_d H_d} l_g = \frac{\sigma\kappa_2 B_g^2}{(BH)_{\max}} l_g \\ &= \frac{\kappa_2 B_m}{\sigma H_m} l_g \end{aligned} \tag{15-3}$$

或

$$l_m = \frac{\kappa_2}{\sigma} \cdot \frac{B_d}{H_d} l_g = \frac{\kappa_2 B_r}{\sigma H_c} l_g \tag{15-4}$$

式中 $(BH)_{\max}$——最大磁能积 A/(m·T);

B_r——剩余磁感应强度,T;

H_c——矫顽力,A/m;

B_d、H_d——在$(BH)_{\max}$点的 B、H 值。

现在多采用锶铁氧体磁铁,$B_r = 0.36 \sim 0.38\text{T}$,$H_c = 167 \sim 191\text{kA/m}$,$(BH)_{\max} = (4.14 \sim 2.79) \times 10^{-8}\text{A/(m·T)}$。根据磁路情况,选 $\kappa_2 = 1.1 \sim 1.5$,$\sigma = 1.0 \sim 2.0$。由以上各式可求出磁铁长度 l_m。

考虑到磁铁边缘场强减弱,磁铁截面要比阴极工作面四边都多出 1.5cm 为好。当然,这个弱磁场也可利用多放几个阳极筒的办法,但要考虑到这几个小单元的抽速较低。

磁铁宽度为:$nd + 1.5 \times 2$;磁铁高度为 $l + 1.5 \times 2$,式中 n 为阳极筒数,d 为阳极筒直径,l 为高度,单位均为 cm。

磁铁尺寸算出后,按成品规格选定(或专门订制)。对于既定的磁铁长度 l_m 可找到 l_g 和 B_g 之对应关系。在给定最低工作压力 $p_{\min}$和阳极电压 U_a 后,对每一组 B_g、l_g 可以得到相应的 d、h(阳极筒高)和阳极与阴极之间间隙 δ,使 $sf[c/(s \cdot n)]$为最大值(见 13.3.5 节)。在最大值中找出一组最佳 B_g 和 l_g 值。选用锶铁氧体材料应注意,烘烤温度不能太高。选用铝镍钴合金磁铁,烘烤温度可达 450℃。

15.3.5 泵的结构与设计计算

15.3.5.1 单元结构

气体通过电流时叫做放电。在真空度达到 10^{-1}Pa 以上时,加电场、磁场后产生的放电现象称为潘宁放电。而放电电流与所在压力之比称为放电强度。

因为溅射离子泵的抽速与放电强度成正比$\left(s = k \cdot \dfrac{I}{p}\right)$,所以阳极尺寸的选择首先要考虑放电强度。同时抽速又与电压、磁场强度、电极几何形状、电极材料、被抽气体种类及工作压力有关。假定长圆筒内电荷均匀分布,高为 h 的阳极圆筒内含有的最大电荷量 q_m 为

$$q_m = -4\pi\varepsilon_0 U_a h \tag{15-5}$$

式中 ε_0——真空中的介电系数;

U_a——阳极电压。

由该式可见，q_m 与阳极直径无关。所以对同一面积的阴极，排列多个小直径的阳极筒时，比单一圆筒放电强度要大，也就是抽速大。实验证明，在相同条件下，在大圆筒内放入四个小圆筒，放电强度比相同直径的单一大圆筒要大5～6倍。但无限地分割阳极，反而会减弱放电强度。

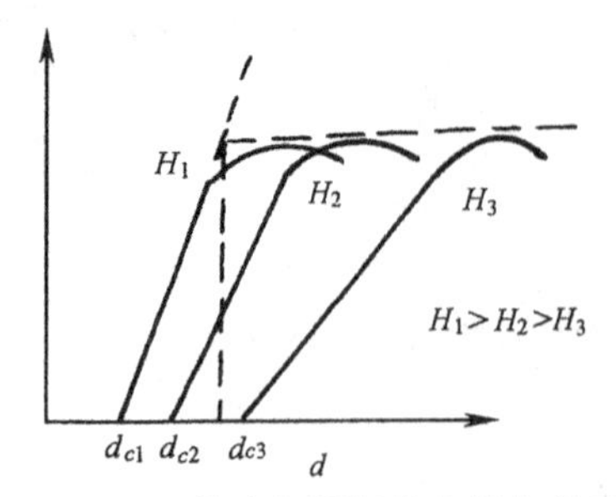

图 15-6　抽速与阳极筒直径的关系

当磁场强度一定，直径 d 大于最小直径 d_c 的阳极筒，其抽速 s 随直径 d 之增大而增大，但有一饱和值，如图 15-6 所示。其饱和之前的线性部分可用下式表示

$$s = k(d - d_c) \tag{15-6}$$

当其他参数一定时，所允许的最小直径 d_c 与磁场强度成反比，即

$$H = \frac{k}{d_c} \tag{15-7}$$

当阳极筒直径小于高度时，取 $k = 47746.5\text{cm·A/m}$。如果阳极筒直径小于 1cm，放电电流就不只与 Hd 之积有关，高真空下潘宁放电强度为

$$\frac{I}{P} = CHdhU_a^{\frac{1}{2}}f(Hd) \tag{15-8}$$

式中　C——常数；

H——磁场强度，A/m；

d——阳极筒直径，cm；

h——阳极筒高度，cm；

U_a——阳极电压，V；

$f(Hd)$——贝塞耳函数组合，其值近似为

$$f(Hd) \approx 1 - \left(\frac{47746.5}{Hd}\right)^2 \tag{15-9}$$

$f(Hd)$与 Hd 的关系在图 15-7 中给出。

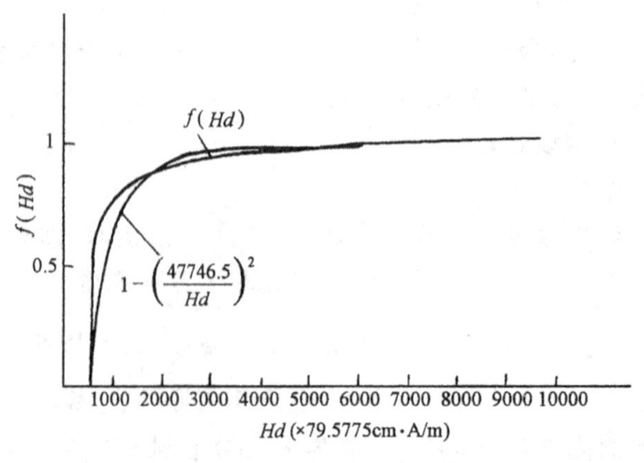

图 15-7　$f(Hd)$与 Hd 的关系

为确定阳极筒直径，还必须知道最低工作压力。当$\frac{I}{P}$值下降到最大值的 20％时，所对

$$p_{\min}=\frac{6.7\times10^{6}}{U_a d^3\left(\frac{Hd}{79.58}-\frac{28.6\times10^{6}}{Hd}\right)^3} \tag{15-10}$$

应当注意，最低工作压力 $p_{\min}$是泵本身的特性参数，它是由压力和放电电流间的关系决定的。通常在设计中使 $p_{\min}$达到所要求的工作压力的 1/5～1/10 就可以了。因为最低工作压力 $p_{\min}$随着阳极筒直径的增加而降低。为了使泵能在低压力下工作，通常选用比最小直径 d_c 大得多的阳极直径。其值为

$$d=\left[\frac{79.58}{H}\left(\frac{6.7\times10^{6}}{U_a p_{\min}}\right)^{1/3}+\frac{2.28\times10^{9}}{H^2}\right]^{\frac{1}{2}} \tag{15-11}$$

对于 $U_a=5\text{kV}$，$p_{\min}\leqslant10^{-8}\text{Pa}$，上式化为

$$d\approx\frac{29.6}{H^{\frac{1}{2}}p_{\min}{}^{1/6}} \tag{15-12}$$

如果两阴极间距离不限定，为了增大抽速又不妨碍放电的触发，选用 h/d 为 1.5～2。但考虑到降低对磁铁的要求，缩小空气间隙，对两阴极间距离加以限制，通常选 h/d 为 1～1.5。

阳极单元结构常用的有如下几种：1)等直径的不锈钢管排列：可用壁厚为 0.1～0.5mm，直径为 d，高度为 h 的无缝钢管。2)蜂窝状格子结构：用厚 0.1～0.3mm，宽为 h 的不锈钢带做成对边为 d 的蜂窝状格子，可以是四边形或正六边形。3)水冷铜电极结构：这种结构如图 15-8 所示，主要用于高压力长时间工作的情况下，如压力高于 10^{-4} Pa 而长时间工作，可选用此种结构。4)高度不等的阳极结构：如图 15-9 所示，高的阳极筒放在里面，低的放在离泵口近的一面，目的是减少阴极和阳极间缝隙流阻对抽速的限制。5)直径不等的阳极结构如图 15-10 所示，采用这种结构的目的是为了在不同的压力下都有较大的抽速。

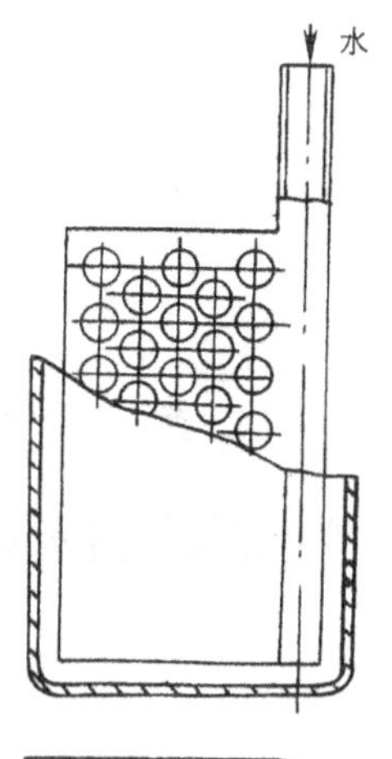

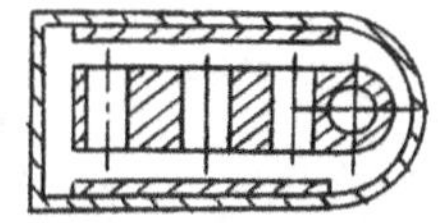

图 15-8 水冷铜电极

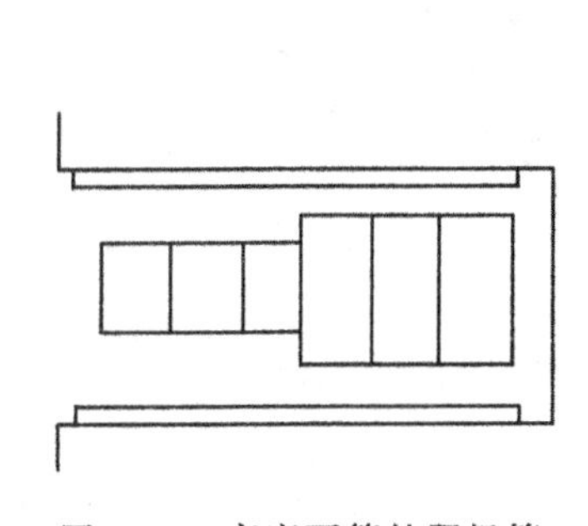

图 15-9 高度不等的阳极筒

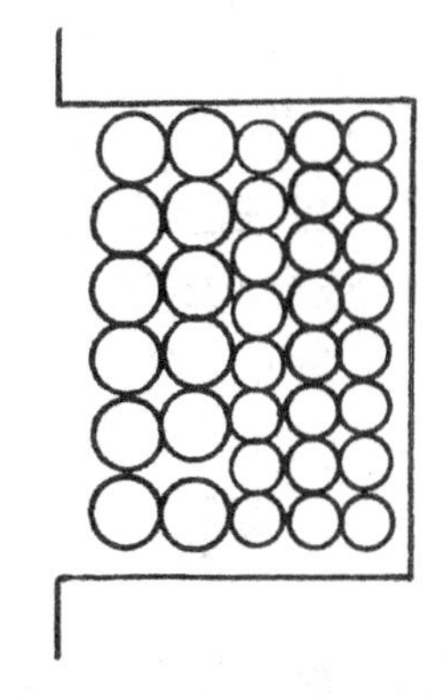

图 15-10 直径不等的阳极筒

在高真空时，二极溅射离子泵每一阳极格子的抽速经验公式为

$$s = 3.1415 \times 10^{-8} h U^{\frac{1}{4}} H d \left[1 - \frac{2.28 \times 10^{9}}{(Hd)^{2}} \right] (1 - e^{-2.5d}) \tag{15-13}$$

式中各符号的意义同前，$e = 2.71828$。

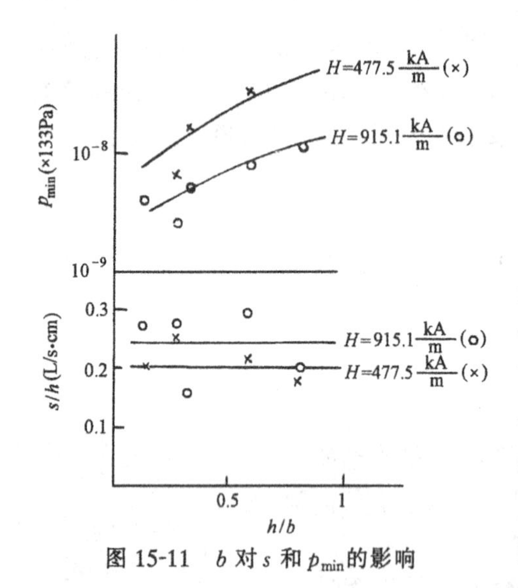

图 15-11 b 对 s 和 p_{min} 的影响

15.3.5.2 阴极和阳极间的固定

阴极结构可参照泵的几种类型选取。两阴极之间距离 b 对放电电流影响很小。从图 15-11 看到，当 h/b 变化时抽速变化很小。设计时对 b 的考虑主要取决于磁场和流导。

阴极和阳极间的固定主要考虑高压绝缘、耐热、出气少。常用氧化铝陶瓷绝缘子，中间穿不锈钢螺栓固定，如图 15-12 所示。要求绝缘子有高的表面电阻，并能补偿电极的热膨胀。钛溅射会使绝缘表面电阻下降。如低到 $10^{10}\Omega$，放电电流测量困难。低到 $10^{8}\Omega$ 会使绝缘子损坏，故套上屏蔽罩和做成台阶状。为使热膨胀降到最小，把泵电极分成不大于 25～30cm 的几个部分，使电极间的膨胀差在每升温 100℃ 时小于 0.2mm。抽氢的泵可用弹性结构，使阴极紧贴泵壁而改善散热条件。

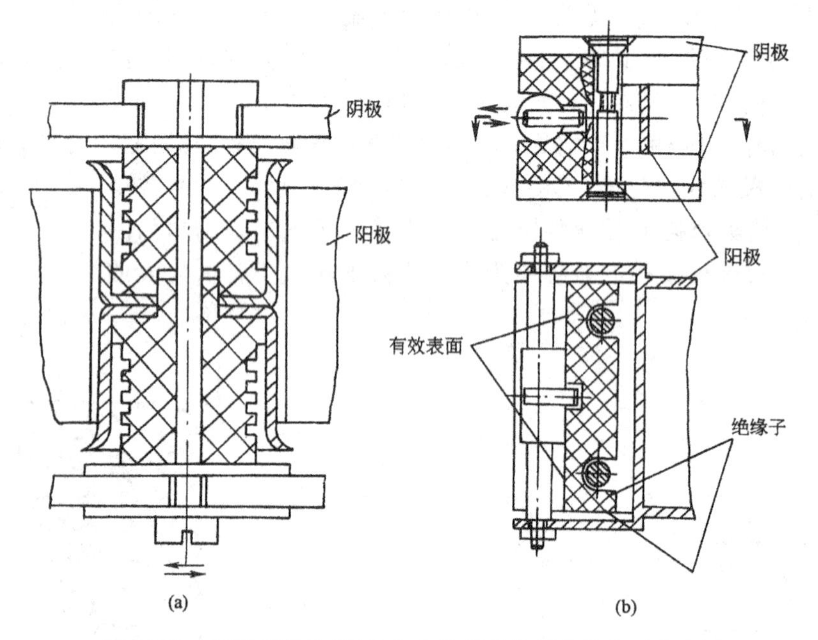

图 15-12 绝缘子结构（箭头方向为部件热膨胀的移动方向）

15.3.5.3 各抽气单元的组合

溅射离子泵是由许多小抽气单元组合而成的。如果忽略阴极和阳极之间缝隙流阻的影响，泵的抽速与阳极筒单元数量成正比。其泵口抽速 s_0 为

$$s_0 = \eta K s \ (\text{L/s}) \tag{15-14}$$

式中　s——单元抽速，L/s；

K——单元数量；

η——合并系数（集积系数），其值小于1，与阳极排列方式和阴、阳极间的距离有关。

从式(15-14)可见，要想增加 s_0，必须增加 K。如图15-13所示，可在 x、y 两个方向上增加 K，也可在垂直于 x、y 的 z 方向上增加 K。在 y 方向上增加单元，受磁路空气隙的限制，受磁钢的限制；在 x 方向过多增加单元，受阳极筒和阴极板之间流导限制，因为是压力梯度方向；在 z 方向增加抽气单元是合适的。对于大泵，采用如图15-14的方法多组并联组成。

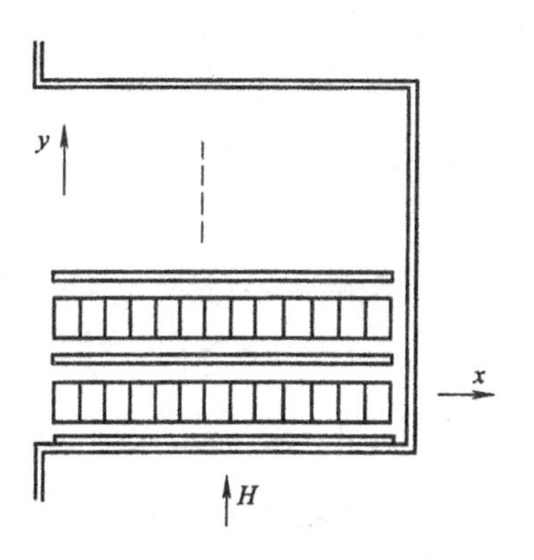

图15-13　增加抽气单元的方法

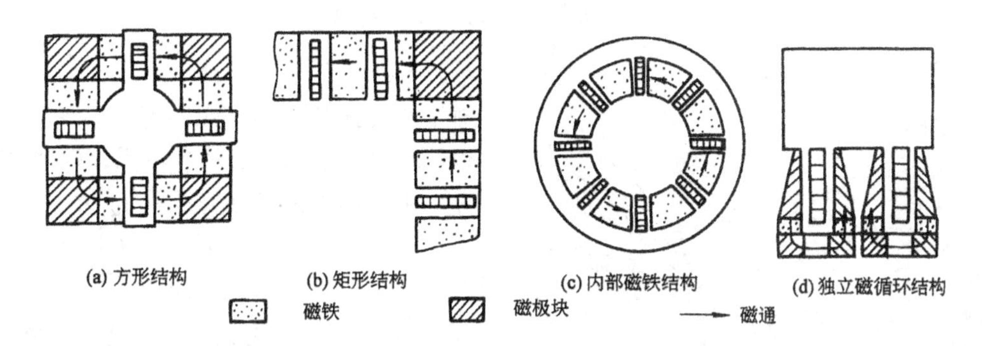

图15-14　几种单元排列结构

单元排列是可以计算的，如果选择 x 方向的尺寸，假定抽速与压力无关，泵内材料出气可以忽略，仅在 x 方向存在压力梯度。根据气体连续方程，对第 $i+1$、i、$i-1$……等小单元而言，有（见图15-15）

$$(p_{i+1}-p_i)c = s\sum_{j=1}^{i} p_j \qquad (15\text{-}15)$$

式中　c——两个小单元之间的流导，L/s；

s——单元抽速，L/s；

p_j——第 j 个小单元内的压力，Pa。

由式(15-15)得出泵内压力分布为

$$p_{i+1} = \left[\frac{s}{c}\sum_{j=1}^{i} p_j\right] + p_i \qquad (15\text{-}16)$$

如果连续性方程从泵口建立 $s_0 p_{n+1} = ms\sum_{j=1}^{n} p_j$

由式(15-16)可知 $p_{n+1} = \frac{s}{c}\sum_{j=1}^{n} p_j + p_n$

因此可以得出

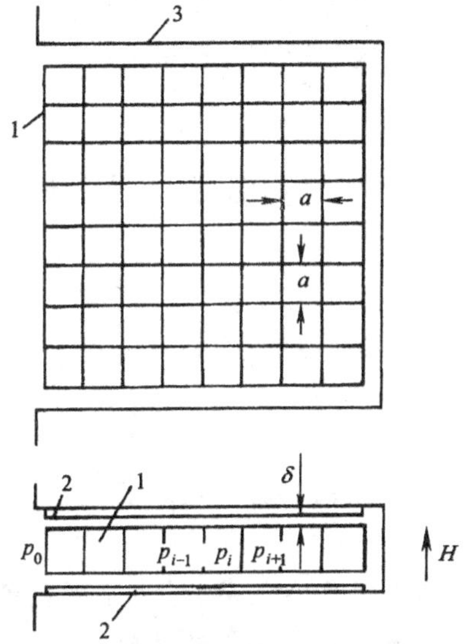

图15-15　单元排列计算

1—阳极；2—阴极；3—泵壳；δ—缝隙；H—磁场；a—阳极格子的边长

$$\frac{s_0}{ms} = \frac{c}{s} \frac{\sum_{j=1}^{n} p_j}{\sum_{j=1}^{n} p_j + \frac{c}{s} p_n} = F\left(\frac{c}{s} \cdot n\right) \tag{15-17}$$

式中　n——x 方向上每一纵行的阳极筒数；

　　m——z 方向上并联的单元组数目。

如果已知 c/s，根据 $n=1$、$2\cdots\cdots$，可以从曲线图 15-16 查得$\frac{s_0}{ms}$。$\frac{s_0}{m} = sF\left(\frac{c}{s} \cdot n\right)$是考虑到缝隙流阻作用后，沿 x 方向的一行所有小单元的总有效抽速，它小于该行每个单元单独抽速的总和。其抽速的有效系数 f_1 即为压力梯度方向上每行总有效抽速与该行各单元的抽速总和 $s \cdot n$ 之比

$$f_1 = \frac{sF\left(\frac{c}{s} \cdot n\right)}{s \cdot n} = \frac{F\left(\frac{c}{s} \cdot n\right)}{n} < 1 \tag{15-18}$$

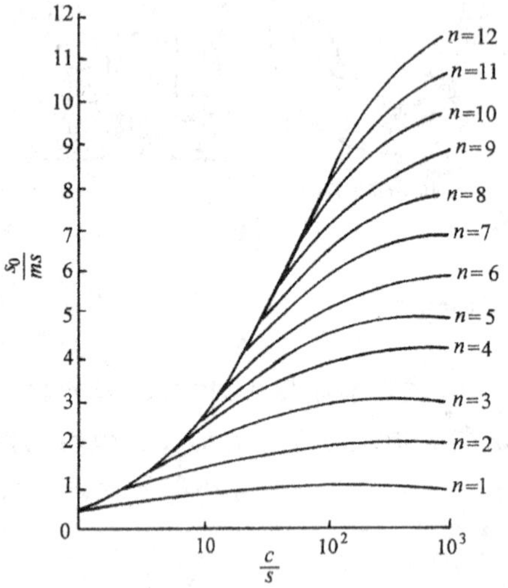

图 15-16　$\frac{s_0}{ms}$与$\frac{c}{s}$曲线

对于两端抽气的离子泵，如图 15-17 所示，可以认为气体从两端流经各单元，缝隙流阻只考虑一半。因此抽速有效系数 f_2 为

$$f_2 = F\left(\frac{c}{s} \cdot \frac{n}{2}\right) \Big/ \frac{n}{2} \tag{15-19}$$

其中的 $F\left(\frac{c}{s} \cdot n\right)$可以用下列公式计算

$$F\left(\frac{c}{s} \cdot n\right) = \frac{\mathrm{th}\, n\alpha}{n\alpha} \tag{15-20}$$

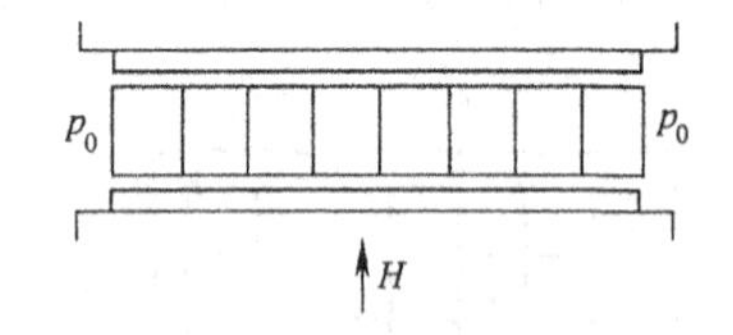

图 15-17　两端抽气的溅射离子泵

式中　$\mathrm{th}\, n\alpha$——双曲函数（正切），$\alpha = \sqrt{\frac{s}{c}}$。

因此，溅射离子泵的总抽速（不考虑泵口流导的影响）为

$$s_0 = m \cdot nfs \tag{15-21}$$

15.3.5.4　溅射离子泵的设计计算程序

1) 先由式(15-11)和式(15-12)求出单个阳极筒直径 d，选定高度 h，然后按式(15-13)求出一个阳极筒的单元抽速。

2) 确定阳极与阴极之间的间隙 δ，此间隙过大将增加磁铁空气隙，过小不但使流导 c 减小，而且会使阳极与阴极间放电击穿，通常取 $\delta = 4 \sim 6\mathrm{mm}$。也可用下式计算

$$\delta \geqslant \frac{h\sqrt{s}}{2(5-\sqrt{s})} \tag{15-22}$$

式中　δ——阳极和阴极间的间隙，cm；

h——阳极筒高度,cm;

s——单元抽速,L/s。

3）求出相邻阳极筒之间流导 c,按面积为 δd 的矩形小孔考虑,对20℃空气在分子流状态时

$$c = 11.6A \tag{15-23}$$

式中　$A \approx \delta d$

考虑阳极筒两端有气流通过,所以

$$c = 2 \times 11.6\delta d = 23.2\delta d \tag{15-24}$$

4）确定 x 方向单元个数 n。在二极型结构中,假定磁场强度 $H = 143.24\text{kA/m}$,阳极电压 U_a 为7kV,蜂窝结构的阳极筒对边长 $d = 1.4\text{cm}$,每个单元抽速 $s = 1\text{L/s}$。n 与 δ 之间关系的计算结果见表15-1。

表15-1　二极型泵结构中 n 与 δ 的关系

δ	0.2	0.3	0.4	0.5	0.6	0.7	0.8	0.9	1.0
c	6.496	9.774	12.99	16.24	19.47	22.74	25.98	29.23	32.48
c/s	6.5	9.7	13.0	16.2	19.5	22.7	26.0	29.2	32.5
n	$F(c/s\cdot n)$								
2	1.45	1.59	1.68	1.73	1.76	1.80	1.83	1.84	1.86
3	1.77	2.04	2.22	2.34	2.40	2.50	2.55	2.59	2.63
4	1.94	2.31	2.58	2.77	2.87	3.03	3.12	3.19	3.26
5	2.20	2.47	2.80	3.05	3.20	3.42	3.56	3.67	3.77
6	2.06	2.55	2.94	3.24	3.42	3.70	3.88	4.03	4.16
7	2.08	2.60	3.02	3.36	3.47	3.89	4.11	4.29	4.45
8	2.08	2.62	3.07	3.44	3.66	4.02	4.27	4.45	4.67
9	2.09	2.63	3.10	3.48	3.72	4.11	4.38	4.61	4.83
10	2.09	2.64	3.11	3.51	3.76	4.17	4.46	4.71	4.94

由表15-1可见,n 过大,有效系数 f 低。考虑到磁铁边缘磁场的减弱,n 也不应过小。若 $\delta = 0.5\text{cm}$,$n = 5 \sim 6$ 为宜。$n > 6$ 抽速增加不多,结构复杂且不经济。在选定 H、U_a、d 和阴极间距 b 后,合适的 h 和 δ 值的选择应使 $sF(c/s\cdot n)$ 为最大值。这可用不同的 h、δ 值代入式(15-13)和式(15-17)求得。n 也可查图15-16求得。

5）确定 z 方向的排列行数 m

$$m = \frac{s_0}{sF(c/s\cdot n)} \tag{15-25}$$

式中　$F(c/s\cdot n)$ 可查表15-1。

6）确定 z 向总高度 l

$$l = md = \frac{s_0 d}{sF(c/s\cdot n)} \tag{15-26}$$

按真空容器所要求的泵的高度和直径分成 N 组并联(使泵体短粗,通常泵腔内切圆与高度相近),使泵口流导大于泵总抽速 s_0 的7～10倍。然后将 m/N 数值定为整数来决定 z 方向总高度。并联的每组高度过高,还要分段,每段以不大于25～30cm为宜。

15.4 溅射离子泵的使用与维护

15.4.1 溅射离子泵的电源

溅射离子泵的电源是高压直流电源。它一方面应满足使泵随着真空度提高而离子流减小的特性要求，另一方面还利用真空度变化所引起的电流变化作为电源自动保护的控制信号。因此，电路中设置了提供高压的漏感变压器和启动、运行的继电器。为观察方便，还应设置电压表和电流表，直接读出离子泵的工作电压及离子流。

15.4.1.1 升压和整流电路

离子泵工作所需要的电压是一个可变的直流电压，当离子泵启动时，其电流最大，接近变压器短路电流。这就要求变压器能承受所需要的最高电压和最大电流，又能按离子泵的特性，随真空度的提高而减小，自动的改变电压和电流。图 15-18 给出了这样的一种典型电路。

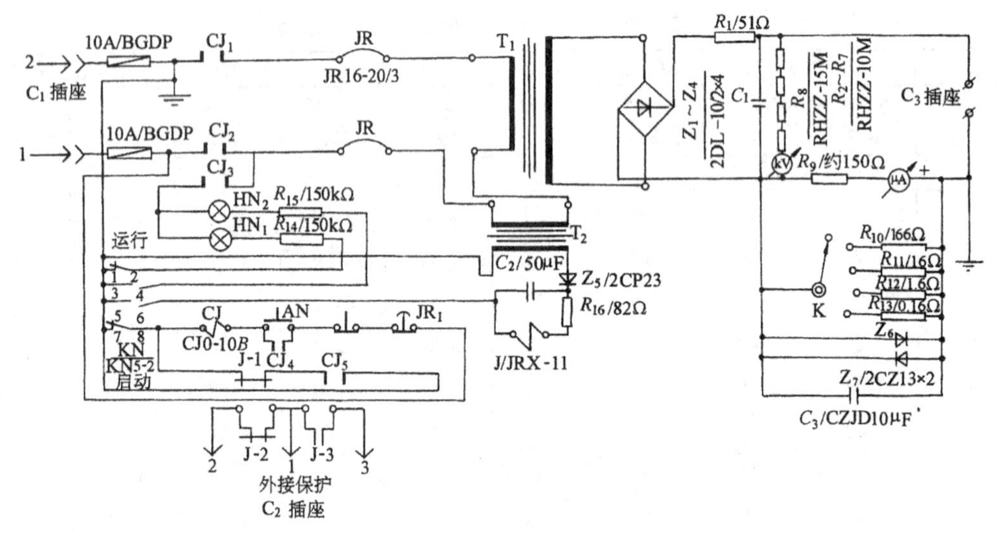

图 15-18 溅射离子泵的一种典型电路

升压变压器 T_1 是一个漏感很大的变压器，初级线圈加电压 220V，次级高压接整流电路，经 $Z_1 \sim Z_4$ 整流和 R_1、C_1 滤波后产生 5.7kV 左右的直流高压(空载时)送入离子泵，这个高压随离子泵负载大小而变化。

当离子泵启动时，变压器基本上在短路状态下运行，这时呈现出来的是低电压(约 300V)、大电流(约 650mA)。离子泵开始工作后，随真空度提高，变压器自行适应泵的变化，即自动增高电压减小电流，当离子流降到微安量级时，输出电压达到最大值。相反，当真空度降低时，离子流增大，电压降低。

电压的测量是由一个 100μA 表头及 $R_2 \sim R_8$ 串联电阻构成的测量回路，可测量 0～7.5kV 的电压。

离子流的测量则是由 $R_9 \sim R_{13}$ 组成的分流电路，用开关 K 控制，共分五档，即 100μA、1mA、10mA、100mA、1A。为了保护表头的安全，电路里设置了两个二极管(Z_6、Z_7)和一个电容(C_3)，当电路里电流突然增大时，又来不及转换开关，或有脉冲出现时，该电路将起保护作用。

在应用中，如离子泵启动时，或真空度较低，电流档最好放在 1A 档，在需要观察电流准确值时，再转换开关 K。

15.4.1.2 保护电路

离子泵电源中设置了两种情况的保护：一种是启动保护；另一种是运行保护，用开关 KN 管理。

1) 启动及其保护。当离子泵启动时，将钮子开关 KN 置于“启动”位置，按下 AN 按钮，HN_1 指示灯亮，使 CT(交流接触器)线圈吸合，$CJ_1 \sim CJ_5$ 接通，这时电源已全部加在电路中。离子泵即工作在较低的真空度下，消耗功率较多，通过初级线圈的电流较大，在这个回路中，串联了一个热继电器 JR，如启动时间过长，超过了规定之值时，JR 动作，JR_1 断开，使 CJ 释放，自动的断开了全部供电回路，防止了对离子泵过大轰击，从而起到了启动中的保护作用。如再行启动需等待 1～3min，热继电器能自动复位，再按下 AN 按钮，重新启动。

2) 运行中的保护。当离子泵一经启动，真空度优于 10^{-3}Pa 量级时，可将钮子开关 KN 置于“运行”位置，这时 HN_2 指示灯亮，CJ 线圈仍在吸合状态，整个电源仍在接通。在运行中一旦真空度变坏，使 T_1 初级回路里电流增大，也使串在这个回路里的 T_2 变压器电流增大，这时 T_2 变压器的次级电压增高，经 Z_5 整流后，加在继电器 J 的线圈上，在正常时 J 不动作，只有超过某一规定值时(12V 左右)，J 吸合，使 J-1 断开，CJ 释放，从而自动切断全部电源，保护离子泵。

3) 电源维修。因有保护电路，一般情况下电源不易出故障。主要问题是电压较高时，如变压器 T_1 的次级回路里，由于某种原因(如潮湿)，使某个元件被击坏。离子泵经常暴露大气时，在排气过程中泵内容易打火，使绝缘较弱地区被击穿等。如果发现电流表不指示，请察看 Z_6 或 Z_7 是否被击穿而造成的短路；再如没有高压输出，请查看 $Z_1 \sim Z_4$ 高压硅堆是否被击穿等。在维修中一定要将电容器 C_1 放电，特别是更不要带电操作，以确保人身安全。

15.4.2 提高溅射离子泵抽速、寿命和降低极限压力的方法

15.4.2.1 烘烤

当溅射离子泵长期暴露大气时，不但会出现启动困难，而且极限压力也高，抽速也小，这主要是溅射离子泵内钛沉积层吸附了大量水汽之故。为驱出水汽必须烘烤。

烤烘时应将磁钢、各种引线、橡胶密封圈等拆下去，缓缓升温，直至 250～300℃，恒温 12 小时，烘烤时泵内真空度应不低于 1×10^{-1} Pa。烘烤完毕后，缓缓打开烘箱，装上磁钢。

15.4.2.2 氩清洗处理

溅射离子泵玷污过油蒸气或其他有机物，阴极板氧化或大量排过氢气，则溅射离子泵真空度会下降。一般可采用烘烤去气后再进行氩清洗处理。氩清洗是用氩离子轰击钛板，把阴极板上的玷污物或溶解在阴极板里面的氢轰击出来。再被大量溅散的钛所吸收或埋葬掉。充氩压力应维持在 10^{-2}Pa 量级或观察离子流，大约在 10～200mA 之间摆动。氩清洗一般 1～2h。

15.4.2.3 使用寿命

由于溅射离子泵的溅散率取决于轰击的离子数和能量，因此压力愈高，阴极溅射愈剧烈，故寿命与工作压力成反比。为提高寿命，尽量不要在 $10^{-1} \sim 10^{-2}$Pa 压力范围内工作。

16 其他类型真空泵

16.1 分子筛吸附泵

16.1.1 分子筛的结构及其抽气原理

分子筛是一种人工合成的吸附剂，也称合成沸石。其原料一般为白色晶体粉末，粒度范围为 $1\times10^{-6}\sim1\times10^{-5}$m。实际应用的粒状、条状或球状的分子筛，是在原粉中加进羊甘土作为黏结剂而加工成型的。

分子筛内部含有大量的水分，当加热到一定温度脱除水分后，其晶体结构保持不变，同时形成许多与外部相通的均一的微孔。当气体分子直径比此微孔孔径小时，可以进入孔的内部，从而使某些分子大小不同的物质分开，起到筛分子的作用，所以称为分子筛。

分子筛的结构比较复杂。现在，对其中铝硅酸盐阴离子骨架部分已经搞清，至于其中的阳离子和水分子位置的确定，仍在研究中。铝硅酸盐阴离子骨架可以形象地看作是一座晶体的“化学建筑物”，其中排列着几种不同形状和大小的“房子”(晶穴)。这些房子以几种不同形式的“走廊”(孔道)纵横贯穿着，而且房子上还开有大小不同的窗口(晶孔)。根据结构尺寸和化学组成的不同，分子筛有许多种，真空技术中常用的为 5A 和 13X 两种类型。

分子筛的容积大约有一半是空腔。小于晶孔直径的分子可以通过晶孔而吸附于晶穴的内表面。巨大的内表面积决定了分子筛大量吸气的特性。5A 型分子筛的内表面积为 $585m^2/g$，13X 型分子筛内表面积为 $520m^2/g$。因此 5A 型的吸气能力比 13X 型略强些。在液态氮温度下，分子筛吸附气体的体积为其自身体积的 50～110 倍。

表 16-1 给出了几种分子筛的规格和技术特性；表 16-2 给出了组成空气的各种气体分子半径和沸点(因测量方法不同，测量的半径大小稍有差别)，以便和分子筛的晶孔尺寸相比较，正确地选用分子筛型号。

表 16-1 分子筛的规格及技术特性

型号	形状	粒度/mm	晶穴直径/10^{-10}m	晶孔直径/10^{-10}m	堆密度/kg·L^{-1}	化学组成	吸附特性	
							吸水量 g/g	吸附其他物质的特性
3A	球形 条形	ϕ4～6 ϕ4	约 12	3.2～3.3	0.8 0.53	$0.4K_2O\cdot0.6Na_2O\cdot Al_2O_3\cdot(2\pm0.08)SiO_2\cdot4.5H_2O$	>0.21	只吸附 H_2O；不吸附 C_2H_2，C_2H，NH_3，CO_2 和更大的分子
4A	球形 条形	ϕ4～6 ϕ4	约 12	4.2～4.7	0.8 0.53	$Na_2O\cdot Al_2O_3\cdot(2\pm0.08)\cdot SiO_2\cdot4.5H_2O$	>0.21	吸附 H_2O，Ar，Kr，Xe，H_2，N_2，CO，O_2，NH_3，CO_2，CS_2，CH_4，C_2H_2，C_2H_6，CH_3OH，CH_3CN，CH_3NH_2，CH_3Cl，CH_3Br；不吸附丙烷及更大的分子

续表 16-1

型号	形状	粒度/mm	晶穴直径/10^{-10}m	晶孔直径/10^{-10}m	堆密度/kg·L^{-1}	化学组成	吸附特性	
							吸水量 g/g	吸附其他物质的特性
5A	粉末 球形 条形	1～4μm ϕ4～6 ϕ4	约 12	4.9～5.6	0.8 0.53	$0.7CaO\cdot0.3Na_2O$ $Al_2O_3\cdot(2\pm0.08)$ $SiO_2\cdot4.5H_2O$	>0.25 >0.21 >0.21	吸附正构烃类，直径小于 5×10^{-10}m 的分子，吸附的主要分子与 4A 型分子筛相同；不吸附异构烃、环烷烃及芳烃类
10X	粉末 条形 球形	ϕ2～4 ϕ4～9	约 25	8～9	0.5～0.6	$0.7CaO\cdot0.3Na_2O\cdot$ $Al_2O_3\cdot(2.45\pm0.05)$ $SiO_2\cdot6H_2O$	>0.26 >0.23	吸附异构烷烃、环烷烃、芳烃，吸附的主要分子与 4A 型分子筛相同；不吸附异构烃，环烷烃及芳烃类
13X	粉末 球形 条形	ϕ4～6 ϕ4	约 25	9～10	0.8 0.53	$Na_2O\cdot Al_2O_3(2.45\pm0.05)SiO_2\cdot6H_2O$	>0.23	吸附小于 10×10^{-10}m 的各种分子，吸水量 35.5%（重量），吸附的主要分子同 10X 型分子筛；不吸附含氟三丁胺

表 16-2 各种气体的性质

气体	He	Ne	Ar	Kr	Xe	H_2	N_2	O_2	CO_2	CO	H_2O	空气
分子半径/$\times10^{-10}$m	0.96	1.15	1.40	1.60	1.75	1.15	1.55	1.45	1.60	1.60	1.30	1～2
沸点/℃	-269	-246	-186	-153	-109	-253	-196	-183	-78.5	-91.5	100	-194.2

从表中可以看出，5A 型分子筛用来排除一般系统中气体及水蒸气是比较合适的，也是常用的吸气材料；13X 则经常用来作为扩散泵上挡油阱的材料，因为油蒸气分子直径比较大，所以需要用晶孔直径较大的分子筛。

由于分子筛晶体是离子型的，它对气体的吸附能力与气体分子的极性有关。例如，对于极性强的水分子，它就具有极强的吸附能力，而对惰性气体的吸附能力就很弱。因此，对于混合气体，分子筛能先吸附某些气体。分子筛吸附了某些气体以后，对其他气体的吸附能力就大为减弱了。

分子筛对气体的吸附是物理吸附，过程是可逆的。低温下吸附的气体，在温度回升时将如数地释放出来。但这种释放是缓慢的，并不是回升到一定温度就能迅速地全部放出。

分子筛吸气能力可以用吸附等温线来表示。吸附等温线是在一定温度下，分子筛对气体的吸附量与气体的平衡压力的关系曲线。图 16-1 是几种类型分子筛对水蒸气的吸附等温线。图 16-2 是 13X 分子筛在液氮温度下对空气的吸附等温线。

从图 16-1 可见，对 4A 型分子筛，温度从 350℃ 降到 150℃，吸附量就有所增加。如果降到液氮温度，吸附量增加得更多。将分子筛装在一个容器里，则分子筛增加的吸附量正好等于容器中气体量的减少，此即分子筛的抽气作用。

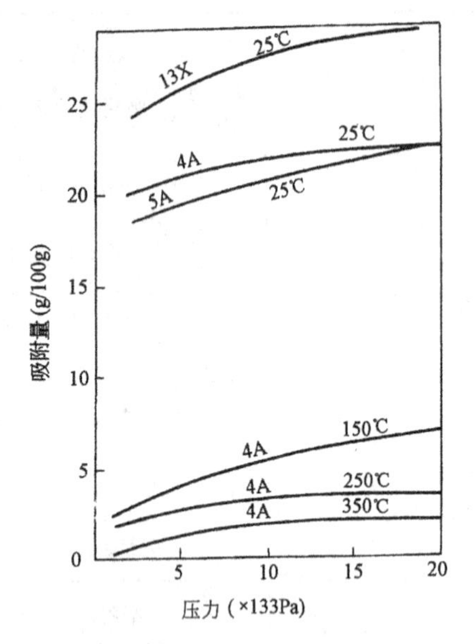

图 16-1 水蒸气的吸附等温线

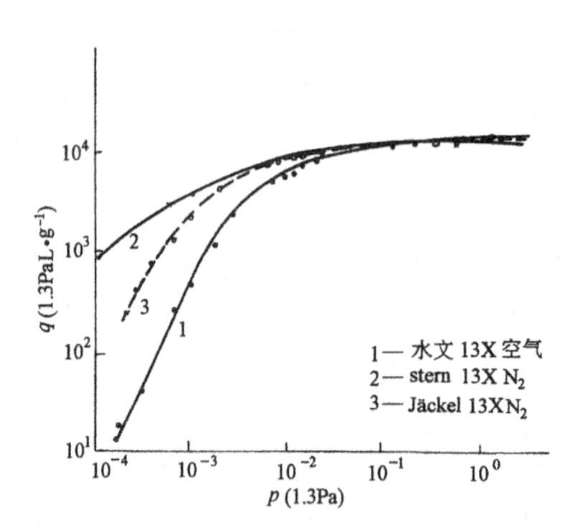

图 16-2 13X 分子筛在液氮温度对空气吸附等温线

分子筛吸附泵有时用作系统烘烤除气用的维持泵，这时要知道泵的抽速。对没有考虑流导限制的泵，在 $1\times10^{-1}\sim1\times10^{-2}$Pa 之间，对空气的抽速经验公式为(L/s)

$$s=2.8\times10^{-2}A \tag{16-1}$$

式中 A——垂直于泵轴线的截面积，cm^2。

此式适用于颗粒状或 $\phi3\sim4$mm 柱状分子筛按常规方法装入泵内的情况，并用下式计算

$$n=4\frac{W}{A} \tag{16-2}$$

式中 W——分子筛用量，g。

当 $n>17$ 时，用式(16-1)计算 s；当 $n<17$ 时，用下式计算 s

$$s=6.6\times10^{-3}A\cdot K \tag{16-3}$$

式中系数 K 按表 16-3 取值。

表 16-3 系数 K

n	2	4	6	8	10	14	17
K	1.75	2.85	3.35	3.65	3.75	3.99	4.0

当分子筛本底吸气量小于 1.33kPa·L/kg 时，抽速与本底吸气量无关，大于此值时，抽速下降。

16.1.2 分子筛吸附泵的结构

分子筛吸附泵是利用分子筛在低温下能大量吸气的性质而设计的一种真空泵。

分子筛吸附泵的结构要满足如下几个条件：1)使分子筛能得到充分冷却。通常采用一些导热面或液氮管，冷却较深部位的分子筛。2)使气体易于深入分子筛内部。通常用一些金属网挡住分子筛，以维持气体有一定的通导深入泵的内部。3)节省液氮的消耗量。4)易于对分子筛加热再生。5)因为分子筛在液氮温度下吸附大量的气体，当温度回升时，所吸之

气体会慢慢地放出来，使泵内形成几十倍于大气压的高压，会造成破坏事故。因此必须设安全阀，当压力超过大气压时自动打开。

吸附泵的结构因冷却方式不同，可分为内冷式和外冷式。

16.1.2.1 内冷式

图 16-3 为一台内冷式吸附泵结构示意图。泵外壳由不锈钢制成。分子筛放在无氧铜翼片上，四周有镍网围住，防止分子筛漏掉。翼片间距适当(一般为 6mm)，以保证分子筛的充分冷却。由上盖板的两个孔注入液氮后，分子筛便大量吸气，泵内被抽成真空。当液氮消耗完毕，分子筛吸附的气体缓慢放出，泵内压力超过一个大气压时，冲开安全阀的氟橡胶塞子，气体排入大气中。这种吸附泵大概用 7～8 次后需加热再生一次。再生电炉是细棒状，由液氮注入口插入，可使分子筛被加热到 300～350℃或 500℃(两种电炉)。一般分子筛脱水温度为 300～350℃，时间为 0.5～1.0h；若分子筛吸气能力明显衰退，则需在 500～550℃活化。

一般的吸附泵，分子筛装量约为 1kg，可以把 50L 的容器由大气压抽到 1Pa，液氮消耗约为 3L。如果两台吸附泵串联使用，可以达到 5×10^{-2}Pa 以下，甚至达到 2×10^{-2}Pa 以下。

这种吸附泵的优点是：分子筛能充分冷却，因而极限真空和吸气容量都较高；消耗的液氮较少；附件少(不需要外附液氮套)；再生电炉功率小。缺点是加工较复杂。

16.1.2.2 外冷式

图 16-4 给出两种外冷式吸附泵的结构示意图。泵壳是一个不锈钢圆筒，焊上辐射状铜制的导热片[图 16-4(a)]或液氮冷却管[图 16-4(b)]，以保证分子筛冷却良好。泵的中心安放一个顶端封闭的圆柱状金属网筒，以保证气路畅通。分子筛放在这些导热片(或液氮冷却管)与网筒之间。吸附泵套上一只塑料筒盛放液氮；分子筛需加热再生时，把它卸下，另装一“穿衣式”电炉加热。

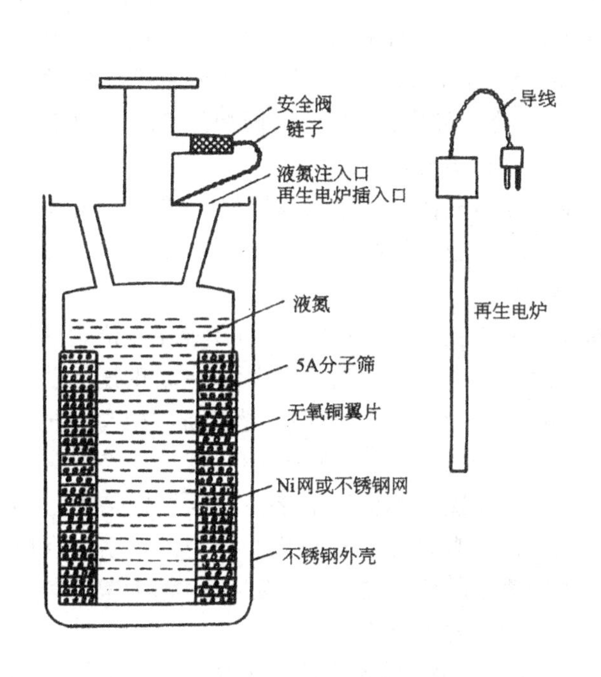

图 16-3 内冷式吸附泵结构示意图

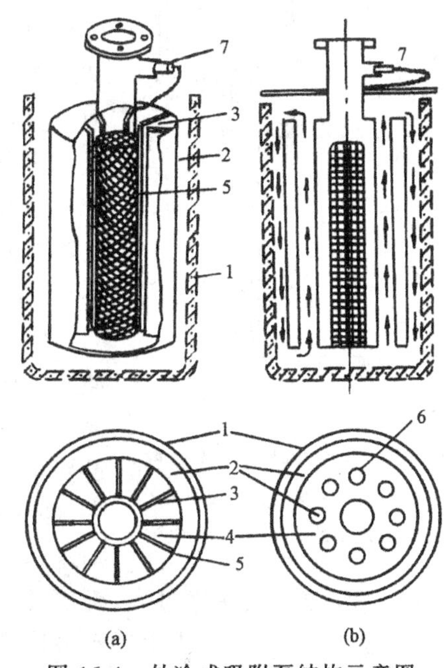

图 16-4 外冷式吸附泵结构示意图

1—液氮套；2—液氮；3—铜导热片；4—分子筛；5—不锈钢(或钼、镍)网；6—液氮冷却管；7—安全阀这种类型的吸附泵,单泵抽 50L 体积,从大气压开始,可达 1Pa。双级串联,可达 10^{-1} Pa。双泵的液氮消耗量约为 8～10L。

这种结构的优点是加工简单,漏气可能性小,循环启动方便。缺点是液氮消耗量大,附件多,分子筛的冷却不够好,因此吸气容量和极限真空都较内冷式差些。

16.2 钛升华泵

一些过度族的金属和难熔金属(钛、锆、钽、铌、钼、钨等),在一定的温度范围内,对活性气体有很好的吸附和吸收性能。在真空条件下,用电阻加热或电子轰击加热的方法,可以将这些金属蒸发沉积在器壁上,形成一层薄膜,用来对活性气体进行吸附。上述各种材料中,钽的吸气性能最好,但它的蒸发温度过高,加热元件容易损坏。锆难以蒸发,抽氢性能不如钛、钽、钼优良。在室温下,铌膜抽气性能不如钛,但低温性能好。由于钛的价格便宜,易于蒸发,而且抽气性能和工艺性能较好,因此,目前经常采用钛作为升华泵的吸气材料。

利用加热的方法升华钛并使其沉积在一个冷却的表面上,对气体进行薄膜吸附的抽气装置,称为钛升华泵。钛升华泵和其他真空泵相比,有如下优点:1)抽速大。新鲜钛膜在液氮温度下,对氮的抽速可达 10.1L/(cm^2·s),对氢的抽速可达 19.9L/(cm^2·s)。2)极限真空度高。可达 10^{-10}Pa。3)在超高真空状态下,泵的抽速随着压力的降低而增大,这时泵的抽速主要受泵口流导的限制。4)可获得“清洁”的真空。5)结构简单,运转费用低。其主要缺点是对惰性气体的抽速小,因此常与其他类型泵搭配使用。

16.2.1 钛升华泵的工作原理

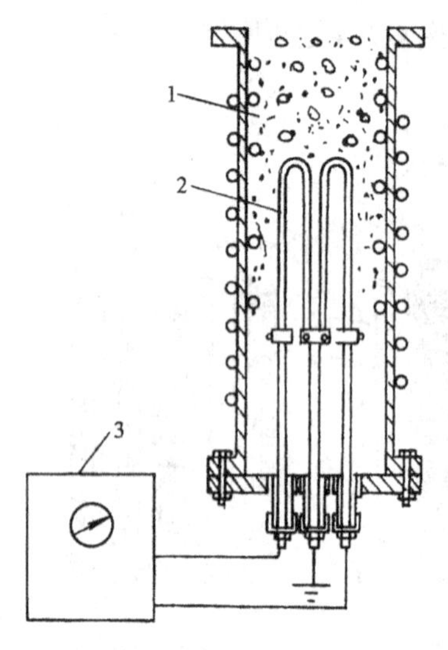

图 16-5 钛升华泵的工作原理
1—吸气面;2—热丝;3—控制器;
•—升华出来的钛 ○—活性气体

从图 16-5 可见,钛升华泵的结构大致可分为三部分:吸气面、升华器(热丝或加热器)和控制器。钛升华泵的工作过程是由控制器通电给升华器,使钛加热到足够高的温度(1100℃)直接升华。升华出来的钛沉积在用水或液态氮冷却的表面上,形成新鲜的钛膜层。钛在升华和沉积的过程中,与活性气体结合成稳定的化合物(固相的 TiO 或 TiN),结果将空间的气体分子抽除了。

钛升华泵抽除的气体分子吸附在钛膜上,吸附机理是比较复杂的,通常认为是物理吸附和化学吸附综合作用的结果,以化学吸附为主。

钛升华泵的抽速受很多因素影响,升华速率是决定其抽速的主要因素之一。若吸气面积足够大,在一定的压力范围内,升华速率高,则泵的抽速大。当然,钛膜沉积速率与排气量要相称,否则第一层钛膜吸气尚未饱和,第二层又覆盖上去,即使升华率高,抽速也增大不了多少。为了维持恒定的抽速,减少钛的消耗,需要对升华率进行调节。真空度高时要把升华率降低。升华率过大,会使泵壁上的钛膜过厚而起皮。在一定条件下,调节升华率可以控制抽速。因此,升华率稳定可控是衡量泵性能的主要指标之一。

吸气面也是决定泵性能的重要因素之一。吸气面越大,泵的抽速也越大。但泵口流导往往限制了大型泵的抽速。对空气室温下,泵口最大流导是 11.7L/(cm^2·s)。因此,设计时，钛泵吸气面的总吸气能力要小于泵口的流导。近几年来，大型升华钛泵已不再单独带有泵体，而是把钛升华器放在被抽容器里，利用容器壁作为吸气表面，这样既省去了泵体，又避免了泵口流导对抽速的限制。

D.J.Harra 等人提出用下式估计钛升华泵的抽速(L/s)：

$$s=\frac{\sigma AK}{1+\frac{\sigma AKBGp}{R}} \tag{16-4}$$

式中 σ——吸气面的最大黏着系数；

A——吸气面面积，cm^2；

K——泻流系数，$L/(cm^2\cdot s)$，$K=3.64\sqrt{T/M}$（T 为气体绝对温度，M 为气体的摩尔质量）；

G——1Pa·L 气体的分子数$\left(G=7.22\times10^{19}\frac{1}{T}\right)$；

p——压力，Pa；

R——每秒供给吸气面的钛原子数（1g/h 为 3.5×10^{18} 个原子/s）；

B——1 个气体分子需要和几个钛原子结合（钛原子数/气体分子数，$B=1\sim2$）。

从式(16-1)可见，在 p 值大、R 值小的情况下，$1\ll\frac{\sigma AKBGp}{R}$，抽速为

$$s\approx\frac{R}{BGp} \tag{16-5}$$

这时抽速与压力 p 成反比，和钛蒸发率 R 成正比。相反，如果 p 值小、R 值大，即 $1\gg\frac{\sigma AKBGP}{R}$，抽速(L/s)近似为

$$s\approx\sigma AK \tag{16-6}$$

最大黏着系数 σ 值如表 16-4 所示。

表 16-4 在 300K 和 78K 钛吸气面上 σ 和 σK 值

气体		N_2	H_2	D_2	CO	CO_2	H_2O	O_2
300K	σ	0.3	0.06	0.1	0.7	0.5	0.5	0.8
	$\sigma K[L/(cm^2\cdot s)]$	3.5	2.6	3.1	8.3	4.7	7.3	8.8
78K	σ	0.7	0.4	0.2	0.95	—	—	1.0
	$\sigma K[L/(cm^2\cdot s)]$	8.3	17.6	6.2	11.2	—	—	11.0

16.2.2 钛升华器的结构

对钛升华器的要求是：能提供所需要的钛升华率；钛升华率易于调节，可连续或间断地供应吸气剂；钛升华器本身出气少或易于去气；要有足够的工作寿命，即要有足够的钛储存量。对于不同口径、不同工作压力的泵，要求的升华率和吸气剂储量差别很大，可以从每小时几十克甚至到几百克的升华率，上千克的储存量。因此，很难设计一种升华器满足这样宽的要求。通常可分为低升华率的和高升华率的两种升华器。

低升华率的升华器大多在小型系统中，用以帮助溅射离子泵启动，或者提供较大的活性气体抽速，通常把升华率每小时几十毫克，吸气剂储量为几克到几十克的升华器，称为小功率升华器。对这种升华器的主要要求是工作可靠、操作方便、结构简单。

高升华率的升华器通常用于作主泵的系统中。要求升华率在每小时几克到几十克，特殊的也有每小时几百克的。为保证工作寿命，储钛量要求尽可能地多。

钛升华器按加热方式有电阻加热式、热传导加热式、辐射加热式、电子轰击加热式等四种类型。

16.2.2.1　电阻加热式

直接通电加热钛丝，常用于提高真空度。

1）缠绕钛丝式升华器。它是将钛丝直接绕在钨杆或钽杆上，钨杆或钽杆通电加热到足够高的温度，钛就不断地升华出来。其优点是：结构简单，便于制作，易于控制升华率且去气彻底；有一定的工作寿命；电源简单。其缺点是升华率不稳定，如使用不当升华器芯柱易出现热点，造成局部过热使芯柱熔断，影响使用寿命。钨杆电阻小，加热电流大，电压低，使电源变压器体积大，重量大。图16-6是这种升华器的示意图。

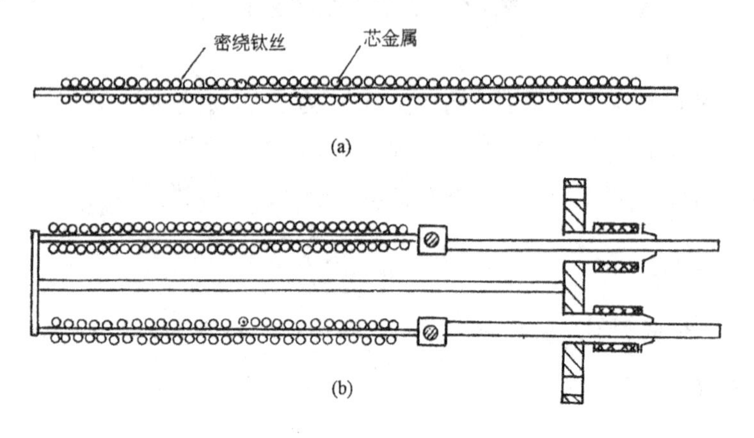

图16-6　缠绕式钛升华器

(a)—单根缠绕钛丝升华器；(b)—双根缠绕钛丝升华器

2）钛钼丝式升华器。如图16-7，这种升华器是将钛(85%)与钼(15%)冶炼成合金或将钛直接镀在钼杆上，然后将钛钼丝直接通电加热，使钛不断升华。这种升华器克服了缠绕式局部熔断，影响使用寿命的缺点。但是它消耗功率大；升华率和电阻率随着升华时间增长而变化，升华率不易维持恒定。当升华器工作一段时间后，钛钼丝变细，升华表面变小，要维持升华量不变，必须相应地增加加热功率。钛钼丝变细后，电阻率增大，要维持恒定的升华量就要相应地加大电流值。因此，这种升华器控制升华率比较困难。

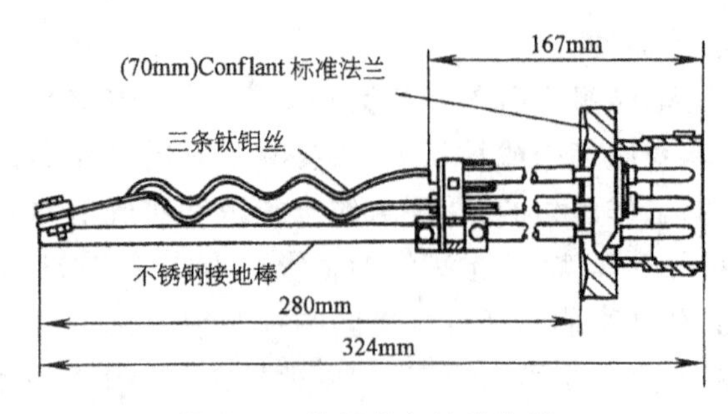

图16-7　钛钼合金丝升华器

16.2.2.2　热传导加热式

热传导加热式是由导热性能良好的氧化铍陶瓷为芯，内串以铼钨丝制成的加热器。陶瓷芯上先绕一层钼箔，防止钛与氧化铍直接接触起反应，避免钛的加剧消耗。钛带缠绕在钼箔上，它们之间用氧化铪-甘油浆涂敷。图 16-8 是这种升华器的结构示意图。其优点是储钛量较多，升华率稳定可控，升华率与输入功率成线性关系。它的缺点是结构复杂，衬料昂贵，制造困难，氧化铍粉有剧毒。

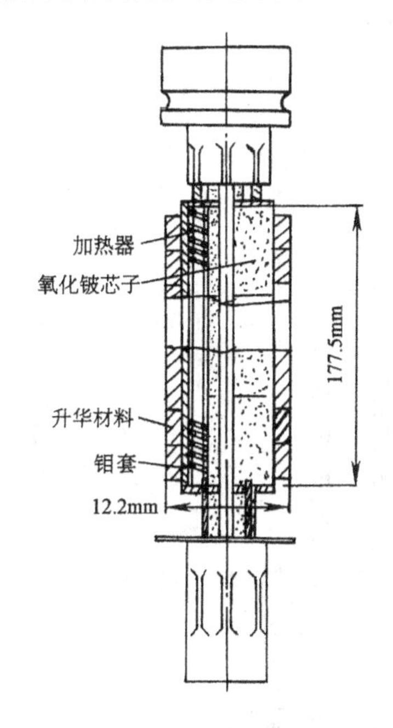

图 16-8　氧化铍陶瓷导热式升华器

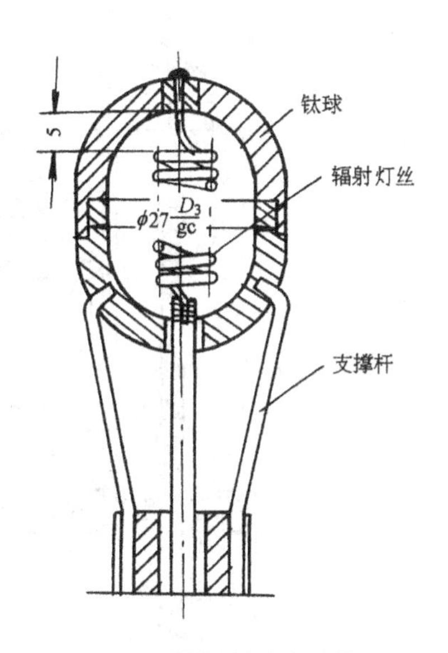

图 16-9　热辐射球式升华器

16.2.2.3　辐射加热式

这种升华器从结构上将加热源和升华源分成两部分，如图 16-9 所示。它是利用放在钛球内的螺旋钨丝，由电阻加热作为热源，利用辐射加热空心钛球，使钛升华。

这种结构的优点是加热比较均匀，储钛量较大。例如球直径为 3cm，壳厚 3～4mm，钛储量可达 50g，有效钛量约为 35g。操作方便可靠，电源简单、轻巧；克服了氧化铍陶瓷式的制造困难、价格昂贵的缺点。不足之处是钛的储量仍然有限，高升华率使用时寿命短，加热丝固定困难，容易烧断。结构设计时要考虑更换的问题。

16.2.2.4　电子轰击加热式

这种升华器的原理是基于灯丝发射的电子，经电场加速后轰击加热钛材，使钛不断地升华。

图 16-10 是一种电子轰击式升华器结构图。其最大优点是钛储存量大，消耗功率较低，升华率稳定，可根据需要调节功率来控制升华器的升华率。这类升华器的制造并不困难。它的缺点是必须在低于 10^{-2}Pa 压力下才能使用，这是因钨丝发射电子所限。同其他类升华器相比，它增加了高压供电部分。

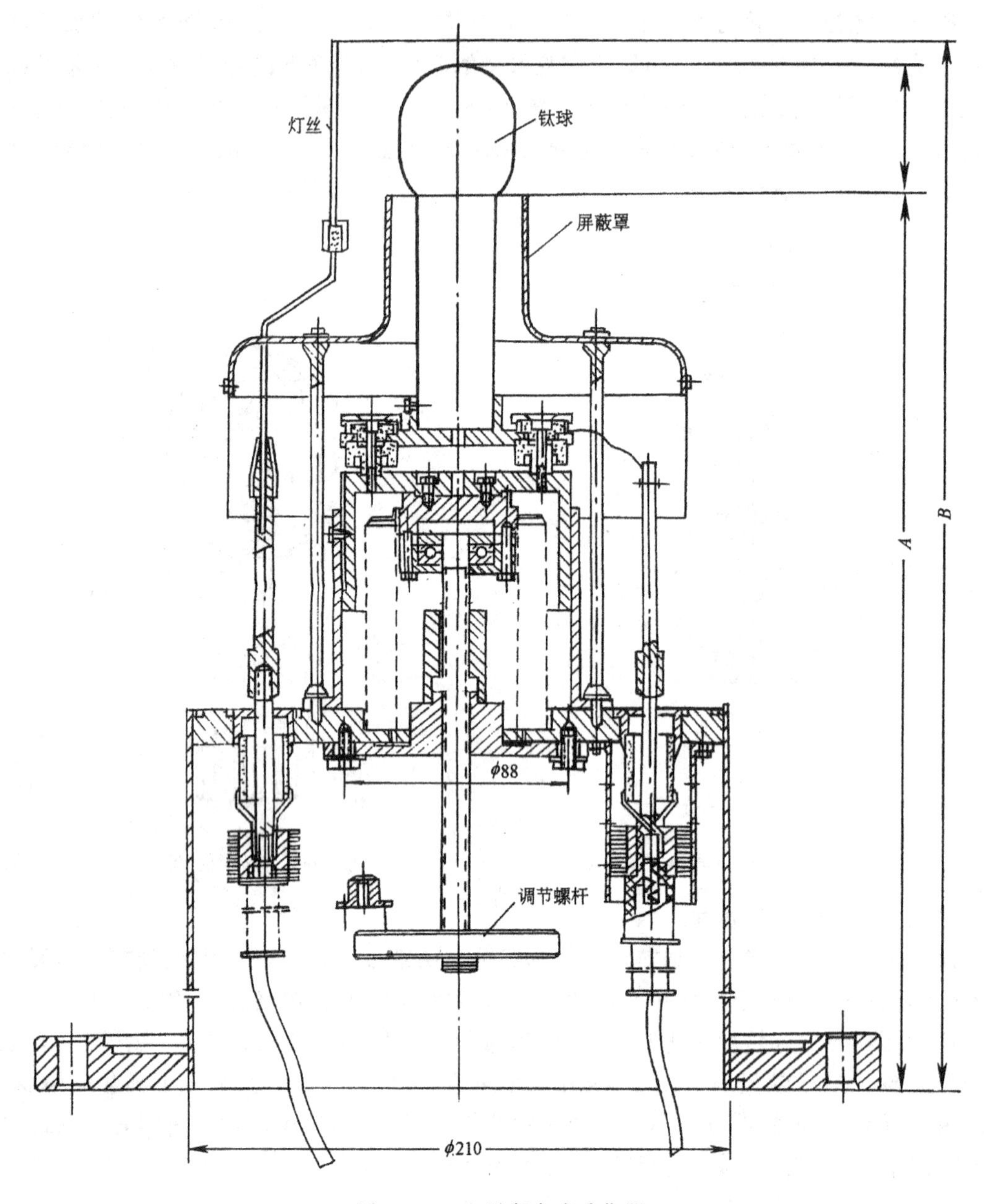

图 16-10　电子轰击式升华器

16.3　电离升华泵

电离升华泵又称轨旋式离子泵。它结构简单，体积小，重量轻，造价低，制造方便。它既有钛升华泵的特点，能使钛加热到 1200℃ 而升华，来抽除活性气体，又有溅射离子泵的特点，对惰性气体电离抽气，且不用磁场而获得高效率抽气作用。其有效工作范围宽，大约在 $10^{-2} \sim 10^{-9}$Pa，在超高真空区域内保持恒定的抽速。

这种泵的缺点是电离抽气与钛损耗之间有矛盾，欲提高惰性气体的抽速，势必加高阳极电压，提高发射电流，因此钛的损耗增大，泵的寿命缩短；欲增加储钛量延长泵的寿命，阳极要变粗，电子的轨道变短，电离抽速下降。这种泵的直径越大，所需阳极电压越高，上万伏的电压对生产不安全，电子轰击阳极会产生有害于人体的X射线，不适于做大泵。

16.3.1 电离升华泵的工作原理

如图16-11所示，电子从灯丝1发射出来，由于灯丝附近的屏蔽7(与灯丝同电位，接地)的作用，使电子在离开灯丝时具有足够大的角动量，这样电子就不会立即打在阳极上，而进入到由阳极2(加正高压)和阴极4(接地)建立起来的对称对数静电场中，连续作轨道旋转运动，具有很长的平均自由程。在电子作轨道旋转过程中气体被电离，电子也损失了能量，轨道逐渐缩小，最后撞击到阳极钛柱上，使钛升华。升华的钛碰到冷却的泵壳上，形成新鲜的钛膜，像钛升华泵一样使活性气体被抽除。同时电子在飞行中对惰性气体电离，正离子飞向阴极，像溅射离子泵一样，达到抽除惰性气体的作用。

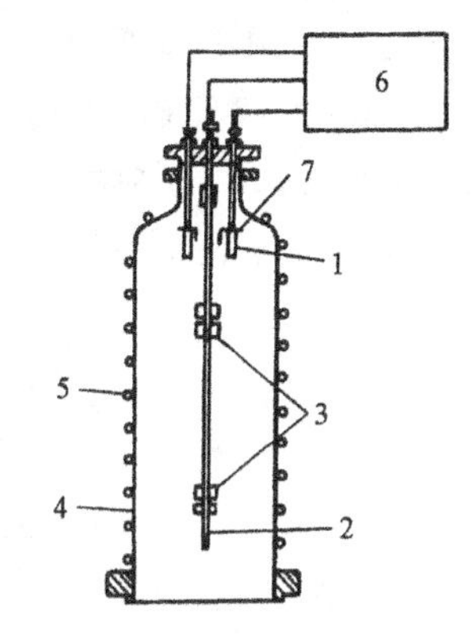

图16-11 电离升华泵的工作原理
1—灯丝；2—阳极；3—钛柱；4—阴极(泵壳)；5—水冷管；6—电源(控制器)；7—屏蔽

如果钛的升华率足够高，粘着几率接近于1，那么，对活性气体的抽速主要受泵口流导的限制。对惰性气体，抽速(L/s)为

$$s=\frac{N_e\bar{\sigma}\bar{L}\phi_s}{1000} \tag{16-7}$$

式中 N_e——每秒注入的电子数；

$\bar{\sigma}$——对气体的平均电离截面，cm^2；

$\bar{L}$——电子平均自由程(可达1000cm)；

ϕ_s——撞击泵壁的离子的粘着几率。

该式可简化成便于测量的形式

$$s=23.6I_i\phi_s/p \tag{16-8}$$

式中 p——系统压力，Pa；

I_i——离子流，A。

若 ϕ_s 已知，I_i 和 P 可测得，则 S 便可求。

16.3.2 电离器的结构

灯丝、栅极和离子收集极(即泵壳)组合在一起可称为电离器。图16-12为几种常用型电离器。

图16-12中 A 为Ⅰ型电离器。其栅极采用立式结构。栅网由 $\phi0.35$mm的钼丝绕成，栅距为4mm。栅网上、下两端用镍带加固，周围用4根 $\phi2$mm的边杆支撑，栅网的尺寸为 $\phi80\times80$mm。两根V型灯丝安置在栅极正中，其中一根备用。灯丝电流 $I_f=8\sim9$A，栅极电流 $I_e=150\sim180$mA，栅极电压 $U_g=800\sim900$V。

图16-12中B为Ⅱ型电离器。栅极也采用立式结构，栅网由 $\phi0.35$mm的直钼丝与两端的钼带框架焊接而成，栅距为4mm。栅网两侧用 $\phi1.5$mm的钼杆作支撑。栅网尺寸为 $\phi55\times55$mm。两根单螺旋灯丝分别置于栅网的上、下方。工作参数与Ⅰ型相同。

图16-12中 C 为横式栅电离器。结构类似Ⅰ型，但水平放置，故称为横式栅。栅网由 $\phi0.3$mm的钨丝绕成，栅距为10mm。并用两根钼杆构成矩形框架作支撑。栅网两端还各

自加有 ϕ50mm 和 ϕ30mm 的两个圆环，构成封闭式结构。栅网尺寸为 $\phi 70\times 90$mm，两根单螺旋灯丝分别放在栅网两侧。

图 16-12 中 D 为篮式电离器。它是由类似Ⅰ型的立式栅下方加一平栅网构成。立栅由 ϕ0.3mm 的钨丝绕成，栅距为 8mm。平栅网用 ϕ0.15mm 的直钨丝与环形边框点焊成型，栅距为 6mm。栅网由两根 ϕ1.5mm 的钼杆支撑。栅网尺寸为 $\phi 90\times 80$mm。两根单螺旋灯丝均位于平栅下方。

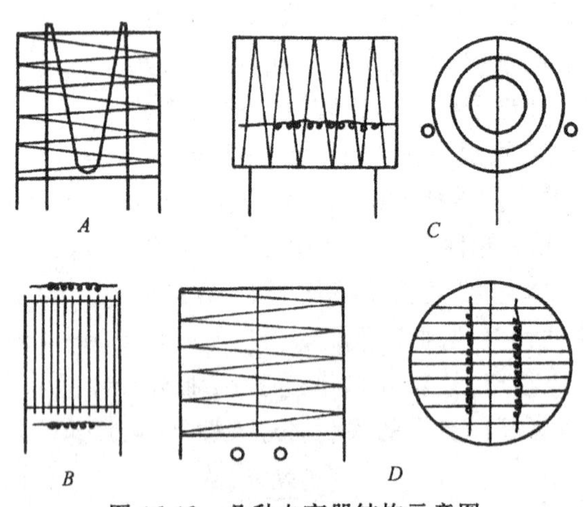

图 16-12　几种电离器结构示意图

横式栅和篮式栅电离器的性能比Ⅰ型和Ⅱ型电离器有明显提高，电离灵敏度提高约 1 倍，对氩气的抽速提高约 1 至 2 倍。尤其是横式栅电离器具有结构简单、易于除气等特点，更适合于在抽速 1000L/s 以下的中小型电离升华泵中使用。

16.4　非蒸散型吸气泵

这种吸气泵多用锆铝合金吸气材料(84%锆、16%铝)在高温下吸附活性气体的特性而制成的泵。该泵结构简单，体积小，造价低，操作安全可靠，维修方便，清洁无油。对活性气体尤其是对氢具有很高的抽气能力。但不能抽惰性气体。此外还有一种锆钒铁合金材料(70%锆，24.6%钒，5.4%铁)作为吸气剂的活化温度 450℃，室温下对活性气体具有较大抽速。

锆铝泵对氢及其同位素氘、氚的吸气是可逆的，而对其他活性气体的吸气是以稳定的化合物扩散到吸气剂体内，但存在饱和寿命问题。在 $10^{-8}\sim 1$Pa 压力范围内抽氢速率几乎保持恒定。对其他活性气体 CO、CO_2、O_2、N_2、H_2O 等的吸气速率，在压力低于 10^{-3}Pa 时，在 400℃温度下达到饱和。该泵对各种活性气体的吸气速率随着吸气剂吸气量的增加而降低。当吸气速率随吸气量的增加而达到名义抽速的 80%时，要在高温下再激活处理。再激活的次数一般可达 20 次。

这种泵可用在受控装置中储存和释放 H_2 及其同位素氘、氚；在高能加速器的真空系统中与分子泵或溅射离子泵同时工作，能提高系统的极限真空；还可用来转运 H_2 及其同位素；用在超高真空装置时，连同装置一起放进烘烤装置中，不用外加电源便可作烘烤时的维持泵使用；也可用于溅射离子泵的启动。

16.4.1 锆铝吸气泵的结构及其抽气原理

锆铝泵的结构如图16-13所示。主要有泵壳、泵芯和加热器组成。泵壳由不锈钢法兰和筒体用氩弧焊接而成，并用金属密封；泵芯是抽气的主要部件，它与加热器密切配合，若两者结合在一起则为直热式泵，若两者分开则为间热式泵。

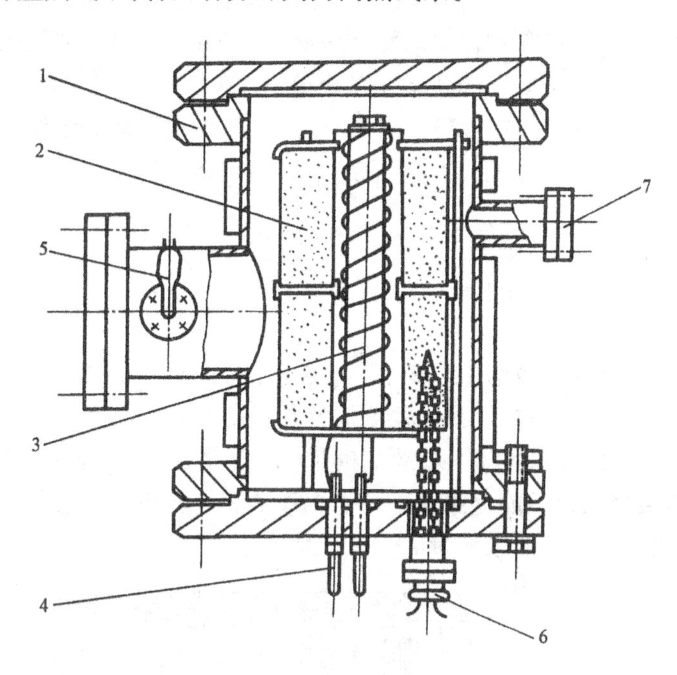

图16-13 锆铝泵结构

1—泵壳；2—泵芯；3—加热器；4—电极；5—真空规；6—热电偶；7—气体分析器接头

锆铝泵的泵芯是用84%锆和16%铝(简称锆铝16)组成的合金粉末涂敷在金属吸气带上做成的。合金的主要成分是Zr_5Al_3及Zr_3Al_2。其合金结构是铝进入锆晶格中，使晶格间产生很多孔穴。这就增加了锆的吸气面积，提高了气体在合金内的扩散速率。吸气作用首先在合金颗粒表面进行，然后往体内扩散。在180℃以下以表面吸附为主，在180℃以上以体内扩散为主。所以这种合金在350～450℃范围内对所有活性气体都有很大的抽气能力。在温度低于200℃时，对CO、CO_2、O_2、N_2、H_2O等活性气体不吸附，只在表面上与合金形成稳定的化合物，产生一层很薄的钝化层，阻止气体继续往体内扩散。在温度高于350℃时，这些活性气体在合金体内有很大的扩散速率。在高于750℃时，钝化层很快被消除。在350～450℃时，体内扩散速率不如高温时大，但仍能以足够的扩散速率清洗合金颗粒表面，获得满足吸气速率所需要的清洁吸气表面。

锆铝16合金涂覆带可在常温下长期暴露在湿度为80%的大气中。在工作过程中，合金表面吸气饱和时，可经过高温激活处理后重新产生新鲜的吸气表面。因此，涂覆带可反复激活多次，直到吸气带上的吸气剂全部饱和为止。此时泵的寿命已到，需要更换锆铝合金吸气带。

当吸气剂长期工作在高温下出现“饱和”，使吸气速率降低到原来的80%时，或吸气剂表面形成氧化膜使吸气速率消失等情况，都必须进行再激活处理，也就是高温处理。锆铝吸气剂带的激活温度为750～850℃，镍基带不得超过960℃。激活时压力应低于1Pa。激活能使吸气剂表面的固体氧化膜(和其他化合物膜)进行分解，使金属和气体的生成物向更深的体内扩散，生出高度活泼的金属表面，同时还可以除去过量的氢。锆铝吸气剂对氢的吸收和其他气体不同。大多数活性气体同吸气剂形成热稳定性化合物，在激活时，主要是向体内扩散。而氢却不同，它在吸气剂内呈固溶体吸收，吸气特性对温度的依赖性很强。对氢的吸气是物理吸附，在温度为200～350℃时，大量吸 H_2；在350～400℃时，H_2 能渗透到合金里面；而在500℃以上时，有些 H_2 就释放出来。对 H_2 的吸附平衡等温线符合下列关系式

$$\lg p = 2.28 + \lg Q^2 - \frac{700}{T} \tag{16-9}$$

式中 p——H_2 平衡压力，Pa；

Q——H_2 的吸附量，Pa·L/g；

T——工作温度，K。

高温激活时，主要是释放氢气。锆铝16合金对 H_2 有大的抽气速率，在一定温度下有一定的平衡压力，如图16-14所示。激活效率与激活温度及激活时间有关，如图16-15所示。从图中可看出，激活温度高，则激活时间短，反之激活时间长。但当激活温度低于730℃时，无论激活多久也不能得到全激活。全激活和部分激活只能影响吸气剂的抽气速率和一次吸气量，而不影响总的吸气量。

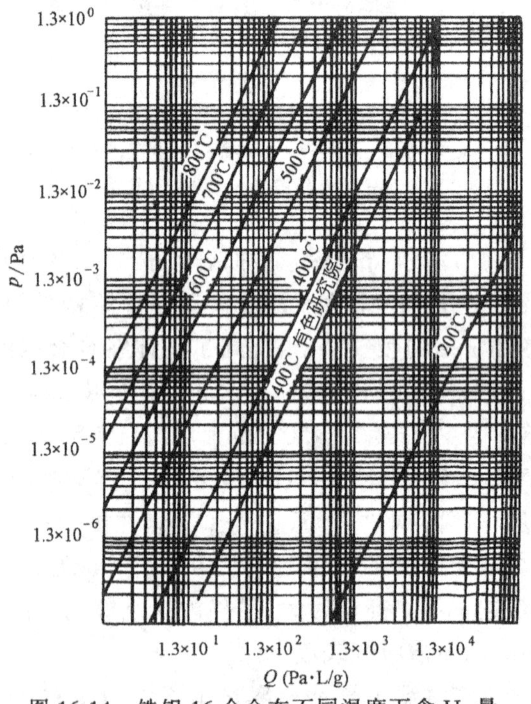

图16-14　锆铝16合金在不同温度下含 H_2 量与 H_2 平衡压力的关系

基带上的吸气剂涂覆层很薄。意大利产品的涂覆层厚度为50～100μm，合金量为15～20mg/cm²，涂覆层里的通孔组织占总涂覆层体积的20%～30%。日本产品涂层厚为50μm，合金量为17.1mg/cm²，国产Ni基涂覆带厚度为100μm，合金量为32～35mg/cm²。

这些涂层中的通孔足够使分子流态的气体与涂层中的所有合金颗粒表面接触。图 16-16、图 16-17 给出了用 17mg/cm^2 的吸气带试验的结果，从图可见，锆铝 16 合金吸气剂涂覆带的抽速随吸气量的增加而降低。

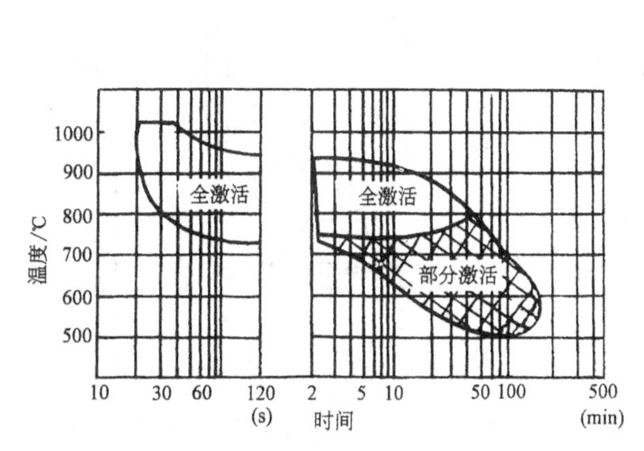

图 16-15　锆铝 16 合金激活效率与激活条件

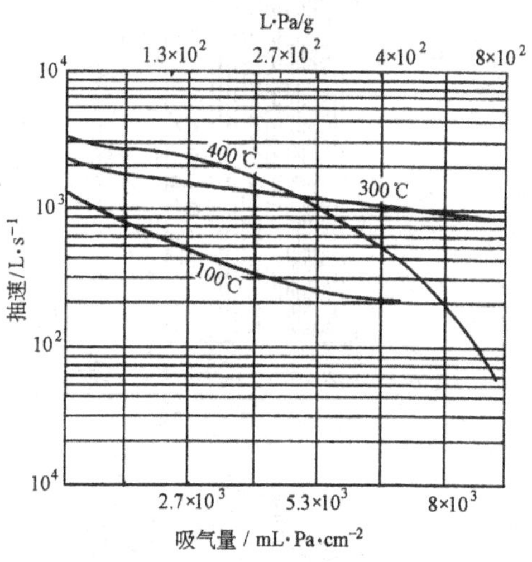

图 16-16　锆铝 16 合金涂覆带在 400℃、300℃、100℃时，在 4×10^{-4}Pa 下吸 H_2 量与抽速的关系

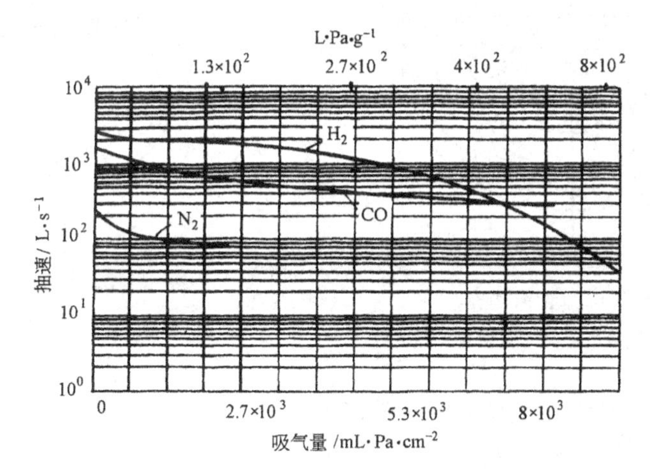

图 16-17　锆铝 16 合金涂覆带在 400℃和 4×10^{-4}Pa 时吸气量与抽速的关系

图 16-18 给出了锆铝泵间热式泵芯结构。根据所要求的一次吸气量计算出吸气带的实际装量，按照装量把锆铝 16 合金带折叠成皱纹状或单个折叠片，装架成环形圆柱体，再用不锈钢盘压紧固定在三根支柱上。每一层环形圆柱体的高度相当于吸气带宽度。间热式泵芯靠位于泵中心的由 95% 的 Al_2O_3 制成的螺纹管上缠绕的钨丝通电发热来获得激活温度和工作温度。

直热式泵芯结构如图 16-19 所示。不锈钢支持架由一支不锈钢管上、下各焊多根放射状钢条制成。将吸气带上、下绕在装有绝缘套的放射状不锈钢条上。为防止基带受热伸长，导致相邻锆铝片接触而引起短路造成温度不均，用拉紧装置将吸气带张紧。吸气带可以分段并联。直热式泵芯是以向吸气带上通电，来获得吸气带自身升温的。

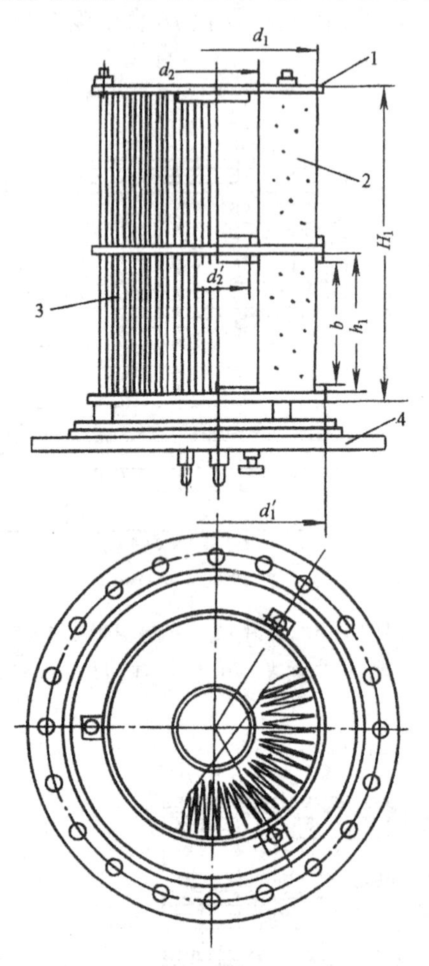

图 16-18　间热式锆铝泵芯

1—托盘；2—锆铝吸气片；3—支柱；4—底法兰

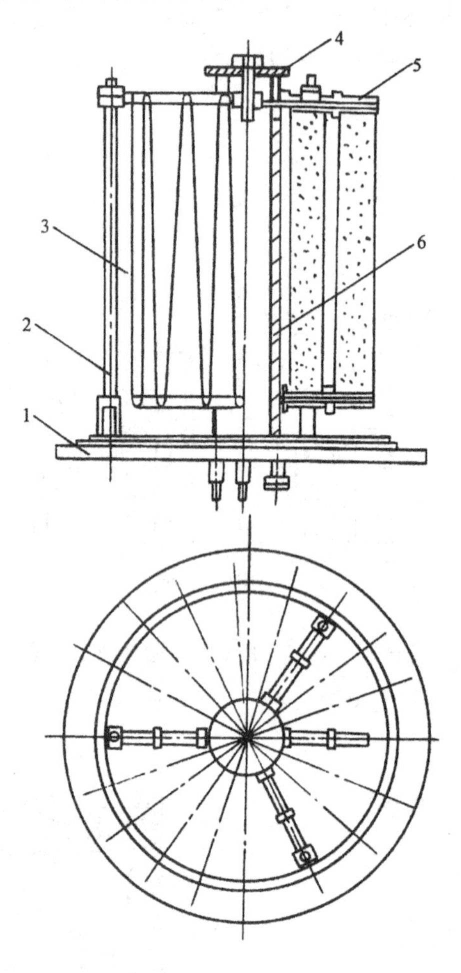

图 16-19　直热式泵芯

1—泵芯法兰；2—支柱；3—锆铝吸气带；4—拉紧装置；5—绝缘套管；6—不锈钢支架

锆铝泵的吸气剂在激活和工作时都需要加热。其导电极用无氧铜，95% Al_2O_3 和可伐合金做成的组件，如图 16-20 所示。

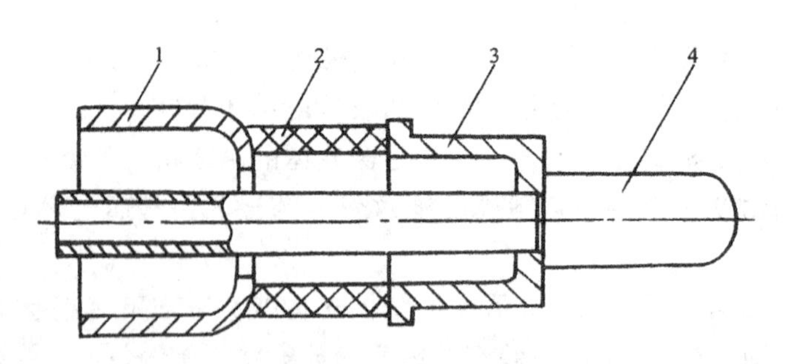

图 16-20　锆铝泵电极

1—可伐合金管；2—95% Al_2O_3 管；3—可伐合金帽；4—铜电极杆

16.4.2 锆铝吸气泵的工作条件

根据锆铝合金的吸气特性，对不同的工作情况要求不同的工作温度，具体概况如下：

1）压力低于 10^{-3}Pa，抽活性气体（如 CO、CO_2、N_2、O_2）时，工作温度为 400℃。因这时体内扩散速率使合金表面维持足够的吸气速率而不能释放 H_2。

2）在 10^{-3}～1Pa 压力范围内，抽活性气体（如 CO、CO_2、N_2、O_2、H_2O、CH_4 等），工作温度用 750℃。这时需提高温度加快体内扩散速率，进而加速清洗吸气剂表面。

3）对 H_2 要求高抽速，并在系统中出现活性气体杂质 1% 的环境中用 400℃。

4）对纯 H_2 要求大抽速和大吸气量时，工作温度为 200～300℃。

5）抽纯 H_2 要求尽可能大的吸气量而不需要大抽速时，可在 25℃ 常温下工作。

在高真空或超高真空系统中使用，工作温度一般为 400℃。

16.4.3 锆铝吸气泵的主要结构尺寸

在设计泵时，首先要知道工作温度、工作压力下对给定气体的抽气速率，一次吸气量的最大值和达到此吸气量时的最低抽速。按此要求确定其主要尺寸的办法如下：

1）泵口直径 D(cm)

$$D=\sqrt{\frac{s}{K}} \tag{16-10}$$

式中 s——泵对给定气体的抽速，L/s；

K——系数，小泵取小值，在 400℃ 时，对 H_2，$K=4.5\sim6.5$，对 N_2，$K=1.1\sim1.3$，对 CO，$K=1.7\sim2$。

2）泵芯吸气面积 $F(\mathrm{cm}^2)$

$$F=\frac{1000Q_i}{m_iq_iK_i} \tag{16-11}$$

式中 F——吸气带实际装量的涂覆层表面积，cm^2；

Q_i——对特定气体要求的一次吸气量，Pa·L；

m_i——单位面积上的吸气剂量，$\mathrm{mg/cm}^2$；

K_i——系数，单面涂层取 0.9，双面涂层取 0.55；

q_i——在工作温度和工作压力下抽速降至名义抽速的 80% 时，吸气剂吸附的吸气量，Pa·L/g。在 400℃，4×10^{-4}Pa 时，对 H_2 取 2.5，对 N_2 取 1.2，对 CO 取 2.2。

3）泵芯环形圆柱体外径 d_1(cm)

$$d_1\doteq0.6D \tag{16-12}$$

4）泵芯环形圆柱体内径 d_2(cm)

$$d_2\doteq0.4D \tag{16-13}$$

5）泵芯有效吸气高度 H_1(cm)

对单个折叠片按下式求得

$$H_1=F_K\cdot[\alpha/2-\arcsin(d_2/d_1\cdot\sin\alpha/2)]/180(d_1-d_2) \tag{16-14}$$

式中 F_K——吸气带占有面积，cm^2。

对单位吸气带 $F_K=F$，双面吸气带 $F_K=F/2$。以上几何尺寸见图 16-18。α 为折叠角，取 5°～10°。

17　真空泵流量的测量方法

17.1　流量喷嘴法

泵的流量用标准流量喷嘴法进行测量。对于大型的水蒸气喷射泵的抽气量多用此法测得。

17.1.1　标准流量喷嘴测量的理论基础

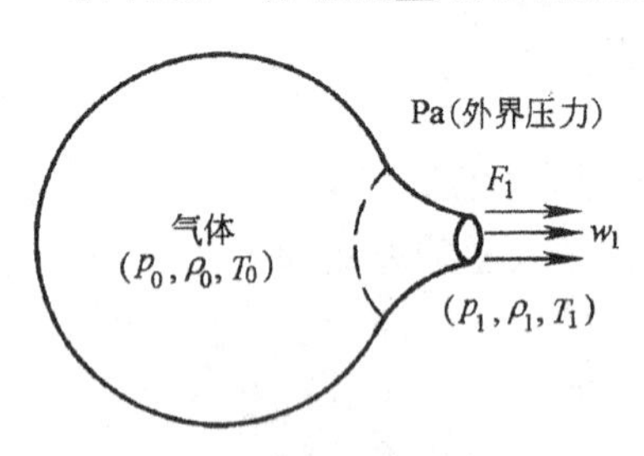

图 17-1　气体流经喷嘴的过程

气体流经喷嘴的过程如图 17-1 所示，处于压力为 p_0、密度为 ρ_0 和温度为 T_0 的高压气体，经过喷嘴进入低压空间，气体经过绝热膨胀后压力下降了速度上升了。气体在喷嘴出口处的状态，其压力为 p_1、密度为 ρ_1、温度为 T_1。

由热力学得知，绝热膨胀后，其参数关系为

$$p_0 v_0{}^K = p_1 v_1{}^K，(或\ p_0 \rho_0{}^{-K} = p_1 \rho_1{}^{-K}) \tag{17-1}$$

式中　K——气体定压比热 c_p 和定容比热 c_V 之比。

假如进入喷嘴气体的流速 $w_0 \approx 0$，因为 $w_1 \gg w_0$，所以这样假定是正确的。

由伯努利方程

$$\frac{w^2}{2} = -\int \frac{\mathrm{d}p}{\rho} \tag{17-2}$$

由上两式得

$$\frac{1}{2} w_1^2 = \frac{K}{K-1}\left(\frac{p_0}{\rho_0} - \frac{p_1}{\rho_1}\right)$$

$$= \frac{K}{K-1} \frac{p_0}{\rho_0}\left[1 - \left(\frac{p_1}{\rho_1}\right)^{\frac{K-1}{K}}\right] \tag{17-3}$$

由式(17-3)得知，喷嘴的出口速度只取决于原始状态参数 p_0、ρ_0，同时也取决于喷嘴的膨胀比$\dfrac{p_1}{p_0}$以及与气体种类有关的 K 值。

经过喷嘴的气体流量公式为

$$G = F_1 w_1 \rho_1 \tag{17-4}$$

式中　G——气体流量；

F_1——出口断面 1 处的面积；

w_1——出口断面的速度；

ρ_1——出口断面的密度。

将式(17-1)和式(17-3)代入式(17-4)得

$$G = F_1\left(\frac{p_1}{p_0}\right)^{\frac{1}{K}}\left\{\frac{K}{K-1}\left[1 - \left(\frac{p_1}{p_0}\right)^{\frac{K-1}{K}}\right]\right\}^{\frac{1}{2}}\left(2\frac{p_0}{v_0}\right)^{\frac{1}{2}} \tag{17-5}$$

因式(17-5)不仅适于喷嘴的出口断面,同时也适于任意选取的断面,所以去掉 F_1 和 p_1 的角码之后得

$$G = F\psi\sqrt{2p_0/v_0} \tag{17-6}$$

式中 $$\psi = \left(\frac{p}{p_0}\right)^{\frac{1}{K}}\left\{\frac{K}{K-1}\left[1-\left(\frac{p}{p_0}\right)^{\frac{K}{K-1}}\right]\right\}^{\frac{1}{2}} \tag{17-7}$$

由上式得知,气体的流量取决于初始值 p_0,v_0,ψ 和 F。

当 $\frac{p}{p_0}=0$ 或 $\frac{p}{p_0}=1$ 时 $\psi=0$,在 $0\leqslant\frac{p}{p_0}\leqslant1$ 之间,ψ 有极大值出现。

由

$$\frac{\mathrm{d}\psi}{\mathrm{d}\left(\frac{p}{p_0}\right)}=0$$

求得的压力比称为临界压力比,即

$$\frac{p_s}{p_0}=\left(\frac{2}{K+1}\right)^{\frac{K}{K-1}} \tag{17-8}$$

对于空气 $K=1.4$,$\frac{p_s}{p_0}=0.5283$。

在稳定条件下

$$F\psi = \text{常数}(\text{或 } F_1\psi_1 = F_s\psi_{\max}) \tag{17-9}$$

由式(17-3)和式(17-8),求得的临界速度 w_s 为

$$w_s = \left[\frac{2K}{K+1}p_0v_0\right]^{\frac{1}{2}} \tag{17-10}$$

收口喷嘴的截面 F 沿流动方向减小。连续收口的喷嘴,其 ψ 值应不断增大,但不能超过相当于临界压力比 $\frac{p_s}{p_0}$ 时的 $\psi_{\max}$(如图 17-2)。

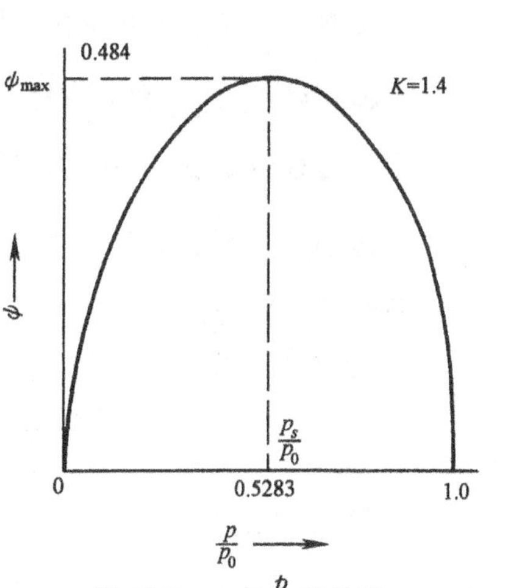

图 17-2 ψ 与 $\frac{p}{p_0}$ 的关系

在流动方向上收口的喷嘴中,无论外界力 p_a 变到如何的小,出口截面上的压力不可能低于临界压力 p_s。该喷嘴出口截面同时也是临界截面。

当外界压力 p_a 大于喷嘴出口截面上的临界压力 p_s 时(即 $p_a>p_s$),气体由喷嘴入口处的初始压力 p_0,膨胀到出口压力 $p_1=p_a$(外界压力)。这时气体流出的速度低于音速(在出口处),流出的速度 w_1 和流量 G 由下式决定:

$$w_1=\left\{\frac{2K}{K-1}p_0v_0\left[1-\left(\frac{p_a}{p_0}\right)^{\frac{K-1}{K}}\right]\right\}^{\frac{1}{2}} \tag{17-11}$$

$$G=F_1\left\{2\frac{K}{K-1}\frac{p_0}{v_0}\left[\left(\frac{p_a}{p_0}\right)^{2/K}-\left(\frac{p_a}{p_0}\right)^{\frac{K+1}{K}}\right]\right\}^{\frac{1}{2}} \tag{17-12}$$

如果在这种情况下外界压力 p_a 再下降,那么喷嘴的气体流出速度 w_1 和流量 G 均会再增加。因为此时收口喷嘴还未曾达到可能的极限值。

当 $p_1=p_s=p_a$ 时,气体继续达到完全膨胀,由 p_0 膨胀到 $p_1=p_s=p_a$,此时气体流出速度等于临界速度(音速)。

流出的速度和流量为

$$w_s=\left(\frac{2K}{K+1}p_0v_0\right)^{\frac{1}{2}} \tag{17-13}$$

$$G=F_s\psi_{\max}\left(2\frac{p_0}{v_0}\right)^{\frac{1}{2}}=F_s\left(\frac{2}{K+1}\right)^{\frac{1}{K-1}}\left(\frac{K}{K+1}\right)^{\frac{1}{2}}\left(2\frac{p_0}{v_0}\right)^{\frac{1}{2}} \tag{17-14}$$

这时的流量仅取决于初始状态 p_0 和 v_0,而与外界压力 p_a 无关;流速等于音速 w_s,出口截面上的压力 p_1 等于临界压力 p_s。

在这种情况下,收口喷嘴将以它的全部能力来工作。因为这时的流速和流量与外界压力无关。所以再降低外界压力 p_a 不再能使流速和流量增加了。

当 $p_a<p_s$ 时,在这种情况下,出口压力 p_1 也不能低于 p_s,速度也不能超过 w_s,这时只能是

$$p_1=p_s \qquad w_1=w_s$$

$$G=F_s\psi_{\max}\left(2\frac{p_0}{v_0}\right)^{\frac{1}{2}}$$

因而速度和流量的计算式与 $p_1=p_s=p_a$ 时的情况相同。但不同的地方是:因为 $p_s>p_a$,由喷嘴流出的气体压力 p_1 在几次波动以后就和 p_a 相等了。

17.1.2 临界流量与亚临界流量的计算

利用收口喷嘴的上述特性,可用来测量大型泵的抽气量。

喷嘴下游压力 p_a 和上游压力 p_0 之比低于临界压力比时$\left(即\frac{p_a}{p_0}\leqslant\frac{p_s}{p_0}时\right)$,通过喷嘴的质量流量称为临界流量。在这种状况下,空气的临界压力比为 0.5283。亚临界流量为喷嘴下游的压力 p_a 与上游压力 p_0 之比高于临界压力比$\frac{p_s}{p_0}$时,$\left(即\frac{p_a}{p_0}>\frac{p_s}{p_0}时\right)$通过喷嘴的质量流量。两者的计算公式如下:

1) 空气临界流量

$$G_1=114.22cd^2\frac{p_0}{\sqrt{T_0}} \quad (\mathrm{kg/h}) \tag{17-15}$$

2) 空气亚临界流量

$$G_2=236.91cd^2Yp_0\left(\frac{1-\frac{p_a}{p_0}}{T_0}\right)^{\frac{1}{2}} \quad (\mathrm{kg/h}) \tag{17-16}$$

式中 p_0、p_a——分别为喷嘴的上游与下游的压力,MPa;

T_0——喷嘴上游流体的温度,K,

d——流量喷嘴喉径,mm;

C——流量系数，一般取 $C=0.97$；

Y——膨胀系数，其计算式为

$$Y=\left\{\left(\frac{K}{K-1}\right)\left(\frac{p_a}{p_0}\right)^{\frac{2}{K}}\left[\frac{1-\left(\frac{p_a}{p_0}\right)^{\frac{K-1}{K}}}{1-\frac{p_a}{p_0}}\right]\right\}^{\frac{1}{2}} \tag{17-17}$$

标准流量喷嘴装置如图 17-3 所示。

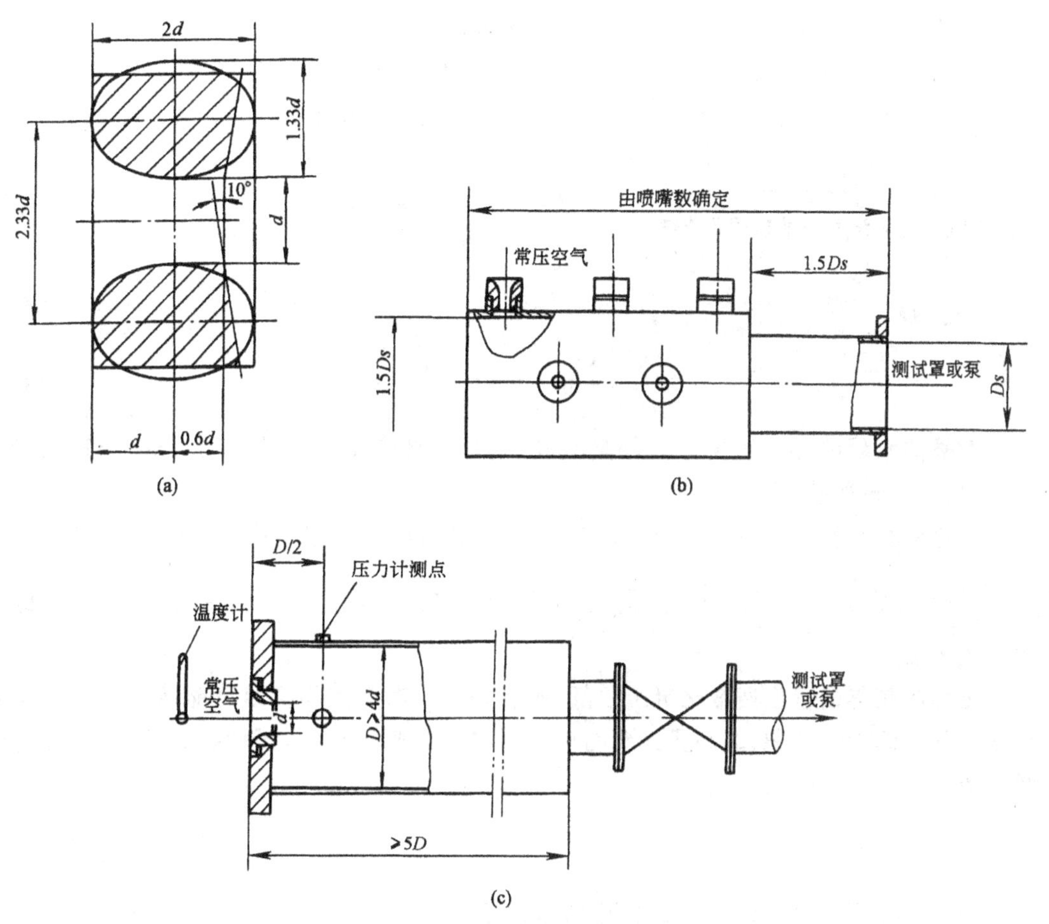

图 17-3 标准流量喷嘴测试装置

(a)—喷嘴尺寸；(b)—空气临界流量装置；(c)—空气亚临界流量装置

17.2 转子流量计法

转子流量计也可以用来测量泵的抽气量，但仪器就要具有 1.5 级精度。其所测流量按下式计算：

$$G=\frac{Qp_{at}}{3600}\left(\frac{10325T}{293p_{at}}\right)^{\frac{1}{2}} \tag{17-18}$$

式中 G——所测流量，$Pa\cdot m^3/s$；

Q——流量计指示值，m^3/h；

p_{at}——实测的大气压,Pa;

T——测试时气体的温度,K。

17.3 定容法

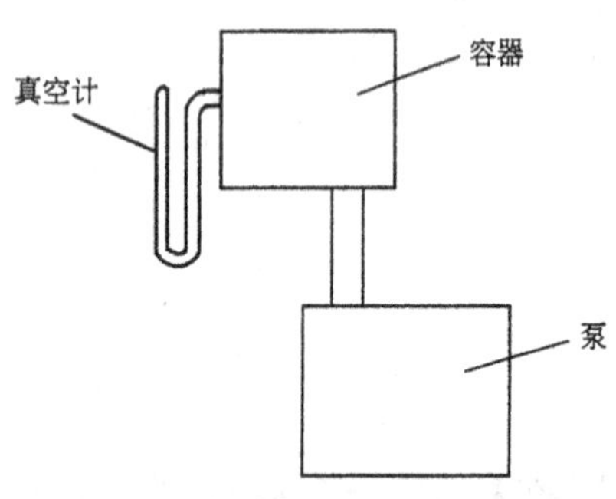

图 17-4 定容法测量抽速的系统图

一般机械泵在入口压力较高时,可用定容法测量其抽速,其测量系统如图 17-4 所示。这种方法测量的不是气流量,而是对一个固定的容积 V 进行抽空,测量其压力从 p_1 到 p_2 的时间 t。

在这种情况下,其抽气量 Q 为

$$Q=-\frac{\mathrm{d}(pV)}{\mathrm{d}t}=-V\frac{\mathrm{d}p}{\mathrm{d}t}$$

又因为 $Q=pS$

故得 $\frac{\mathrm{d}p}{p}=-\frac{s}{V}\mathrm{d}t$

其解为

$$s=\frac{V}{t}\ln\frac{p_1}{p_2}=2.3\frac{V}{t}\lg\frac{p_1}{p_2} \tag{17-19}$$

对被抽容器的容积为 V(L),抽真空经 t(s)后,泵使容器 V 中的压力从 p_1(Pa)降至 p_2(Pa)时,此时泵的抽速 s 可由上式求得。

用定容法测量抽速时,一般由大气压开始,所测得的抽速 s 值其对应的入口压力值为 $\bar{p}=\frac{p_1+p_2}{2}$,故从大气压力开始测量,测得的第一点对应的入口压力为 $\bar{p}=\frac{p_{at}+p_2}{2}$是低于大气压力的。

定容法测得的精度通常比定压法低,而且测量的时间间隔要尽可能地短。此外这种方法需要很大的测量容积,故测量大泵的抽速时要增设附助容器,以便扩大 V 值。其测试装置如图 17-4 所示。

17.4 定压法

定压法测泵抽速的试验装置如图 17-5 所示。

具体测量步骤是:打开阀门 4,调节针阀 3 使空气经过干燥瓶 7 进入测试罩 2,待测试罩内压力稳定后,由真空定计 1 读出该压力值为 p,然后关闭阀门 4,同时由秒表读出倒置在油杯 6 内的滴管 5 中油柱上升的高度 h 所需时间 t,由公式计算出抽速。

由数学求导公式得知,滴管装置内气体量的随时间变化,可用下式表示。

$$\frac{\mathrm{d}(pV)}{\mathrm{d}t}=V\frac{\mathrm{d}p}{\mathrm{d}t}+p\frac{\mathrm{d}V}{\mathrm{d}t}$$

而泵的抽速为

$$s=\frac{1}{p_1}\frac{\mathrm{d}(pV)}{\mathrm{d}t}$$

由测量得知油柱上升高度,将其折算成汞柱高,则上式为

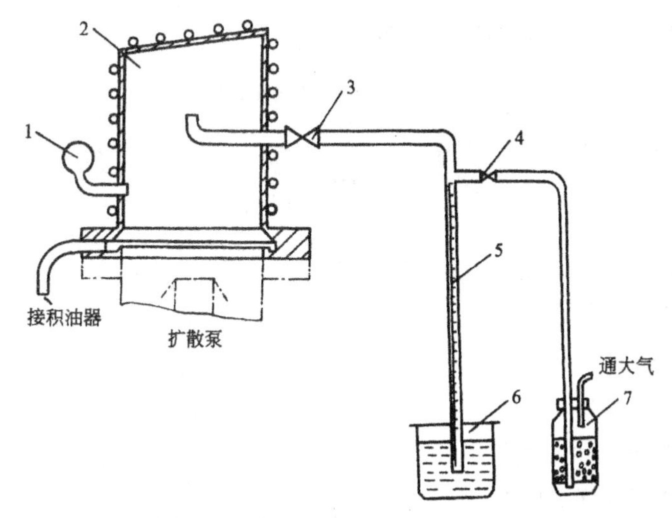

图 17-5　定压法测量抽速的系统图

$$s=\frac{1}{p_1}\left[V_0\frac{(h+h_0)\rho\times 133.32}{13.595t}+p_{at}\cdot\frac{\pi}{4}d^2\cdot\frac{h}{t}\times 10^{-6}\right] \tag{17-20}$$

由滴管内径 d 和油杯内径 D，可求出油柱上升使油面下降 h_0，如图 17-6 所示。

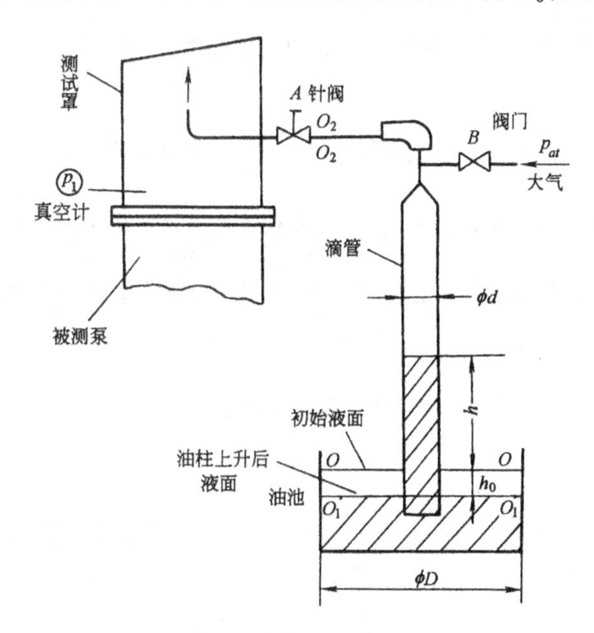

图 17-6　滴管流量计系统图

$$h_0=\frac{d^2}{D^2+d^2}h \tag{17-21}$$

将式(17-21)代入式(17-20)，则得

$$s=\frac{1}{p_1 t}\left[V_0\times 98065\rho\left(1+\frac{d^2}{D^2+d^2}\right)h+p_{at}\cdot\frac{\pi}{4}d^2\times 10^{-6}h\right] \tag{17-22}$$

令滴管常数 $K=9.8065V_0\rho\left(1+\frac{d^2}{D^2+d^2}\right)+p_{at}\cdot\frac{\pi}{4}d^2\cdot 10^{-6}$

通常测量时 $D \gg d$，故上式可简化成

$$K = 9.8065 V_0 \rho + p_{at} \frac{\pi}{4} d^2 \cdot 10^{-6} \tag{17-23}$$

故抽速公式可写成

$$s = \frac{Kh}{p_1 t} \quad (\mathrm{L/s}) \tag{17-24}$$

式中 p_{at}——实测的大气压力，Pa；

p_1——泵入口压力，Pa；

ρ——油的密度，$\mathrm{g/cm^3}$

V_0——初始容积，L；

t——油面上升 h 的时间，s；

d——滴管内径，mm；

D——油杯内径，mm。

由定压法测量抽速时，在用滴管测量抽速的情况下，测量的相对误差可按下式确定

$$\frac{\Delta s}{s} = \frac{\Delta K}{K} + \frac{\Delta h}{h} + \frac{\Delta p_1}{p_1} + \frac{\Delta t}{t} \tag{17-25}$$

式中 Δ——表示绝对误差的符号。

在计算 K 的误差时，确定初始容积 V_0 引起的误差 ΔV_0 较大，式(17-22)中其他各项引起 K 的误差较小。

若 $t_{\min} = 5\mathrm{s}, \Delta t = 0.4\mathrm{s}(\pm 0.2\mathrm{s}), \frac{\Delta t}{t} = 0.08, \frac{\Delta K}{K} = 0.03, \frac{\Delta h}{h} = 0.01, \frac{\Delta p_1}{p_1} = 0.03$（在600～0.1Pa 范围内用麦式计测量）视不同型号的真空计其$\frac{\Delta p_1}{p_1}$值变化很大，在间接压力测量过程中，真空测量基准和校准仪表的误差为 0.02～0.1，工作仪器测量误差为 20%就很好了，由此可见$\frac{\Delta s}{s}$，由$\frac{\Delta p_1}{p_1}$的影响是很大的。

随着测试时间 t 的增加，可使抽速的误差下降。

17.5 压差法

当泵抽气量小或真空度很高（$p < 10^{-3}\mathrm{Pa}$）时常用压差法测量泵的抽速。该法也称标准流导法。其测量原理是基于小孔（或导管）两端的压力差与流导之乘积等于流量。即

$$Q = C(p_1 - p_2)$$

式中 C——薄壁孔对气体的分子流流导 L/s。

p_1 和 p_2 分别为小孔两侧的压力（$p_1 > p_2$），故其抽速公式为

$$s = \frac{Q}{p_2} = C\left(\frac{p_1}{p_2} - 1\right) \tag{17-26}$$

式中 C 的计算式为

$$C = \sqrt{\frac{\pi RT}{32M}} \frac{1}{\frac{3}{4} \cdot \frac{\delta}{d} + 1} d^2 \tag{17-27}$$

式中　R——普适气体常数[$R = 8.3146 J/(mol \cdot K)$];

　　T——气体温度,K;

　　M——气体分子量,kg/mol;

　　δ——小孔厚度,m;

　　d——小孔内径,m。

该法测量装置如图 17-7 所示。具体测量流量时,已知通导 C,测量 p_1 及 p_2 后便可通过式(17-26)计算出对应 p_2 的抽速值。

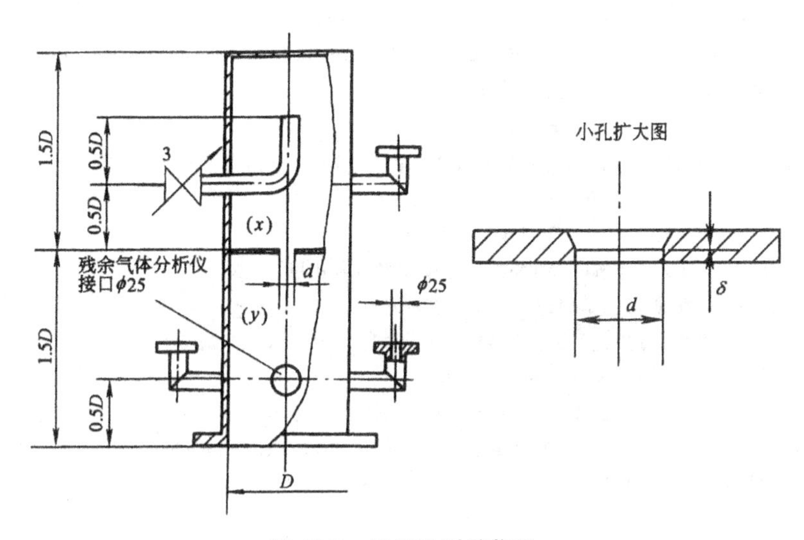

图 17-7　压差法测量装置

本章只对其流量测量的几种方法的基本原理作些介绍。真空泵的抽气性能的测量可按国家有关标准规定进行。

参考文献

1 Е.С. Фролова, Вакуумная Техника Справочник, Москва,1992

2 Е.С. Фролова, Механические Вакуумные Насосы Москва, 1989

3 Е.С. Фролова, Турбомолекулярные вакуум-Насосы, Москва, 1980

4 Л.Н. Розанов, Вакуумная Техника Москва, 1990

5 B.D. Power, High Vacuum Pumping Equipment London, 1970

6 В.И. Кузнецов Механические Вакуумные Насосы, Москва, 1959

7 А.б. Цейтлин, Пароструйческе Вакуумные Насосы Москва,1965

8 Wutz, Adam. Walcher Theory and Practice of Vacuum Technology Friedr. Vieweg & Sohn Braunschweig/Wiesbaden, 1989

9 林　主税．真空技术．共立出版株式会社,1985

10 石　井博．真空ポニフ°．日刊工業新闻社,1965

11 日本机械学会．原子、分子の流水．希薄気体力学とその応用．共立出版株式会社,1996

12 高香院．现代低温泵．西安:西安交通大学出版社,1990

13 王迪生等．活塞式压缩机结构．北京:机械工业出版社,1990

14 化工机械研究院．活塞式压缩机的无油润滑．北京:化学工业出版社,1982

15 中华人民共和国国家标准．GB/T 3163—93 真空技术术语．

16 王乐勤等．往复式真空泵变质量系统热力学分析研究．真空,1992 年№2,21

17 姚民生等．爪型泵型线研究．真空,1989 年№3,9

18 姚民生等．爪型泵的抽速计算及其平衡的研究．真空,1989 年№6,14

19 Yu Su, Theoretical Study on the pumping Mechanism of a Dry Scroll Vacuum pump, VACUUM, 1996(47)

20 中华人民共和国机械行业标准(JB/T 8540—1997),水蒸气喷射真空泵．